ENCYCLOPÉDIE DES TRAVAUX PUBLICS

ÉLECTRICITÉ INDUSTRIELLE

ENCYCLOPÉDIE

DES

TRAVAUX PUBLICS

Fondée par **M.-C. LECHALAS**, Insp^r gén^{al} des Ponts et Chaussées

---

ÉLECTRICITÉ INDUSTRIELLE

PRODUCTION ET APPLICATIONS

COURS PROFESSÉ A L'ÉCOLE CENTRALE DES ARTS ET MANUFACTURES

PAR

D. MONNIER

INGÉNIEUR, ANCIEN ÉLÈVE DE CETTE ÉCOLE

INDUCTION ÉLECTRO-MAGNÉTIQUE. — MÉTHODES DE MESURE
ÉTUDE THÉORIQUE ET EXPÉRIMENTALE DES MACHINES ÉLECTRIQUES
PILES — CANALISATION ÉLECTRIQUE
APPLICATIONS A L'ÉLECTROLYSE, A LA MÉTALLURGIE,
AU TRANSPORT DE LA FORCE ET A LA PRODUCTION DE LA LUMIÈRE
DISTRIBUTION DE L'ÉNERGIE ÉLECTRIQUE

PARIS

LIBRAIRIE POLYTECHNIQUE

BAUDRY ET Cie, LIBRAIRES-ÉDITEURS

15, RUE DES SAINTS-PÈRES
MÊME MAISON A LIÈGE

1889

Voir l'ERRATA à la fin du volume.

TABLE DES MATIÈRES

CHAPITRE XVII

Distribution de l'énergie électrique.

TABLES NUMERIQUES

ANNEXES

PRÉFACE

Les premières applications réellement industrielles de l'électricité ne remontent guère au delà de dix ans.

L'École Centrale, fidèle à la pensée qui a présidé à sa création, a voulu posséder un cours d'*Electricité industrielle*, à une époque où nous n'avions en ce genre que l'enseignement spécial de l'Ecole de télégraphie. Pour créer ce cours, l'École centrale a trouvé en M. Monnier un homme réunissant aux connaissances spéciales nécessaires une expérience consommée.

Au début il eût été prématuré de fixer les termes définitifs d'un enseignement nouveau ; le programme lui-même était à faire, et il était subordonné aux progrès incessants de la science et de l'industrie. Aussi l'auteur de cet ouvrage a-t-il cru devoir attendre, pour publier ses leçons, que l'expérience de plusieurs années d'enseignement lui permît de présenter sous une forme didactique l'exposé général des lois et des applications de l'électricité. Le travail que nous présentons aujourd'hui s'adresse à des jeunes gens, préparés par le cours de Physique générale, auxquels il fallait rendre familières les théories modernes de la science électrique, ainsi que leurs nombreuses applications. Le lecteur jugera si l'œuvre est digne des circonstances exceptionnelles qui coïncident avec sa publication, et si l'ensemble de l'exposé

qu'elle comprend ne lui donne pas un caractère spécial
et pour ainsi dire personnel. Il est bien certain qu'il
n'existe en France aucun traité analogue.

Les quatre premiers chapitres sont consacrés à un exposé sommaire des théorèmes généraux, permettant d'é-
tablir la corrélation des manifestations magnétiques et
électriques avec les autres phénomènes de la nature, et
par suite de les ramener à de communes mesures. Aux
personnes qui ne sont pas familiarisées avec le système
des unités électriques, nous recommandons particulièrement la lecture de l'annexe placée à la fin du volume ;
c'est une addition au chapitre IV, qui a parue nécessaire
pour éclairer complètement quelques lecteurs.

Le chapitre V expose les principales méthodes de mesures électriques et magnétiques dont la connaissance
est indispensable à l'ingénieur électricien ; les quatre
chapitres suivants sont consacrés à l'étude théorique et
expérimentale des machines électriques et à la détermination de leurs éléments en vue d'un effet déterminé ; le
chapitre X donne la description, la théorie et le calcul
des transformateurs à courants alternatifs, qui sont ap-
pelés à jouer un rôle important dans les distributions
électriques. Le chapitre XI traite de la production de l'é-
lectricité par la chaleur et les actions chimiques, le chapitre XII de la canalisation électrique ; puis viennent :
les accumulateurs, la transmission électrique de la force,
l'éclairage électrique et la photométrie, et enfin (chapitre XVII et dernier) la distribution de l'énergie électrique. Quelques tables numériques, utiles à consulter, ter-
minent le volume.

L'ouvrage de M. Monnier est accessible à toutes les
personnes familiarisées avec les principes mathématiques.
Nous ne saurions trop insister sur ce point : que le calcul

joue, en électricité, un rôle prépondérant ; il est l'âme de cette science, et l'imagination la plus inventive ne peut dispenser d'y recourir. Sans doute quelques hommes de génie ont pu suppléer, par une sorte d'intuition, à l'insuffisance de leur instruction ; mais leurs découvertes ont été profondément modifiées et améliorées, quand leurs divers éléments ont été soumis à des méthodes rationnelles. Cette considération a guidé l'auteur dans le plan de son ouvrage. Limité par le programme du cours à un petit nombre de leçons, il a dû s'attacher à condenser dans quelques chapitres l'ensemble des notions nécessaires, pour que chacun puisse traiter directement les problèmes qu'il aura à résoudre. C'est un grand mérite, à notre avis, d'avoir su présenter dans un seul volume les questions les plus importantes de la théorie et de la pratique de l'électricité, de façon à préparer les élèves qui ont suivi ce cours à surmonter toutes les difficultés d'une science si pleine de promesses, pour ceux qui sauront se pénétrer de ses principes fondamentaux.

M.-C. L.

Paris, 15 juin 1889.

CHAPITRE PREMIER

THÉORÈMES GÉNÉRAUX

1. Théorème de la conservation de l'énergie. —
Ce théorème est une conséquence de l'équation des puissances
vives lorsqu'on l'applique aux forces centrales.

Forces centrales. Dans l'étude des phénomènes naturels, on
se représente les corps comme formés d'atomes que l'on assi-
mile à des points matériels agissant les uns sur les autres.

Si l'on considère deux points isolés, c'est-à-dire soustraits
à l'influence du reste de la nature, l'action qu'ils exercent l'un
sur l'autre peut être représentée par deux forces égales et
contraires appliquées respectivement à chacun des deux points,
dans la direction de la droite qui les joint. Cette action réciproque est proportionnelle au produit des masses des deux
points et fonction de la distance qui les sépare ; c'est une
attraction ou une répulsion suivant qu'elle tend à rapprocher
ou à écarter les deux points. Elle tend à les ramener vers leur
position d'équilibre quand ils en ont été écartés par une cause
étrangère.

Si au système de ces deux points on en ajoute un troisième
on introduira de nouvelles forces, mais on ne modifiera pas
l'action réciproque des deux premiers.

Ces deux principes énoncés par Newton, et qu'aucun phé·
nomène physique n'a contredits, montrent que *les forces auxquelles on doit rapporter l'explication de tous les phénomènes
sont les actions réciproques de points matériels qui s'attirent ou
se repoussent, avec une intensité qui ne dépend que de leurs
distances et de leurs masses.* Ces actions élémentaires ont reçu
le nom de forces centrales.

Equation des puissances vives. La variation des puissances

1

vives de tous les points d'un système, pendant un temps quelconque, est égale à la somme des travaux de toutes les forces qui agissent sur ces différents points pendant le même temps :

$$\delta\Sigma\frac{1}{2}\,mv^2 = \Sigma\mathfrak{C}F$$

Supposons d'abord que le système n'est soumis qu'aux actions réciproques de ses divers points, et considérons un point de masse m placé à la distance r d'un autre point de masse m'.

La force qui agit sur ces deux points aura pour expression $mm'\varphi\left(\frac{1}{r}\right)$ en désignant par $\varphi\left(\frac{1}{r}\right)$ la fonction de la distance qui représente l'action réciproque de deux masses égales à l'unité.

Si la distance des deux points varie en raison de leur action réciproque, le travail accompli pendant ce déplacement sera exprimé par [1]

$$mm'\int\varphi\left(\frac{1}{r}\right)dr$$

ou comme $dr = -r^2\,d\frac{1}{r}$

$$\mathfrak{C}F = -mm'\int r^2\,\varphi\left(\frac{1}{r}\right)d\cdot\frac{1}{r}\,.$$

Le même raisonnnement peut s'appliquer à un nombre quelconque de points pris deux à deux, de telle sorte que la somme des travaux des forces intérieures sera de la forme

$$\Sigma\mathfrak{C}F_{\text{int.}} = -\Sigma\,mm'\int r^2\,\varphi\left(\frac{1}{r}\right)d\cdot\frac{1}{r}$$

Le second membre de cette équation peut toujours s'inté-

---

1. Parce que, pendant un déplacement infiniment petit de l'un des points, la projection du chemin parcouru sur la direction de la force est, à un infiniment petit de second ordre près, égale à l'accroissement de la distance des deux points. Il en résulte que l'expression du travail

$$\varphi\left(\frac{1}{r}\right)\times \text{projection du chemin sur la force} = \varphi\left(\frac{1}{r}\right)dr.$$

grer, mais comme sa valeur ne dépend que des positions relatives des points du système, elle n'est connue qu'à une
constante près, et nous aurons

$$- \Sigma\, mm' \int r^2\, \varphi\left(\frac{1}{r}\right) d\,.\,\frac{1}{r} = -\,U + C^{\text{te}}.$$

Le travail des forces intérieures lorsque le système passe
de l'état défini par l'indice (1) à l'état défini par l'indice (2)
aura pour expression

$$(C^{\text{te}} - U_2) - (C^{\text{te}} - U_1) = U_1 - U_2$$

et l'équation des puissances vives devient

$$\Sigma\,\tfrac{1}{2}\,m\,v_2^2 - \Sigma\,\tfrac{1}{2}\,m\,v_1^2 = U_1 - U_2$$

ou

$$U_1 + \Sigma\,\tfrac{1}{2}\,mv_1^2 = U_2 + \Sigma\,\tfrac{1}{2}\,mv_2^2$$

La somme

$$U + \Sigma\,\tfrac{1}{2}\,mv^2$$

ayant la même valeur pour deux états quelconques du système, on pourra écrire

$$U + \Sigma\,\tfrac{1}{2}\,mv^2 = \text{constante.}$$

Il résulte de cette équation que les deux quantités U et $\Sigma\,\tfrac{1}{2}\,mv^2$
sont complémentaires : elles représentent deux grandeurs
pouvant se transformer l'une dans l'autre.

La fonction U représente le travail que les forces intérieures du système sont susceptibles d'accomplir. C'est une grandeur qu'on peut considérer comme existant en puissance dans
l'état présent du système, et qui résulte de la position relative
de ses divers points. On la nomme *énergie potentielle* ou
énergie de position.

La somme des puissances vives est une quantité déterminée
par les vitesses des divers points à l'instant considéré. On lui
donne le nom d'*énergie cinétique* ou d'*énergie de mouvement.*

La somme de l'*énergie potentielle* et de l'*énergie cinétique* constitue l'*énergie totale* ; par conséquent, *lorsqu'un système n'est soumis à aucune force extérieure, son énergie totale reste constante.*

C'est le théorème connu sous le nom de *conservation de l'énergie.*

2. Travail des forces extérieures. — Lorsque le système est soumis simultanément à l'action de forces intérieures et extérieures, l'équation des puissances vives devient

$$\Sigma\mathfrak{C}F_{int} + \Sigma\mathfrak{C}F_{int.} = \delta\Sigma\frac{1}{2}mv^2.$$

Si le corps passe de l'état (1) à l'état (2), on aura comme précédemment

$$\Sigma\mathfrak{C}F_{int.} = U_1 - U_2$$

et par conséquent

$$\Sigma\mathfrak{C}F_{ext.} + U_1 - U_2 = \delta\Sigma\frac{1}{2}mv^2.$$

ou

$$(1) \qquad \Sigma\mathfrak{C}F_{ext.} = \left[\Sigma\frac{1}{2}mv_2^2 + U_2\right] - \left[\Sigma\frac{1}{2}mv_1^2 + U_1\right] = \delta W$$

en désignant par δW la variation de l'énergie intérieure du système considéré.

La variation de l'énergie d'un système est égale à la somme des travaux des forces extérieures.

Si δW est positif, l'énergie du système a augmenté sous l'action des forces extérieures.

Si δW est négatif, cela veut dire que le système a fourni de l'énergie à l'extérieur.

3. Énergie calorifique. — L'expérience apprend que dans les phénomènes de choc et de frottement, l'énergie de mouvement visible fait place à un développement de chaleur.

Il existe entre le travail de la force et la quantité de chaleur correspondante un rapport constant auquel on a donné le nom d'*équivalent mécanique de la chaleur.* On peut donc considérer les quantités de chaleur cédées comme équivalentes à un travail produit; si une certaine quantité de chaleur Θ venant du dehors pénètre dans le corps, elle augmentera l'énergie du corps d'une quantité $J\,\Theta$, en désignant par J l'équivalent mécanique de la chaleur. On aura :

$$\delta\,W = \Sigma \tau F_{\text{ext.}} + J\,\Theta.$$

Si au contraire le corps dégage une certaine quantité de chaleur Θ', son énergie sera diminuée de $J\,\Theta'$, et l'on aura :

$$\delta\,W = \Sigma \tau F_{\text{ext.}} - J\,\Theta'.$$

C'est-à-dire *que dans tout système la variation de l'énergie est égale à la somme des travaux des forces extérieures, plus ou moins la quantité de chaleur absorbée ou dégagée.*

4. Généralisation du principe de la conservation de l'énergie. — Le principe d'équivalence du travail et de la chaleur a été démontré par des expériences directes, lorsqu'il s'agit de puissances vives immédiatement mesurables et du travail extérieur des machines.

On a été conduit à généraliser ce principe d'équivalence en l'étendant à toutes les modifications physiques ou chimiques que peut subir la matière. Il a été vérifié expérimentalement dans les circonstances les plus variées, et l'application qui en a été faite à l'étude des phénomènes naturels a été le point de départ de tous les progrès réalisés dans les sciences physiques.

Le principe de la conservation de l'énergie paraît donc aussi nécessaire que celui de la conservation de la matière sur lequel est fondée la chimie moderne.

Il en résulte cette conséquence importante : que toutes les manifestations physiques telles que la chaleur, l'électricité, le magnétisme, la lumière, que tous les phénomènes de combinaisons et de décompositions chimiques ne sont que des formes différentes de l'énergie, susceptibles de s'équivaloir et d'être rapportées à une même unité.

L'énergie étant indestructible, quand elle quitte une forme

c'est pour se retrouver en totalité sous une ou plusieurs autres formes.

5. Ce qu'on appelle l'énergie dissipée ou dégradée. — Mais, au point de vue des applications, la forme sous laquelle se trouve l'énergie n'est pas indifférente.

Nous venons de voir que, dans tout système matériel, la variation de l'énergie est égale à la somme des travaux des forces extérieures, plus ou moins la quantité de chaleur absorbée ou dégagée. Or, s'il est relativement facile de transformer tout le travail en chaleur, il n'existe aucun moyen, en notre pouvoir, de transformer toute la chaleur en travail. L'expérience indique que dans toutes les transformations industrielles de l'énergie il y en a toujours une certaine portion qui prend une forme non utilisable directement. Cette quantité doit être considérée comme perdue pour les applications. C'est ce que l'on appelle l'énergie *dissipée* ou *dégradée*.

Le *coefficient économique* ou *rendement* d'un appareil de transformation est le rapport de la quantité d'énergie utilisable à la quantité totale d'énergie qui lui a été fournie. Ce coefficient est toujours inférieur à l'unité. Il en différera d'autant moins que les appareils de transformation seront plus parfaits.

6. Champ de force. — On appelle *champ de force* toute partie de l'espace jouissant de propriétés telles que le déplacement d'une masse de nature définie, entre deux points du champ, corresponde à un travail.

Lorsque le déplacement se fait sous l'influence et dans la direction de la force résultante, il y a *production de travail* ; si le déplacement a lieu à l'encontre de la force, il y a *dépense de travail*.

7. Ligne de force. — On appelle *ligne de force* une ligne tangente en chaque point à la direction de la force qui passe en ce point. Il résulte de cette définition qu'en chaque point du champ passe une ligne de force et une seule.

8. — On appelle **Intensité du champ en un point** ou

force en un point du champ la résultante de toutes les actions
qui s'exercent sur l'unité de masse placée en ce point. En vertu
de cette définition, si l'on désigne par h l'intensité du champ
en un point, une masse μ placée en ce point sera soumise à
l'action d'une force μh.

9. Potentiel. — Considérons un point de masse μ placé à
la distance r d'un autre point de masse m.

Si la distance des deux points varie en vertu de leur action
réciproque, le travail $\mathfrak{C}F$ de la force, pendant ce déplacement,
aura pour expression :

$$\mathfrak{C}\,F = \mu m \int \varphi \left(\frac{1}{r}\right) dr,$$

ou comme :

$$dr = -r^2\, d\,.\,\frac{1}{r}$$

$$\mathfrak{C}\,F = -\mu \int r^2 \varphi \left(\frac{1}{r}\right) d\,.\,\frac{m}{r}\,.$$

Si la masse μ est soumise à l'action de plusieurs masses m',
m'', m''', en répétant le même raisonnement sur chacune d'elles
et en faisant la somme on aura :

$$\Sigma\mathfrak{C}F = -\mu\,\Sigma \int r^2 \varphi \left(\frac{1}{r}\,d\,.\right) \frac{m}{r}\,.$$

Si nous posons :

$$(1) \qquad \Sigma \int r^2 \varphi \left(\frac{1}{r}\right) d\,.\,\frac{m}{r} = V$$

le travail des forces correspondant au déplacement de la masse
μ du point A au point B du champ, aura pour expression :

$$2) \qquad [\mathfrak{C}F]_A^B = -\mu\,(V_B - V_A) = \mu\,(V_A - V_B)$$

C'est-à-dire que le travail accompli est égal au produit de la
masse μ par la différence des valeurs V_A et V_B que prend, aux
deux points considérés, une même fonction V des coordonnées
de ces points.

Il est donc indépendant du chemin que suit la masse μ pour passer de A en B.

La fonction V joue un rôle important dans l'étude des phénomènes physiques ; on lui donne le nom de *potentiel*.

Pour $\mu = 1$, l'équation (2) devient :

$$V_A - V_B = [\mathfrak{G}F]_A^B$$

c'est-à-dire *que la différence du potentiel* $(V_A - V_B)$ *de deux points* A *et* B *d'un champ de force a pour mesure le travail que peut accomplir l'unité de masse en passant de* A *en* B. L'unité de différence de potentiel est la différence de potentiel qui existe entre deux points quand l'unité de masse produit l'unité de travail en passant de l'un à l'autre.

La fonction V, étant définie par une intégrale, n'est connue qu'à une constante près, et sa valeur absolue ne peut être déterminée ; on ne peut mesurer que ses variations. Lorsqu'on parle du potentiel d'un point, on entend parler de la différence de potentiel qui existe entre ce point et un autre pris comme origine ; de même qu'on définit le niveau où se trouve une masse pesante en indiquant sa distance verticale au dessus ou au dessous d'un plan de comparaison choisi arbitrairement comme zéro. D'une façon absolue le potentiel ne peut être nul qu'à une distance infinie des masses agissantes, c'est-à-dire que *le potentiel en un point est le travail que l'unité de masse placée en ce point pourrait effectuer en s'éloignant à l'infini*, ou le travail qu'il faudrait dépenser pour amener l'unité de masse de l'infini en ce point.

Une masse μ placée en un point dont le potentiel est V a une énergie potentielle égale à μV.

Le produit $\mu\,(V_A - V_B)$ exprime la variation d'énergie potentielle de la masse μ lorsqu'elle passe du point A au point B : cette variation est égale au travail des forces du champ pendant le même temps.

10. Surfaces équipotentielles. — Le lieu des points pour lesquels on a $V =$ constante est une surface que l'on nomme *équipotentielle* ou *surface de niveau*. Il résulte de cette définition que si une masse se déplace sur une surface de niveau, le travail dû aux forces du champ est nul. Pour que cette condition soit remplie, il faut et il suffit que la force résultante soit, en chaque point, normale au chemin parcouru, c'est-à-dire à la surface de niveau passant en ce point.

Une ligne de force est donc normale aux surfaces de niveau successives.

11. Expression de l'intensité du champ en fonction du potentiel. — Considérons deux surfaces de niveau infiniment voisines dont les potentiels sont V et $V + dV$, et désignons par h_x la composante de la force au point M suivant une direction x quelconque.

Soit dx la distance des deux surfaces, mesurée suivant cette direction x. Le travail produit par cette force h_x sur l'unité de masse passant de M en M' est égal à $h_x dx$; on aura donc :

$$h_x\, dx = V - (V + dV)$$

$$h_x = -\frac{dV}{dx}\cdot$$

Ainsi *la composante de l'intensité du champ suivant une direction quelconque est égale et de signe contraire à la dérivée du potentiel suivant cette direction.*

Par conséquent la force résultante, ou l'intensité totale du champ en un point, est égale et de signe contraire à la dérivée du potentiel suivant la normale à la surface de niveau, c'est-à-dire suivant la ligne de force qui passe en ce point. Elle est dirigée dans le sens où le potentiel diminue.

X, Y, Z étant les composantes de la force suivant trois axes rectangulaires, comme on a $X = -\frac{dV}{dx}$, $Y = -\frac{dV}{dy}$, $Z = -\frac{dV}{dz}$ et $h = \sqrt{X^2 + Y^2 + Z^2}$, on aura

$$h = \sqrt{\left(\frac{dV}{dx}\right)^2 + \left(\frac{dV}{dy}\right)^2 + \left(\frac{dV}{dz}\right)^2}.$$

12. La force varie en raison inverse du carré de la distance. — Dans le champ d'une masse unique placée en un point O, les lignes de force sont les droites émanant de ce point dans toutes les directions. Les surfaces équipotentielles étant normales aux lignes de force, sont des sphères concentriques décrites du point O comme centre. La force par unité de surface en un point P du champ sera inversement proportionnelle à la surface de la sphère qui passe en ce point, c'est-à-dire inversement proportionnelle au carré de la distance $OP = r$.

L'action réciproque de deux masses égales à l'unité est donc exprimée par $\dfrac{1}{r^2}$.

En faisant $\varphi\left(\dfrac{1}{r}\right) = \dfrac{1}{r^2}$ dans l'équation **(1)**, il vient

$$V = \Sigma\,\frac{m}{r}\,.$$

Ainsi dans le cas où la force varie en raison inverse du carré de la distance, *le potentiel en un point est égal à la somme des quotients obtenus en divisant chacune des masses agissantes par sa distance au point considéré.*

13. Théorème de Green. — Considérons une masse m placée au point O à l'intérieur d'une surface fermée convexe.

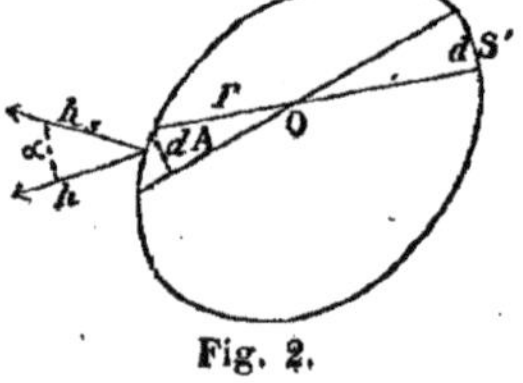

Fig. 2.

Par le point O comme sommet décrivons un cône d'ouverture infiniment petite $d\omega$. Ce cône découpera sur la surface deux éléments dS et dS'.

Soient dA et dA' les sections droites correspondantes du cône.

Désignons par :

r la distance de ds au point O ;

h la valeur de la force résultante en dS ;

dA étant un élément de surface équipotentielle, h est normal à dA ;

h_1 la composante de la force suivant la normale à dS ;

α l'angle des deux forces h et h_s, angle égal à celui des deux éléments de surface dA et dS.

On aura :

$$\left.\begin{array}{l} h_s = h \cos \alpha \\ dS \cos \alpha = dA \end{array}\right\} \quad \text{d'où } h_s\, dS = h\, dA.$$

D'autre part

$$\left.\begin{array}{l} h = \dfrac{m}{r^2} \\ dA = r^2\, d\omega \end{array}\right\} \quad h\, dA = m\, d\omega$$

$$h_s\, dS = m\, d\omega.$$

On aurait de même pour l'élément dS'

$$h'_s\, dS' = m\, d\omega$$

et pour la surface entière

$$\int h_s\, dS = m \int d\omega = 4\,\pi\, m.$$

Si on appelle *flux de force* à travers un élément de surface le produit de la surface dS par la composante de la force normale à cet élément, on pourra énoncer la proposition suivante :

Le flux total de force émis par une masse m *placée à l'intérieur d'une surface est égal au produit de cette masse par* 4π.

Le flux de force sera *positif* si la force est dirigée de l'intérieur à l'extérieur de la surface ; il sera *négatif* dans le cas contraire.

Considérons maintenant une masse m située en un point O à l'extérieur de la surface S.

Le cône infiniment petit $d\omega$ intercepte sur la surface deux éléments dS et dS', et en désignant par h_s et h'_s les composantes normales à dS et dS', on aura comme tout à l'heure $h_s dS = h'_s dS' = md\omega$.

C'est-à-dire que le flux de force qui sort de la surface est égal à celui qui y entre, ou, en tenant compte des signes, que le flux total est nul.

Ces résultats sont vrais quelle que soit la forme de la surface. Lorsque la masse m est à l'intérieur, chaque nappe du cône $d\omega$ découpe un

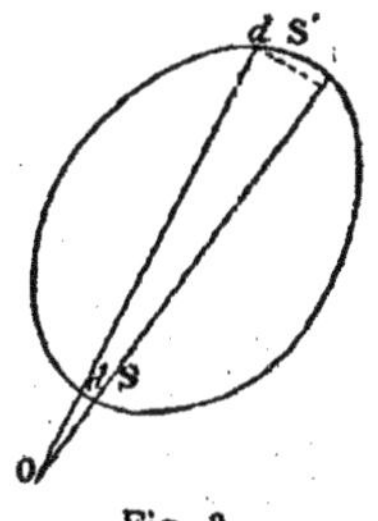

Fig. 3.

nombre impair d'éléments et le flux total est toujours $4\pi m$. Lorsque la masse est à l'extérieur, chaque nappe découpe un nombre pair d'éléments et le flux total est nul. Si, au lieu d'une seule masse agissante, il en existe un nombre quelconque dont les unes sont placées à l'intérieur et les autres à l'extérieur, en désignant par M la somme algébrique des masses élémentaires comprises dans la surface, comme le flux de force correspondant aux masses extérieures est nul, on a encore $\int h_s \, dS = 4\pi \, M$.

Le flux de force qui traverse une surface fermée, c'est-à-dire la différence entre le flux de force qui sort et celui qui entre, est égal à la somme algébrique des masses intérieures $\times \, 4\pi$.

En désignant par n la normale à la surface S, on aura $h_s = - \dfrac{dV}{dn}$, et le théorème de Green sera exprimé par l'équation $- \int \dfrac{dV}{dn} \, ds = 4\pi \, M$.

14. Equation de Poisson. — Considérons une surface fermée quelconque, à l'intérieur de laquelle se trouvent des masses agissantes. Soit $dx \, dy \, dz$ un élément du volume limité par la surface, et dM la masse totale contenue dans l'élément considéré.

En désignant par ρ la densité de l'élément, on aura :

$$d\,M = \rho \, dx \, dy \, dz.$$

Soient X, Y, Z les composantes de la force au point considéré. Le flux de force qui entre par la surface $dy \, dz$ est :

$$X \, dy \, dz.$$

Le flux de force qui sort par la face opposée est :

$$(X + dX) \, dy \, dz.$$

La différence des deux flux :

$$\frac{dX}{dx} \, dx \, dy \, dz = - \frac{d^2V}{dx^2} \, dx \, dy \, dz.$$

En répétant le même raisonnement pour les deux autres

composantes Y et Z, on voit que l'excès du flux qui sort de l'élément sur celui qui y entre a pour expression :

$$-\left[\frac{d^2V}{dx^2} + \frac{d^2V}{dy^2} + \frac{d^2V}{dz^2}\right] dx\ dy\ dz$$

ou :

$$-\ \Delta V\ dx\ dy\ dz$$

en représentant par le symbole ΔV la somme des dérivées secondes du potentiel par rapport aux trois axes coordonnés.

En vertu du théorème de Green, le flux de force qui sort de la surface est égal à $4\pi dM$ ou $4\pi\rho\ dx\ dy\ dz$. On aura donc

$$\Delta V = -\ 4\pi\rho.$$

C'est l'*équation de Poisson*.

Si l'élément de volume ne contient aucune masse agissante, $\rho = o$ et l'on a $\Delta V = o$.

C'est l'*équation de Laplace*.

15. Tubes de force. — Dans un champ de force considérons une surface de niveau A et par le contour d'un élément dA de cette surface menons une série de lignes de force. Par définition ces lignes sont normales à l'élément dA et coupent à angle droit toutes les surfaces de niveau du champ.

Un canal orthogonal limité par des lignes de force s'appelle un tube de force.

Considérons un tube de force compris entre deux surfaces de niveau A et A′ et appliquons le théorème de Green à la surface fermée $abb'a'$. Si elle ne contient aucune masse agissante, la différence entre le flux de force qui pénètre dans la surface et celui qui en sort est nulle. Comme, d'ailleurs, la force est en chaque point tangente à la paroi du canal orthogonal, le flux de force qui traverse cette paroi est nul. On en conclut que les flux de force qui traversent les deux bases ab et $a'b'$ sont égaux, c'est-à-dire qu'on a :

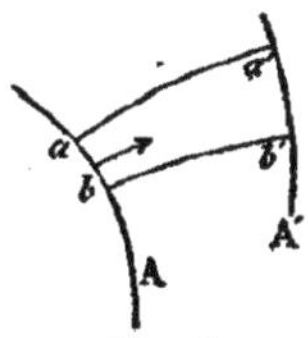

$$hd\,\mathrm{A} = h'd\,\mathrm{A}' = \text{constante}.$$

Fig. 4.

Le flux de force qui se propage dans un tube de force ne contenant aucune masse agissante est constant.

La force en chaque point du tube est en raison inverse de sa section.

15. Théorème de Coulomb. — Considérons un tube de force ayant pour base un élément dS d'une couche agissante de densité superficielle σ. Prolongeons le

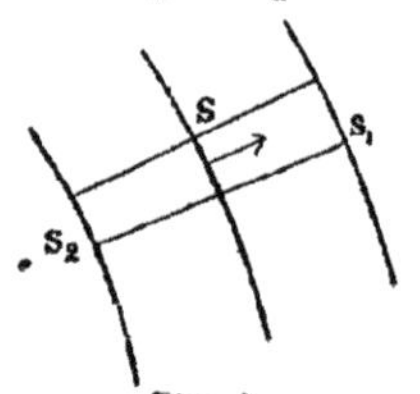

Fig. 5.

tube dans les deux sens et traçons les deux surfaces infiniment voisines S_1, S_2 comprenant la couche dS et telles que dS_1 et dS_2 soient parallèles à dS. Appliquons le théorème de Green à la surface fermée $S_2 S_1$. Cette surface contenant une masse intérieure σdS, le flux de force sortant de la surface est égal à $4\pi\sigma dS$. Si la force est nulle sur la face S_2; comme le flux de force latéral est également nul, on aura :

$$h \, dS_1 = 4\pi\sigma \, dS.$$

les deux éléments dS et dS_1 étant infiniment voisins et parallèles, on a $dS_1 = dS$, à un infiniment petit du second ordre près, et par conséquent :

$$h = 4\pi\sigma$$

comme $h = -\dfrac{dV}{dn}$

$$\sigma = \frac{h}{4\pi} = -\frac{1}{4\pi}\frac{dV}{dn}$$

équation donnant la valeur de la densité superficielle en un point, en fonction du flux de force par unité de surface en ce point.

16. Propagation de la force. — Considérons un tube de force coupant les surfaces de niveau successives S_1, S_2... et supposons que ces surfaces soient remplacées par des surfaces poreuses dont chaque élément serait traversé normalement par un fluide incompressible, avec une vitesse numériquement égale à la valeur de la force h en ce point. L'ensemble des trajectoires des molécules qui ont traversé au même instant un élément dS forme un filet liquide, qui se détache normalement et présente le même débit dans toutes les sections successives. La quantité de liquide qui pénètre dans un élément de volume $dx\,dy\,dz$ en un point quelconque est égale à celle qui en sort.

Cette condition s'exprime en écrivant que l'accélération en ce point est nulle :

$$\frac{d\xi}{dx} + \frac{d\eta}{dy} + \frac{d\zeta}{dz} = 0$$

en désignant par ξ, η, ζ les composantes de la vitesse suivant les trois axes coordonnés.

En rapprochant cette équation de celle de Laplace :

$$\Delta V = 0 \quad \text{ou} \quad \frac{dX}{dx} + \frac{dY}{dy} + \frac{dZ}{dz} = 0,$$

on voit que la vitesse en chaque point dépendra d'une fonction des coordonnées satisfaisant aux mêmes conditions que le potentiel. Les lignes de flux liquide correspondent aux lignes de force et en chaque point la force et la vitesse du liquide auront la même valeur numérique.

On est ainsi conduit à assimiler la propagation de la force à l'écoulement d'un fluide incompressible dans un canal dont la paroi latérale est imperméable, c'est-à-dire qu'on admet que la force se propage d'une façon continue d'un point à un autre du champ en vertu d'une déformation élastique du milieu intermédiaire.

Dans cette hypothèse, la *conductibilité* ou la *perméabilité* du milieu pour les tubes de force est comparable à la perméabilité d'un corps poreux, qui a pour mesure, toutes choses égales d'ailleurs, la quantité de liquide qui traverse l'unité de surface dans l'unité de temps.

Cette manière d'envisager la propagation de la force, due à Faraday, est en complète harmonie avec le principe de la conservation de l'énergie. En effet, l'énergie étant indestructible comme la matière, il est naturel d'admettre que lorsqu'une certaine quantité d'énergie est transférée d'un point à un autre, la transformation s'accomplit d'une façon continue, et qu'on peut en suivre la trace dans le milieu intermédiaire. Dans cette manière de voir, l'énergie d'un système occupant une position déterminée dans le champ de force réside dans le milieu intermédiaire.

18. Représentation d'un champ de force. — Un champ de force est défini en chaque point par la direction et la grandeur de la force.

On peut le représenter soit par des surfaces de niveau, soit par des lignes de force.

Dans le premier cas, on trace des surfaces de niveau correspondant aux valeurs numériques du potentiel n, $(n-1)$, $(n-2)$..., c'est-à-dire telles que le transport de l'unité de masse d'une surface quelconque à la suivante corresponde à l'unité de travail.

En chaque point la force est dirigée suivant la normale à la surface de niveau qui passe en ce point, dans le sens où le potentiel diminue.

La valeur moyenne entre deux surfaces consécutives, d'indices $(m+1)$ et m, distantes de a, est donnée par l'équation :

$$ha = V_{m+1} - V_m = 1$$

On aura donc :

$$h = \frac{1}{a}$$

c'est-à-dire que *la valeur moyenne de la force entre deux surfaces équipotentielles successives est en raison inverse de leur distance.*

On peut également représenter le champ par des lignes de force.

En chaque point la direction de la force est donnée par celle de la ligne de force qui passe en ce point.

Pour définir l'intensité, on partage le champ en tubes de

force tels que le flux de force qui se propage dans chacun d'eux soit égal à l'unité, c'est-à-dire tels qu'on ait :

$$h\,S = 1 \quad \text{ou} \quad h = \frac{1}{S} \cdot$$

L'intensité de la force en un point du champ est donc en raison inverse de la section du tube de force qui passe en ce point, ou, ce qui revient au même, proportionnelle au nombre de tubes de force qui traversent l'unité de surface en ce point.

On nomme *champ de force uniforme* la partie de l'espace dans laquelle la force peut être considérée comme constante en grandeur et en direction.

Dans un champ de force uniforme les tubes de force auront une section constante sur toute leur étendue ; ce seront donc des cylindres, et les surfaces de niveau seront des plans parallèles équidistants, normaux à la direction des lignes de force.

CHAPITRE II

CHAMP MAGNÉTIQUE

Les actions qui s'exercent entre deux masses magnétiques en présence sont proportionnelles à ces masses et en raison inverse du carré de leur distance. Ces actions peuvent donc être assimilées à des forces centrales et la région de l'espace où elles se manifestent est un *champ magnétique* jouissant des propriétés générales des champs de force.

19. Champ magnétique terrestre. — Le champ magnétique le plus simple est le champ terrestre, qu'on peut considérer comme sensiblement uniforme dans un espace de petites dimensions par rapport au rayon du globe ; mais la direction et l'intensité du champ varient d'un point à un autre et changent avec le temps.

Un barreau aimanté suspendu librement par son centre de gravité et soustrait à toute action étrangère prend une direction déterminée dans l'espace. Cette direction est à peu près celle du sud au nord et elle est fortement inclinée sur l'horizon. On appelle *pôle nord* ou *positif* d'un aimant l'extrémité qui se dirige vers le nord, et *pôle sud* ou *négatif* celle qui se dirige vers le sud.

20. Axe et moment magnétiques. — L'action de la terre sur une aiguille aimantée ne donne lieu à aucune force de translation, c'est-à-dire qu'elle se réduit à un couple. Les points d'application des deux forces parallèles, égales et de sens contraires qui constituent le couple sont ce qu'on appelle

les pôles de l'aimant, et la ligne qui les joint est l'axe magnétique du barreau.

Pour le calcul des phénomènes, on peut donc se représenter
un barreau aimanté comme étant constitué par deux masses
magnétiques égales et de signes contraires placées aux deux
pôles. En désignant par m la masse magnétique de l'un des
pôles et par l la distance des deux pôles, le produit ml représente ce qu'on appelle le *moment magnétique* de l'aimant.

21. Champ magnétique quelconque. — Pour faire l'é-
tude d'un champ magnétique quelconque on pourrait employer
une petite aiguille aimantée, librement suspendue par son centre de gravité. L'aiguille s'orientera suivant la direction de la
ligne de force qui passe par son centre ; l'intensité de la force
sera déterminée, le moment magnétique de l'aiguille étant
supposé connu, si l'on observe la durée des oscillations
qu'elle fait avant d'arriver à sa position d'équilibre.

Ce procédé d'exploration d'un champ magnétique variable
est peu commode et en pratique on préfère se servir des *fantômes magnétiques*.

22. Fantômes magnétiques. — Pour étudier un champ
magnétique par cette méthode, on dispose horizontalement dans
la partie que l'on veut explorer une feuille de papier ou une
lame de verre. De la limaille de fer préalablement tamisée est
projetée sur la plaque à travers un morceau de mousseline.
Les petits grains de limaille, aimantés par influence, se placent
les uns à la suite des autres en files régulières suivant les lignes de force. Chacun des grains se comporte comme une
aiguille aimantée. En favorisant par de petites secousses
l'arrangement de la limaille, on obtient des lignes dont la direction en chaque point indique la direction de la force.

Si l'on se propose de conserver le fantôme, on recouvre la
plaque de verre d'une couche de paraffine. Quand la figure
est bien dessinée, on chauffe légèrement la plaque pour ra-
mollir la paraffine. Les particules de limaille se trouvent em-
prisonnées dans la couche de paraffine après son refroidissement.

Les files de limaille se rapprochent ou s'éloignent les unes des autres, suivant que l'intensité magnétique va en croissant ou en diminuant dans la partie du champ qu'elles traversent, de sorte que l'espacement des lignes dessinées par la limaille en un point peut servir à apprécier grossièrement la grandeur de la force magnétique agissant en ce point. La méthode à suivre pour déterminer exactement l'intensité d'un champ magnétique en un point sera indiquée plus loin.

Si nous examinons le champ magnétique produit par un barreau aimanté [1], nous voyons que les lignes de force semblent prendre naissance à l'un des pôles du barreau ; elles s'épanouissent dans diverses directions et retournent à l'extrémité opposée pour se rejoindre à travers le barreau.

Les lignes de force sont des courbes fermées. Elles obéissent à deux lois qui ont été énoncées par Faraday :

1° Une ligne de force tend toujours à se raccourcir ;

2° Deux lignes de force de même sens se repoussent ; deux lignes de sens contraires s'attirent.

On peut se représenter une ligne de force comme un fil élastique dont les points d'attache sont ceux où elle pénètre dans l'aimant. En vertu de la première loi, cette ligne tend à coïncider avec la droite qui réunit les points d'attache ; mais comme, en vertu de la seconde loi, les lignes de même sens se repoussent, les lignes de force arrivent à prendre la forme curviligne qu'on observe sur les fantômes magnétiques.

On convient de prendre comme *sens positif* d'une ligne de force le sens dans lequel une masse de magnétisme nord ou positif tend à se déplacer sous l'action de la force magnétique.

23. Constitution des aimants. — En rompant un barreau aimanté on obtient deux fragments qui forment chacun un aimant complet, présentant deux pôles de même intensité et de noms contraires. Ce phénomène se répète indéfiniment, aussi loin qu'on pousse la division.

On en conclut :

---

1. On trouvera à la fin du présent chapitre la reproduction d'un certain nombre de fantômes magnétiques.

1º Qu'il est impossible d'obtenir une masse magnétique unique, c'est-à-dire qui ne soit pas associée à une autre masse magnétique égale et de signe contraire.

2º Que l'on peut considérer les aimants comme constitués par des molécules dont chacune serait un aimant infiniment petit ayant des masses $+m$ et $-m$ à ses extrémités, une longueur dl, et par suite un moment magnétique égal à mdl.

24. Intensité d'aimantation. — On appelle intensité d'aimantation en un point le quotient du moment magnétique d'un élément de volume en ce point par le volume lui-même, c'est-à-dire la valeur du moment par unité de volume. On aura ainsi

$$\Im = \frac{mdl}{dv} \quad \text{et} \quad m = \Im \frac{dv}{dl}\,.$$

L'intensité d'aimantation est définie par sa direction qui est celle de l'axe magnétique et par sa valeur numérique. Elle pourra donc être représentée en chaque point par une droite de direction et de longueur données.

Considérons deux éléments magnétiques placés dans le prolongement l'un de l'autre, en contact par leurs pôles de noms contraires. S'ils sont également aimantés, l'action sur un point extérieur se réduit à celle des deux extrémités libres. Il en sera de même pour une série de petits éléments magnétiques placés bout à bout. Un assemblage de particules aimantées dont l'action se réduit à celle des deux extrémités, constitue un *solénoïde magnétique simple*. L'intensité d'aimantation y est constante et tangente à l'axe. La densité magnétique est nulle dans toute l'étendue du solénoïde et l'action du solénoïde sur les points extérieurs se réduit à celle de deux masses magnétiques égales et de signes contraires placés aux deux extrémités.

En désignant par s la section du solénoïde, chacune des deux masses magnétiques situées aux extrémités a pour valeur absolue

$$m = \Im \frac{dv}{dl} \quad \text{ou} \quad m = \Im s.$$

25. Aimants solénoïdaux. — On pourra toujours tracer à l'intérieur d'un aimant des lignes tangentes en chaque point à l'axe magnétique et diviser ainsi l'aimant en solénoïdes simples aboutissant à la surface ou fermés sur eux-mêmes. Ceux-ci étant sans action sur un point extérieur, il n'y a pas de magnétisme libre à l'intérieur de l'aimant, il n'en existe qu'à la surface.

26. Définition des pôles. — Considérons l'action d'un barreau aimanté AOB sur une masse magnétique μ. Désignons par m', m'', m''' les extrémités positives des solénoïdes simples dont la réunion constitue le barreau aimanté. Les actions des masses positives m sur la masse μ pourront être remplacées par une résultante $\mu\beta$ appliquée en un point compris entre O et B.

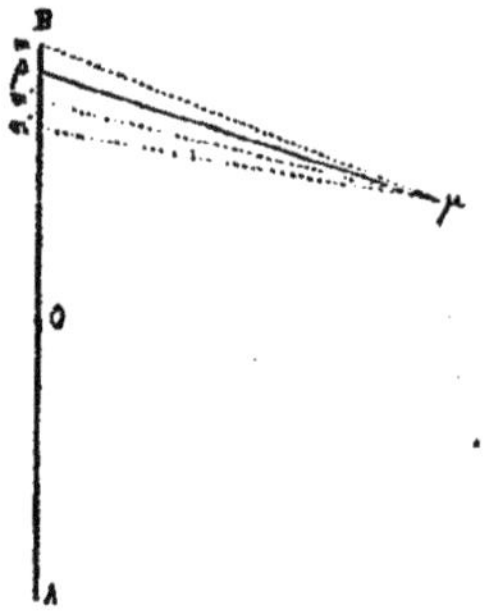

Pour un même barreau aimanté et une même masse μ le point d'application β changera avec la position de μ par rapport au barreau. Mais, si l'on suppose μ très éloigné, toutes les lignes $m\mu$ seront parallèles entre elles et le centre des forces parallèles sera ce qu'on appelle le *pôle positif* de l'aimant. Le *pôle négatif* se détermine de la même manière.

Fig. 6.

27. Feuillets magnétiques. — Un *feuillet magnétique* est formé par l'ensemble de deux surfaces infiniment voisines dont les éléments correspondants sont chargés de couches magnétiques égales et de signes contraires. Si l'on appelle σ la densité superficielle en un point et a la distance normale des deux surfaces en ce point, le produit $a\sigma = \Phi$ est la *puissance magnétique du feuillet* en ce point. Le feuillet est simple lorsque le produit $a\sigma$ est constant dans toute l'étendue du feuillet.

28. Potentiel d'un feuillet magnétique sur un point.

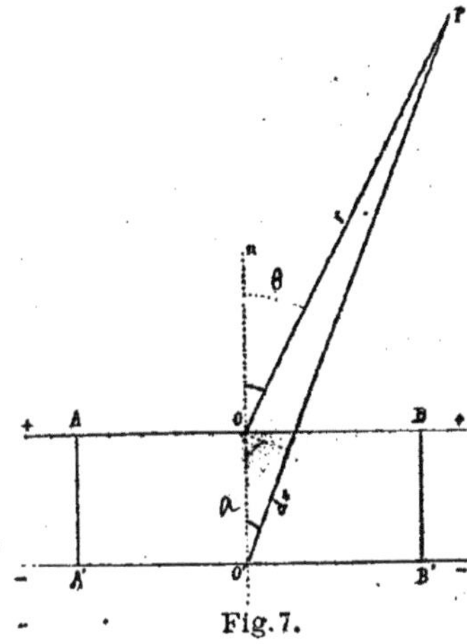

Fig. 7.

— Pour calculer le potentiel d'un feuillet magnétique de puissance $\Phi = a\sigma$ sur un point P, que nous supposons situé du côté de la face positive, considérons un élément de feuillet ABB'A' de surface ds.

Soit r la distance du point P au centre O de la face AB, $r + dr$ celle du point P au centre O' de la face A'B'. Le potentiel en P dû à cet élément de feuillet a pour expression :

$$dV = \frac{\sigma ds}{r} - \frac{\sigma ds}{r + dr} = \sigma\, ds\,.\,\frac{dr}{r^2}\,;$$

θ étant l'angle que fait la droite PO avec la normale On, on a

$$dr = a \cos\theta$$

et par suite

$$dV = a\sigma\, \frac{ds \cos\theta}{r^2} = \Phi\, \frac{ds \cos\theta}{r^2}.$$

Si du point P comme sommet nous décrivons un cône par le contour AB et si nous désignons par $d\omega$ l'angle à son sommet, la section droite, en O, de ce cône a pour valeur $r^2 d\omega$. On a d'ailleurs

$$r^2 d\omega = ds \cos\theta$$

par conséquent

$$dV = \Phi d\omega.$$

Si le feuillet est simple, c'est-à-dire si Φ est constant dans toute l'étendue du feuillet, le potentiel en P dû au feuillet sera

$$V = \Phi\omega$$

ω est l'angle sous lequel le point P voit la face positive du feuillet. Cet angle solide a pour mesure la surface que le cône limité au contour du feuillet découpe sur une sphère de rayon égal à l'unité.

Le potentiel dû à un feuillet magnétique simple en un point P, extérieur, est égal au produit de la puissance magnétique du feuillet par l'angle solide sous lequel le point P voit la face positive du feuillet.

Le potentiel est donc indépendant de la forme du feuillet et ne dépend que de sa puissance et de son contour.

29. Energie d'un système magnétique dans le champ d'un feuillet. — Nous venons de voir qu'au point P le potentiel dû à un élément de feuillet a pour valeur $d\mathrm{V} = \dfrac{\Phi ds \cos \theta}{r^2}$.

Si au point P se trouve une masse magnétique m, l'énergie potentielle de cette masse, due à l'élément ds, sera

$$d\mathrm{W} = m.\ \frac{\Phi\, ds \cos \theta}{r^2}\ ;$$

$\dfrac{m}{r^2}$ est la force résultante que la masse m exerce au point O et $\dfrac{m}{r^2}\cos\theta$ la composante de cette force suivant la normale à l'élément ds.

Si nous désignons cette composante par h_s, nous aurons

$$d\mathrm{W} = \Phi h_s ds$$

$h_s ds$ est le flux de force qui traverse l'élément ds en pénétrant par sa face positive. Si on suppose que le champ est partagé en tubes de force tels que le flux de force qui se propage dans chacun d'eux soit égal à l'unité, l'intensité de la force en un point a pour mesure le nombre de ces tubes de force qui traversent l'unité de surface en ce point ; $h_s ds$ représente donc le nombre des tubes de force qui traversent l'élément ds en pénétrant par la face positive.

Par conséquent l'énergie potentielle de la masse m, dans le champ du feuillet de surface s, aura pour valeur

$$\mathrm{W} = \Phi \mathrm{N}$$

en désignant par N le nombre des tubes de force issus de la

masse m qui traversent le feuillet en pénétrant par sa face positive.

L'énergie d'un système magnétique étant égale à la somme des énergies des masses qui le composent, l'expression $W = \Phi N$ s'applique à un système quelconque.

Si la position relative du feuillet et du système magnétique se modifie, la valeur de W changera.

Si dW est positif, cela veut dire que l'énergie du système a augmenté sous l'action des forces extérieures.

Si dW est négatif, cela veut dire que l'énergie du système a diminué, parce qu'il a fourni un travail extérieur.

Si nous désignons par $\mathfrak{C}$ le travail que le système magnétique peut exécuter en se déplaçant sous l'action des forces qui le sollicitent, $d\mathfrak{C}$, travail exécuté par le système pendant un instant infiniment petit, sera égal et de signe contraire à dW, variation de son énergie potentielle pendant le même temps :

$$d\mathfrak{C} = - \, d\mathrm{W}$$

et puisque

$$\mathrm{W} = \Phi \mathrm{N}, \quad d\mathfrak{C} = - \, \Phi d\mathrm{N} = \Phi \, (- \, d\mathrm{N}).$$

Si dN représente la variation du no mbre des tubes de force qui pénètrent par la face positive du f euillet, $(- \, d$N$)$ représente la variation du nombre des tubes d e force qui pénètrent par sa face négative.

Le travail fourni par un déplac ement relatif du système magnétique et du feuillet est égal au produit de la puissance magnétique du feuillet par la variation du nombre des tubes de force qui émanent du système et pénètrent dans le feuillet par sa face négative.

La variation d'énergie du système est égale au même produit pris en signe contraire.

À l'avenir, lorsque nous parlerons de la variation du nombre des tubes de force, nous entendrons *la variation du nombre des tubes de force qui pénètrent par la face négative d'un feuillet.* En d'autres termes, nous convenons de représenter par $+$ N le nombre des tubes qui pénètrent par la face négative, c'est-à-dire suivant la direction de la force.

30. Energie relative de deux feuillets. — Si le système magnétique est un second feuillet de puissance Φ', le nombre des tubes de force issus de ce feuillet qui vont traverser le feuillet AB est proportionnel à Φ'. On a donc

$$N' = M'\Phi'$$

par conséquent

$$W' = - \Phi\Phi'M'$$

est l'énergie du feuillet A'B' dans le champ de AB. M' représente le nombre des tubes de force qui seraient envoyés par A'B' à travers AB, si la puissance de A'B' était égale à l'unité.

L'énergie du feuillet AB dans le champ de A'B' aura de même pour expression

$$W = - \Phi\Phi'M$$

Ces deux expressions de l'énergie du système des deux feuillets étant nécessairement égales, on en conclut

$$M = M'$$

c'est-à-dire que *lorsque deux feuillets magnétiques de puissances égales à l'unité sont en présence, le nombre des tubes de force qui émanent de l'un pour traverser l'autre est le même pour tous les deux.*

Si la position relative des deux feuillets change, ou si leurs puissances varient, le travail correspondant à cette modification sera comme précédemment

$$d\mathcal{C} = - \, dW = d\,(\Phi\Phi'M)$$

c'est-à-dire égal à la variation du nombre des tubes de force qui émanent de l'un des feuillets et pénètrent dans le second par sa face négative.

31. Champ magnétique d'un courant électrique. — Lorsqu'on approche d'une aiguille aimantée un conducteur dans lequel circule un courant électrique, l'aiguille est déviée de sa position d'équilibre (expérience d'Œrsted).

L'espace qui entoure un courant électrique peut donc être considéré comme un champ magnétique qui sera défini par la direction et l'intensité de la force en chacun de ses points.

32. Courant rectiligne indéfini. — Un courant est toujours fermé, mais lorsque la portion rectiligne du courant est très longue par rapport à la distance de l'aiguille au conducteur, et que le reste du circuit est assez éloigné pour être sans action appréciable sur l'aiguille, l'effet observé peut être assimilé à celui d'un courant rectiligne indéfini.

L'action d'un courant rectiligne indéfini sur un pôle est normale au plan qui passe par le courant et le pôle et en raison inverse de la distance du courant au pôle (expériences de Biot et Savart).

Si on répand de la limaille de fer sur une lame de verre traversée normalement par un courant rectiligne indéfini, la limaille se distribue en cercles concentriques à la trace du courant. Un observateur, placé de telle sorte que le courant entre par ses pieds et sorte par sa tête, verra le pôle nord d'une aiguille aimantée se porter à sa gauche, c'est-à-dire en sens inverse des aiguilles d'une montre. Comme, toutes choses égales d'ailleurs, l'action magnétique exercée par le courant change lorsque son intensité varie, on a été amené à prendre cette action magnétique comme mesure de l'intensité du courant.

33. Solénoïde. — Un solénoïde est un système de courants fermés, infiniment petits et infiniment rapprochés, égaux et équidistants, normaux à la ligne qui joint leurs centres. Ampère a démontré expérimentalement que l'action d'un solénoïde droit est équivalente à celle d'un aimant linéaire dont les pôles seraient aux deux extrémités de l'axe du solénoïde. Quand on change le sens du courant les pôles changent de signe.

Le sens de l'axe magnétique de l'aimant équivalent se détermine par la règle suivante : Un observateur placé sur une normale au plan du courant, de telle sorte qu'il voie le courant circuler dans le sens des aiguilles d'une montre, a devant lui la face sud ou négative. Le moment magnétique du solénoïde est proportionnel à l'intensité i du courant, à la surface s de l'un des courants élémentaires et au nombre n de ces courants. En désignant par ml le moment de l'aimant équivalent on aura donc :

$$ml = knis.$$

Le coefficient k dépend de l'unité d'intensité qu'on aura choisie ; si on le détermine de telle sorte que $k = 1$, il vient :

$$ml = nis,$$

a étant la distance de deux courants successifs, $l = na$; et par suite :

$$m = \frac{is}{a} \cdot$$

Cette relation étant indépendante de la longueur totale du solénoïde, chacun des courants élémentaires pourra être remplacé par un aimant de longueur a dont le moment magnétique $ma = is$. La densité magnétique superficielle des bases sera :

$$\sigma = \frac{m}{s} \quad \text{ou} \quad \sigma = \frac{i}{a} \cdot$$

34. Equivalence d'un courant électrique et d'un feuillet magnétique. — Partageons la surface S, limitée au courant, en éléments dS, et supposons que le contour de

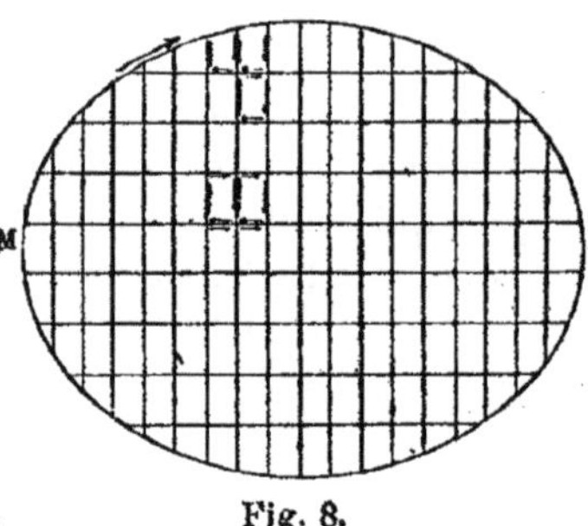

Fig. 8.

chacun d'eux soit parcouru par un courant de même intensité et de même sens que le courant qui circule dans le contour MN. Le système formé par ces courants élémentaires est équivalent au courant donné ; en effet chacune des lignes intérieures qui séparent deux éléments contigus est le siège de deux courants égaux et de sens contraires qui s'annulent, et il ne reste que les portions extérieures situées sur le périmètre MN.

D'après le paragraphe précédent, chacun des courants élémentaires peut être remplacé par un petit aimant de longueur a dont le moment magnétique $a\sigma dS = i dS$. L'action magnétique du courant sur un point extérieur est donc équivalente à celle de deux couches magnétiques parallèles, égales et de signes contraires, placées à la distance a l'une de l'autre, c'est-à-dire à un feuillet magnétique (23) dont la puissance $\Phi = a\sigma$ et, comme $\sigma = \dfrac{i}{a}$ (28), on a $\Phi = i$, donc :

L'action d'un courant sur un point extérieur peut être remplacée par celle d'un feuillet magnétique dont la puissance est numériquement égale à l'intensité du courant et dont le contour est le même que celui du courant, c'est le théorème-d'Ampère.

Cette équivalence a été vérifiée expérimentalement dans toutes les conséquences qu'on peut en déduire, et on pourra, en appliquant aux courants ce qui a été démontré pour un feuillet, (25) énoncer le théorème suivant :

Le travail fourni par le déplacement relatif d'un système magnétique et d'un courant est égal au produit de l'intensité du courant par la variation du nombre des tubes de force qui émanent du système magnétique et pénètrent dans le contour du courant par sa face négative. La face négative du courant est celle pour laquelle l'observateur voit le courant circuler dans le sens des aiguilles d'une montre.

36. Bobine cylindrique. — Considérons une surface cylindrique de section S et de longueur l, sur laquelle est enroulé en hélice un fil conducteur traversé par un courant. Chacune des spires peut être remplacée par un feuillet de même contour et de puissance magnétique $\Phi = i$. Si n désigne le nombre des spires enroulées sur la longueur l, l'épaisseur du feuillet sera $\dfrac{l}{n}$ et la densité magnétique superficielle $\sigma = \dfrac{ni}{l}$ (29). Les feuillets dont l'ensemble est équivalent au système de courants hélicoïdaux étant en contact par leurs faces de noms contraires, leur action extérieure se réduit à celle des deux faces extrêmes,

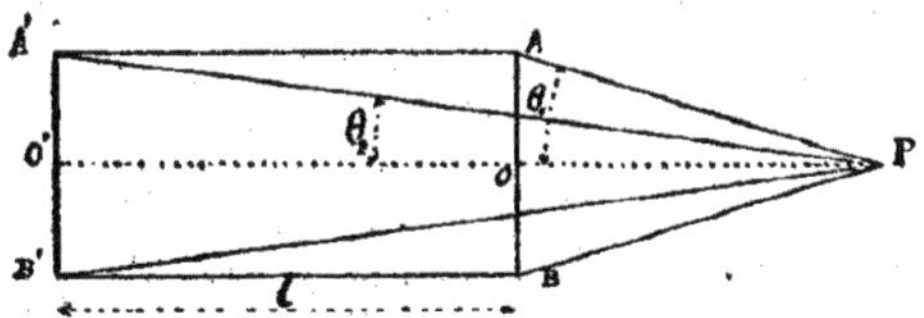

Fig. 9.

c'est-à-dire à celle de deux masses magnétiques $+ \text{M}$ et $- \text{M}$ égales et de signes contraires uniformément répandues sur les bases du cylindre. $\text{M} = \dfrac{ni}{l}\, \text{S}$.

La force résultante en un point P extérieur situé sur l'axe, du côté de la face positive, a pour mesure

$$\mathcal{H} = \frac{ni}{l}\,(\omega_1 - \omega_2),$$

ω_1 et ω_2 étant les angles solides sous lesquels le point P voit les bases AB et A′B′. Si le cylindre est à base circulaire, en désignant par θ_1 et θ_2 les angles plans que font les droites PA, P′A′ avec la direction positive O′P de l'axe, on aura

$$\omega_1 = 2\pi\,(1 - \cos\theta_1)\,;\ \omega_2 = 2\pi\,(1 - \cos\theta_2).$$

$$\mathcal{H} = \frac{2\pi ni}{l}\,(\cos\theta_1 - \cos\theta_2).$$

Si le point P est à l'intérieur on aura

$$\omega_1 = 2\pi\,(1 - \cos(2\pi - \theta_1)) = 2\pi\,(1 + \cos\theta_1),$$

$$\omega_2 = 2\pi\,(1 - \cos\theta_2),$$

$$\mathcal{H} = \frac{2\pi ni}{l}\,(\cos\theta_1 + \cos\theta_2).$$

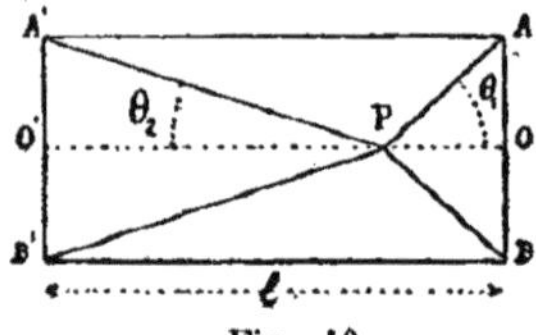

Fig. 10.

L'intensité du champ est maximum pour $\theta_1 = \theta_2$, c'est-à-dire au centre du cylindre.

Si le cylindre est très long relativement à son diamètre, $\cos\theta_1$ et $\cos\theta_2$ diffèrent assez peu de l'unité pour qu'on puisse prendre $\mathcal{H} = \dfrac{4\pi ni}{l}$.

36. Bobine plate. — Si la longueur l de la bobine est très petite par rapport à son rayon a, on aura au centre

$$\cos\theta_1 + \cos\theta_2 = \frac{1}{\sqrt{\dfrac{a^2}{l^2} + \dfrac{1}{4}}}\,;\ \text{cette somme diffère très peu de } \frac{l}{a},$$

et on aura, dans ce cas, au centre de la bobine

$$\mathcal{H} = \frac{2\pi ni}{a}.$$

37. Bobine annulaire. — Considérons un anneau de révolution recouvert de n courants égaux équidistants, situés

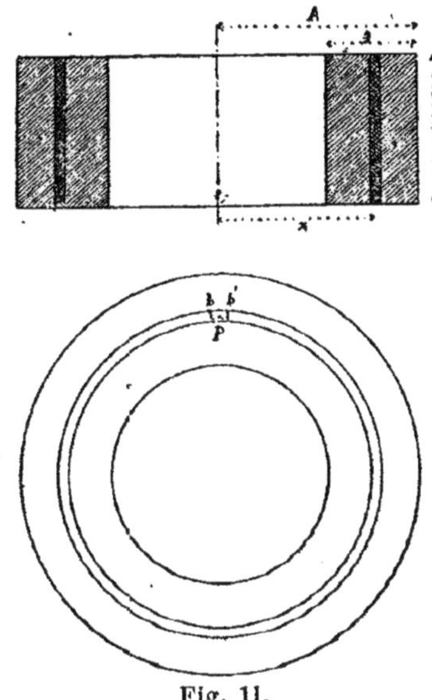

chacun dans un plan passant par l'axe. Le système peut être décomposé en solénoïdes élémentaires fermés sur eux-mêmes. Leur action sur un point extérieur sera nulle. Le flux de force magnétique sera le même pour toutes les sections du solénoïde. Pour le déterminer, supposons qu'on ait coupé un des courants élémentaires ; l'unité de masse positive placée en P, dans la cavité bb', serait soumise à l'action de deux couches magnétiques $+m$ et $-m$ répandues sur les bases b et b' : la force

Fig. 11.

magnétique due à chacune des faces sera $2\pi m$, puisque par hypothèse le point P est très voisin de b et b', et la force totale sera $4\pi m$; on a d'ailleurs $m = \dfrac{ni}{2\pi x}\,ds$. Le flux de force dans le solénoïde élémentaire sera donc $2ni\,\dfrac{ds}{x}$, et le flux total dans une section méridienne de l'anneau :

$$N = 2ni \int \frac{ds}{x}.$$

Si la section de l'anneau est un rectangle de hauteur b, $ds = b\,dx$ et

$$N = 2\,bni\,\log.\ \frac{A}{A_{,} - a}\ .$$

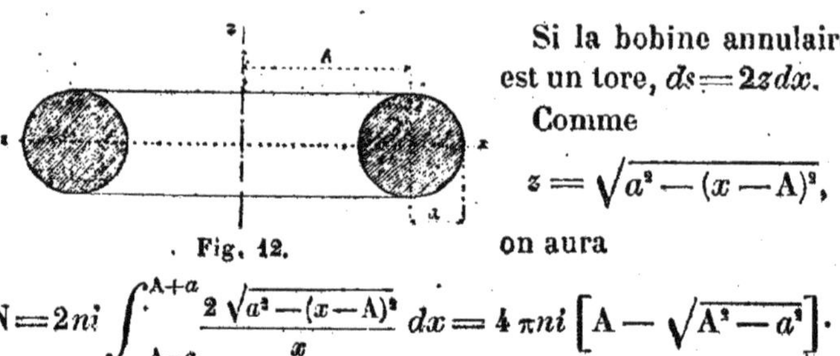

Fig. 12.

Si la bobine annulaire est un tore, $ds = 2z\,dx$. Comme

$$z = \sqrt{a^2 - (x - A)^2},$$

on aura

$$N = 2ni \int_{A-a}^{A+a} \frac{2\sqrt{a^2 - (x-A)^2}}{x}\,dx = 4\,\pi ni \left[A - \sqrt{A^2 - a^2} \right].$$

38. Induction magnétique. — Lorsqu'un morceau de fer ou d'acier est placé dans un champ magnétique, il devient lui-même un aimant. L'action qui produit cette aimantation s'appelle *induction magnétique*.

39. Aimants temporaires et permanents. — Un morceau de fer doux s'aimante très facilement par induction ; lorsqu'il est retiré du champ l'aimantation disparaît rapidement. Le fer doux ne fournit que des *aimants temporaires*.

L'acier au contraire s'aimante plus difficilement que le fer doux ; il conserve bien mieux le magnétisme qu'il a acquis. L'acier trempé est le corps qui convient le mieux pour préparer les *aimants permanents*.

40. Electro-aimants. — Les courants électriques fournissent le moyen d'aimanter le fer et l'acier. *Un électro-aimant* est constitué par une pièce de fer doux placée dans le champ d'un courant électrique. On le construit en enroulant un fil de cuivre isolé soit sur le barreau de fer lui-même, soit sur un tambour en tôle mince dont le barreau forme le noyau. La forme et les dimensions des électro-aimants dépendent des applications auxquelles ils sont destinés. Les électro-aimants peuvent acquérir une puissance beaucoup plus grande que celle des barreaux d'acier ; on peut en outre faire varier leur puissance en modifiant l'intensité du courant.

41. Magnétisme rémanent. — Le fer du commerce n'est jamais absolument doux dans le sens magnétique du mot, c'est-à-dire qu'il ne perd jamais complètement la totalité de son magnétisme. On appelle *magnétisme rémanent* celui qui persiste pendant quelque temps, sur les corps auxquels on a communiqué une aimantation temporaire.

42. Corps magnétiques et diamagnétiques. — Il n'existe probablement aucun corps qui ne devienne magnétique par induction, lorsqu'il est placé dans un champ magnétique.

Pour certains corps l'aimantation induite est de même sens que la force. Ce sont les corps *paramagnétiques* ou simplement *magnétiques*. Le fer, le nickel, le cobalt, le chrôme, le manganèse, le platine, sont magnétiques.

Dans d'autres corps tels que le bismuth, l'antimoine, le zinc, le cuivre, le sens de l'aimantation est opposé à celui de la force. Ce sont les corps *diamagnétiques*, mais il suffit de quelques traces de fer pour les rendre magnétiques.

43. Susceptibilité et perméabilités magnétiques. — Lorsqu'un corps placé dans un champ magnétique acquiert lui-même des propriétés magnétiques, l'intensité du champ sera modifiée par la présence de ce corps. Par conséquent le nombre des tubes de force qui traversent le corps est différent de celui qui existait précédemment dans le même espace.

Le nombre des tubes de force traversant l'unité de section du corps soumis à l'induction est ce qu'on appelle l'*induction magnétique* au point considéré.

Lorsque le corps est magnétique le nombre des tubes de force augmente ; il diminue au contraire si le corps est diamagnétique.

Si nous désignons ce nombre par $\mathfrak{B}$, et la section du corps par s, le produit $\mathfrak{B}s$ représente l'*induction totale*.

Il est égal à la somme des tubes de force du champ primitif et des tubes de force résultant du magnétisme induit dans le corps.

$\mathfrak{H}$ étant l'intensité du champ primitif, le nombre de tubes de force correspondant sera $\mathfrak{H}s$.

ℑ étant l'intensité d'aimantation induite, la somme des masses positives sera $+$ ℑ*s* et celle des masses négatives $-$ ℑ*s*.

D'après le théorème de Green le nombre des tubes de force qui entrent dans la surface est égal au nombre qui en sort, et ce nombre est égal à 4πℑ*s*. Nous aurons donc :

$$\mathcal{B}s = \mathcal{H}s + 4\pi\,\mathfrak{J}s,$$

$$\text{ou } \frac{\mathcal{H}}{\mathcal{B}} = 1 + 4\pi\,\frac{\mathfrak{J}}{\mathcal{H}}.$$

Le rapport $\frac{\mathfrak{J}}{\mathcal{H}}$ est le *coefficient d'aimantation induite*. C'est l'intensité d'aimantation dans un champ égal à l'unité. On le désigne par $\varkappa$ et on l'appelle *coefficient de susceptibilité magnétique*.

Le rapport $\frac{\mathcal{B}}{\mathcal{H}}$ est la valeur de l'induction dans un champ égal à l'unité. On le désigne par μ et on a :

$$\mu = 1 + 4\pi\varkappa,$$

$$\mathcal{B} = \mu\,\mathcal{H},$$

μ est ce qu'on appelle le *coefficient de perméabilité magnétique* du corps.

Plus le corps sera perméable, plus le nombre des tubes de force qui le traversent sera grand.

Si l'on prend $\varkappa = 0$ pour le coefficient d'aimantation du vide, les corps diamagnétiques auront un coefficient négatif et les corps magnétiques un coefficient positif.

Dans ce cas $\mu > 1$ pour les corps magnétiques et $\mu < 1$ pour les corps diamagnétiques.

On ne connaît aucun corps pour lequel μ soit négatif ; car le coefficient d'aimantation des corps les plus diamagnétiques est beaucoup plus petit que $\frac{1}{4\pi}$, et la perméabilité des corps diamagnétiques ne diffère de l'unité que d'une quantité extrêmement petite.

Pour les corps fortement magnétiques, tels que le fer et le nickel, les coefficients $\varkappa$ et μ ne sont pas constants. Lorsqu'on

fait croître l'intensité du champ à partir de 0 x, augmente
d'abord rapidement ; il atteint un maximum, pour diminuer
ensuite à mesure que l'intensité du champ augmente. Pour
une intensité infinie on aurait $x = 0$. Cette limite correspond
à ce qu'on appelle le *point de saturation magnétique*. A la
limite $\mu = 1$.

44. Résistance magnétique. — En désignant par Ψ le
potentiel magnétique en un point, et par λ la direction de la
ligne de force, on aura (11) $\mathcal{H} = -\dfrac{d\Psi}{d\lambda}$; et, comme le flux total
$N = \mathcal{B}s = \mu\mathcal{H}s$, il viendra

$$-\frac{d\Psi}{d\lambda} = \frac{N}{\mu s}.$$

Si μs est constant entre deux points A et B du champ, on
aura, en désignant par l la longueur de la ligne de force qui
les joint,

$$\Psi_A - \Psi_B = \frac{Nl}{\mu s}.$$

$\dfrac{1}{\mu}$, l'inverse de la perméabilité ou de la conductibilité du milieu pour les tubes de force, peut être appelé la *résistance magnétique spécifique*; $\dfrac{l}{\mu s}$ sera alors la résistance magnétique
totale $\mathcal{R}$, comprise entre A et B, et nous pourrons écrire :

(1) $\Psi_A - \Psi_B = N\mathcal{R}$,

ou $N\mathcal{R} = \mathcal{F}$,

en désignant par $\mathcal{F}$ la *force magnéto-motrice*, en vertu de laquelle a lieu la différence de potentiel $\Psi_A - \Psi_B$, et ayant pour
mesure cette différence de potentiel. On voit que l'équation
(1) est analogue à celle qui exprime la loi d'Ohm, $E = Ri$;
mais il existe une différence importante entre les deux ordres
de phénomènes.

En effet, tandis que la résistance électrique est indépendante
de l'intensité du courant, la résistance magnétique varie avec
le nombre des tubes de force induite.

Cette propriété peut être considérée comme une conséquence
nécessaire de la constitution des corps magnétiques, telle que
nous nous la représentons. On admet en effet que les molécu-

les d'un corps magnétique sont de petits aimants qui, dans
l'état ordinaire, sont disposés dans tous les sens, de telle sorte
que la résultante de leurs actions sur un point extérieur est nulle.
Lorsque le corps se trouve dans un champ magnétique, les
molécules s'orientent parallèlement à la direction du champ.
Dans les corps qui ne peuvent prendre qu'une aimantation
temporaire, les molécules perdent leur orientation lorsque l'action magnétique cesse, tandis que dans les aimants permanents
les molécules conservent l'orientation magnétique.

Si on prend un tube de verre rempli de limaille de fer doux,
et qu'on le place dans un champ magnétique parallèlement aux
lignes de force, on voit toutes les particules s'orienter dans le
sens de la longueur du tube qui peut alors agir comme un barreau aimanté. Si, après avoir soustrait le tube à l'action du
champ magnétique, on le secoue de façon a détruire l'orientation des particules, ses propriétés magnétiques disparaissent.

Lorsqu'on aimante fortement un barreau de fer dans le sens
de la longueur, il s'allonge légèrement.

· Lorsqu'on aimante ou désaimante brusquement un barreau
de fer doux, on entend un bruissement métallique.

Un morceau de fer soumis à une série d'aimantations et de
désaimantations qui se succèdent rapidement s'échauffe, comme
si ces modifications successives de l'état magnétique étaient
accompagnées d'un frottement intérieur des molécules les unes
contre les autres.

La chaleur et les actions mécaniques qui favorisent le changement de position relative des molécules facilitent l'aimantation, et contribuent aussi à dissiper le magnétisme lorsque la
cause d'aimantation a disparu.

Cette hypothèse sur la constitution des corps magnétiques
permet également d'expliquer le phénomène de la saturation.
Il est clair en effet que l'aimantation ne peut dépasser celle
qu'on obtiendrait si toutes les molécules magnétiques étaient
orientées parallèlement suivant la direction du champ.

L'expérience indique en outre que la susceptibilité magnétique d'un corps de nature donnée, par exemple du fer, dépend
non seulement de son état actuel, de sa pureté, de la température, de la trempe, mais encore des états successifs par lesquels
il a passé. Toute modification, même passagère, apportée à

l'état magnétique d'un corps doit donc être considérée comme
ayant produit une altération de sa constitution moléculaire
et cette altération peut persister plus ou moins longtemps..
Elle disparaîtra promptement si le corps est porté au rouge,
ou s'il est soumis à des chocs et à des vibrations qui facilite-
ront le retour des particules à leur position naturelle que l'aimantation a modifiée.

Fantômes magnétiques.

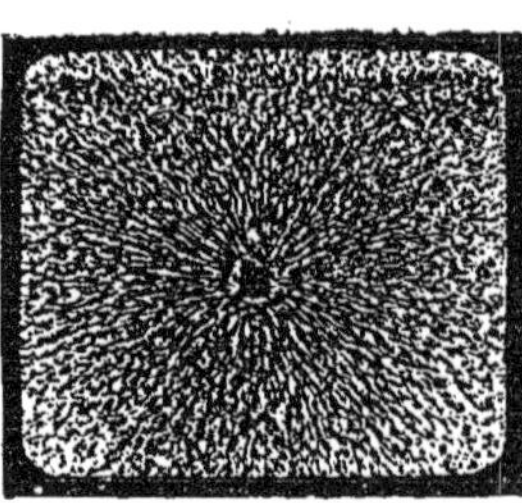

Fig. 13. — Lignes de force
d'un pôle unique.

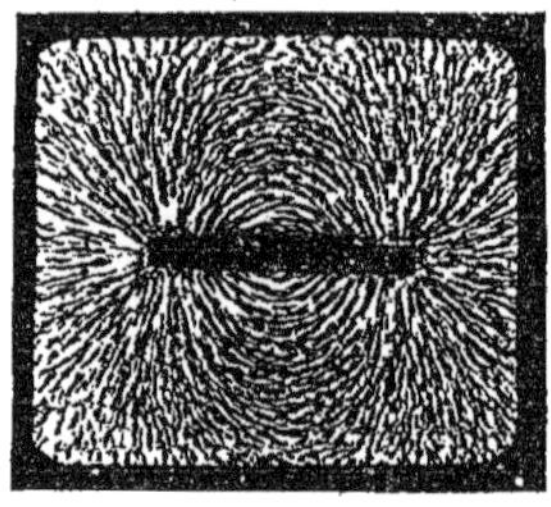

Fig 14. — Lignés de force
d'un barreau aimanté.

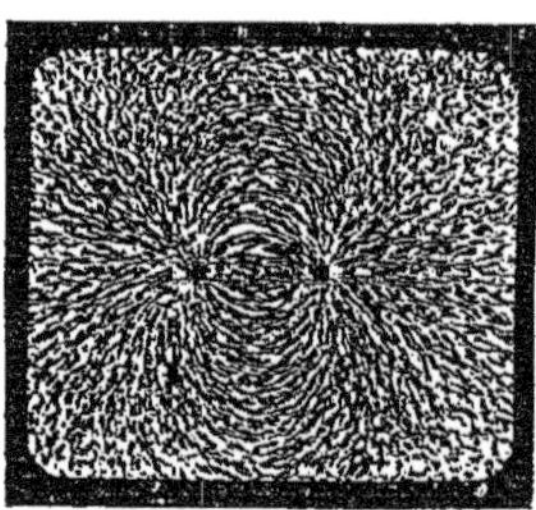

Fig. 15. — Lignes de force de deux
pôles de signes contraires.

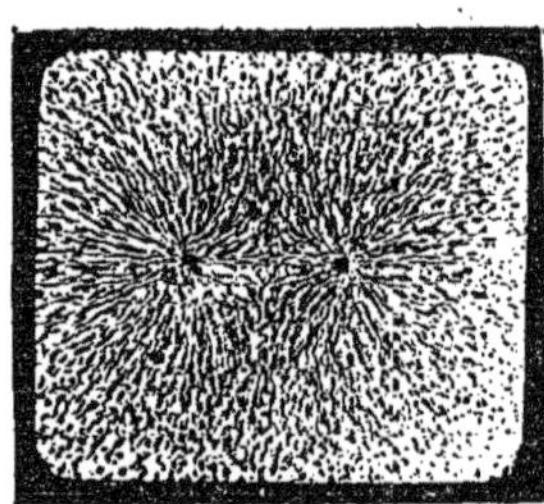

Fig. 16.— Lignes de force de deux
pôles de mêmes signes.

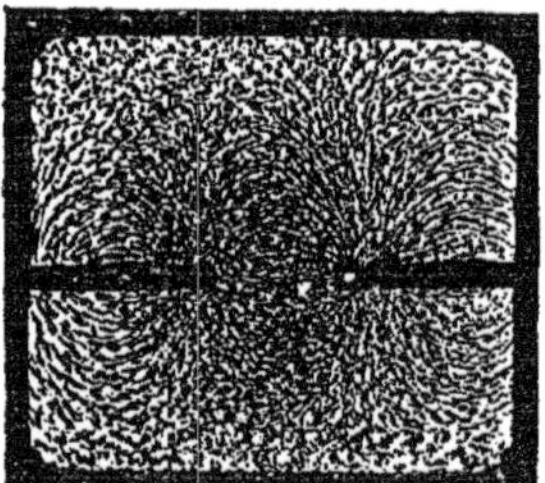

Fig. 17.— Attraction de deux
pôles de signes contraires.

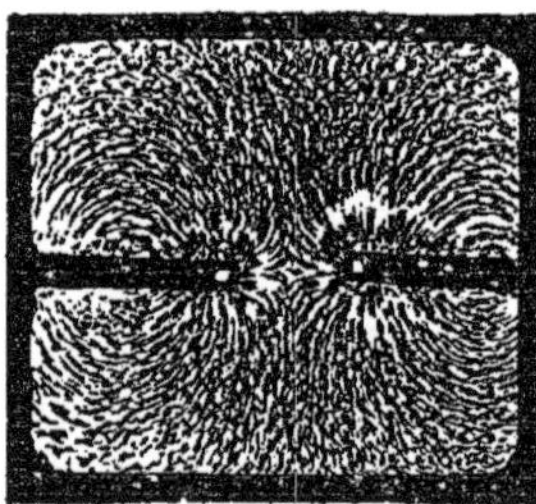

Fig. 18. — Répulsion de deux
pôles de mêmes signes.

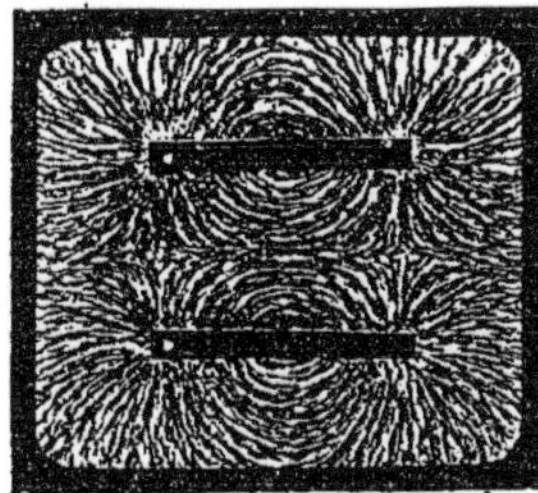

Fig. 19.— Répulsion de deux
aimants parallèles.

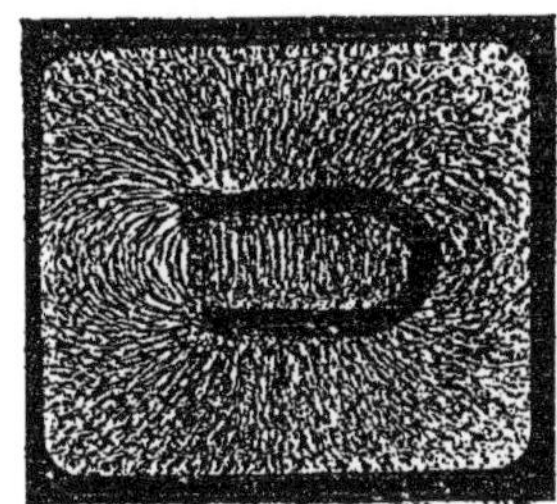

Fig. 20. — Lignes de force d'un
aimant en fer à cheval.

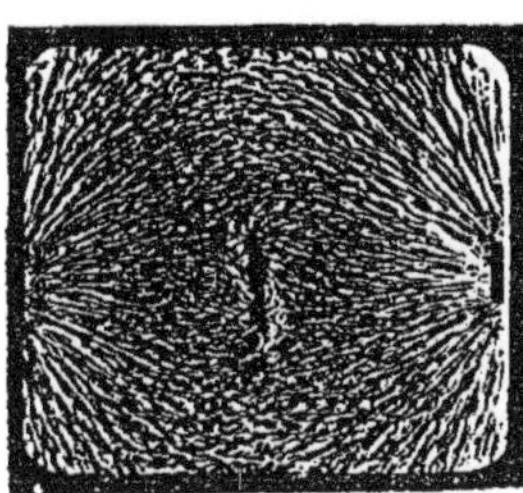

Fig. 21 — Action d'un champ
magnétique sur une aiguille
aimantée.

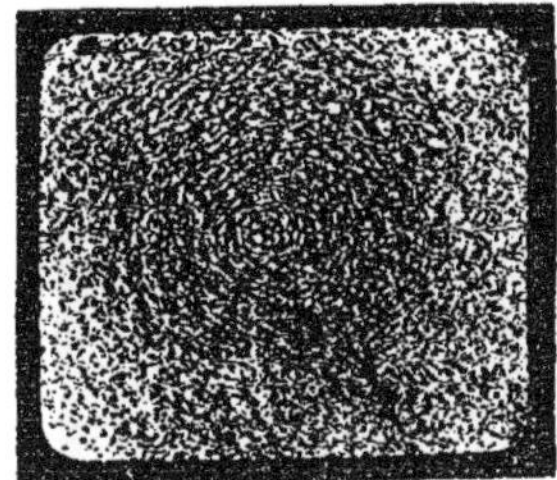

Fig. 22.— Lignes de force d'un
courant rectiligne dans un
plan normal à l'axe.

Fig. 23.— Lignes de force d'un
courant rectiligne dans le
plan du courant.

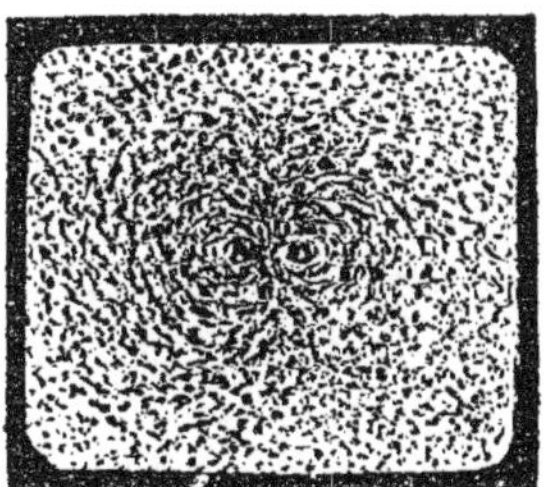

Fig. 24. — Lignes de force de
deux courants parallèles et
de sens contraire normalement à l'axe.

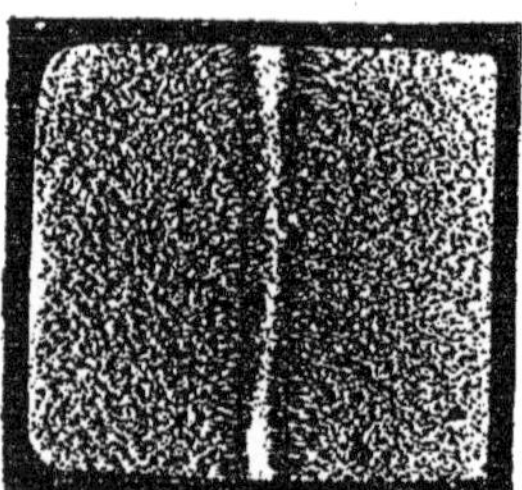

Fig. 25.— Répulsion de deux
courants parallèles.

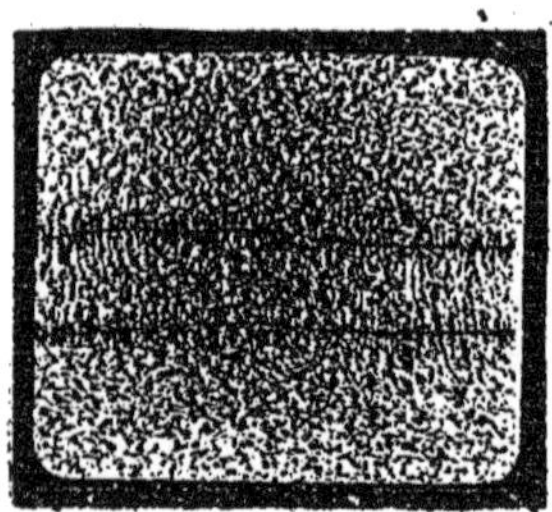

Fig. 26. — Attraction de deux
courants parallèles.

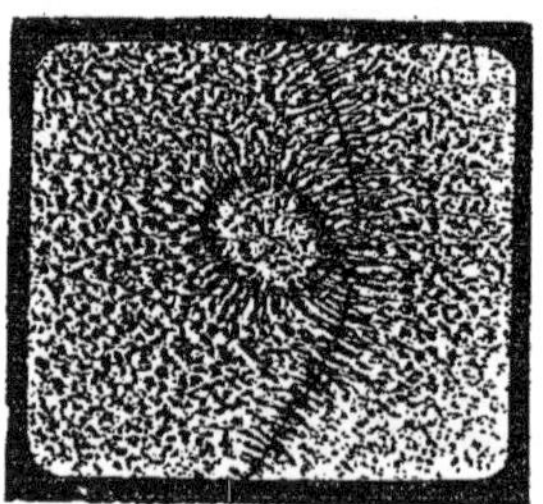

Fig. 27.— Lignes de force d'un
courant fermé.

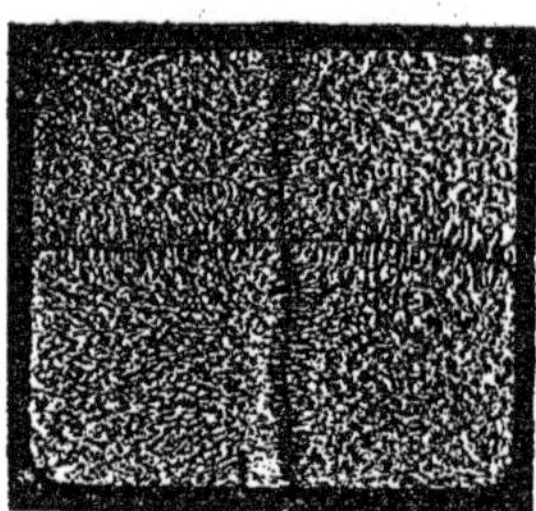

Fig. 28.— Champ magnétique
de courants obliques situés
dans le même plan.

Fig. 29.— Attraction d'un pôle
nord par un courant circulaire.

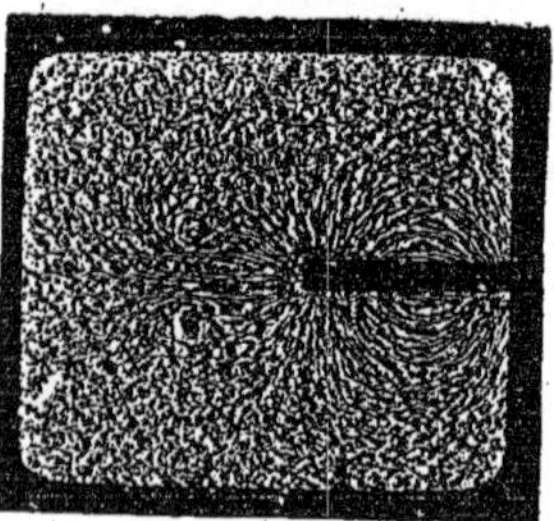

Fig. 30.— Répulsion d'un pôle
sud par un courant circulaire.

Fig. 31. — Position stable d'une aiguille aimantée dans le voisinage d'un courant.

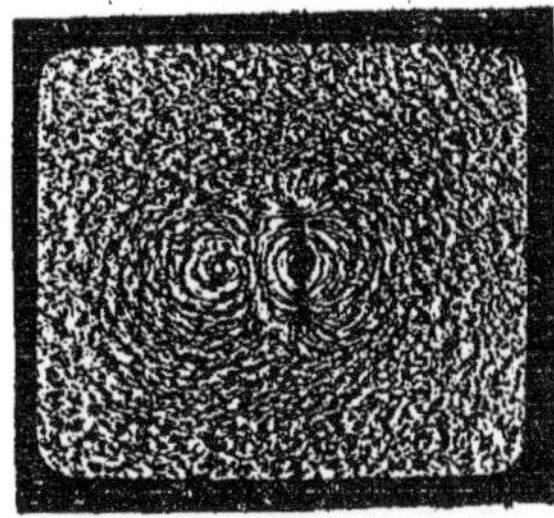

Fig. 32.— Position instable d'une aiguille aimantée dans le voisinage d'un courant.

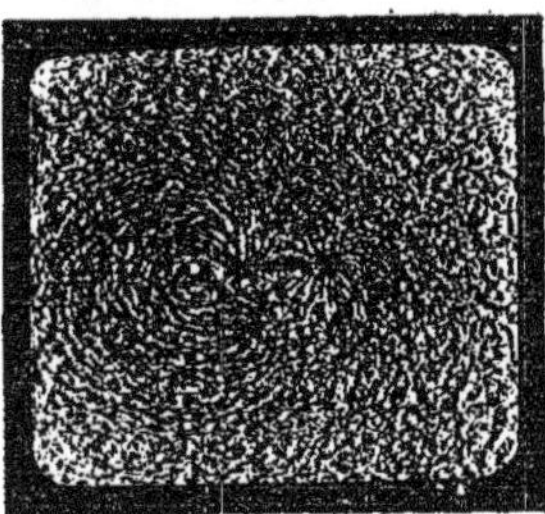

Fig. 33.— Position neutre d'une aiguille aimantée dans le voisinage d'un courant.

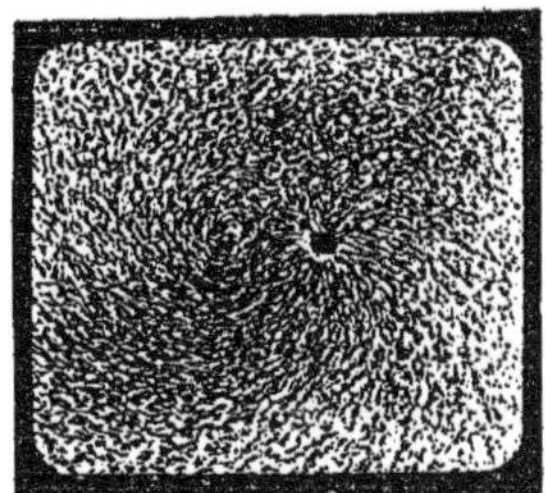

Fig. 34.— Rotation d'un pôle autour d'un courant.

Fig. 35. — Champ spiral produisant la rotation électromagnétique d'un liquide.

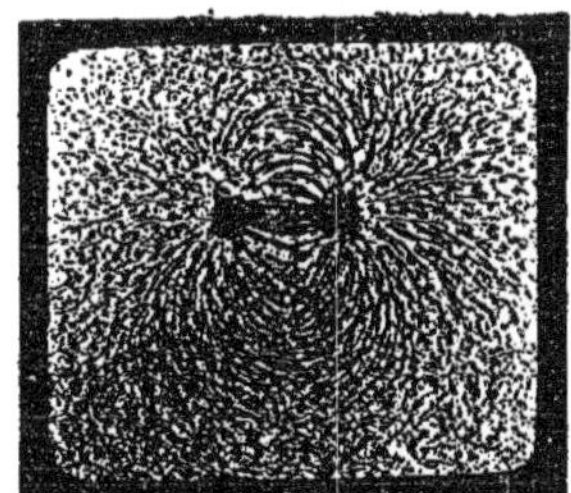

Fig. 36.— Attraction d'un courant par un aimant.

CHAPITRE III

INDUCTION ÉLECTRO-MAGNÉTIQUE

Nous avons vu (**44**) que le travail fourni par le déplacement relatif d'un système magnétique et d'un courant est égal au produit de l'intensité du courant par la variation du nombre des tubes de force qui émanent du système magnétique et pénètrent dans le contour du courant par sa face négative.

45. Phénomènes d'induction. — Le travail des forces qui interviennent pendant le déplacement relatif d'un système magnétique et d'un courant donne lieu à une classe de phénomènes découverts par Faraday, auxquels il a donné le nom de *phénomènes d'induction*. Ils se manifestent par la production de courants électriques temporaires dans les conducteurs que l'on déplace dans le champ magnétique. On appelle *courants induits* les courants qui en résultent et *circuit induit* le circuit soumis à l'induction. On appelle *inducteur* le système magnétique dont la présence est la cause du courant induit.

Quelle que soit la forme sous laquelle se présentent les phénomènes d'induction, ils peuvent être définis de la manière suivante :

Quand on modifie d'une manière quelconque le nombre des tubes de force magnétique qui traversent un circuit fermé, ce circuit devient le siège d'un courant temporaire, dont la durée est égale à celle de la variation du nombre des tubes de force.

L'existence des phénomènes d'induction, qui a été démontrée directement par l'expérience, peut être considérée comme une conséquence nécessaire du théorème de la conservation de l'énergie.

Considérons dans un champ magnétique invariable un circuit fermé dans lequel agit une f. e. m. constante E.

Désignons par i l'intensité du courant et par R la résistance du circuit, que nous supposons d'abord immobilisé dans le champ.

$$E = Ri \text{ (loi d'Ohm)},$$

en multipliant les deux membres par idt, il vient :

$$E\,i\,dt = Ri^2\,dt,$$

c'est-à-dire que, lorsque le régime est établi, le travail fourni par la source électrique est égal à chaque instant à l'énergie calorifique dépensée dans le circuit (loi de Joule).

Si le circuit se déplace sous l'action des forces du champ, il développera un travail $d\mathfrak{C}$, qui devra être fourni par une source extérieure.

On aura d'une façon générale

$$(1) \qquad E\,i\,dt = Ri^2\,dt + d\mathfrak{C}$$

$d\mathfrak{C}$ pouvant être positif ou négatif.

Comme $d\mathfrak{C} = idN$, l'équation (1) se met sous la forme

$$\text{ou} \qquad (2) \qquad \left.\begin{array}{l} E = Ri + \dfrac{dN}{dt} \\[2em] i = \dfrac{E - \dfrac{dN}{dt}}{R} \end{array}\right\}$$

46. Force électro-motrice induite. — Si $d\mathfrak{C}$ est positif, c'est-à-dire *si le circuit accomplit un travail*, dN est aussi positif ; le nombre des tubes de force qui pénètrent par la face négative augmente ; le courant a diminué. Tout se passe comme s'il s'était développé dans le circuit une f. e. m.

$\frac{dN}{dt}$ de sens contraire à **E**; c'est ce que l'on appelle la *force électro-motrice induite*.

Si $d\mathcal{C}$ est négatif, c'est-à-dire si le déplacement du circuit exige un travail, dN est également négatif; le nombre des tubes de force qui pénètrent par la face négative diminue; le courant a augmenté, la force électro-motrice induite est de même signe que **E**.

Si le circuit ne renfermait pas de f. e. m. **E**, le raisonnement serait le même; $\frac{dN}{dt}$ serait la f. e. m. induite dans le circuit par son déplacement dans le champ magnétique.

Le sens de la force électro-motrice induite peut se déterminer de la manière suivante :

Le circuit étant placé devant l'observateur, si le nombre des tubes de force qui pénètrent dans le circuit par sa *face antérieure* diminue, l'observateur verra le courant circuler dans le sens des aiguilles d'une montre, c'est-à-dire de gauche à droite. Si le nombre des tubes de force qui pénètrent par la face antérieure augmente, il verra le courant circuler en sens inverse, c'est-à-dire de droite à gauche.

Si nous convenons de considérer comme positive la f. e. m. qui envoie le courant dans le sens des aiguilles d'une montre, nous pourrons dire que la f. e. m. induite sera égale et de signe contraire à $\frac{dN}{dt}$.

47. Lois de Lenz et de Maxwell. — En se reportant à l'équation (1), on voit :

1° *Que la f. e. m. induite est dirigée de façon à s'opposer au mouvement*, c'est la loi de Lenz;

2° Que lorsque le circuit accomplit un travail en se déplaçant, son mouvement continue jusqu'à ce que $\frac{dN}{dt}$ soit nul, c'est-à-dire jusqu'à ce que N soit maximum. Par conséquent :

Un courant mobile dans un champ magnétique tend à prendre une position telle que le nombre des tubes de force qui le traversent en pénétrant par sa face négative soit maximum. C'est la loi de Maxwell.

48. Quantité totale d'électricité déplacée par l'induction. — La f. e. m. induite à un instant quelconque étant, en valeur absolue, égale à $\dfrac{dN}{dt}$, le courant correspondant sera

$$\frac{1}{R} \cdot \frac{dN}{dt}.$$

La quantité totale d'électricité induite, lorsque le circuit passe d'une position (1) à une position (2), sera :

$$Q = \int_{(1)}^{(2)} i\,dt = \frac{1}{R} \int_{(1)}^{(2)} \frac{dN}{dt}\,dt = \frac{N_2 - N_1}{R}.$$

Ainsi la quantité totale d'électricité induite dans un circuit est égale à la variation totale du nombre des tubes de force qui le traversent, divisée par la résistance totale du circuit.

La règle donnée plus haut permet de determiner dans quel sens a lieu le déplacement d'électricité, suivant que $N_2 - N_1$ est négatif ou positif.

49. Coefficients d'induction. — Le nombre des tubes de force qui traversent un circuit, à un instant donné, est la somme de ceux qui proviennent du système extérieur et de ceux qui sont dus au courant lui-même.

$$N = N_1 + N_2.$$

Si le système extérieur est un feuillet de puissance Φ' ou un courant d'intensité i', N_1 sera égal au produit d'un facteur constant par la puissance du feuillet ou l'intensité du courant. Nous avons vu que ce facteur est le même pour les deux contours en présence, c'est-à-dire que lorsque deux feuillets magnétiques de puissances égales à l'unité sont en présence, le nombre des tubes de force qui émanent de l'un pour traverser l'autre est le même pour tous les deux.

Par suite de l'équivalence d'un courant et d'un feuillet magnétique, cette proposition s'applique dans les mêmes termes aux systèmes formés d'un feuillet et d'un courant ou de deux courants. Ce nombre commun de tubes de force correspondant à l'unité de puissance ou à l'unité d'intensité, que nous avons désigné par M, est ce qu'on appelle le *coefficient d'induction mutuelle* des deux circuits. Il dépend des dimensions, de la forme et de la position relative des deux circuits. Nous aurons donc $N_1 = M\Phi'$ ou $N_1 = Mi'$.

Pour déterminer N_2, nous remarquerons que le nombre des tubes de force intérieurs d'un circuit est proportionnel à l'intensité du courant. Si nous désignons par L le nombre des tubes de force correspondant à l'unité d'intensité, nous aurons $N_2 = Li$; L est ce qu'on appelle le *coefficient de self-induction*. Ce coefficient dépend des dimensions et de la forme du circuit.

Nous aurons donc à un moment donné

$$N = M\Phi' + Li \quad \text{ou} \quad N = Mi'' + Li,$$

suivant que le système inducteur extérieur est un feuillet ou un courant, et l'équation (2) devient

$$E = Ri + \frac{d}{dt}(Li + Mi').$$

Mais il faut remarquer que, par suite des réactions magnétiques, le système inducteur sera lui-même soumis à l'induction; l'intensité i' (ou la puissance Φ') ne restera pas constante et devra satisfaire à l'équation.

$$E' = R'i' + \frac{d}{dt}(L'i' + Mi).$$

La solution complète de ces deux équations simultanées n'est possible que dans un petit nombre de cas simples.

50. Phénomènes de self-induction.
a. *Force électromotrice constante.* Considérons un circuit unique de résistance R; désignons par L son coefficient de self-induction et mettons le circuit en communication avec une source électrique, de force électro-motrice E. L'intensité du courant développé par E doit satisfaire à l'équation

$$E = Ri + \frac{d}{dt}(Li),$$

Si L est constant, on aura

$$E = Ri + L \frac{di}{dt},\tag{3}$$

A un instant quelconque on a

$$i = \frac{E - L\dfrac{di}{dt}}{R}.$$

Le terme $L\dfrac{di}{dt}$ joue le rôle d'une f. e. m. de signe contraire à E, c'est ce qu'on appelle *la f. e. m. de self-induction*.

La valeur de l'intensité à un instant quelconque est donnée par l'équation

$$i = \frac{E}{R} + Ae^{-\frac{Rt}{L}}.$$

En désignant par i_0 la valeur initiale du courant (pour $t=0$), nous aurons

$$A = i_0 - \frac{E}{R}.$$

et

$$i = \frac{E}{R} - \left(\frac{E}{R} - i_0\right) e^{-\frac{Rt}{L}}.$$

Si nous appelons i_1 la valeur du courant correspondant au régime permanent, on a $i_1 = \dfrac{E}{R}$, et par conséquent :

$$i = i_1 - (i_1 - i_0) e^{-\frac{Rt}{L}}\tag{4}$$

On voit que, rigoureusement, le courant ne prend son intensité de régime qu'au bout d'un temps infini ; mais comme dans les applications $\dfrac{R}{L}$ est très grand, l'exponentielle $e^{-\frac{Rt}{L}}$ diminue rapidement, et, au bout d'un temps assez court, la différence entre la valeur finale du courant et sa valeur réelle estabsolument négligeable.

Si on prend l'origine des temps à l'instant où on ferme le circuit, c'est-à-dire pour $i_0 = o$, on aura

$$i = \frac{E}{R}\left(1 - e^{-\frac{Rt}{L}}\right),$$

$\dfrac{E}{R}\, e^{-\frac{Rt}{L}}$ représente la valeur du courant induit à l'instant t ;

ce courant, de signe contraire au courant final, peut-être considéré comme produit par la f. e. m. de self-induction ε, dont la valeur à l'instant t a pour expression

$$\varepsilon = L\, \frac{di}{dt}\,.$$

Le travail correspondant à l'établissement du courant dans le circuit de self-induction L, aura pour expression

$$\mathfrak{E} = \int_0^i \varepsilon\, i\, dt.$$

$$\mathfrak{E} = \int_0^i L\, \frac{di}{dt}\, i\, dt = \frac{Li^2}{2}\,.$$

Le travail ainsi fourni par la source électrique correspond à l'énergie potentielle du courant.

Si on supprime la f. e. m. E sans changer la résistance R du circuit, l'équation (3) devient :

$$L\, \frac{di}{dt} + Ri = 0,$$

$$i = Ae^{-\frac{Rt}{L}}\,.$$

En posant $i = \dfrac{E}{R}$ pour $t = o$, on a

$$i = \frac{E}{R}\, e^{-\frac{Rt}{L}}\,.$$

Dans ce cas, le courant de rupture suit la même loi que le courant de fermeture ; la quantité d'électricité déplacée sera la même et la chaleur dégagée par la rupture du circuit sera égale à l'énergie potentielle du courant.

Le régime permanent étant établi, si on modifie la résistance du circuit en la faisant passer de la valeur R à la valeur $(R+r)$, l'intensité doit satisfaire à l'équation

$$E = (R+r)\, i + L\, \frac{di}{dt}\,.$$

Si le courant est rompu brusquement, c'est-à-dire si on fait $r = \infty$, on aura :

$$W = L\,\frac{E^2}{2R^2} = \frac{Li^2}{2},$$

c'est la valeur du travail correspondant à l'établissement du courant.

b. *Force électro-motrice périodique.* Nous avons admis jusqu'ici que la f. e. m. qui agit dans le circuit était constante. Il n'en est pas toujours ainsi, et, comme nous le verrons dans la suite, les courants fournis par les machines présentent des variations périodiques dont il faut tenir compte en calculant les effets de la self-induction.

Supposons, par exemple, que la f. e. m. de la source soit représentée en fonction du temps par l'expression

$$E = E_0 \sin \frac{2\pi t}{T}.$$

l'équation fondamentale (2) page 43, devient

$$Ri + L\frac{di}{dt} = E_0 \sin \frac{2\pi t}{T}$$

dont l'intégrale est [1]

$$i = \frac{E_0}{\sqrt{R^2 + \dfrac{4\pi^2 L^2}{T^2}}} \sin\left(\frac{2\pi t}{T} - \varphi\right)$$

en posant

$$\operatorname{tg}\varphi = \frac{2\pi L}{TR}.$$

1. Pour intégrer l'équation proposée, on la met sous la forme

$$ai + \frac{di}{dt} = b \sin mt$$

en écrivant

$$\frac{R}{L} = a \;;\; \frac{E_0}{L} = b \;;\; \sin \frac{2\pi t}{T} = \sin mt$$

On voit que la self-induction a pour effets :

1° D'augmenter la résistance apparente du circuit dans le rapport de $\sqrt{R^2 + \dfrac{4\pi^2 L^2}{T^2}}$ à R ;

Posons $i = \theta z$; θ et z étant deux facteurs variables dont l'un peut être choisi arbitrairement. Remplaçons i et $\dfrac{di}{dt}$ par leurs valeurs en fonction des nouvelles variables

$$z\left(a\theta + \frac{d\theta}{dt}\right) + \theta\frac{dz}{dt} = b\sin mt$$

et déterminons θ par la condition :

$$a\theta + \frac{d\theta}{dt} = o, \qquad \text{d'où} \qquad \theta = Pe^{-at}$$

L'équation proposée se met sous la forme

$$dz = \frac{b}{P}e^{at}\sin mt\, dt$$

$$\int e^{at}\sin mt\, dt = \frac{1}{a}e^{at}\sin mt - \frac{m}{a}\int e^{at}\cos mt\, dt$$

$$\int e^{at}\cos mt\, dt = \frac{1}{a}e^{at}\cos mt + \frac{m}{a}\int e^{at}\sin mt\, dt$$

d'où

$$\int e^{at}\sin mt\, dt = \frac{e^{at}(a\sin mt - m\cos mt)}{a^2 + m^2} + Q$$

Posons $\dfrac{m}{a} = \operatorname{tg}\varphi$.

$$\frac{a}{\sqrt{a^2 + m^2}} = \cos\varphi ; \qquad \frac{m}{\sqrt{a^2 + m^2}} = \sin\varphi$$

et

$$\int e^{at}\sin mt\, dt = \frac{e^{at}\sin(mt - \varphi)}{\sqrt{a^2 + m^2}} + Q$$

d'où

$$i = \frac{b}{\sqrt{a^2 + m^2}}\sin(mt - \varphi) + Ae^{-at} ; \quad (A = PQ)$$

2° De créer une différence de phase entre la force électro-motrice et le courant. En effet $E = 0$ pour $t = o$, tandis que $i = o$ pour $t = \dfrac{\varphi T}{2\pi}$.

Pour déterminer la constante, on remarquera que, lorsque le régime est établi, la valeur du courant doit être la même au commencement de deux périodes successives, c'est-à-dire pour $t = o$ et $t = T$; il faut pour cela que $A = 0$. Remplaçant a, b, m par leurs valeurs, il vient

$$i = \frac{E_o}{\sqrt{R^2 + \dfrac{4\pi^2 L^2}{T^2}}} \sin\left(\frac{2\pi t}{T} - \varphi\right).$$

CHAPITRE IV

UNITÉS MAGNÉTIQUES ET ÉLECTRIQUES

Dans les applications, il est indispensable de pouvoir exprimer les grandeurs magnétiques et électriques en nombres, c'est-à-dire en fonction d'unités bien définies.

Le système d'unités généralement adopté aujourd'hui est exposé en détail dans les traités de physique, et il suffira ici d'indiquer d'une façon sommaire la signification et la valeur de ces diverses unités en fonction des trois unités fondamentales de la mécanique : longueur (L), masse (M), temps (T).

51. Ce qu'on entend par dimensions des unités. — Le choix des unités fondamentales est arbitraire et ne modifie en rien les relations qui existent entre la grandeur des unités dérivées et celle des unités fondamentales.

Ces relations constituent ce qu'on appelle les dimensions des unités dérivées.

Si
$$[A] = [L^\alpha M^\beta T^\gamma]$$

représente les dimensions d'une certaine unité dans le système [L], [M], [T].

$$[A'] = [L'^\alpha M'^\beta T'^\gamma]$$

représentera les dimensions de l'unité de même espèce dans le système [L'], [M'], [T'].

$$\frac{[A']}{[A]} = \left[\frac{L'}{L}\right]^\alpha \left[\frac{M'}{M}\right]^\beta \left[\frac{T'}{T}\right]^\gamma$$

Si nA donne la mesure d'une grandeur exprimée dans le premier système, et n'A′ la mesure de la même grandeur dans le second :

$$n\mathrm{A} = n'\mathrm{A}',$$

et par conséquent

$$\frac{n'}{n} = \frac{\mathrm{A}}{\mathrm{A}'}.$$

Les valeurs numériques n' et n sont donc inversement proportionnelles à la grandeur des unités choisies.

UNITÉS MÉCANIQUES

52. Vitesse. $v = \dfrac{dl}{dt}$, quotient d'une longueur par un temps. Les dimensions de l'unité de vitesse sont donc :

$$[v] = [\mathrm{LT^{-1}}].$$

53. Accélération. $\gamma = \dfrac{dv}{dt}$, quotient d'une vitesse par un temps.

$$[\gamma] = [\mathrm{LT^{-2}}].$$

54. Force. $f = m\gamma$, produit d'une masse par une accélération.

$$[f] = [\mathrm{MLT^{-2}}].$$

55. Travail. $\mathfrak{C} = fl$, produit d'une force par un chemin parcouru.

$$[\mathfrak{C}] = [\mathrm{ML^2T^{-2}}].$$

56. Énergie. L'énergie d'un système a pour mesure le travail total dont le système est susceptible. Elle se mesure donc au moyen de la même unité que le travail.

$$[\mathrm{W}] = [\mathrm{ML^2T^{-2}}].$$

57. Puissance ou **Activité**. — Travail fourni dans l'unité de temps, c'est le quotient d'un travail par un temps.

$$[A] = [ML^2T^{-3}].$$

58. — Dans le système des unités absolues, l'unité de force est celle qui, agissant sur l'unité de masse, lui communique pendant l'unité de temps une accélération égale à l'unité.

Cette unité est différente de celle qu'on adopte dans la pratique ordinaire, où on prend comme unité de force le poids d'un corps, par exemple le gramme ou le kilogramme. Cela revient à choisir comme l'une des trois unités fondamentales l'unité de force au lieu de l'unité de masse.

Le choix d'un poids comme unité de force présente l'inconvénient d'une unité variable, püisque l'intensité de la pesanteur n'est pas constante en tous les points du globe. La masse d'un corps, au contraire, est invariable, en quelque lieu qu'il soit placé.

Au moyen de la relation $p = mg$ ou $m = \dfrac{p}{g}$ il est facile d'évaluer en unités absolues les forces exprimées en unités usuelles, et réciproquement.

L'unité absolue de force $= \dfrac{1}{g}$ unité usuelle de force.

Unité usuelle de force $= g$ unités absolues de force.

L'accélération g doit être exprimée en fonction de la longueur choisie comme unité fondamentale.

Si l'unité de longueur est le mètre, $g = 9,81$ à Paris ; si l'unité de longueur est le centimètre, $g = 981$.

L'unité de travail étant le travail produit par l'unité de force quand son point d'application se déplace de l'unité de longueur dans sa propre direction, on aura de même :

Unité absolue de travail $= \dfrac{1}{g}$ unité usuelle.

Unité usuelle. . . . . . $= g$ unités absolues.

59. Unités magnétiques et électriques. — Les grandeurs électriques et magnétiques sont reliées entre elles par leurs définitions, et, si l'une d'elles est donnée, toutes les autres s'en déduisent.

On peut donc imaginer un grand nombre de systèmes de mesures absolues. Les seuls qui soient adoptés sont le *système électro-statique*, dont le point de départ est la définition de la quantité d'électricité par la loi de Coulomb, et le système *électro-magnétique*, dont le point de départ est la définition de la quantité de magnétisme.

Le dernier seul est en usage dans les applications.

SYSTÈME ÉLECTRO-MAGNÉTIQUE

60. Quantité magnétique ou masse magnétique. — Dans le système électro-magnétique, on choisit comme unité de masse magnétique la masse qui repousserait avec l'unité de force, à travers l'air, une masse égale et de même signe, placée à l'unité de distance.

Cette définition résulte de la loi des attractions magnétiques.

$$f = \frac{mm'}{l^2}$$

ou pour deux masses égales :

$$f = \frac{m^2}{l^2}$$

$m = l\sqrt{f}$ et par conséquent :

$$[m] = [\mathrm{M}^{\frac{1}{2}}\mathrm{L}^{\frac{3}{2}}\mathrm{T}^{-1}]$$

60. Densité magnétique superficielle. — Quantité de magnétisme par unité de surface.

$$[c] = \left[\mathrm{M}^{\frac{1}{2}}\mathrm{L}^{-\frac{1}{2}}\mathrm{T}^{-1}\right] \cdot$$

61. Intensité du champ magnétique ou *Force magné-*

tique en un point. — C'est la force qui agit sur l'unité de masse magnétique placée en ce point.

$$f = m\mathcal{H},$$

$$\mathcal{H} = \frac{f}{m},$$

$$[\mathcal{H}] = \left[M^{\frac{1}{2}} L^{-\frac{1}{2}} T^{-1} \right].$$

62. Nombre de tubes de force magnétique ou *Flux de force magnétique,*

$$\mathcal{H} = \frac{N}{S} \quad \text{ou} \quad N = \mathcal{H}S,$$

par conséquent

$$[N] = \left[M^{\frac{1}{2}} L^{\frac{3}{2}} T^{-1} \right].$$

63. Différence de potentiel magnétique. Le produit d'une masse magnétique par une différence de potentiel magnétique équivaut à un travail.

$$m(\Psi_1 - \Psi_2) = \mathcal{C},$$

$$[\Psi] = \left[M^{\frac{1}{2}} L^{\frac{1}{2}} T^{-1} \right].$$

64. Moment magnétique. Produit d'une masse magnétique par une longueur.

$$[ml] = \left[M^{\frac{1}{2}} L^{\frac{5}{2}} T^{-1} \right].$$

65. Intensité d'aimantation. — Moment magnétique de l'unité de volume.

$$[I] = \left[M^{\frac{3}{2}} L^{-\frac{1}{2}} T^{-1} \right].$$

66. Puissance magnétique d'un feuillet. — Produit d'une densité magnétique par une longueur ; $\Phi = a\tau$

$$[\Phi] = \left[M^{\frac{1}{2}} L^{\frac{1}{2}} T^{-1} \right] \cdot$$

67. Courant électrique. L'action magnétique d'un courant est égale à celle d'un feuillet magnétique de même contour dont la puissance est numériquement égale à l'intensité du courant, donc

$$[i] = \left[M^{\frac{1}{2}} L^{\frac{1}{2}} T^{-1} \right] \cdot$$

68. Quantité d'électricité. — Le courant électrique d'intensité i donne pendant le temps t une quantité d'électricité $Q = it$.

$$[Q] = \left[M^{\frac{1}{2}} L^{\frac{1}{2}} \right] \cdot$$

69. Différence de potentiel électrique. Force électro-motrice. Une f. e. m. est la force particulière, quelle que soit d'ailleurs son origine, qui tend à produire une différence de potentiel entre deux points. Elle a pour mesure cette différence de potentiel.

Le produit d'une quantité d'électricité par une différence de potentiel électrique équivaut à un travail

$$Q (V_1 - V_2) = \mathfrak{E},$$

$$[E] = [V] = \left[M^{\frac{1}{2}} L^{\frac{3}{2}} T^{-2} \right] \cdot$$

70. Résistance électrique. La loi d'Ohm donne :

$$E = Ri,$$

$$[R] = [LT^{-1}].$$

71. Capacité. — La quantité d'électricité contenue dans

un condensateur est égale à sa capacité multipliée par la différence de potentiel de ses armatures.

$$Q = CE,$$

$$[C] = [L^{-1} T^2].$$

72. Coefficients d'induction. — Le produit d'un *coefficient d'induction mutuelle* par une intensité de courant représente un nombre de tubes de force.

$$Mi = N,$$

donc

$$[M] = [L].$$

On aura de même pour le *coefficient de self-induction* :

$$[L] = [L].$$

SYSTÈME C. G. S.

73. Choix des unités fondamentales. Le congrès international des électriciens, réuni à Paris en 1881, a adopté comme unités fondamentales : le centimètre, la masse du gramme, la seconde. Le système ainsi défini a reçu le nom de *système C. G. S.*

Dans ce système, les seules unités qui aient reçu un nom spécial sont :

L'unité de travail qui s'appelle *Dyne* ;

$$1 \text{ dyne} = \frac{1}{981} \text{ gramme} = 1,019 \text{ milligramme} \quad \Big\} \text{ (à Paris).}$$

$$1 \text{ gramme} = 981 \text{ dynes.}$$

L'unité de travail qui s'appelle *erg.*

$$1 \text{ erg vaut } 1,019 \times 10^{-8} \text{ kilogrammètre} \Big\}$$
$$1 \text{ kilogrammètre vaut } 9,81 \times 10^7 \text{ ergs} \quad \Big\} \text{ à Paris.}$$

74. Système des unités pratiques. — La valeur des unités C. G. S ne se trouve pas en rapport commode avec les grandeurs que l'on doit mesurer dans la pratique. Les unes sont trop petites, les autres trop grandes. Afin d'éviter l'emploi de nombres trop grands ou trop petits, on a été conduit à adopter pour les unités les plus usuelles des multiples ou sous-multiples décimaux des unités C. G. S., en leur donnant des noms spéciaux pour faciliter le langage.

Ce système a été consacré sous la forme suivante par le Congrès de Paris :

1. L'unité de résistance, l'*ohm*, vaut 10^9 unités C. G. S.

C'est la résistance d'une colonne de mercure de 106 centimètres de longueur et d'un millimètre carré de section à la température de 0° centigrade.

Le *megohm* $= 10^6$ ohms et le *microhm* $= 10^{-6}$ ohm.

2. L'unité de *différence de potentiel* ou de *force électro-motrice*, le *volt*, vaut 10^8 unités C. G. S.

Le *micro-volt* vaut 10^{-6} volt.

3. On appelle *ampère* le courant produit par un volt dans un ohm.

1 ampère vaut $\frac{1}{10}$ unité C. G. S. de courant.

Le *milli-ampère* vaut 10^{-3} ampère.

Le *micro-ampère* vaut 10^{-6} ampère.

4. On appelle *coulomb* la quantité d'électricité fournie en une seconde par un courant d'un ampère.

Le coulomb vaut $\frac{1}{10}$ unité C. G. S. de quantité.

5. On appelle *farad* la capacité d'un condensateur qui prend la charge d'un coulomb, lorsque la différence de potentiel de ses armatures est de 1 volt.

1 *farad* vaut 10^{-9} unité C. G. S. de capacité.

1 *microfarad* vaut 10^{-6} farad ou 10^{-15} unité C. G. S.

Les unités pratiques, telles qu'elles viennent d'être définies, constituent un système absolu, dans lequel les unités fondamentales sont :

L $= 10^9$ centimètres (quart du méridien terrestre).

M $= 10^{-11}$ gramme-masse.

T $= 1$ seconde.

A côté des noms donnés aux principales unités électriques,

et consacrés par le Congrès de Paris, la pratique en a adopté d'autres dont il est utile de connaître la signification et la valeur.

Le *watt*, unité de puissance ou d'activité; c'est l'équivalent d'une f. e. m. de 1 volt maintenant un courant de 1 ampère.

1 *kilo-watt* = 1.000 watts.

Le *cheval-vapeur* (unité française) vaut 736 watts.

1 kilo-watt = 1,36 ch. vap.

Le *horse-power* (unité anglaise) vaut 746 watts.

1 kilo-watt = 1,34 H. P.

Le *joule*, unité de travail; c'est le travail fourni en une seconde par une puissance de 1 watt.

1 joule = 1 volt $\times$ 1 ampère $\times$ 1 seconde = 1 volt $\times$ 1 coulomb.

1 kilogrammètre = 9,81 joules.

1 joule = 0,1019 kilogrammètre.

Le *watt-heure* représente le travail développé en une heure par une puissance de 1 watt, c'est-à-dire 3.600 joules ou 367 kilogrammètres.

Le *cheval-heure*. Travail développé en une heure par une puissance de 1 cheval = 270.000 kilogrammètres = 2.648.700 joules = 736 watt heures.

L'*ampère-heure* représente la quantité d'électricité transportée pendant une heure par un courant de 1 ampère, c'est-à-dire 3.600 coulombs.

La *calorie* (gramme-degré) est la quantité de chaleur nécessaire pour élever de 1° la température de 1 gramme d'eau distillée prise à son maximum de densité.

L'*équivalent mécanique* de la calorie (gr. degré) est 4,2 joules.

1 calorie = 4,2 joules.

1 joule = 0,24 calorie.

CHAPITRE V

MESURES ÉLECTRIQUES ET MAGNÉTIQUES

75. Lois de Kirchhoff. — *1re Loi. — Si plusieurs conducteurs aboutissent en un point, la somme des courants qui convergent vers ce point est égale à la somme des courants qui s'en éloignent.*

2e loi. — Dans un circuit fermé quelconque la somme algébrique des forces électro-motrices est égale à la somme algébrique des produits qu'on obtient en multipliant la résistance de chacune des parties du circuit par l'intensité du courant qui circule dans cette partie.

$$\Sigma R i = \Sigma E.$$

76. Courants dérivés. — Considérons un circuit composé de plusieurs branches entre lesquelles se divise le courant.

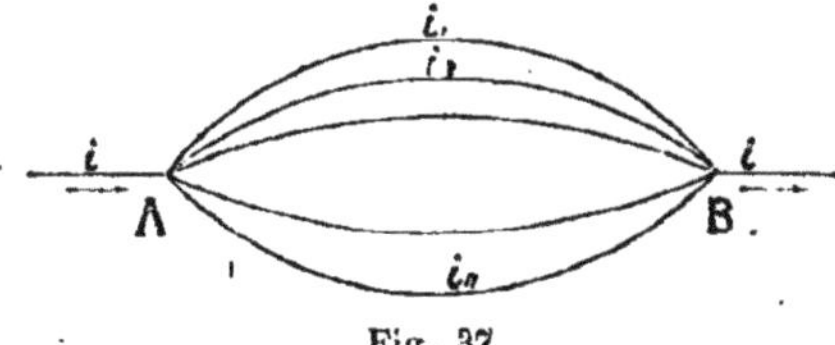

Fig. 37.

On aura :

$$(1) \qquad i = i_1 + i_2 + \ldots + i_n$$

et, en désignant par A—B la différence de potentiel des deux points A et B, par r_1, r_2, ..., r_n les résistances des circuits partiels :

$$(A-B) = r_1 i_1 = r_2 i_2 = \ldots = r_n i_n$$

En appelant R la résistance que devrait avoir un conducteur unique placé entre A et B pour qu'on eût :

$$R i = A - B$$

il vient :

$$R (i_1 + i_2 + \ldots + i_n) = r_1 i_1 = r_2 i_2 = \ldots = r_n i_n$$

et, en divisant le premier membre par le second,

$$(2) \qquad \frac{1}{r_1} + \frac{1}{r_2} + \ldots + \frac{1}{r_n} = \frac{1}{R}.$$

C'est-à-dire que la conductibilité d'un faisceau de conducteurs est égale à la somme des conductibilités de ses différentes parties.

Les équations (1) et (2) donnent :

$$(3) \qquad \frac{i_m}{i} = \frac{R}{r_m} \quad \text{ou} \quad i_m = \frac{1}{r_m \, \Sigma \frac{1}{r}}$$

77. Mesure des courants. — L'intensité d'un courant se détermine en mesurant le champ magnétique produit par le passage de ce courant dans un conducteur de forme et de dimensions déterminées. — Les instruments qui servent à la mesure des courants sont les *galvanomètres* et les *électro-dynamomètres*.

78. Galvanomètres. — Un galvanomètre se compose d'un cadre sur lequel est enroulé le fil conducteur, et d'une aiguille aimantée suspendue au centre du circuit.

Lorsque les dimensions du cadre, le nombre et le diamètre moyen des spires de fil sont exactement déterminés, l'instrument fournit directement la valeur du courant en unités absolues. — Les appareils employés pour la mesure directe des courants sont les boussoles des sinus, des tangentes et des cosinus. On réserve ordinairement le nom de galvanomètres aux instruments destinés à la comparaison des courants.

79. Boussole des sinus. — Le cadre galvanométrique est mobile autour d'un axe vertical. On oriente l'instrument en amenant le plan moyen du cadre dans le méridien magnétique, les index de l'aiguille et du cadre étant tous deux au zéro de la graduation. Quand le courant est établi, on tourne le cadre jusqu'à ce que son plan coïncide avec celui de l'aiguille, et on lit l'angle θ que fait le plan de la bobine avec le méridien magnétique. L'équilibre étant établi, on a :

$$(4) \qquad MH \sin \theta = MG i.$$

M moment magnétique de l'aiguille,

H composante horizontale du magnétisme terrestre.

G constante du cadre galvanométrique, c'est-à-dire valeur du champ correspondant à l'unité de courant dans l'espace occupé par l'aiguille. Nous avons vu (36) comment on peut en calculer la valeur en fonction des dimensions du cadre.

L'équation (4) donne

$$(5) \qquad i = \frac{H}{G} \sin \theta$$

H et G étant exprimés en unités C. G. S., il faut multiplier le second membre de l'équation par 10, pour que i soit exprimé en ampères.

80. Boussole des tangentes. — Le cadre galvanométrique vertical est maintenu dans le méridien magnétique.

Lorsque le courant est établi, et à la condition que les dimensions de l'aiguille soient très petites par rapport à celles du cadre, on a d'une façon approchée :

$$MH \sin \theta = MG i \cos \theta$$

ou

$$(6) \qquad i = \frac{H}{G} \operatorname{tg} \theta.$$

Après avoir fait une première lecture, on renverse le sens du courant, et on note la déviation θ'. Lorsque l'instrument est bien réglé, les déviations θ et θ', des deux côtés du zéro, seront égales. Si elles sont différentes, l'intensité i doit satisfaire aux deux équations :

$$H \sin \theta = Gi \cos (\theta + \alpha)$$

$$H \sin \theta' = Gi \cos (\theta' - \alpha)$$

α étant l'angle que fait le plan moyen du cadre avec le méridien magnétique. On en déduit

$$(7) \qquad i = \frac{H}{G} \cdot \frac{2}{\cos \alpha \, (\cotg \theta + \cotg \theta')}$$

avec

$$\tg \alpha = \frac{\cotg \theta - \cotg \theta'}{2}$$

Si $\theta' - \theta \lessgtr 2°$, on peut prendre simplement

$$(9) \qquad i = \frac{H}{G} \tg. \frac{\theta + \theta'}{2}$$

La *sensibilité absolue* de l'instrument, c'est-à-dire le rapport de l'accroissement $d\theta$ de l'angle à l'accroissement correspondant du courant,

$$(10) \qquad \frac{d\theta}{di} = \frac{G}{H} \cos^2 \theta,$$

est maximum pour $\theta = 0$.

La *sensibilité relative*, c'est-à-dire le rapport de l'accroissement $d\theta$ de l'angle à la variation relative correspondante $\frac{di}{i}$ du courant,

$$(11) \qquad i \cdot \frac{d\theta}{di} = \sin \theta \cos \theta,$$

est maximum pour $\theta = 45°$.

81. Boussole des cosinus. — C'est une boussole des tangentes dont le cadre, mobile autour d'un axe horizontal, peut s'incliner sur le méridien magnétique. L'équation d'équilibre est

$$(12) \qquad MH \sin \theta = MGi \cos \theta \cos \varphi$$

φ étant l'angle du cadre avec le plan vertical. On aura donc

$$(13) \qquad i = \frac{H}{G} \frac{\mathrm{tg}\,\theta}{\cos\varphi}$$

Cet instrument s'applique avec avantage à la mesure des courants intenses. — On donne à φ une valeur telle qu'on ait $\theta = 45^\circ$, correspondant au maximum de sensibilité relative de la boussole des tangentes. La figure 38 représente une boussole des tangentes et des cosinus, construite par M. Ducretet, pouvant être utilisée également comme boussole des sinus.

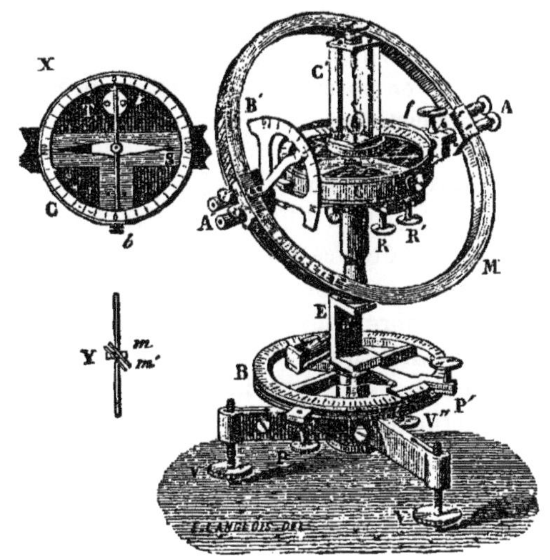

Fig. 38.

82. Champ magnétique artificiel. — Pour déterminer un courant par les équations (5), (6), (13), il faut connaître l'intensité du champ magnétique dans lequel se meut l'aiguille. La mesure exacte de H est une opération longue et délicate et comme, dans un laboratoire industriel, cette force est essentiellement variable, les instruments absolus ne sont pas d'un emploi commode pour les mesures usuelles.

On peut rendre les indications d'un galvanomètre à peu près indépendantes des variations du champ extérieur, en créant un champ artificiel uniforme au moyen de barreaux aimantés placés symétriquement par rapport à l'axe de rotation de l'aiguille.

83. Constante d'un galvanomètre. — Pour mesurer un courant au moyen d'un galvanomètre à champ magnétique artificiel, il faut connaître la *constante* de l'instrument, c'est-à-dire le facteur par lequel on doit multiplier la déviation de l'aiguille pour obtenir la valeur du courant correspondant ; c'est l'intensité du courant qui produit l'unité de déviation.

La constante se détermine soit par comparaison avec un instrument étalon, soit en observant la déviation produite par un courant d'intensité connue.

84. Galvanomètres usuels. — On donne aux galvanomètres des dimensions très différentes suivant l'usage auquel ils sont destinés. A côté des galvanomètres proprement dits, dont les indications sont proportionnelles aux courants, il existe un grand nombre d'instruments d'un emploi fréquent dans l'industrie, pour lesquels la loi de déviation doit être déterminée empiriquement. Nous indiquerons plus loin quelques-unes des méthodes à employer pour l'étalonnage des galvanomètres.

85. Galvanomètre à miroir. — Pour mesurer avec précision de très faibles déviations, on emploie la méthode du miroir imaginée par Sir William Thomson. L'équipage mobile du galvanomètre se compose d'un système astatique d'aiguilles fixé au dos d'un miroir M suspendu à un fil de cocon. Au centre de l'échelle AB (fig. 39), en face du miroir, se trouve une ouverture O, dans laquelle est tendu un réticule vertical. Une lampe, placée en arrière de l'échelle, projette sur le miroir l'image de l'ouverture et de son réticule, qui est réfléchie sur l'échelle. — Lorsque l'équipage mobile se déplace d'un angle θ, l'image du réticule décrit un angle 2θ ; $\mathrm{tg}\,2\theta = \dfrac{\delta}{D}$.

L'intensité du courant, $i = \dfrac{H}{G}\,\mathrm{tg}\,\theta \cdot$

Comme

$$\mathrm{tg}\,2\theta = \frac{2\,\mathrm{tg}\,\theta}{1 - \mathrm{tg}^2\,\theta},$$

on a

$$\mathrm{tg}\,\theta = \frac{D}{\delta}\left[-1 + \sqrt{1 + \frac{\delta^2}{D^2}}\right].$$

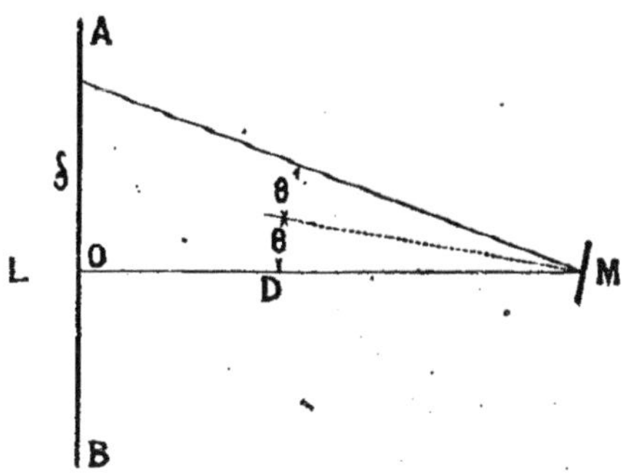

Fig. 39.

En développant le radical et ne conservant que les trois premiers termes du développement,

$$(14) \qquad \mathrm{tg}\theta = \frac{\delta}{2D}\left[1 + \frac{1}{4}\cdot\frac{\delta^2}{D^2}\right],$$

avec une erreur relative inférieure à

$$\frac{1}{8}\left(\frac{\delta}{D}\right)^4 \cdot$$

Lorsque l'angle de déviation 2θ, est compris entre 0 et 7°, on peut prendre simplement $\mathrm{tg}\theta = \dfrac{\delta}{2D}$, c'est-à-dire que les intensités sont proportionnelles aux déviations observées sur l'échelle ; c'est sous cette forme qu'on emploie généralement le galvanomètre à miroir, et la constante γ de l'instrument est l'intensité du courant pour laquelle l'image du réticule se déplacerait d'une division, c'est-à-dire qu'on a :

$$(15) \qquad i = \gamma\delta.$$

Lorsque l'angle de déplacement de l'image est supérieur à 7°, il faut tenir compte du terme de correction, équation (14).

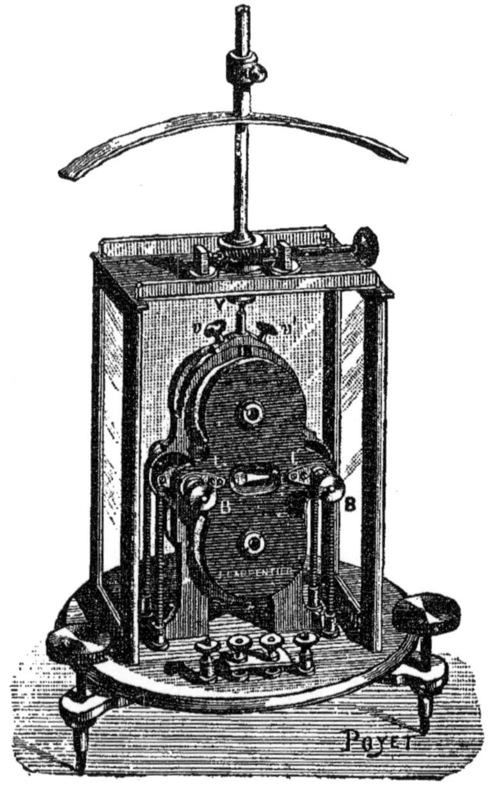

Fig. 40.

Les figures 40, 41 et 42 représentent un galvanomètre à miroir pour les mesures de laboratoire. — Dans ce modèle les bobines composant le circuit se démontent facilement et peuvent se remplacer par d'autres de résistances différentes.

La figure 43 donne les détails d'une échelle transparente d'un emploi très commode avec tous les instruments à miroir.

Pour que les observations ne soient pas trop longues, il faut employer des galvanomètres avec amortissement.

Dans le modèle représenté figures 40, 41, l'amortissement est produit par une ailette très légère qui augmente le frotte-

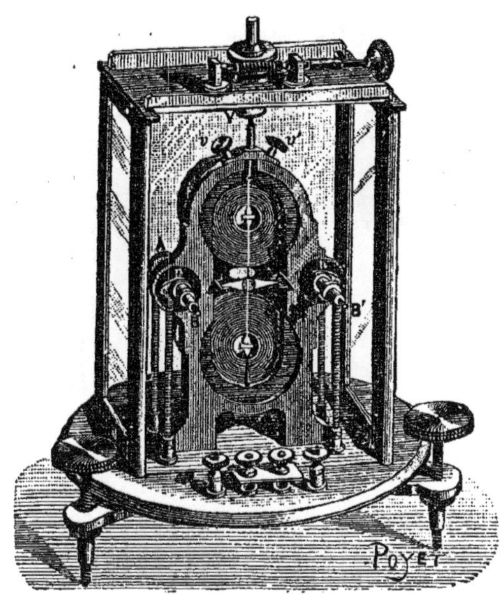

Fig. 41.

ment de l'air et amène promptement l'aiguille au repos. Il est d'ailleurs possible de déterminer exactement la position d'équilibre de l'aiguille, sans attendre qu'elle soit arrivée au repos complet. En désignant par δ_1, δ_2, δ_3 les divisions qui correspondent à trois élongations successives, on peut prendre comme valeur de la position d'équilibre :

$$(16) \qquad \delta = \frac{\delta_1 + 2\delta_2 + \delta_3}{4}.$$

Fig. 42.

86. Galvanomètre apériodique Deprez-d'Arsonval (fig. 44). — L'équipage mobile se compose d'un cadre rectangulaire sur lequel est enroulé le fil conducteur du courant à mesurer. Au centre du cadre est un cylindre creux en fer doux qui s'aimante

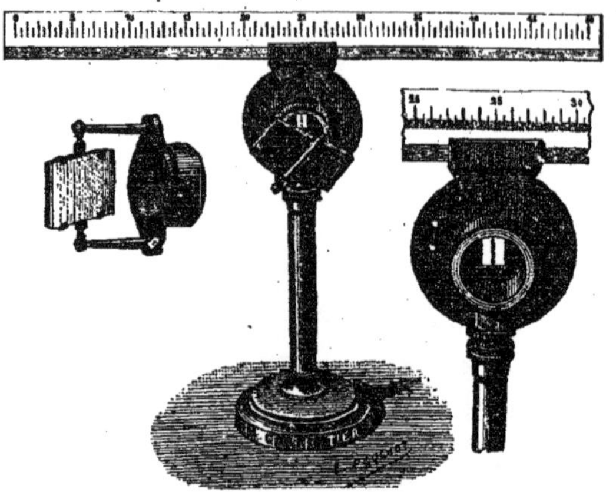

Fig. 43.

par influence. Ce système est suspendu entre les deux branches d'un aimant permanent, au moyen de deux fils métalliques qui servent en même temps à amener le courant dans le cadre mobile. Quand le courant passe, le plan du cadre tend à se placer normalement à la direction du champ (42); il prend une position telle que la torsion du fil de suspension fasse équilibre aux forces électro-magnétiques. Sous l'action des courants induits par le mouvement du cadre dans le champ, les oscillations s'amortissent très-rapidement, à la condition que le circuit du galvanomètre soit fermé sur une résistance faible [1].

En désignant par S la surface totale des spires du cadre, et par H l'intensité du champ que nous supposons uniforme, par C le coefficient de torsion du fil, l'intensité du courant qui produit la déviation permanente devra satifaire à l'équation :

$$HSi \cos \theta = C\theta$$

<hr>

1. Etude du Galvanomètre apériodique Deprez-d'Arsonval par P. H. Ledeboer. Lumière Electrique, XX, 577.

ou

$$i = \frac{C}{HS} \cdot \frac{\theta}{\cos \theta},$$

et comme, pour de faibles déviations, θ diffère peu de $\sin \theta$,

$$(17) \qquad i = \frac{C}{HS} \operatorname{tg} \theta.$$

Si la lecture se fait au miroir, on aura comme précédemment

$$(18) \qquad i = \gamma \delta.$$

L'aiguille revient instantanément au zéro, lorsqu'on ferme le galvanomètre sur lui-même, par une clef de court circuit.

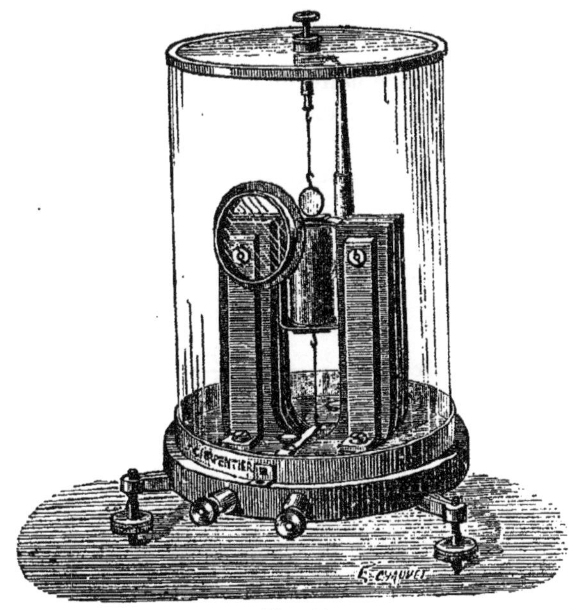

Fig. 44.

87. Shunts. — Lorsqu'on veut appliquer les galvanomètres sensibles à la mesure des courants d'une intensité supérieure à celle qui correspond au maximum de déviation de l'aiguille, on réduit la sensibilité de l'instrument au moyen d'un *shunt*, c'est-à-dire en réunissant les deux bornes de l'instrument par un conducteur de résistance connue formant dérivation.

G étant la résistance intérieure du galvanomètre, S celle du shunt, i l'intensité totale, le courant qui passera dans le galvanomètre,

$$(19) \qquad i_g = \frac{i}{1 + \dfrac{G}{S}}.$$

$$(20) \qquad 1 + \frac{G}{S} = m$$

s'appelle *pouvoir muliplicateur* du shunt; δ étant la déviation observée avec le shunt, $m\delta$ représente la déviation correspondant au courant total i.

En shuntant le galvanomètre, on modifie la résistance totale du circuit dans lequel se trouve l'instrument. S'il est nécessaire que cette résistance reste constante quel que soit le shunt employé, il faut intercaler une résistance de compensation R, telle que

$$R + \frac{G}{m} = G,$$

c'est-à-dire,

$$R = G \cdot \frac{m-1}{m} = \frac{G^2}{G+S}.$$

88. Electro-dynamomètres. — Ces instruments mesurent l'intensité d'un courant par l'action qu'il exerce sur un autre courant. Un électro-dynamomètre peut être assimilé à un galvanomètre dont l'aiguille serait remplacée par une bobine mobile dans laquelle passe un courant. Dans la position initiale d'équilibre, le cadre fixe et la bobine mobile sont dans des plans perpendiculaires, et l'instrument doit être orienté de telle sorte que l'axe de la bobine mobile soit dans le méridien magnétique.

Si l'on fait passer un courant i dans le cadre fixe et un courant i' dans la bobine mobile, celle-ci sera déviée. L'action mutuelle des deux bobines est proportionnelle au produit ii' des deux intensités ; on l'équilibre par un couple de torsion.

Désignons par θ l'angle dont il faut tordre le fil de suspension pour maintenir la bobine dans sa position initiale, par S la surface totale des spires de la bobine mobile, par G l'intensité du champ produit par l'unité du courant dans le cadre fixe, et par C le coefficient de torsion du fil de suspension ; le moment

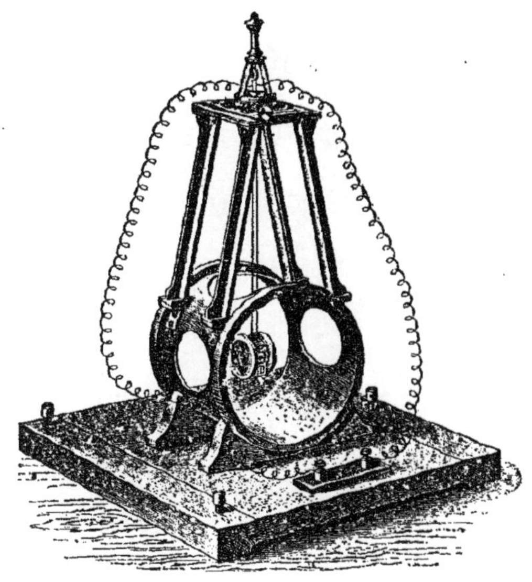

Fig. 45.

magnétique de la bobine mobile sera $S'i'$ et les intensités devront satisfaire à l'équation

$$(22) \qquad GS'ii' = C\theta \qquad \text{pour la suspension unifilaire,}$$

ou

$$(23) \qquad GS'ii' = C\sin\theta \qquad \text{pour la suspension bifilaire.}$$

Si on fait $i'=i$, on aura :

$$(24) \qquad i = A \sqrt{\theta} \qquad \text{(suspension unifilaire),}$$

$$(25) \qquad i = \mathrm{A}\sqrt{\sin\theta} \quad \text{(suspension bifilaire)},$$

A étant, dans chaque cas, la constante de l'instrument.

Les équations (22) et (23) montrent que l'angle θ ne change pas de signe, si l'on renverse en même temps le sens des deux courants i et i'. Cette propriété permet d'appliquer l'électro-dynamomètre à la mesure des courants alternatifs, comme nous le verrons dans la suite.

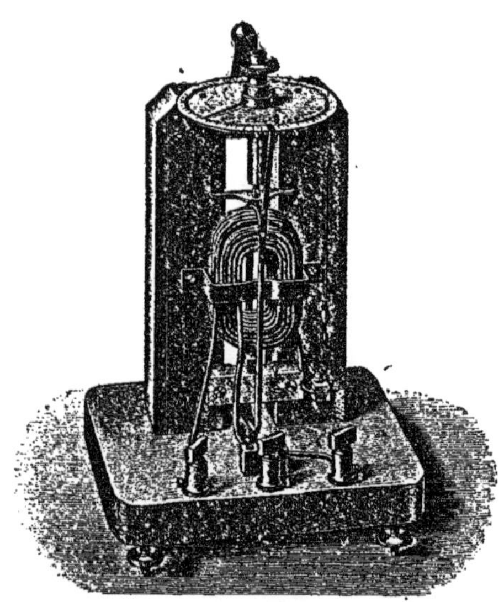

Fig. 46.

La figure 46 représente un électro-dynamomètre construit par la maison Siemens, pour les mesures industrielles. Le cadre fixe est double : un des circuits ne contient qu'un petit nombre de spires de gros fil pour la mesure de courants très intenses ; l'autre, formé d'un plus grand nombre de spires, sert à la mesure des courants plus faibles.

89. Electro-dynamomètres à poids — Au lieu de faire équilibre à l'action mutuelle des deux circuits par la torsion d'un fil ou d'un ressort, on peut suspendre la bobine mobile à l'extrémité d'un fléau de balance, et équilibrer l'action des courants par des poids. On construit maintenant des électro-dynamomètres à poids susceptibles de fournir des indications très précises ; comme elles peuvent être rendues indépendantes des variations accidentelles du champ magnétique extérieur, ces instruments sont d'un emploi commode pour l'étalonnage des galvanomètres.

90. Electro-dynamomètre de M. Pellat [1]. — La figure 47 représente l'électro-dynamomètre balance de M. Pellat, qui le désigne sous le nom d'*Ampère-étalon*. La bobine mo-

Fig. 47.

bile placée à l'intérieur du cadre fixe est verticale ; elle fait corps avec un fléau de balance qui porte à son extrémité un plateau sur lequel on met les poids nécessaires pour équilibrer le couple qui tend à dévier la bobine mobile. Cet instrument

1. *Bulletin de la Société Internationnale des Electriciens.* Mai 1888,

se gradue par comparaison avec un électro-dynamomètre absolu établi sur le même principe, et dont toutes les dimensions ont été mesurées avec le plus grand soin.

Le couple électro-dynamique produit par un courant d'intensité i, circulant dans les deux bobines de l'ampère-étalon, est proportionnel au carré de l'intensité du courant ; s'il est équilibré par un poids p placé dans le plateau, on a :

$$(26) \qquad i = A\sqrt{pg}, \qquad \text{ou} \qquad i = B\sqrt{p}.$$

A étant un facteur invariable pour le même appareil.

Le facteur, $B = A\sqrt{g}$, constant à un même endroit, et variant d'un point à un autre du globe comme la racine carrée de l'intensité de la pesanteur ($g = 980,896$ à Paris), étant déterminé une fois pour toutes par comparaison avec l'électro-dynamomètre absolu, fournit l'intensité absolue du courant d'après la formule (26) par la détermination du nombre de grammes mis dans le plateau pour équilibrer le couple électro-dynamique.

Dans l'instrument représenté fig. 47, un courant de $0^{amp},3$ est équilibré par $1^{gr},5$ environ ; si l'on renverse le sens du courant dans la grande bobine pour éliminer l'action du magnétisme terrestre, la différence des poids placés dans le plateau pour les deux pesées sera donc de 3^{gr} environ ; la balance est sensible au $\frac{1}{10}$ de milligramme.

Quoique, pour avoir une grande précision, il ne faille pas faire passer dans l'ampère-étalon un courant inférieur à $0^{amp},1$, ni supérieur à $0^{amp},5$, nous verrons en traitant de l'étalonnage des galvanomètres que cet instrument peut servir à graduer des appareils destinés à mesurer des courants d'intensités très différentes.

91. Mesure des résistances. — L'unité pratique de résistance est l'*Ohm légal* : c'est la résistance d'une colonne de mercure de $1\ mm^2$ de section et de $106\ cm.$ de longueur, à la température de la glace fondante. D'après les déterminations les plus récentes, cette unité est très peu différente de la valeur théorique 10^9 unités C. G. S. qui définit l'ohm.

1 Ohm légal = 1,0112 unité de l'Association britannique (1864).

1 Unité BA = 0,9889 ohm légal.

Fig. 48.

La figure 48 représente une copie des prototypes de l'ohm légal.

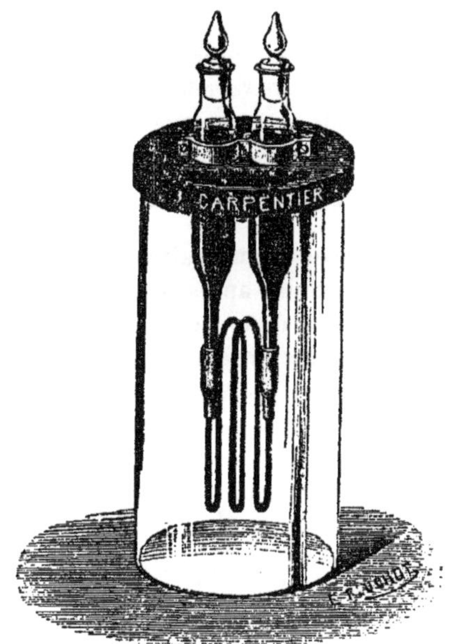

Fig. 49.

La figure 49 représente un étalon secondaire d'un maniement plus commode que le précédent.

Dans les mesures courantes, on emploie de préférence un étalon en fil de mailléchort ou de platine-argent, fig. 50.

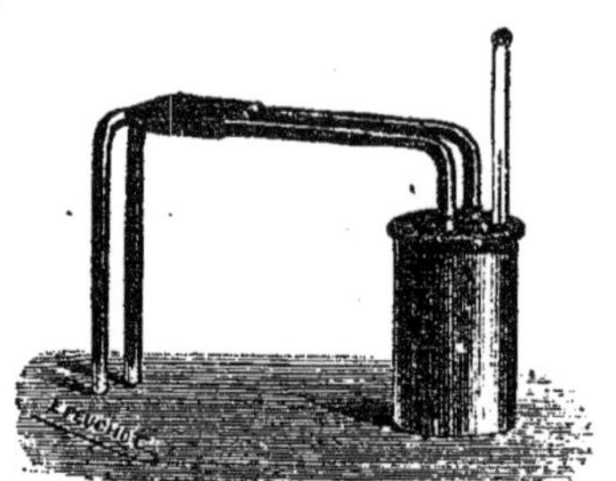

Fig. 50.

Pour mesurer la résistance d'un conducteur, c'est-à-dire pour la comparer à celle de l'ohm légal, on emploie une série de résistances dont les valeurs varient d'une manière régulière comme une série de poids, par exemple :

1 — 2 — 2 — 5 — 10 — 10 — 20 — 50 — 100 — 100 — 200
500 — 1000 — 1000 — 2000 — 5000 ohms.

Chacune des résistances élémentaires se compose d'un fil isolé enroulé sur une bobine, après avoir été replié sur lui-même pour éviter les effets d'induction. Les fils sont en maillechort ou en alliage platine-argent dont la résistance varie

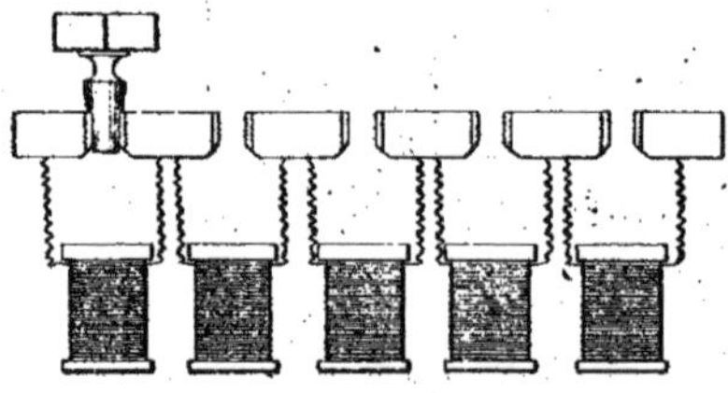

Fig. 51.

très peu avec la température. Les deux extrémités d'une même bobine (fig. 51) sont fixées à deux blocs de cuivre séparés par un intervalle qui peut être fermé par une clef, qu'il faut enlever pour introduire dans le circuit la résistance correspondante. Le nombre des clefs restant en place varie donc avec la valeur de la résistance employée ; comme la résistance de ces clefs n'est pas toujours négligeable, il peut en résulter une erreur.

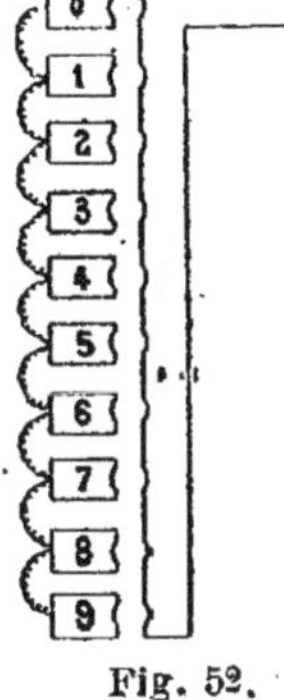

Fig. 52.

On évite cet inconvénient en employant des boîtes de résistances disposées en décades. Dans ce système la boîte est constituée par 4 séries ayant chacune 9 bobines égales, savoir : 9 bobines de 1 ohm ; 9 de 10 ohms ; 9 de 100 ohms, 9 de 1000 ohms. Les bobines sont disposées comme l'indique la figure 52. Pour introduire une résistance dans le circuit, on enfonce la clef dans le trou correspondant ; le nombre des clefs reste donc le même quelle que soit la valeur de la résistance insérée ; le total se lit immédiatement sur la boîte. Lorsqu'on retire une clef pour la changer de place, le circuit est interrompu ; le plus souvent il n'y a aucun inconvénient à cela ; pour l'éviter, il suffit d'employer une clef supplémentaire.

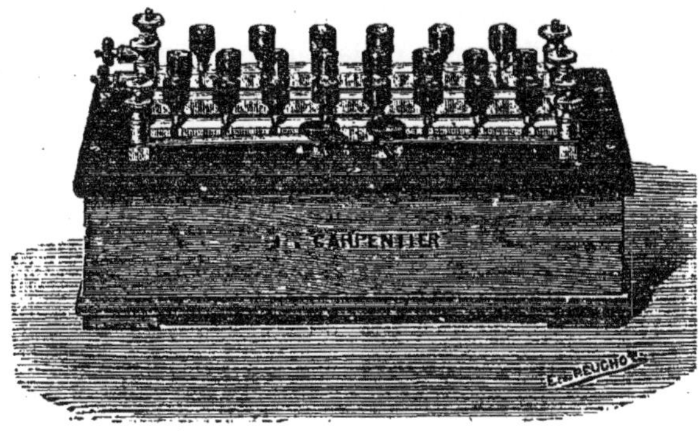

Fig. 53.

Les figures 53 et 54 représentent des boîtes de résistances disposées suivant le principe de la figure 51 et celui de la

figure 52. Ces deux modèles, construits par la maison Carpentier, sont disposés de façon à pouvoir être employés à
la mesure des résistances par la méthode du pont de Wheatstone (voir ci-après (94)).

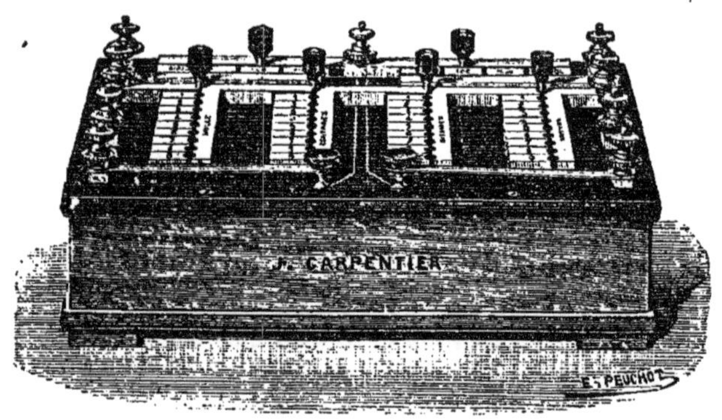

Fig. 54.

La résistance des conducteurs métalliques augmente avec
la température, et les constructeurs indiquent sur chaque boîte
la température à laquelle les bobines ont été étalonnées (généralement 15 à 16°). Si la température à laquelle se fait la
mesure est très différente de la température normale, il faut
affecter la valeur de la résistance du coefficient de correction.
Dans les limites ordinaires des variations de température d'un
laboratoire, ce coefficient est de 0,044 0/0 par degré centigrade pour le maillechort et de 0,031 0/0 par degré pour l'alliage platine-argent (une partie de platine pour deux parties
d'argent en poids).

La mesure comparative des résistances se fait par différentes méthodes ; nous ne rappellerons que celles dont l'emploi
est le plus fréquent dans les applications qui font l'objet du
présent ouvrage.

92. Pont de Wheatstone. Condition d'équilibre. —
Le *Pont* ou *Balance de Wheatstone* est constitué par un système
de six conducteurs réunissant, deux à deux, quatre points

M, N, O, P (fig. 55). Chacun des conducteurs peut contenir une force électro-motrice ; c'est le cas général.

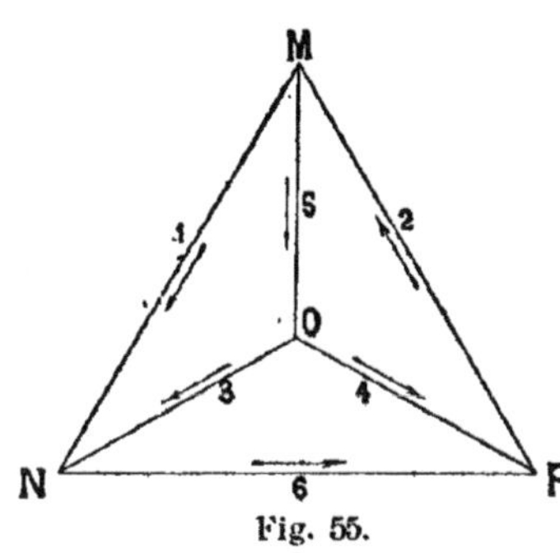

Fig. 55.

Soient :

$r_1 \dots r_6$ les résistances des conducteurs,

$e_1 \dots e_6$ les f.e.m. que nous supposons constantes,

$i_1 \dots i_6$ les intensités des courants.

On se propose d'ajuster les résistances des quatre conducteurs 1, 2, 3, 4 de telle sorte que les courants des deux autres conducteurs soient indépendants l'un de l'autre.

Les lemmes de Kirchhoff fournissent les relations suivantes :

en M $\qquad i_2 - i_1 = i_5,$

en O $\qquad i_3 + i_4 = i_6,$

dans le circuit fermé MNO $\qquad r_1 i_1 - r_3 i_3 - r_5 i_5 = e_1 + e_3 + e_5,$

. . . . MOP $\qquad r_5 i_5 + r_4 i_4 + r_2 i_2 = e_5 + e_4 + e_2.$

Si la résistance r_6 varie de dr_6, toutes les intensités seront modifiées, et les variations des courants devront satisfaire aux équations :

$$di_2 - di_1 = di_5 \qquad\qquad di_3 + di_4 = di_6,$$
$$r_1 di_1 - r_3 di_3 - r_5 di_5 = 0 \qquad r_5 di_5 + r_4 di_4 + r_2 di_2 = 0.$$

Pour que le courant qui passe en MO soit indépendant d'une variation de résistance ou de f. e. m. dans le conducteur NP, il faut et il suffit que di_5 soit nul ; on en déduit l'équation de condition :

$$(1) \qquad\qquad r_1 r_4 = r_2 r_3 .$$

Lorsqu'elle est satisfaite, les deux conducteurs MO et NP sont dits *conjugués* ; leurs états électriques sont indépendants l'un de l'autre, lors même que la distribution des courants varie dans le reste du réseau.

6

Dans les applications, le pont de Wheatstone ne se présente
pas sous cette forme générale, et nous n'avons à considérer
que deux cas : celui où le réseau
ne renferme qu'une seule force
électro-motrice, et celui où il en
contient deux. Nous établirons
les équations générales pour le
second cas auquel il est facile de
ramener immédiatement le premier.

Le pont de Wheatstone se représente généralement par le
schéma de la figure 56 ; a, b, R,
x sont les résistances des côtés du
quadrilatère, dont l'un peut contenir une f. e. m. E'. Dans la diagonale NP se trouve une pile de
f. e. m. E et de résistance intérieure β ; la seconde diagonale

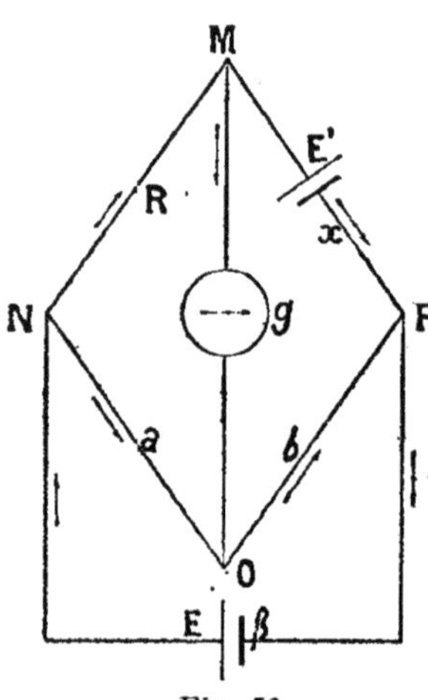

Fig. 56.

contient un galvanomètre de résistance g.

Les lemmes de Kirchhoff donnent les équations suivantes :

$$i_a = i_b - i_g \;\; ; \;\; i_R = i_g + i_x \;\; ; \;\; i_\beta = i_b + i_x \; ;$$

$$Ri_R + gi_g - ai_a = 0 ;$$
$$gi_g + bi_b - xi_x = E' ;$$
$$\beta i_\beta + ai_a + bi_b = E.$$

Le dénominateur commun,

$$(2)\;\Delta = \beta(a+R)(b+x)+g(a+b)(R+x)+\beta g(a+b+R+x)+ab(R+x)+Rx(a+b)$$

et nous aurons :

$$(3)\quad i_a = \frac{E\,[g\,(R+x) + R\,(b+x)] - E'\,[\beta g - bR]}{\Delta}.$$

$$(4)\quad i_b = \frac{E\,[g\,(R+x) + x\,(a+R)] - E'\,[\beta\,(a+R+g) + aR]}{\Delta}.$$

$$(5)\quad i_R = \frac{E\,[g\,(a+b) + a\,(b+x)] + E'\,[g\,(a+b+\beta) + ab]}{\Delta}.$$

$$(6) \quad i_x = \frac{E\,[g\,(a+b) + b\,(a+R)] + E'\,[(g+R)\,(a+b+\beta) + a\,(b+\beta)]}{\Delta}.$$

$$(7) \quad i_g = \frac{E\,[bR - ax] + E'\,[\beta\,(a+R) + R\,(a+b)]}{\Delta}.$$

$$(8) \quad i_\beta = \frac{E\,[g\,(a+b+R+x) + (a+R)\,(b+x)] + E'\,[g\,(a+b) + b\,(a+R)]}{\Delta}.$$

D'après l'équation (1) les deux diagonales seront conjuguées, si

$$(9) \qquad\qquad bR = ax.$$

Cette condition étant satisfaite, le dénominateur commun, Δ, devient :

$$(10) \quad \Delta_0 = \frac{1}{a}\,[g\,(a+b) + b\,(a+R)]\,[\beta(a+R) + R\,(a+b)]$$

et on a :

$$(11) \qquad\qquad i_g = \frac{aE'}{g\,(a+b) + b\,(a+R)}\,;$$

le courant de la diagonale MO est indépendant de la résistance et de la f. e. m. de la diagonale NP.

S'il n'existe pas de f. e. m. dans le côté MP, c'est-à-dire si $E' = 0$, on aura :

$$(12) \qquad\qquad i_g = 0.$$

C'est sous cette forme que le pont de Wheatstone est employé pour la comparaison des résistances.

La résistance à mesurer, x, forme l'un des côtés du quadrilatère; les trois autres côtés sont constitués par des boîtes de résistances. La pile étant placée dans l'une des diagonales, le galvanomètre dans l'autre, les résistances a, b, R sont ajustées de telle sorte qu'il ne passe plus aucun courant dans le galvanomètre ; lorsque cette condition est satisfaite,

$$(13) \qquad\qquad x = \frac{b}{a}\,R$$

93. Positions relatives du galvanomètre et de la batterie. — La sensibilité du galvanomètre n'étant pas infinie,

l'équilibre pourra paraître établi pour une valeur de R un peu
différente de celle qui correspond à l'équilibre parfait ; le courant dans le circuit du galvanomètre ne sera pas nul, mais il
sera trop faible pour imprimer à l'aiguille une déviation appréciable. Désignons par ρ l'erreur commise sur x par suite de
ce défaut de sensibilité ; nous aurons, en remarquant que ρ est
une quantité très petite,

$$(14) \qquad\qquad \rho = \frac{\gamma \delta_0}{a\mathrm{E}} \Delta_0$$

γ étant la constante du galvanomètre (83) et δ_0 la plus petite déviation qu'on puisse lire sur l'échelle.

Si, sans modifier la valeur des résistances qui forment le
pont, on permute les diagonales, la condition d'équilibre ne
sera pas modifiée, mais la distribution des courants dans les
côtés ne sera plus la même.

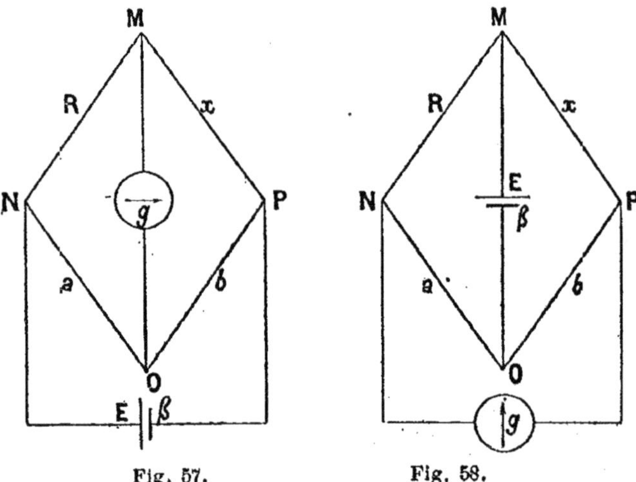

Fig. 57.   Fig. 58.

On obtiendra les nouvelles valeurs des intensités en remplaçant dans les équations précédentes β par g et g par β. En
faisant cette substitution dans l'équation (14) et en désignant
par ρ' la nouvelle valeur de ρ qui en résulte, on aura

$$(15) \qquad \rho' - \rho = \frac{\gamma \delta_0}{aE}(g-\beta)(b-R)(a-x)$$

On voit que si $g > \beta$,

$$\rho' > \rho \quad \text{pour} \quad b > R, \quad \text{et} \quad a > x,$$
$$\text{ou pour} \quad b < R, \quad \text{et} \quad a < x.$$

Dans ce cas, la disposition de la figure 57 est la meilleure. On aura au contraire

$$\rho > \rho' \quad \text{pour} \quad b > R, \quad \text{et} \quad a < x$$
$$\text{ou pour} \quad b < R, \quad \text{et} \quad a > x.$$

Il faudra placer le galvanomètre dans le diagonale NP et la batterie dans la diagonale MO, fig. 58.

Ainsi, lorsque la résistance du galvanomètre est plus grande que celle de la batterie (c'est le cas le plus fréquent), le galvanomètre doit être placé dans la diagonale qui réunit le sommet où aboutissent les deux plus grandes résistances au sommet où aboutissent les deux plus faibles.

Si au contraire on avait $g < \beta$, ce serait la batterie qui devrait être placée dans cette diagonale.

Fig. 59.

On emploie le pont de Wheatstone sous deux formes différentes ; le pont à bobines et le pont à curseur.

94. Pont à bobines. — Avec cette disposition on se donne le rapport $\frac{b}{a}$, et on obtient l'équilibre en ajustant R.

La fig. 59 montre la disposition d'une caisse de résistances formant pont de Wheatstone.

Chacun des côtés a et b renferme 4 bobines de 10, 100, 1000 10000 ohms ; la résistance variable R est composée de 36 bobines disposées en 4 décades, au moyen desquelles il est possible de reproduire tous les nombres entiers compris entre 1 et 9999 ohms. Comme on peut prendre le rapport $\frac{b}{a}$ égal à 0,001 — 0,01 — 0,1 — 1 — 10 — 100 — 1.000, ce modèle de pont permet de mesurer des résistances comprises entre 0,001 ohm et 10 mégohms.

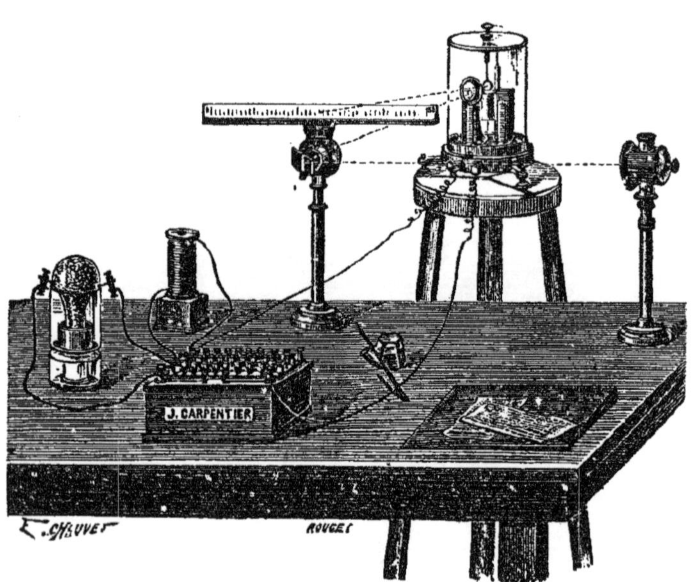

Fig. 60.

Le galvanomètre, la batterie et le conducteur dont on veut déterminer la résistance sont reliés aux bornes fixées sur les côtés de la boîte qui porte deux interrupteurs, l'un pour la batterie, l'autre pour le galvanomètre ; il convient en outre de mettre dans le circuit de la batterie une clef permettant d'inverser le sens du courant.

La fig. 60 montre une installation pour la mesure rapide des résistances dans un laboratoire industriel.

L'exactitude du pont peut se vérifier de la manière suivante ;

On fait $R = o$ et $x = o$ en réunissant par une bande épaisse de cuivre rouge les deux sommets M et P ; l'aiguille du galvanomètre doit rester immobile pour $a = b$.

Pour $a = b = 10$; $R = 1$; $x = o$, le galvanomètre doit donner une déviation. Si l'on fait alors $x = \infty$ en supprimant le conducteur MP, on obtiendra une déviation en sens inverse.

On fait $a = b = 10000$; $R = \infty$; $x = \infty$; l'aiguille du galvanomètre doit rester au zéro.

L'exactitude des résistances de la boîte R doit être vérifiée de temps en temps par comparaison avec une boîte étalon.

En mesurant une résistance, il faut avoir soin de fermer d'abord le circuit de la pile, puis celui du galvanomètre ; on doit laisser le courant dans le circuit le moins longtemps possible, afin d'éviter les erreurs qui pourraient résulter de l'échauffement des résistances à comparer.

Lorsque la valeur de R correspondant à l'équilibre du galvanomètre est comprise entre deux nombres consécutifs R_1 et R_2 tels que $R_1 < R < R_2$, on note la déviation δ_1 correspondant à R_1 et la déviation δ_2 correspondant à R_2, et on prend

$$(16) \qquad R = R_1 + \frac{\delta_1}{\delta_1 + \delta_2} (R_2 - R_1) \cdot$$

Afin d'éliminer les erreurs pouvant provenir de l'existence d'une f. é. m. parasite dans le circuit, il faut répéter la mesure en renversant le courant. Si les deux valeurs trouvées pour R sont très peu différentes, on peut en prendre la moyenne ; à défaut il faut appliquer la méthode suivante :

95. Méthode du faux zéro. — Si, au moyen d'un commutateur placé dans la diagonale NP, on substitue à la batte-

rie'E un conducteur de résistance β, l'équation (7) donne pour
E = 0

$$i_g = \frac{E' [\beta(a+R) + R(a+b)]}{\Delta}.$$

On note la déviation correspondante, et on ajuste R de façon
qu'elle ne change pas lorsqu'on ouvre le circuit NP. On
rétablit alors la batterie et, en partant de la valeur approchée fournie par l'opération précédente, on ajuste R de façon
que la déviation du galvanomètre ne change pas, lorsqu'on
renverse le sens du courant; les deux diagonales étant conjuguées, on a :

$$ax = bR.$$

96. Résistance de la batterie.— *Méthode de Mance* (fig.
61). — La batterie étant placée dans le côté MP, on réunit les

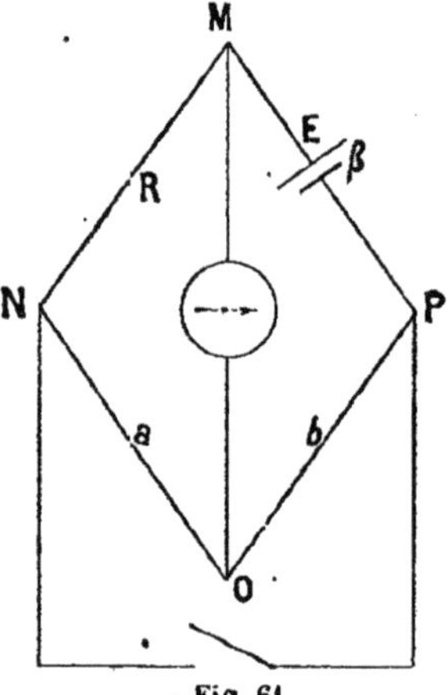

Fig. 61.

deux points N et P par une clef permettant de rompre et de rétablir le
circuit NP, et on ajuste R de façon
que la déviation du galvanomètre
reste la même, soit qu'on ouvre,
soit qu'on ferme la diagonale NP;
la résistance de la batterie sera
donnée par l'équation

$$\beta = \frac{b}{a} R.$$

Pour employer cette méthode
avec un galvanomètre sensible,
il faut le shunter par une résistance très-faible.

Méthode de Lodge (fig. 62). — On place dans la diagonale
MO un condensateur C, dont l'une des armatures est reliée
au point M et l'autre au galvanomètre. Pour que la condition d'équilibre du pont soit satisfaite, il faut que la différence de potentiel (M—O) soit indépendante de la résistance
de la diagonale NP; dans ce cas, la charge du condensateur
ne variera pas, soit qu'on ouvre, soit qu'on ferme le circuit

NP ; si (M—O) n'est pas indépendant de la résistance NP, la charge du condensateur variera, et le galvanomètre indiquera le passage d'un courant dans un sens ou dans l'autre. La mesure est ainsi ramenée à une méthode de réduction à zéro.

Méthode de d'Infreville (fig. 63). — Les deux sommets M et O sont réunis, par le système de conducteurs MN'OP' avec galvanomètre sensible en N'P'. Les côtés MP', N'O sont formés par des résistances r_1, r_4 dépourvues de self-induction ; les côtés MN', OP', par deux bobines d'électro-aimants

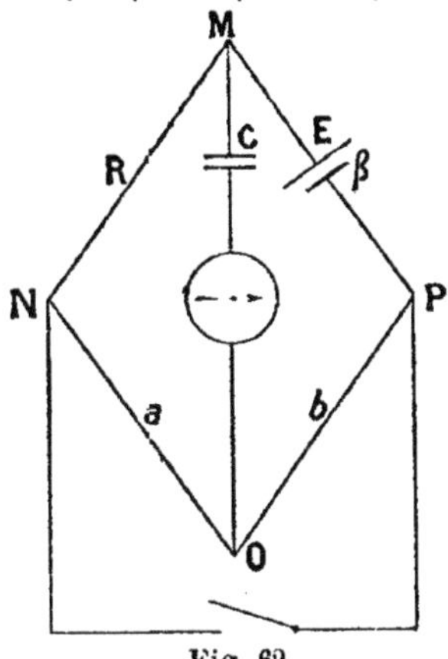
Fig. 62.

de résistances r_2 et r_3.

On commence par ajuster les quatre résistances r_1, r_2, r_3, r_4, de telle sorte que $r_1 r_4 = r_2 r_3$. Si la différence de potentiel (M—O) n'est pas indépendante de la résistance MP, le régime des courants varie lorsqu'on ouvre le circuit ; cette variation développe dans les bobines r_2 et r_3 des f. e. m. de self-induction qui détruiront l'équilibre du circuit N'P', et l'aiguille du galvanomètre g sera déviée. Pour la maintenir au repos, quelle que soit la résistance de NP, il faut avoir :

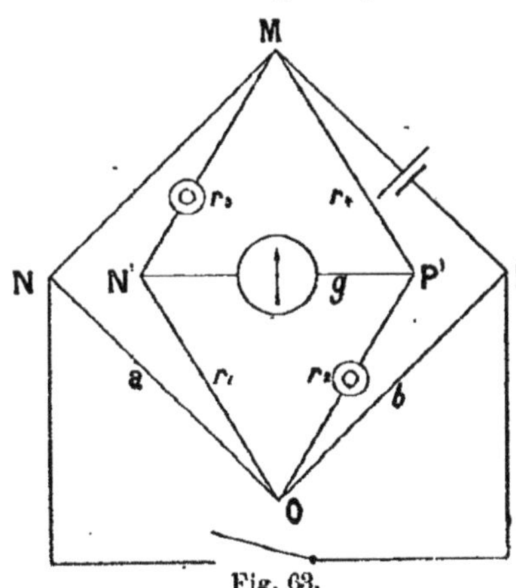
Fig. 63.

$$a\beta = b\mathrm{R}.$$

97. Résistance du galvanomètre (fig. 64). — *Méthode de*

Thomson. Si l'on ne dispose pas d'un second instrument pour faire la mesure par la méthode ordinaire, on place le galvanomètre dans le côté MP ; la diagonale OM est constituée par une clef permettant d'ouvrir et de fermer le circuit ; la batterie se compose d'un seul élément.

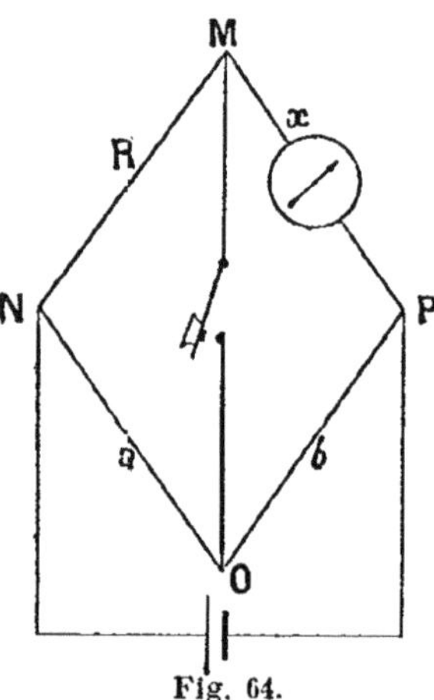

Fig. 64.

La résistance R est ajustée de façon que la déviation soit la même lorsque OM est ouvert ou fermé. Les différences de potentiel (M — O) et (N —P) étant indépendantes l'une de l'autre, on aura :

$$ax = bR.$$

Lorsque le galvanomètre dont on mesure la résistance est sensible, pour que la déviation reste dans les limites de l'échelle, il faut réduire la différence de potentiel (N —P) en intercalant une résistance convenable dans le circuit NP ; s'il est nécessaire, on shunte le galvanomètre par une résistance connue, S, dont la valeur se détermine par la méthode ordinaire.

98. Pont à curseur.— Dans ce modèle de pont, la somme $(a+b)$ des deux bras de proportion est constante ; on prend pour R une valeur fixe convenable. L'équilibre s'obtient en faisant varier le rapport $\frac{b}{a}$ par le déplacement du point O entre N et P. Les deux bras a et b peuvent être formés par un fil continu ou par une série de résistances.

99. Pont à fil (fig. 65). — Le fil qui forme les bras de proportion doit être parfaitement calibré, c'est-à-dire avoir en tous ses points la même résistance par unité de longueur.

Cette condition étant remplie, le rapport $\frac{b}{a}$ est le même que celui des longueurs OP' et ON' comprises entre le contact O et les extrémités P' et N' du fil ; la figure 65 représente le montage ordinaire de ce pont.

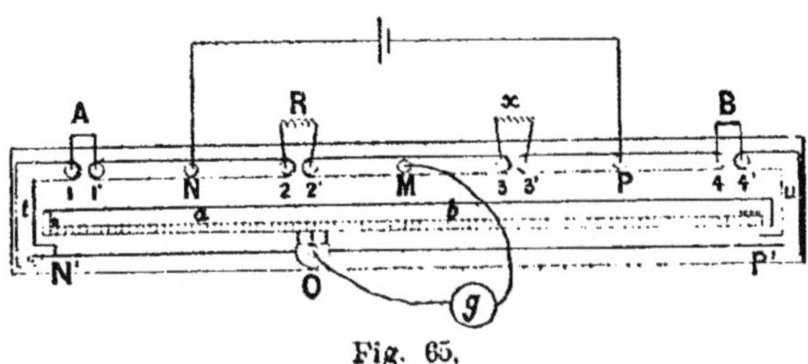

Fig. 65.

Le fil, qui a ordinairement un mètre de longueur de N' en P', est en maillechort ou en platine iridié ; il est fixé le long d'une règle divisée en millimètres ; ses extrémités sont soudées en N' et P' sur un cadre N'NPP' formé par une bande épaisse de cuivre rouge ; ce cadre présente 4 solutions de continuité 1, 1'. 2, 2'. 3, 3'. 4, 4'. Les résistances à comparer se placent en 2, 2' et 3, 3' ; les brèches 1, 1' et 4, 4' peuvent être fermées soit par des bandes de cuivre sans résistance appréciable, soit par des résistances connues A et B. La pile est fixée entre les points N et P ; le galvanomètre est relié d'un côté au point M, de l'autre au curseur O ; le contact au point O s'opère au moyen d'un couteau qu'on peut appliquer sur le fil. En déplaçant le curseur entre N' et P', on trouve la position pour laquelle il ne passe plus de courant dans le galvanomètre ; on a alors comme précédemment :

$$x = \frac{b}{a} \, \mathrm{R}.$$

En désignant par l la longueur $(a + b)$, une erreur de lecture sur la longueur a, donnera pour x une erreur relative

$$-\frac{dx}{x} = \frac{l}{a\,(l-a)}\, da$$

elle sera minimum pour $a = \frac{1}{2} l$ ou $a = b$. Une première mesure ayant fourni une valeur approchée de x, on répètera l'expérience en prenant pour R une valeur aussi voisine que possible de celle qui a été trouvée pour x.

L'équation, $x = \dfrac{b}{a} R$, suppose implicitement que les résistances des bandes de cuivre comprises entre N' et N, P' et P sont négligeables ; s'il en était autrement, le résultat serait inexact. Il convient donc de vérifier si cette condition est remplie, en mesurant les résistances t et u comprises entre N et N', P et P'. Les intervalles 1,1'-4,4' étant fermés par deux bandes épaisses de cuivre, on place en 2,2' et 3,3' deux résistances connues R_1, R_2 (dont l'une sera à peu près double de l'autre), et on cherche le point O correspondant à la position d'équilibre, pour laquelle

$$(17) \qquad (a_1 + t)\,R_2 = (b_1 + u)\,R_1.$$

Après avoir permuté les deux résistances R_1, R_2, on obtient une nouvelle position d'équilibre, pour laquelle

$$(18) \qquad (a_2 + t)\,R_1 = (b_2 + u)\,R_2$$

Les équations (17) et (18) et la relation $a_1 + b_1 = a_2 + b_2$ donnent

$$(19) \qquad t = \frac{a_1 R_2 - a_2 R_1}{R_1 - R_2} \quad ; \quad u = \frac{b_2 R_2 - b_1 R_1}{R_1 - R_2} \; ;$$

et au rapport simple $\dfrac{b}{a}$ l'on devra substituer le rapport

$$\frac{b + u}{a + t}\,.$$

On peut augmenter la sensibilité de la méthode en remplaçant les bandes de cuivre 1,1', 4,4' par des boîtes de résistances A et B, ce qui équivaut à augmenter la longueur du fil N'P'; les résistances à comparer étant placées en 2,2' et 3,3', on ajuste A et B de façon que la position du point O correspondant à l'équilibre soit comprise entre N' et P'; on a alors

$$\frac{A_1 + a_1 + t}{B_1 + b_1 + u} = \frac{R}{x}$$

ou

$$(20) \qquad \frac{A_1 + a_1 + t}{A_1 + B_1 + a_1 + b_1 + t + u} = \frac{R}{R + x},$$

Après avoir permuté les résistances R et x, on fait une nouvelle mesure en modifiant, s'il y a lieu, les valeurs respectives de A et de B, mais de telle sorte que $A_2 + B_2 = A_1 + B_1$; l'équilibre étant établi, on aura de même

$$(21) \qquad \frac{A_2 + a_2 + t}{A_2 + B_2 + a_2 + b_2 + t + u} = \frac{x}{R + x}.$$

et en retranchant (21) de (20),

$$(22) \qquad \frac{(A_1 - A_2) + (a_1 - a_2)}{(A + B) + (a + b) + (t + u)} = \frac{R - x}{R + x},$$

Pour appliquer la méthode, il faut connaître la résistance du fil $N'P'$ par unité de longueur ; on peut la déterminer de la manière suivante :

Les brèches 1,1', 4,4' étant fermées par des bandes épaisses de cuivre, on place en 2,2' et 3,3' des résistances connues R_1 et R_2 ; en opérant comme précédemment, on aura

$$\frac{a_1 + t}{(a + b) + (t + u)} = \frac{R_1}{R_1 + R_2},$$

et

$$\frac{a_2 + t}{(a + b) + (t + u)} = \frac{R_2}{R_1 + R_2},$$

d'où

$$(23) \qquad \frac{a_1 - a_2}{(a + b) + (t + u)} = \frac{R_1 - R_2}{R_1 + R_2}.$$

En augmentant la longueur et par suite la résistance du conducteur $N'P'$, on pourra se dispenser des résistances auxiliaires A et B. Afin de réduire les dimensions de l'appareil, le fil est logé dans une gorge hélicoïdale creusée à la surface d'un cylindre d'ébonite (fig. 66) ; le curseur O est entraîné par le mouvement de rotation du cylindre ; il se déplace parallèlement à l'axe du cylindre, le long d'une règle portant un

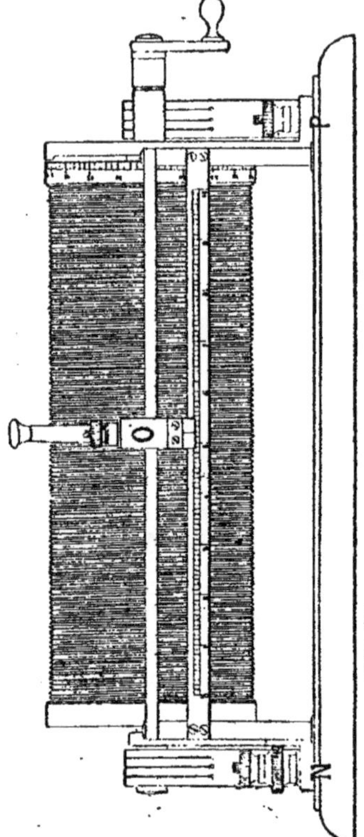

Fig. 66.

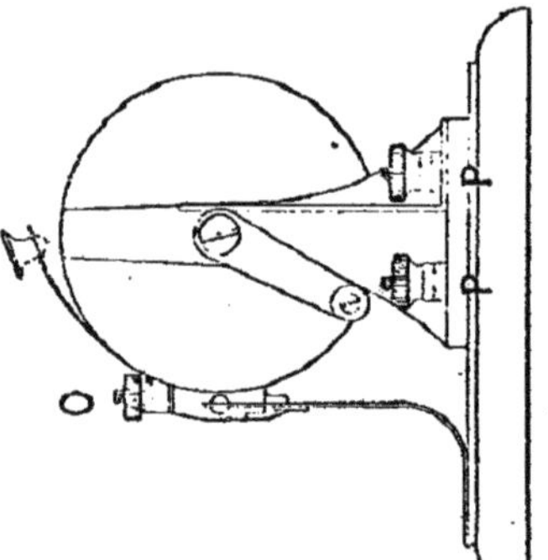

nombre de divisions égal à celui des spires, en général 100 ; la base du cylindre porte également 100 divisions. La longueur totale du fil est ainsi divisée en 10000 parties ; en ajoutant un vernier à l'appareil, on peut apprécier un déplacement du curseur égal à 0,00001 de la longueur totale du fil NP.

100. Rhéostat à curseur. — Les bras de proportion a et b du pont peuvent être formés par un rhéostat à curseur dont la fig. 67 indique le principe.

NP, boîte de $(k+1)$ résistances égales à r ohms chacune.

np, boîte de k résistances égales à $\frac{2r}{k}$ ohms chacune ; la résistance de n en p est donc égale à $2r$ ohms.

qq', curseur à fourchette, comprenant entre ses extrémités deux divisions du rhéostat NP.

O, curseur à contact unique,

Chacun des deux circuits qq' et np ayant une résistance égale à $2r$ ohms, le circuit double formé par leur juxtaposition a une résistance égale à r ohms ; et, quelle que soit la position occupée par le curseur qq', la résistance totale entre N et P est égale à kr ohms.

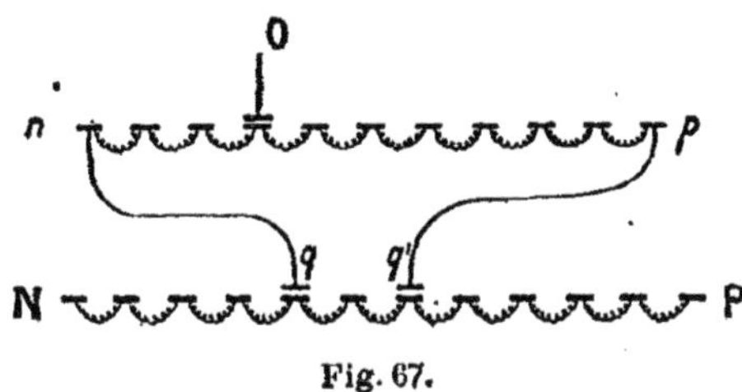

Fig. 67.

Si nous désignons par m la division sur laquelle porte le point q de la fourchette, et par s la division correspondant à la position du curseur O, la résistance comprise entre N et O sera de $\left(m + \dfrac{s}{k}\right) r$ ohms; entre O et P, elle sera de $\left[k - \left(m + \dfrac{s}{k}\right)\right] r$ ohms; le rapport $\dfrac{b}{a}$ sera égal à $\left[\dfrac{k^2}{mk + s} - 1\right]$.

Dans les rhéostats à curseur construits sur ce principe, les bobines de résistances sont disposées en cercle, fig. 68.

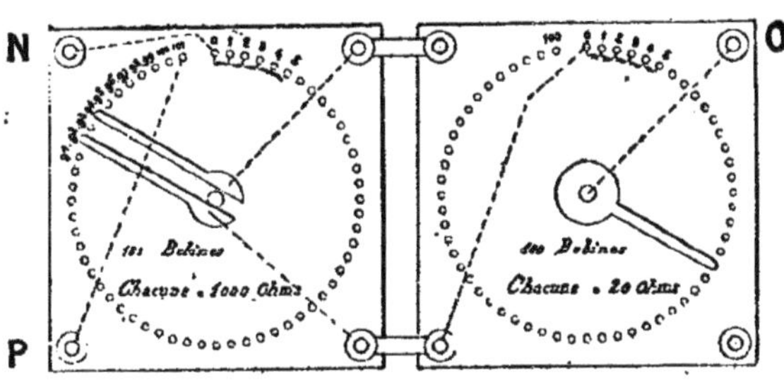

Fig. 68.

La boîte NP contient 101 bobines de 1000 ohms chacune ($k = 100$; $r = 1000$), et la boîte np 100 bobines de 20 ohms; la résistance totale entre N et P est de 100000 ohms; l'en

semble des deux boîtes équivaut à une résistance unique qui
serait divisée en 10000 parties ; on aura

$$(24) \qquad \frac{b}{a} = \frac{10000}{100m+s} - 1.$$

La position d'équilibre se détermine en déplaçant le curseur
qq', puis le curseur O ; si elle était comprise entre deux divisions successives de la boîte np, on obtiendrait sa position
exacte par interpolation.

**101. Mesure des faibles résistances par le pont de
Wheatstone.** — Les méthodes que nous venons de passer
en revue, cessent de donner des résultats exacts lorsqu'il
s'agit de mesurer des résistances très-faibles, à cause de l'importance relative que prennent, dans ce cas, les résistances des
jonctions. La méthode imaginée par MM. Matthiessen et Hockin, pour l'étude de la résistance spécifique de divers métaux
et alliages, élimine cette cause d'erreur ; elle peut être appliquée de la manière suivante (fig. 69) :

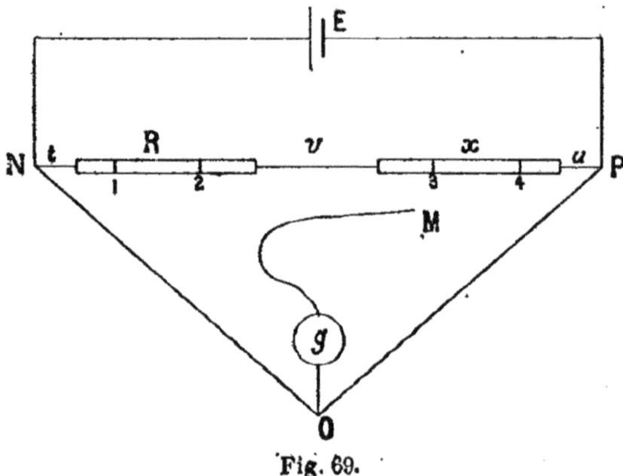

Fig. 69.

NP, rhéostat de la figure 66, monté en pont de Wheatstone
avec la résistance à mesurer, x ; la résistance de comparaison,
R ; une pile, E ; un galvanomètre sensible de faible résistance ;

g, dont l'une des bornes est reliée au curseur O, et l'autre porte un fil flexible de longueur convenable.

On se propose de mesurer la résistance comprise entre les deux points 3 et 4.

t, u, v, sont les résistances des pièces de communication et de jonction, dont il s'agit d'éliminer l'influence.

Le pont étant monté comme l'indique la figure 69, on porte l'extrémité du fil en 1, et l'on établit l'équilibre en ajustant le curseur O.

Désignons par a_1 et b_1 les valeurs de a et de b correspondant à cette position ; on aura

$$(25) \qquad \frac{t}{Q} = \frac{a_1}{a+b} \, ,$$

en posant $t + R + v + x + u = Q =$ constante.

Joignons l'extrémité M au point 2 ; on aura

$$(26) \qquad \frac{t+R}{Q} = \frac{a_2}{a+b} \, .$$

En opérant de même pour 3 et 4, on aura

$$(27) \qquad \frac{t+R+v}{Q} = \frac{a_3}{a+b} \, ,$$

$$(28) \qquad \frac{t+R+v+x}{Q} = \frac{a_4}{a+b} \, .$$

Les équations (25) et (26) donnent

$$(29) \qquad \frac{R}{Q} = \frac{a_2-a_1}{a+b} \, ,$$

et les équations (27) et (28)

$$(30) \qquad \frac{x}{Q} = \frac{a_4-a_3}{a+b} \, .$$

En divisant (30) par (29), il vient

$$(31) \qquad \frac{x}{R} = \frac{a_4-a_3}{a_2-a_1} \, ,$$

expression qui donne la valeur exacte de x, dégagée des résistances parasites t, u, v.

102. Pont à neuf conducteurs de Thomson. — La figure 70 donne le schéma de cette disposition.

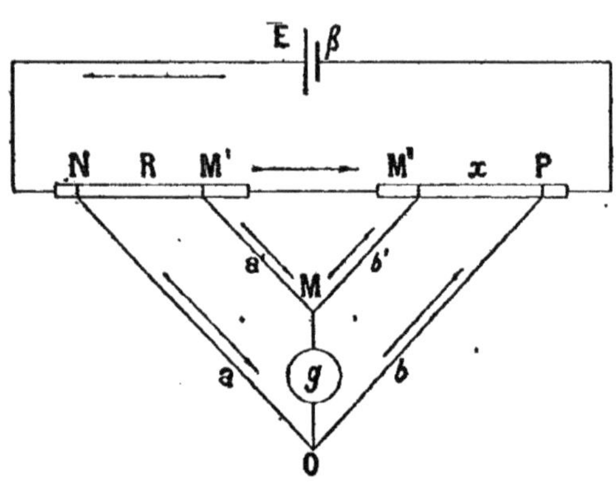

Fig. 70.

On se propose de mesurer la résistance, x, comprise entre les deux points P et M″. La résistance de comparaison est un fil de maillechort, parfaitement calibré et tendu le long d'une règle divisée; a, b et a', b' sont des boîtes de résistances formant les bras de proportion du pont.

t est la résistance comprise entre M′ et M″.

L'application des lemmes de Kirchhoff donne les 7 équations suivantes :

$$i_a = i_b - i_g; \qquad i_R = i_a + i_t;$$
$$i_t = i_x - i_{b'}; \qquad i_{a'} = i_g + i_{b'};$$
$$a'i_{a'} + b'i_{b'} - ti_t = 0$$
$$Ri_R + a'i_{a'} + gi_g - ai_a = 0$$
$$xi_x - bi_b - gi_g + b'i_{b'} = 0.$$

En posant la condition que di_g soit nul lorsque β varie, il vient

$$(32) \qquad (ax - bR)(a' + b' + t) + t(ab' - a'b) = 0$$

Si on fait $ab' = b'a$, ou $\dfrac{b}{a} = \dfrac{b'}{a'}$, on aura simplement $ax = bR$, comme pour le montage à six conducteurs ; mais les résistances des jonctions seront éliminées.

103. Mesure des faibles résistances par comparaison.
— L'expérience se dispose comme l'indique la figure 71 :

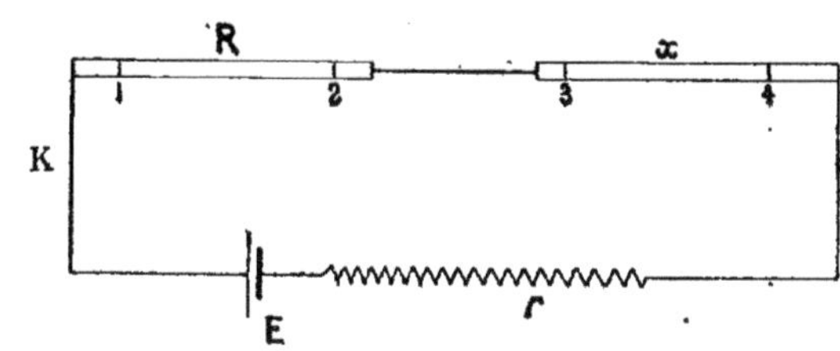

Fig. 71.

E élément de pile de f. e. m. constante ;

r boîte de résistances permettant de modifier l'intensité du courant dans le circuit.

K interrupteur ;

x résistance inconnue ;

R résistance de comparaison qu'on doit choisir aussi voisine que possible de x.

Le circuit étant fermé, la chute de potentiel sera égale à Ri entre 1 et 2, et à xi entre 3 et 4. — Si l'on relie les points 1 et 2 aux bornes d'un galvanomètre sensible, la déviation δ observée sera proportionnelle à Ri ; en opérant de même pour 3 et 4, on aura une autre déviation δ' proportionnelle à xi et par suite

$$\frac{x}{R} = \frac{\delta'}{\delta}.$$

Le résultat sera d'autant plus exact que R différera moins de x.

104. Mesure des très grandes résistances par comparaison. — L'expérience se dispose comme l'indique la figure 72.

E, f. e. m. de la batterie ; β sa résistance intérieure ; la batterie est commandée par une clef d'inversion (1) ;

G résistance du galvanomètre ; S résistance du shunt ;

$m = 1 + \dfrac{G}{S}$, pouvoir multiplicateur du shunt ;

(2) clef d'inversion, permettant aussi de mettre en court circuit les bornes du galvanomètre G ;

(3) clef à deux directions ;

x résistance inconnue ;

R boîte de résistances connues.

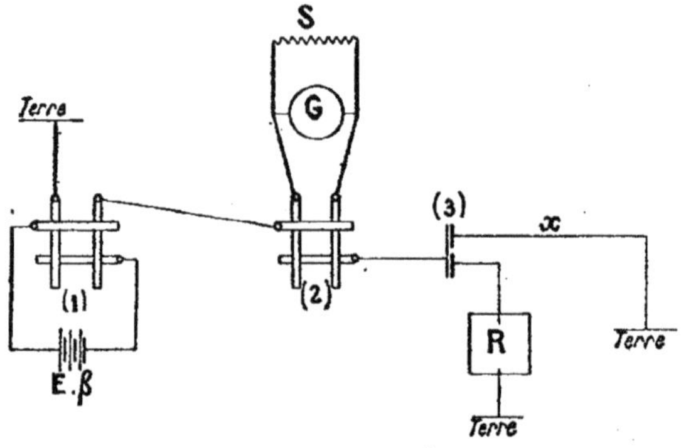

Fig. 72.

1° *Mesure de la constante du galvanomètre*. Le circuit étant fermé par une résistance connue R, on aura l'équation

$$i = \frac{E}{\beta + \dfrac{G}{m'} + R} = m\gamma\delta.$$

Si la résistance de comparaison est très grande par rapport à $\beta + \dfrac{G}{m}$, on prendra simplement :

$$\frac{\gamma}{E} = \frac{1}{m\delta R}$$

Pour déterminer la valeur de $\beta + \dfrac{G}{m}$, il suffit d'observer la déviation produite avec une autre valeur R′ de la résistance de comparaison ; on en déduit :

$$\beta + \frac{G}{m} = \frac{\delta'R' - \delta R}{\delta - \delta'}.$$

G et m étant connus on obtient la valeur de β.

2° *Mesure de x.* Au moyen de la clef (3) on substitue x à R, après avoir modifié, s'il y a lieu, la valeur du shunt ; la déviation observée étant δ_1, on a

$$(33) \qquad x = \frac{E}{\gamma} \cdot \frac{1}{m_1 \delta_1} \quad \text{ou} \quad x = \frac{m\delta}{m_1 \delta_1} . R$$

en négligeant $\left(\beta + \dfrac{G}{m_1} \right)$.

L'application de cette méthode suppose que le pouvoir multiplicateur $\left(m = 1 + \dfrac{G}{S} \right)$ des shunts employés est exactement connu. Si l'on emploie comme shunt une boîte ordinaire de résistances en fil de maillechort ou de platine-argent, dont le coefficient de température n'est pas le même que celui du circuit galvanométrique, il faut corriger les valeurs nominales de G et de S, comme nous l'avons indiqué (91) ; et, à cet effet, il est utile de placer un thermomètre dans la cage du galvanomètre.

La méthode de comparaison est surtout applicable à la mesure de l'isolation des conducteurs. Il faut avoir soin de laisser le galvanomètre en court circuit au moment où le câble est mis en communication avec la pile ; en effet, la première partie du courant émis sert à charger le câble qui agit d'abord comme condensateur ; 10″ ou 15″ après la fermeture du circuit on met le galvanomètre en observation. Si le câble a une grande capacité, on voit la déviation du galvanomètre diminuer graduellement pour devenir stationnaire au bout d'un temps plus ou moins long. On explique ce phénomène en supposant que le flux électrique, en se propageant à travers le diélectrique, y détermine une déformation élastique dont l'intensité va en diminuant jusqu'à ce que l'équilibre soit établi. Si, après avoir maintenu le câble chargé pendant un certain temps, on supprime la source électrique, on observe le passage d'un courant inverse dont l'intensité va en diminuant suivant une progression inverse de celle du courant de charge, à la condition qu'il n'existe aucun défaut dans l'enveloppe isolante.

Il résulte de ce phénomène d'électrification du diélectrique que pour rendre les mesures d'isolation comparables, il faut tenir compte du temps écoulé entre la fermeture du circuit et la lecture de la déviation ; les observations se font ordinairement de minute en minute pendant 5 minutes. L'isolation se détermine en employant successivement le courant négatif et le courant positif, avec mise à la terre dans l'intervalle. S'il n'y a pas de défaut, les résultats obtenus sont sensiblement les mêmes pour les deux courants ; dans le cas contraire, la déviation sera plus grande avec le courant négatif qu'avec le courant positif, parce que ce dernier oxide le conducteur au point faible et augmente la résistance apparente du défaut.

L'isolation d'un conducteur s'exprime généralement en mégohms par kilomètre ; x étant la résistance de l'enveloppe isolante en mégohms, L la longueur du câble en kilomètres, l'isolation kilométrique aura pour valeur Lx mégohms.

Lorsqu'on applique cette méthode à la mesure de l'isolation de très faibles longueurs de câble, c'est-à-dire lorsque x a une valeur considérable, il faut employer une batterie de f. e. m. très élevée pour obtenir une déviation convenable au galvanomètre. La même batterie donnerait alors avec la résistance de comparaison (généralement 1 mégohm) une déviation trop forte, à moins que le galvanomètre ne fût shunté par une résistance extrêmement faible, dont la valeur devrait être déterminée sur place. Il est préférable, dans ce cas, de prendre la constante du galvanomètre avec un nombre réduit d'éléments, dont on compare la f. e. m. à celle de la batterie entière par une des méthodes que nous indiquerons plus loin.

105. Mesure des résistances par substitution. — La disposition employée est la même que celle de la figure 72. La résistance à mesurer étant placée dans le circuit de la batterie, on observe la déviation δ du galvanomètre, puis on substitue au conducteur x une boîte de résistances qu'on ajuste de façon à reproduire la même déviation δ ; on aura évidemment

$$x = R ,$$

à la condition que la f. e. m. de la batterie reste constante pendant la durée de l'expérience.

Cette méthode est plus rapide que celle du pont, lorsqu'il s'agit de mesurer la résistance d'un conducteur qui est le siège d'une f. e. m. accidentelle variable. Le conducteur étant relié à la pile par le jeu de la clef (3), on note la déviation que produit chacun des courants, positif et négatif ; ε désignant la f. e. m. inconnue, on aura

$$(34) \qquad \frac{E - \varepsilon}{\beta + \dfrac{G}{m} + x} = m\gamma\delta_1$$

$$(35) \qquad \frac{E + \varepsilon}{\beta + \dfrac{G}{m} + x} = m\gamma\delta_2.$$

Puis on substitue au conducteur x la boîte de résistances R, au moyen de laquelle on reproduit les déviations δ_1 et δ_2 ; R_1 et R_2 étant les valeurs correspondantes de la résistance connue, on aura

$$(36) \qquad x = \frac{R_1\,\delta_1 + R_2\,\delta_2}{\delta_1 + \delta_2}.$$

Les mesures sont répétées plusieurs fois et la moyenne des observations donne la valeur de la résistance inconnue x.

L'équation (36) peut se mettre sous la forme :

$$(37) \qquad x = \frac{2R_1\,R_2}{R_1 + R_2} + \left(\beta + \frac{G}{m}\right)\frac{(\delta_2 - \delta_1)(R_1 - R_2)}{(\delta_1 + \delta_2)(R_1 + R_2)},$$

en remarquant que

$$\left(\beta + \frac{G}{m}\right) = \frac{R_1\delta_1 - R_2\delta_2}{\delta_2 - \delta_1}.$$

On prend β aussi faible que possible ; avec un galvanomètre sensible la résistance du shunt sera toujours très petite, et le second terme du deuxième membre de l'équation (37) sera géralement négligeable à côté du premier ; on aura alors :

$$(38) \qquad \frac{1}{x} = \frac{1}{2}\left(\frac{1}{R_1} + \frac{1}{R_2}\right)$$

et pour un nombre $2n$ de déterminations

$$(39) \qquad x = \frac{2n}{\Sigma \frac{1}{R}}.$$

106. Condensateurs. — Un condensateur est constitué par l'ensemble de deux conducteurs séparés par un milieu isolant (*diélectrique*) ; ces conducteurs sont ce qu'on appelle les *armatures* du condensateur.

La *capacité* d'un condensateur est mesurée par la charge électrique nécessaire pour que la différence de potentiel des armatures augmente d'une unité. Dans le système des unités électriques usuelles (74), on appelle *farad* la capacité définie par la condition qu'un coulomb dans un farad donne une différence de potentiel de un volt. En pratique on fait généralement usage d'un sous-multiple de cette unité : le *microfarad*, qui est la millionième partie du farad. La bouteille de Leyde est un condensateur dont les armatures sont constituées par des feuilles métalliques séparées par le verre. Le conducteur d'un câble isolé forme l'une des armatures d'un condensateur dont l'autre est le milieu conducteur dans lequel se trouve le câble.

En désignant par C la capacité d'un condensateur, par V la différence de potentiel de ses deux armatures, et par Q la quantité d'électricité qu'il contient, par définition on a

$$Q = CV.$$

107. Energie d'un condensateur. — Pour charger un condensateur, il faut dépenser une certaine quantité de travail qui doit être restitué par la décharge du condensateur, moins l'énergie dissipée par la résistance des conducteurs.

Si nous désignons par v la différence de potentiel des armatures à un instant quelconque, t, pendant la charge, et par q la charge du condensateur correspondant à la différence de potentiel v, on aura :

$$q = Cv.$$

Pour augmenter la charge d'une quantité dq, le travail néces-

saire sera $d\mathcal{E}=vdq$; mais on a aussi $dq=Cdv$; donc $d\mathcal{E}=Cvdv$
et par conséquent

$$\mathcal{E} = \int_0^v Cvdv = \frac{1}{2} CV^2 .$$

ou

$$\mathcal{E} = \frac{1}{2} Q.V$$

108. Capacité inductive spécifique. — La capacité
d'un condensateur de dimensions données varie avec la nature
du diélectrique qui sépare les armatures ; on explique ce fait
en admettant que l'induction électrique n'est autre chose qu'une
déformation des molécules de l'isolant, et que par conséquent
elle est transmise avec des énergies très différentes par les
divers diélectriques. On nomme *capacité inductive spécifique*
d'une matière isolante le rapport de la capacité d'un condensateur dont les armatures seraient séparées par cette substance,
à celle qu'il aurait si l'on remplaçait cette dernière par de l'air
sec à la pression de 760 mm. de mercure, à la température
de 0°.

109. Phénomènes secondaires des condensateurs.
— Les phénomènes de condensation sont généralement com-
pliqués d'effets secondaires dont il faut tenir compte.

Isolation imparfaite. En premier lieu les diélectriques ne
sont pas des isolants parfaits ; il se produit donc entre les deux
armatures une propagation lente d'électricité, et la charge va
en s'affaiblissant plus ou moins vite suivant la nature du diélectrique.

Charge résiduelle. Si après avoir chargé, puis déchargé un
condensateur, on l'abandonne quelque temps à lui-même, on
trouve qu'il a repris une faible charge ; c'est ce qu'on appelle
la *charge résiduelle*. Ce phénomène ne peut s'expliquer qu'en
supposant que l'action inductive, en se propageant à travers
le diélectrique, produit une déformation élastique de ses molécules. Après la décharge, la force qui produit la déformation
étant supprimée, les molécules tendent à reprendre leurs positions primitives ; mais comme la matière n'est pas parfaitement

élastique, elles ne peuvent y revenir qu'au bout d'un temps
plus ou moins long. On conçoit dès lors que la charge résiduelle
doit dépendre, dans une certaine mesure, du temps pendant
lequel le condensateur a été maintenu en communication
avec la source électrique. Il faut donc, pour rendre les expériences comparables, spécifier la durée de la charge.

110. Capacité d'une batterie de condensateurs. —
Les condensateurs peuvent être associés en surface ou en cascade.

Condensateurs réunis en surface. On réunit d'une part toutes
les armatures intérieures et d'autre part toutes les armatures
extérieures. L'ensemble équivaut à un condensateur unique,
dont la capacité C est égale à la somme des capacités de tous
les condensateurs formant la batterie :

$$(1) \qquad C = C_1 + C_2 + \dots + C_n$$

Condensateurs réunis en cascade. Les condensateurs C_1, C_2
… C_n étant isolés, on réunit l'armature extérieure de chacun
d'eux avec l'armature intérieure du suivant. On charge l'armature intérieure du premier au potentiel V, tandis que l'armature extérieure du dernier est maintenue au potentiel V_0.
C_1 reçoit sur son armature intérieure une charge Q au potentiel V; il se produit par induction sur l'armature extérieure
une charge égale et de signe contraire qui se distribue sur la
surface formée par l'armature extérieure de C_1 et l'armature intérieure de C_2. Cette charge Q sera au potentiel V_1;
c'est-à-dire que $Q = C_1 (V - V_1)$. En continuant le même raisonnement on aura :

$$Q = C_2 (V_1 - V_2) \quad \dots \quad Q = C_n (V_{n-1} - V_0)$$

ou

$$\frac{Q}{C_1} = V - V_1 ; \quad \frac{Q}{C_2} = V_1 - V_2 ; \quad \frac{Q}{C_n} = V_{n-1} - V_0 .$$

Ajoutant ces égalités membre à membre, il vient :

$$Q \left(\frac{1}{C_1} + \frac{1}{C_2} + \dots + \frac{1}{C_n} \right) = V - V_0$$

et comme la capacité C de la batterie est égale à $\frac{Q}{V-V_0}$, on aura :

$$(2) \qquad C = \frac{1}{\frac{1}{C_1} + \frac{1}{C_2} + \cdots + \frac{1}{C_n}} .$$

111. Mesure d'une capacité par la méthode balistique. — Un condensateur de capacité C, chargé par une source électrique dont la f. e. m. est E, contient une quantité d'électricité

$$(3) \qquad Q = CE.$$

Lorsqu'après avoir chargé un condensateur, on le décharge à travers un galvanomètre, la quantité d'électricité déplacée peut être déterminée par l'impulsion de l'aiguille, à la condition que la durée de la décharge soit courte relativement à celle des oscillations de l'aiguille. Si l'amortissement est faible, on a d'une façon suffisamment approchée :

$$(4) \qquad Q = \gamma \frac{T}{\pi} \left[\alpha_1 + \frac{\alpha_1 - \alpha_3}{4} \right] .$$

Q quantité d'électricité déplacée,
γ constante du galvanomètre pour les courants permanents,
T durée d'une oscillation simple de l'aiguille sous l'action du magnétisme terrestre,
α_1, α_3, arcs de première et de troisième élongation (fig. 73).

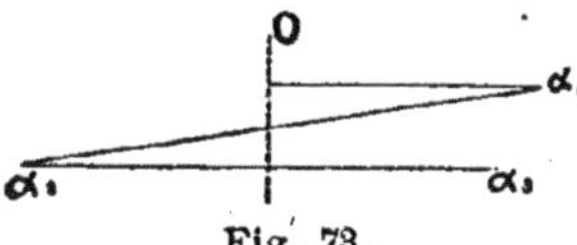

Fig. 73.

Pour transformer un galvanomètre ordinaire en galvanomètre balistique, il faut enlever les ailettes qui servent à l'amortissement et augmenter le moment d'inertie de l'équipage mobile en y suspendant un poids, de façon à accroître la durée des oscillations.

La différence des époques de deux passages successifs, dans le même sens, de l'index sur une division voisine du zéro représente la durée d'une oscillation complète, c'est-à-dire 2T.

Pour faire une observation il faut attendre que l'aiguille soit au repos. On abrège considérablement la durée de l'expérience en disposant, à une certaine distance du galvanomètre, une bobine placée dans le circuit d'une pile avec une clef d'inversion ; en lançant le courant soit dans un sens, soit dans l'autre et en le supprimant au moment convenable, on amène très-vite l'aiguille à l'état de repos. Si elle conserve un léger mouvement au moment où se fait l'observation, on note son amplitude totale 2α et l'on diminue ou l'on augmente de α l'angle d'écart observé, suivant que l'impulsion a eu lieu dans le sens du mouvement initial, ou en sens contraire.

Les équations (3) et (4) donnent :

$$(5) \qquad C = \frac{\gamma}{E} \cdot \frac{T}{\pi} \left[\alpha_1 + \frac{\alpha_1 - \alpha_3}{4} \right]^{1}$$

Le terme

$$(6) \qquad \frac{\gamma T}{\pi} = k$$

est la *constante balistique* du galvanomètre : c'est le facteur par lequel on doit multiplier la déviation observée pour connaître la quantité d'électricité correspondante.

112. Mesure d'une capacité par comparaison. — La capacité d'un conducteur isolé peut être déterminée en la comparant à celle d'un condensateur étalonné. Les boîtes de capacité, employées dans les laboratoires, se composent généralement d'un certain nombre de condensateurs, qui sont des multiples ou des sous-multiples décimaux du microfarad, dont on peut réunir un nombre quelconque en quantité (110) au moyen de chevilles, de façon à représenter une capacité de valeur déterminée.

On peut comparer la capacité inconnue à celle de l'étalon, en chargeant successivement chacune d'elles au même potentiel et en observant les déviations produites sur le même galvanomètre par les deux décharges. On aura :

$$(7) \qquad \frac{C}{C'} = \frac{\alpha}{\alpha'} \; .$$

---

1. La méthode à employer pour déterminer $\frac{\gamma}{E}$ est décrite au n° 126.

On a d'ailleurs comme au n° 111

$$\alpha = \alpha_1 + \frac{\alpha_1 - \alpha_3}{4}.$$

Dans la mesure des quantités d'électricité par la méthode balistique, il est préférable d'éviter l'emploi des shunts ; en effet le courant de décharge développe dans le circuit galvonométrique une f. c. m. d'induction qui s'oppose au passage du courant, ou, ce qui revient au même, augmente la résistance apparente du circuit ; les résistances qu'on emploie comme shunts sont au contraire dépourvues de self-induction, de telle sorte que si l'on décharge un condensateur dans le circuit complexe formé par le galvanomètre et son shunt, les quantités d'électricité qui passent dans les deux circuits ne sont plus dans le rapport inverse des résistances vraies de ces circuits; en d'autres termes, le pouvoir multiplicateur d'un shunt n'est pas le même pour une décharge instantanée et pour un courant continu.

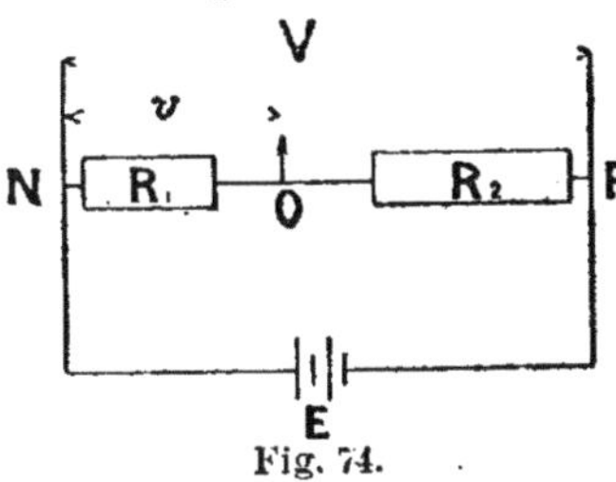

Fig. 74.

Lorsqu'on voudra diminuer la déviation du galvanomètre pour l'une des capacités à comparer, ou pour toutes les deux, il sera préférable d'employer la méthode suivante, dont la fig. 74 indique le principe.

E, batterie,

R_1, R_2, boîtes de résistances formant une dérivation entre les deux pôles de la batterie ; la résistance totale $(R_1 + R_2)$ doit être assez élevée pour ne pas affaiblir d'une façon appréciable la f. c. m. de la batterie ; le rhéostat à curseur, décrit au n° 100, convient très bien pour cette mesure.

V étant la différence de potentiel $(N - P)$,

$$v = (N-O) = V \cdot \frac{R_1}{R_1 + R_2}.$$

On obtient pour v une valeur convenable en ajustant R_1, $(R_1 + R_2)$ restant constant. En chargeant les capacités C et C', aux potentiels v et v', et les déchargeant à travers le même galvanomètre, on aura

$$\frac{Cv}{C'v} = \frac{\alpha}{\alpha'},$$

et comme

$$\frac{v'}{v} = \frac{R_1}{R_1'},$$

(8)

$$\frac{C}{C'} = \frac{\alpha}{\alpha'} \cdot \frac{R_1'}{R_1},$$

α et α' ayant les mêmes significations que précédemment (111).

113. Comparaison de deux capacités par la méthode de réduction à zéro. (Thomson). — Le principe de la méthode est le suivant : La capacité C étant chargée au potentiel (+ V) et la capacité C' au potentiel (— V'), lorsqu'on les réunira en quantité (110), la charge résultante sera CV—C'V', si l'on ajuste V et V' de telle sorte que CV—C'V'=0, on aura :

$$\frac{C}{C'} = \frac{V'}{V}.$$

L'expérience se dispose comme l'indique la figure 75.

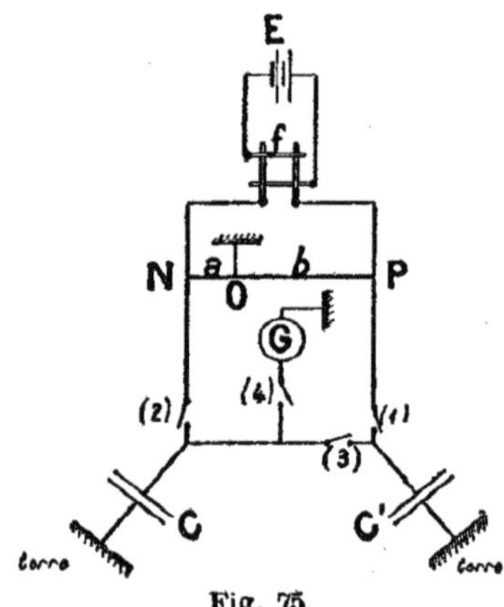

Fig. 75.

E, batterie parfaitement isolée (f. e. m. de 10 à 20 volts), shuntée par le rhéostat NP (100), dont le curseur O est relié à la terre.

f clef d'inversion (fig. 76).

1, 2, 3, 4, interrupteurs.

G, galvanomètre sensible qui peut être à amortissement rapide.

C et C', capacités à comparer, dont les armatures extérieures sont en communication avec la terre.

V, potentiel du point N ; V', potentiel du point P.

Fig. 76.

Les clefs (1) et (2) étant abaissées, C se chargera au potentiel (N—O) et C' au potentiel (O—P). On ouvre (1) et (2) et on ferme (3) : les deux quantités d'électricité s'ajoutent et leur somme sera :

$$(N—O)\, C + (O—P)\, C' = CV — C'V',$$

puisque le point O est en communication avec le sol, dont le potentiel est pris comme zéro.

La clef (4) étant abaissée, on observe la déviation du galvanomètre G ; si elle n'est pas nulle, on ajuste la position du curseur O de telle sorte qu'il ne se produise aucune déviation, lorsqu'on abaissera la clef (4) ; c'est-à-dire de telle sorte que l'on ait : $CV — C'V' = 0$; et comme

$$\frac{V}{V'} = \frac{a}{b},$$

on aura :

$$(9) \qquad \frac{C}{C'} = \frac{b}{a}.$$

Il convient de répéter l'expérience en renversant la batterie ; la moyenne donnera le rapport cherché.

Afin de rendre les résultats comparables, il faut adopter un temps de charge uniforme (109) ; pour la mesure des faibles capacités, on charge pendant 15″, et on laisse les charges en contact pendant 4″ avant de passer au galvanomètre ; pour des capacités élevées, comme celles des câbles de très grande longueur, on prolonge la charge pendant 5 minutes, et on laisse les condensateurs en communication pendant 10″, avant d'abaisser la clef (4). On peut remplacer avec avantage le système des 4 clefs (1), (2), (3), (4) par une clef unique (fig. 77).

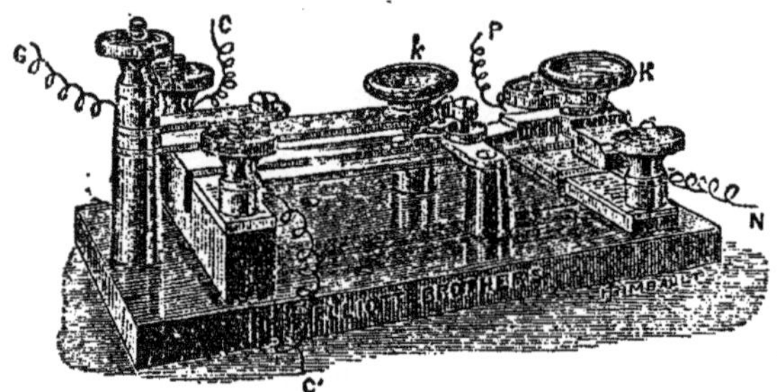

Fig. 77.

114. Mesure d'une résistance en fonction d'une capacité.— L'expérience se dispose comme l'indique la fig. 78.

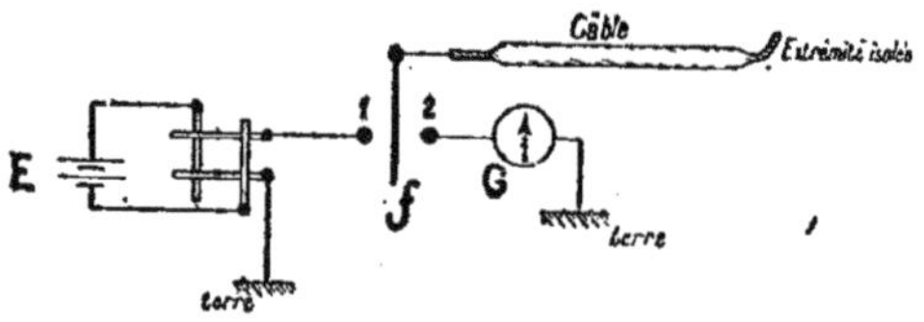

Fig. 78.

E batterie, parfaitement isolée, commandée par une clef d'inversion,

f, clef de décharge (fig. 79),

G, galvanomètre balistique,

R, résistance isolante du câble, dont la capacité C a été déterminée par l'une des méthodes précédentes.

On amène le levier *f* en contact avec la borne (1); le câble se charge au potentiel V; en pressant sur la touche D (fig. 79)

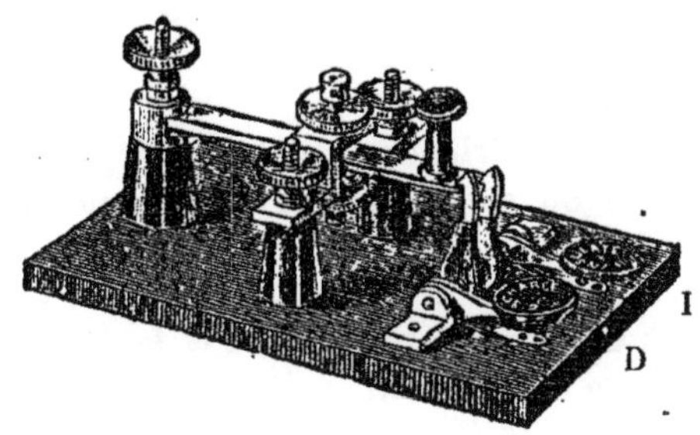

Fig. 79.

on amène le levier au contact de (2) ; le câble se décharge à travers le galvanomètre, et on a

$$(10)\ CV = k\alpha.$$

Le câble étant rechargé, en pressant sur la touche I on amène le levier dans la position intermédiaire que représente la fig. 78 ; le câble étant isolé de la source électrique, la charge se dissipera peu à peu à travers l'enveloppe isolante, dont la résistance est R.

Si nous désignons par v la différence de potentiel entre le conducteur intérieur et la terre, et par y l'intensité du courant qui traverse l'enveloppe isolante à l'instant t, nous aurons

$$y = \frac{v}{R}.$$

La quantité d'électricité perdue par le câble dans le temps dt, sera

$$ydt = \frac{vdt}{R}$$

La variation de potentiel, résultant de cette diminution de charge,

$$- dv = \frac{vdt}{CR}.$$

En intégrant il vient :

$$(11) \qquad t = CR \, \lg \frac{V}{v},$$

puisque $v = V$, pour $t = 0$.

La durée de l'expérience se détermine par une montre à secondes, dont on a fait partir l'aiguille au moment où la touche I a été abaissée.

Si, après avoir laissé le câble isolé pendant T secondes, on le décharge à travers le galvanomètre G, la déviation observée α' doit satisfaire à l'équation

$$(12) \qquad CV' = k\alpha',$$

V' étant la valeur du potentiel après le temps T ; et l'équation (11) donne :

$$(13) \qquad R = \frac{T}{C \lg \frac{\alpha}{\alpha'}}, \qquad ou \qquad R = \frac{0,43129 \, T}{C \, Log \frac{\alpha}{\alpha'}},$$

en remarquant que les équations (10) et (12) donnent :

$$\frac{V}{V'} = \frac{\alpha}{\alpha'}.$$

T étant exprimé en secondes, C en microfarads, R sera exprimé en mégohms.

Une erreur de lecture sur α' donne pour R une erreur relative

$$\frac{dR}{R} = \frac{d\alpha'}{\alpha' \lg \frac{\alpha}{\alpha'}};$$

cette erreur relative sera minimum pour $\frac{\alpha}{\alpha'} = e$.

On peut satisfaire à cette condition en considérant la première détermination comme préliminaire, et en répétant l'expérience pendant un intervalle T = CR.

Pour déterminer par cette méthode l'isolation des conducteurs dont la capacité est trop faible pour être mesurable, on les met en communication avec l'armature intérieure d'un condensateur parfaitement isolé de capacité connue, dont l'armature extérieure est à la terre ; en procédant comme il est dit plus haut, on obtiendra la résistance isolante cherchée en fonction de la capacité du condensateur employé.

115. Mesure de la résistance intérieure d'une pile par la méthode du condensateur (Muirhead). — L'expérience se dispose d'après le schéma de la fig. 80.

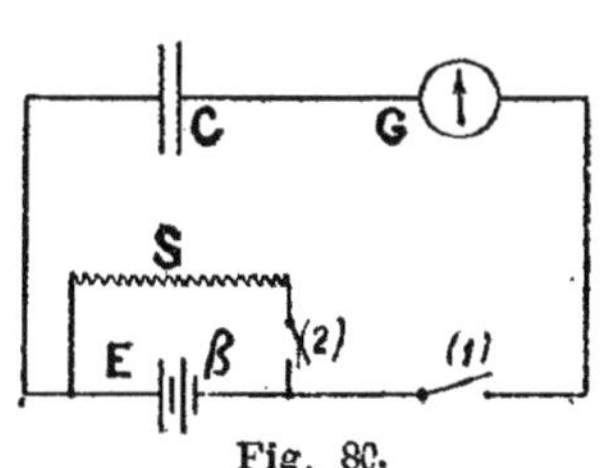

Fig. 80.

E, force électromotrice de la pile ; β sa résistance intérieure,
C, capacité du condensateur,
G, galvanomètre,
S, boîte de résistances,
(1) et (2), interrupteurs.

Le condensateur ayant été mis en court circuit pendant un instant pour dissiper la charge résiduelle, on ferme (1) en laissant (2) ouvert. Le condensateur prend une charge électrique $Q = CE$, qui passe par le galvanomètre ; α étant la déviation balistique, on aura :

$$(1) \qquad k\alpha = CE.$$

Lorsque l'aiguille du galvanomètre est redevenue immobile, on ferme (2) ; la pile étant shuntée par une résistance S, la différence de potentiel entre les deux armatures du condensateur se trouvera réduite à

$$E \cdot \frac{S}{\beta + S},$$

et, pour se mettre en équilibre, l'armature intérieure du condensateur abandonnera à travers le galvanomètre une quantité d'électricité :

$$q = CE \cdot \frac{\beta}{\beta + S} ;$$

α' étant la déviation, on a

$$(2) \qquad k\alpha' = CE \cdot \frac{\beta}{\beta + S}$$

Les équations (1) et (2) donnent :

$$(3) \qquad \beta = \frac{\alpha\beta}{\alpha'} \cdot S \frac{\alpha'}{\alpha - \alpha'}$$

Une erreur de lecture sur α' donne pour β une erreur relative

$$\frac{d\beta}{\beta} = + \frac{\alpha d\alpha'}{\alpha'(\alpha - \alpha')}$$

qui sera minimum pour $\alpha = 2\alpha'$, c'est-à-dire pour $S = \beta$.

Si la batterie se composait de plusieurs éléments de très-faible résistance, la valeur du shunt pourrait être altérée par l'action calorifique du courant intense qui le traversera. On se mettra à l'abri de cette cause d'erreur, en partageant la batterie en deux séries, l'une de p, l'autre de $(p+q)$ éléments ; après avoir réuni les deux séries en opposition, on mesurera la résistance comme précédemment. On obtiendra ainsi la résistance cherchée des $(2p + q)$ éléments ; mais la f. e. m. qui agit dans le circuit du shunt n'étant plus que $q\varepsilon$, au lieu de $(2p+q)\varepsilon$ volts, le courant qui traverse le shunt ne l'échauffera pas d'une façon appréciable.

116. Étalons de force électromotrice. — On n'est pas encore parvenu à établir un étalon invariable de f. e. m.

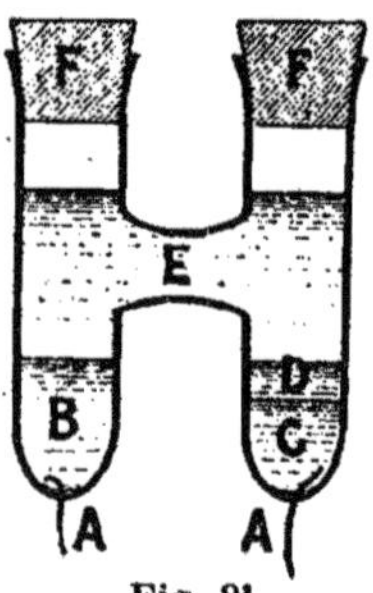

Fig. 81.

et on en est réduit à faire usage d'éléments de pile dont la f. e. m. puisse être considérée comme constante dans les conditions où ils doivent être employés.

Élément Latimer Clark. — L'élément qui présente le plus de garanties à ce point de vue est l'élément Latimer Clark. La fig. 81 représente une des formes de cet élément [1].

Au fond de l'une des branches du tube de verre on verse un amalgame de zinc B, dans l'autre du mercure pur C, qu'on recouvre d'une couche de sulfate mercureux D. On remplit en-

1. Phil. Trans. R. S. London, 1884, p. 442.

suite les deux branches avec une solution saturée de sulfate
de zinc E, à laquelle on ajoute quelques cristaux du sel pur ;
toutes les substances employées doivent être chimiquement
pures. Les tubes sont fermés par des bouchons de paraffine F;
on rend la fermeture hermétique en chauffant légèrement la
paraffine ; des fils de platine A soudés dans le verre établissent les contacts électriques avec les deux électrodes.

La f. e. m. de l'élément ne devient constante que 2 à 3 se-
maines après qu'il a été monté ; elle est alors de 1,438 volt à
15° C; pour une température différente on a

$$E = 1,438 [1 - 0,00077 (t - 15°)] \text{ volt légal.}$$

L'élément Latimer Clark ne peut pas être employé pour

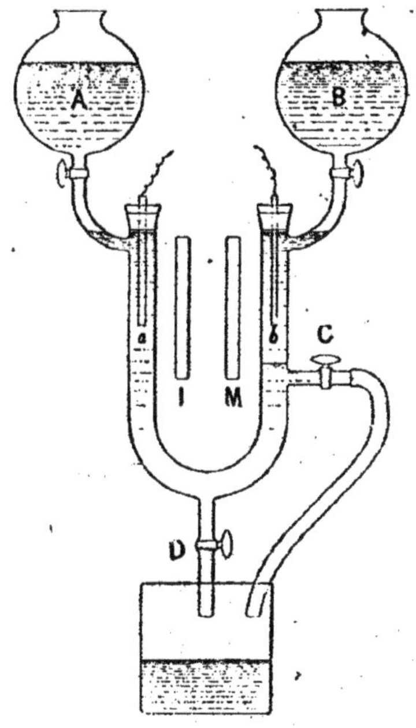

Fig. 82.

fournir un courant constant, même faible, à cause de la facilité avec laquelle il se polarise ; mais il est d'un usage très-

commode pour toutes les méthodes de mesure par réduction à zéro, ainsi que pour la charge des condensateurs.

Lorsque la pile étalon peut être accidentellement traversée par un courant, il est préférable de faire usage de l'un des éléments suivants.

Elément Daniell. — La disposition indiquée par le Dr Fleming, fig. 82, convient très bien pour les mesures.

L'élément se compose d'un tube en U de 2 cm. de diamètre et de 20 cm. de longueur, muni de 4 tubulures à robinets. Le réservoir A contient une solution de 555 gr. de sulfate de zinc cristallisé pur dans 445 cent. cubes d'eau distillée ; le réservoir B contient une solution de 165 gr. de sulfate de cuivre cristallisé pur dans 835 cent. cubes d'eau distillée. Les électrodes sont des tiges de zinc et de cuivre *a* et *b* fixées dans des bouchons de caoutchouc qui ferment hermétiquement les orifices du tube en U. Le zinc employé doit être distillé deux fois et fondu en baguettes de 10 cm. de longueur et de 6 cm. de diamètre. La tige de cuivre est formée par un dépôt électro · lytique de cuivre sur un fil de cuivre.

Pour mettre la pile en service, on remplit complètement les deux branches avec la solution de sulfate de zinc, en ouvrant le robinet A. Après avoir fixé le bouchon qui porte le zinc, on ouvre les robinets C et B ; le sulfate de zinc qui s'écoule en C est remplacé par la solution de sulfate de cuivre ; si l'on opère avec précaution, la surface de séparation des deux liquides reste nette ; on place alors le bouchon qui porte la baguette de cuivre. Après que la pile a fonctionné pendant quelque temps, les liquides se mêlent par diffusion ; il faut les remplacer en opérant comme précédemment, afin que les électrodes plongent toujours dans du liquide pur. Lorsque l'élément ne sert pas, on retire les baguettes de zinc et de cuivre et on les place dans les tubes I et M.

La f. e. m. de ce couple est de 1,072 volt à 15° et à circuit ouvert ; pour une température différente,

$$E = 1,072 \left[1 - 0,00101 \left(t - 15°\right)\right] \text{ volt légal.}$$

Elément au chlorure d'argent (*Warren de la Rue*) fig. 83.— Cet élément est constitué par une baguette de zinc pur et par un cylindre de chlorure d'argent fondu sur un fil d'argent et enfermé dans un étui de papier parcheminé : les extrémités inférieures des deux baguettes sont noyées dans un culot de pa-

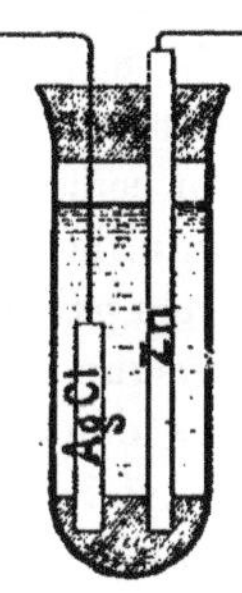
Fig. 83.

raffine ; le liquide actif est une solution aqueuse de chlorhydrate d'ammoniaque (23 gr. de sel pour un litre d'eau distillée). Le vase est fermé par un bouchon de paraffine qu'on peut rendre hermétique en le chauffant au moment de le fixer. La f. e. m. de cet élément à circuit ouvert est de 1.03 volt. Lorsqu'il est resté quelque temps sans travailler, le zinc se recouvre d'une couche d'oxychlorure qui augmente beaucoup la résistance de la pile, et il faut la fermer sur elle-même pendant 15 à 20 minutes avant de l'employer.

117. Comparaison des forces électro-motrices par la méthode du condensateur. — On charge un condensateur de capacité C par une source de f. e. m. connue E, et on le décharge à travers un galvanomètre ; soit α la déviation observée ;

$$CE = k\alpha.$$

En répétant la même opération avec la f. e. m. inconnue E′, on aura :

$$CE' = k\alpha',$$

et par suite,

(1)
$$\frac{E'}{E} = \frac{\alpha'}{\alpha} \cdot$$

Il n'est pas nécessaire de connaître exactement la capacité du condensateur employé.

Pour les raisons déjà indiquées (112), il faut éviter l'emploi des shunts, et lorsqu'il sera nécessaire de réduire les déviations pour les maintenir dans les limites de l'échelle, on suivra la méthode indiquée fig. 74 ; on aura alors

(2)
$$\frac{E'}{E} = \frac{\alpha'}{\alpha} \cdot \frac{R_1}{R_1'} \cdot$$

118. Comparaison des forces électro-motrices par l'électromètre. — L'électromètre à quadrants, dû à Sir William Thomson, se compose d'une boîte cylindrique plate divisée en quatre parties égales par deux plans diamétraux perpendiculaires entr'eux (fig. 84) ; les quadrants sont reliés électriquement par paires AA' et BB'. Au centre de la boîte se trouve une aiguille très-légère en aluminium portée par une suspension bifilaire ; lorsque l'aiguille est en équilibre, les deux fils sont dans le même plan, et la suspension est réglée de façon que l'aiguille soit placée symétriquement par rapport au plan de séparation des quadrants. Tant que les deux paires de quadrants AA', BB' sont au même potentiel, l'aiguille conserve sa position d'équilibre ; si les quadrants sont à des potentiels différents, l'aiguille se déplace.

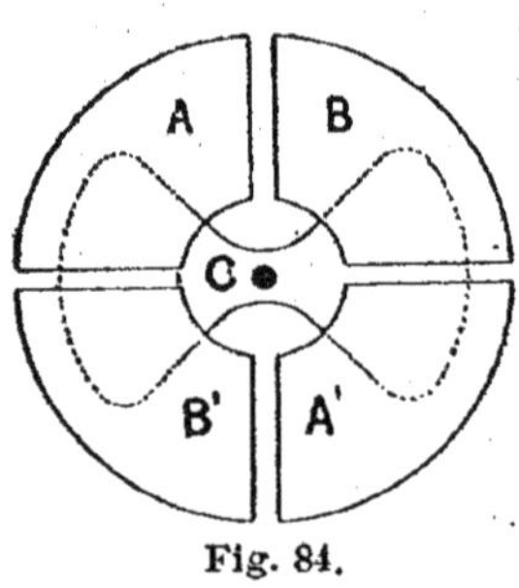

Fig. 84.

En désignant par V_1 et V_2 les potentiels des quadrants, par V celui de l'aiguille, et par c la capacité de l'aiguille pour l'unité d'angle, le moment du couple qui agit sur l'aiguille a pour valeur :

$$c\,[V_1 - V_2]\left[V - \frac{1}{2}(V_1 + V_2)\right].$$

Lorsque l'aiguille a pris sa nouvelle position d'équilibre, ce couple est égal au couple de torsion de la suspension bifilaire, $A \sin \delta$. Les déviations étant très petites, on peut remplacer le sinus par l'angle et on aura :

$$(1) \qquad \delta = k\,[V_1 - V_2]\left[V - \frac{1}{2}(V_1 + V_2)\right],$$

k étant la constante de l'instrument.

La fig. 85 représente l'électromètre à quadrants modifié par M. Mascart.

Les quadrants sont portés par 4 tiges isolantes en verre ; chaque paire communique à l'extérieur par une borne fixée sur le couvercle de l'instrument. L'aiguille est suspendue par deux fils de coçon, fixés à des crochets dont l'écartement peut être modifié par le jeu d'une vis à deux pas inverses. Cette disposition permet de faire varier la sensibilité de l'instrument qui, toutes choses égales d'ailleurs, est inversement proportionnelle au carré de la distance des deux fils. La sus-

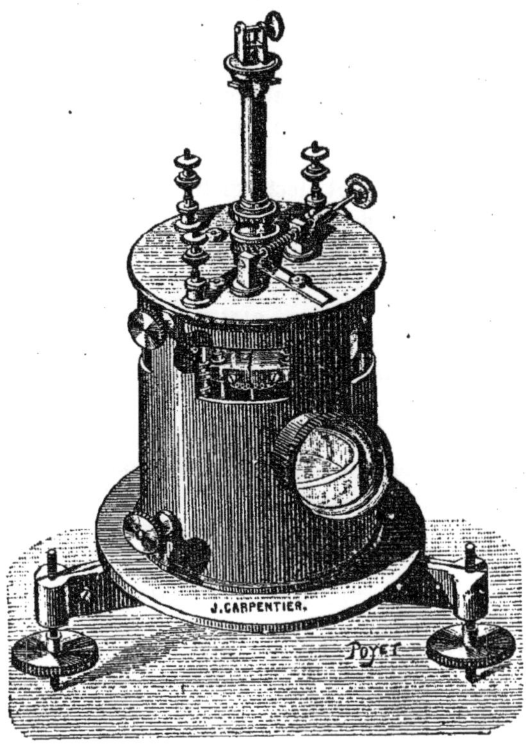

Fig. 85.

pension de l'aiguille est prolongée en dessous par une tige sur laquelle est fixé le miroir pour la lecture des déviations; cette tige plonge dans un vase contenant de l'acide sulfurique à 66°. L'acide a pour but de dessécher l'air de la cage et sert en même temps à établir la communication entre l'aiguille et l'électrode correspondante placée à l'extérieur; la tige est munie de barrettes transversales qui plongent dans l'acide et servent à amortir les oscillations de l'aiguille. Avant de faire une mesure, on amène toutes les parties de l'appareil au même potentiel en les mettant en communication avec le sol. On charge ensuite les deux paires de quadrants à des potentiels égaux et de signes contraires en les mettant en communication avec les deux pôles d'une pile dont le milieu est à la terre. Si les axes de l'aiguille sont dans les plans de symétrie des quadrants, l'aiguille restera immobile; si elle est déviée, on l'amènera à sa position normale en faisant tourner le tube qui porte la suspension, au moyen d'une vis sans fin placée sur le couvercle de l'instrument.

On peut employer cet électromètre de deux manières :

1° On charge les deux paires de quadrants à des potentiels égaux et de signes contraires. En faisant dans l'équation (1) $V_2 = - V_1$, on aura :

$$(2) \qquad \delta = 2k V_1 V.$$

Dans ce cas, la déviation est proportionnelle au potentiel de l'aiguille.

2° Pour mesurer la différence de potentiel entre deux points P_1 et P_2, on relie une des paires de quadrants au point P_1 l'autre au point P_2 et l'aiguille à l'une des paires de quadrants. Si dans l'équation (1) on fait $V = V_1$, il vient

$$(3) \qquad \delta = \frac{1}{2} \cdot k \, (V_1 - V_2)^2$$

Dans ce cas, la déviation est proportionnelle au carré de la différence de potentiel, et l'aiguille se déplace du côté de la paire de quadrants avec laquelle elle ne communique pas, quel que soit d'ailleurs le signe de $(V_1 - V_2)$.

La constante de l'électromètre pour chacune des deux méthodes se détermine expérimentalement en observant la déviation produite par une différence de potentiel connue.

Lorsque la différence de potentiel à mesurer est produite par une f. e. m. périodique, la déviation δ donnera encore la valeur moyenne de $(V_1 - V_2)^2$; mais pour en déduire la valeur moyenne de $(V_1 - V_2)$ il faut connaître la loi de variation de la f. e. m. agissant dans le circuit. Dans le cas le plus simple, celui où la f. e. m. est représentée par la fonction

$$E = E_0 \sin \frac{2\pi t}{T},$$

on aura

$$\text{Moy}^{ne} \text{ de } E = E_0 \int_0^{\frac{1}{2}T} \frac{\sin \frac{2\pi t}{T}}{\frac{1}{2}T} \cdot dt = \frac{2E_0}{\pi} = E_m,$$

et

$$\text{Moy}^{ne} \text{ de } E^2 = E_0^2 \int_0^{\frac{1}{2}T} \frac{\sin^2 \frac{2\pi t}{T}}{\frac{1}{2}T} \cdot dt = \frac{E_0^2}{2} = E^2_e,$$

et par conséquent

$$(4) \qquad E_m = \frac{2\sqrt{2}}{\pi} E_e = 0{,}9 \, E_e.$$

119. Mesure d'une force électro-motrice par le potentiomètre de Clark. — Lorsqu'un conducteur est le siège d'un courant permanent, la différence de potentiel entre deux points de ce conducteur est le produit de l'intensité du courant par la résistance comprise entre ces deux points.

Considérons un fil métallique calibré de résistance r, dont les extrémités sont fixées à deux bornes métalliques N et P. Le fil étant traversé par un courant constant i, la différence de potentiel des deux points N et P sera

$$E = ri.$$

Si, dans la figure 86, on fait $NP = r$, $NN' = E$, $N'P$ représentera la chute de potentiel de N en P.

Pour un point O compris entre N et P, on aura :

$$\frac{NN' - OO'}{NN'} = \frac{NO}{NP},$$

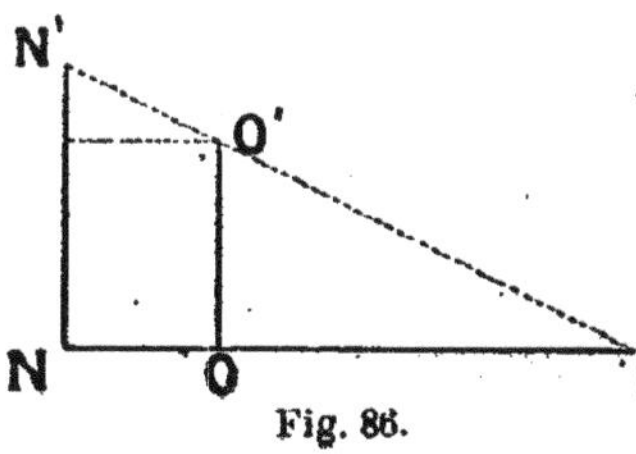

Fig. 86.

$NN' - OO'$ est la différence de potentiel des points N et O.

En déplaçant le point O de N en P, on pourra obtenir entre N
et O toutes les différences de potentiel comprises entre E et
zéro.

Pour maintenir entre les deux points N et P une différence
de potentiel constante, on peut employer la disposition indiquée fig. 87.

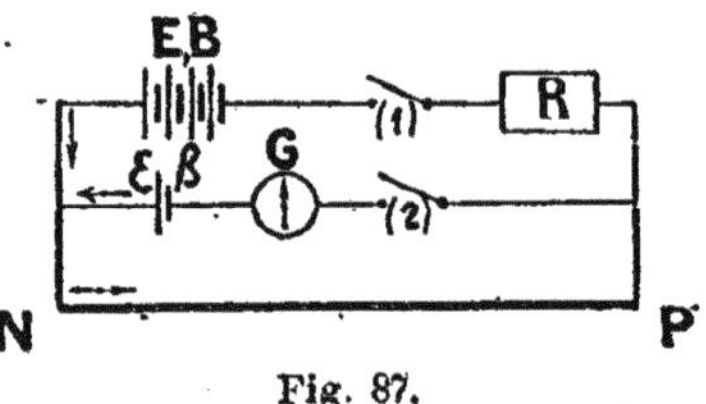

Fig. 87.

NP, rhéostat de la fig. 66, placé dans le circuit d'une pile
constante (E, B) ayant pour objet de fournir le courant i, qui
traverse le fil NP dont la résistance est r.

R boîte de résistances permettant de faire varier l'intensité i,

ε, β, constantes de la pile étalon,

G, galvanomètre sensible,

(1), (2) interrupteurs,

Les batteries E et ε sont placées en opposition.

Les clefs (1) et (2) étant abaissées, on aura les équations
suivantes :

(1) $\quad E = (B+R)(i-i_g) + ri = (B+R+r)\,i - (B+R)\,i_g,$

(2) $\quad\quad\quad\quad\quad \varepsilon = (\beta+G)\,i_g + ri.$

Si l'on donne à R une valeur telle qu'il ne passe aucun courant dans le galvanomètre, on aura :

(3) $\quad\quad\quad\quad\quad\quad \varepsilon = ri$

(4) $\quad\quad\quad\quad\quad\quad \dfrac{B+R+r}{r} = \dfrac{E}{\varepsilon}.$

Ainsi, lorsque $i_g = o$, la différence de potentiel des points N
et P est égale à la f. e. m. de la pile étalon. Celle-ci ne fournissant aucun courant, se trouve dans les conditions les plus favorables pour que sa f. e. m. reste constante.

Pour mesurer par cette méthode la différence de potentiel v entre deux points A et B, on réunit le point A au point N, le point B au curseur mobile le long de NP (fig. 88).

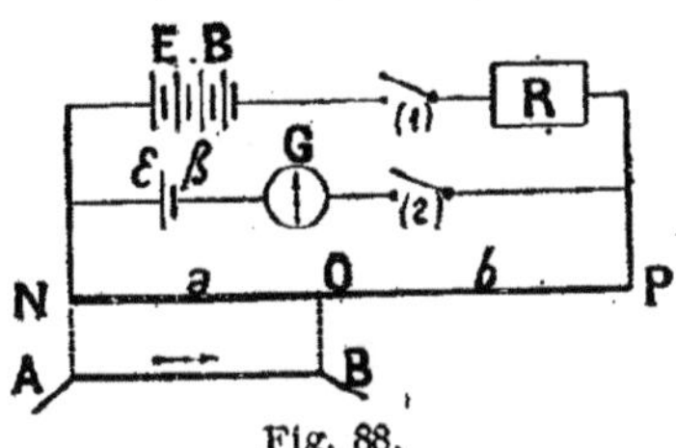

Fig. 88.

On amène le curseur en un point O tel qu'en établissant le contact, le régime des courants dans le système NP ne soit pas troublé, c'est-à-dire tel que l'aiguille du galvanomètre G reste au zéro ; il faut et il suffit pour cela qu'il ne passe aucun courant dans les fils qui établissent la communication entre les points A et B et les points N et O.

Lorsque cette condition est satisfaite, la différence de potentiel $(N-O) = v$, et si l'on désigne par a la résistance comprise entre N et O, par b la résistance comprise entre O et P, on aura :

$$(5) \qquad v = \frac{a}{a+b} \cdot \varepsilon \qquad {}^{1}$$

1. L'expérience étant disposée comme l'indique la fig. 88, en désignant par ρ et ρ' les résistances des conducteurs AN et BO, les intensités devront satisfaire aux équations suivantes :

$$i_R = i_a - i_g - i_\rho \quad ; \quad i_b = i_a - i_{\rho'} = i_g + i_R,$$
$$E = (B+R) i_R + a i_a + b i_b$$
$$\varepsilon = (\beta+G) i_g + a i_a + b i_b$$
$$v = \rho i_\rho + a i_a + \rho' i_{\rho'}.$$

Le potentiomètre ayant été ajusté, on a l'équation de condition :

$$(B + R + a + b) \varepsilon = (a + b) E.$$

En désignant par Δ le dénominateur commun des équations, on obtient

$$i_g = \frac{a (B+R) [a\varepsilon - (a+b) v]}{\Delta}.$$

Pour que i_g reste nul lorsque le curseur fait contact au point O, il faut et il suffit qu'on ait

$$v = \frac{a}{a+b} \cdot \varepsilon.$$

C. Q. F. D.

120. Généralisation de la méthode du potentiomètre.
— En suivant la marche indiquée au paragraphe précédent, on
ne peut mesurer que des différences de potentiel égales ou inférieures à ε, f. e. m. de la batterie étalon. La disposition suivante (fig. 89) permet d'appliquer la méthode à la mesure des
différences de potentiel quelconques.

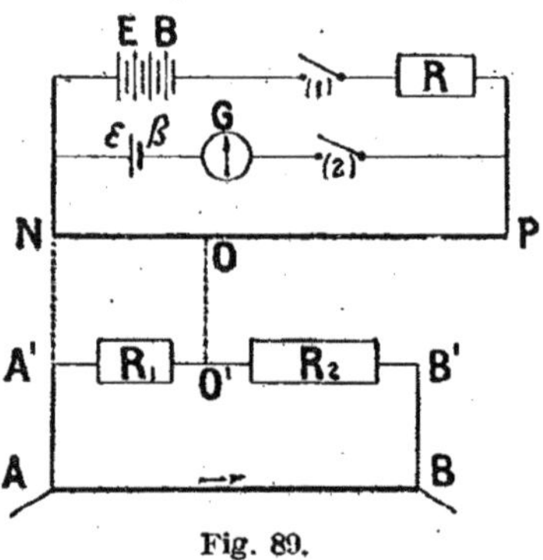

Fig. 89.

On réunit les deux points A et B par une dérivation $(R_1 + R_2)$
dont la résistance soit assez élevée pour ne pas modifier d'une
façon appréciable la différence totale de potentiel $(A - B)$; on
prendra pour R_1 une valeur telle que la chute de potentiel
$(A' - O')$ soit inférieure à $(N - P)$.

$(A' - O')$ sera déterminé comme il a été dit au n° 119, et, en
désignant par v la différence de potentiel $(A - B)$, on aura :

$$(6) \qquad v = \varepsilon \cdot \frac{a}{a+b} \cdot \frac{R_1 + R_2}{R_1}.$$

Pour que les résultats fournis par cette méthode soient exacts,
il est essentiel que toutes les parties de l'appareil soient parfaitement isolées.

**121. Application de l'Ampère-étalon à la mesure des
différences de potentiel.** — Nous avons vu 90 que l'ampère-étalon de M. Pellat permettait de mesurer exactement
l'intensité d'un courant en unités absolues. En faisant passer un
courant d'intensité i à travers une résistance connue R, on

obtiendra entre les deux extrémités de cette résistance une différence de potentiel Ri à laquelle on pourra comparer les différences de potentiel à mesurer. On peut employer pour cette détermination la disposition représentée fig. 90.

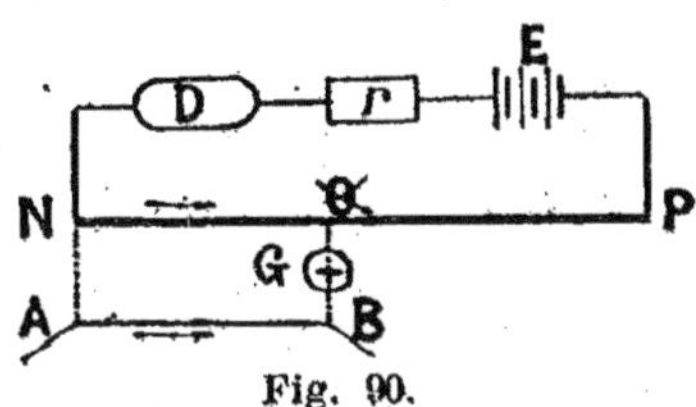

Fig. 90.

La batterie E fournit le courant i qui traverse l'électro-dynamomètre D et le rhéostat à curseur NP dont la résistance a été mesurée exactement ; une boîte de résistances r permet d'ajuster la valeur du courant de façon à maintenir entre les deux points N et P une différence de potentiel déterminée.

Pour mesurer la différence de potentiel (A—B), on réunira le point A au point N et le point B au curseur O à travers un galvanomètre sensible G. Lorsque (A — B) = (N — O) il ne passe aucun courant dans le galvanomètre G et on aura :

$$(7) \qquad v = \frac{a}{a+b} \cdot V.$$

Pour appliquer cette méthode à la mesure des différences de potentiel supérieures à V, on opérera comme il a été dit au paragraphe précédent.

122. Galvanomètres étalonnés pour la mesure des différences de potentiel. Voltmètres. — Soit (A — B) la différence de potentiel à mesurer par cette méthode.

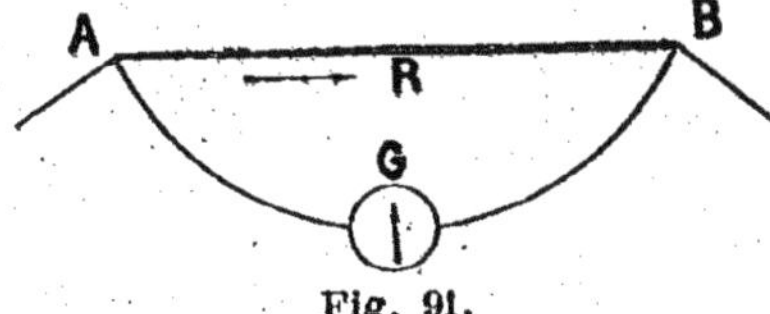

Fig. 91.

Désignons par R la résistance AB (fig. 91) et par i l'intensité du courant entre les points A et B ; on a $(A - B) = Ri$. Relions les points A et B aux bornes du galvanomètre G, nous aurons :

$$Gi_g = R\,(i - i_g) \qquad \text{ou} \qquad (G + R)\,i_g = Ri.$$

En prenant G assez grand, on aura simplement :

$$(8) \qquad\qquad (A - B) = \gamma G.\ \delta = v.$$

Le facteur γG étant connu, la différence de potentiel se déduit de la déviation observée.

Les galvanomètres spécialement construits pour la mesure des différences de potentiel, ont reçu le nom de *voltmètres*.

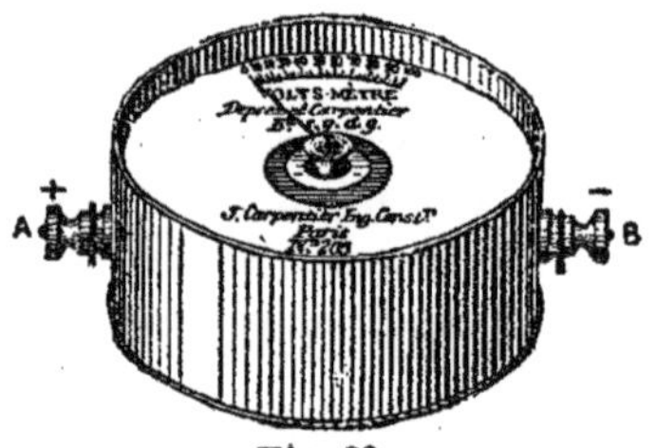

Fig. 92.

La fig. 92 représente un voltmètre Carpentier pour lequel chaque division correspond à 1 volt ; on peut appliquer le même instrument à la mesure de différences de potentiel plus élevées, en insérant dans le circuit une résistance égale à G, 2G..., de telle sorte que chaque division représente 2, 3, ... volts.

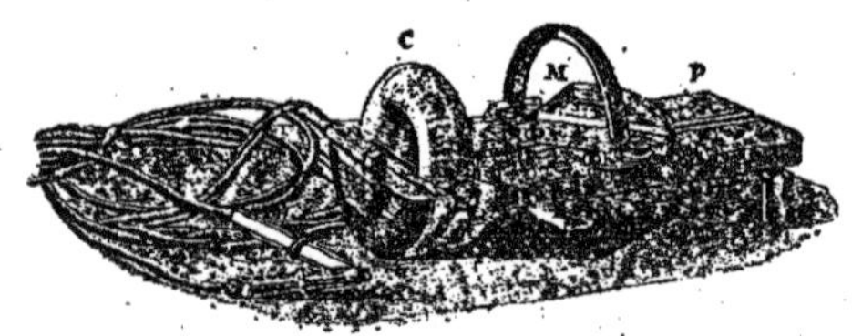

Fig. 93.

La fig. 93 représente le galvanomètre de potentiel de Sir William Thomson, dont l'usage est très répandu dans les labo-

ratoires industriels. Il se compose de deux parties essentielles :
1° la bobine (en fil de maillechort, recouvert de soie, de 0,25 à
0,3 mm. de diamètre) dont la résistance est de 6 à 7,000 ohms ;
cette bobine Cest fixée solidement à l'une des extrémités d'une
planchette P sur laquelle est creusée une rainure longitudinale
normalement au plan moyen de la bobine C ; 2° un magnétomètre M représenté en plan fig. 94.

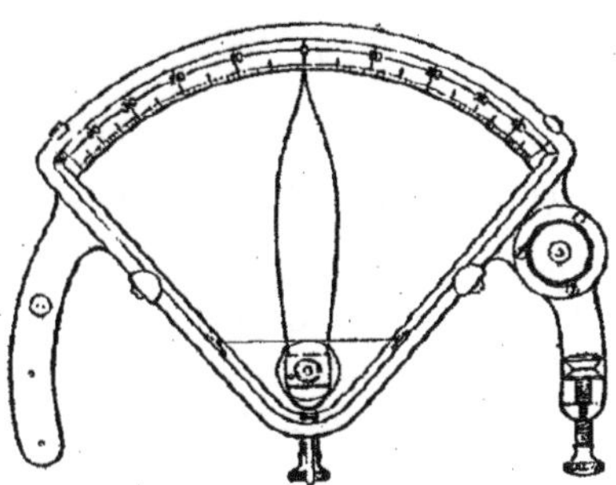

Fig. 94.

La pointe de l'index se meut au dessus d'une échelle des
tangentes. Le fond de la boîte est formé d'une glace étamée ;
pour faire une lecture l'observateur place son œil de façon que
la pointe de l'index recouvre son image dans la glace ; on évite
ainsi les erreurs de parallaxe. La boîte du magnétomètre peut
se déplacer le long de la rainure médiane. Pour augmenter la
force directrice qui agit sur l'aiguille aimantée, le magnétomètre est muni d'un aimant semi-circulaire (fig. 93) dont on
peut faire varier légèrement la position au moyen d'une vis
de rappel, de façon à ajuster l'index au zéro de l'échelle, avant
de mettre l'appareil en expérience. On peut faire varier la sensibilité de ce galvanomètre dans des limites très étendues en
déplaçant le magnétomètre le long de la planchette ; en supprimant l'aimant directeur, la sensibilité devient encore beaucoup plus grande. La rainure médiane, porte un certain nombre de divisions correspondant à diverses positions du magnétomètre ; un nombre, inscrit à côté du trait de division, indique
la déviation correspondant à 1 volt, si l'intensité du champ
était de 1 unité C. G. S. La valeur de la composante horizon-

tale du champ magnétique produit au centre de la bobine par l'aimant directeur est inscrite sur l'instrument ; en y ajoutant l'intensité du champ terrestre (0.19), on aura la composante horizontale totale, H, au centre de la bobine ; n désignant le nombre correspondant à la position du magnétomètre, et δ la déviation observée, on aura

$$(9) \qquad v = \frac{H\delta}{n} \text{ volts.}$$

Pour abréger les calculs, on peut tracer les divisions de la planchette de façon que pour chacune d'elles le facteur $\frac{H}{n}$ soit un nombre simple.

La mesure des différences de potentiel par les voltmètres est d'un emploi constant dans les applications industrielles ; mais elle est sujette à certaines causes d'erreur qu'il est utile de signaler :

1. L'intensité du champ magnétique dans lequel se déplace l'aiguille, n'est pas constante, soit à cause du changement qui se produit avec le temps dans le magnétisme des aimants directeurs, soit par suite de l'influence variable des forces magnétiques extérieures.

2. Le passage du courant dans la bobine du galvanomètre élève sa température et modifie sa résistance ; l'instrument indiquera des potentiels plus faibles, lorsqu'il aura été un certain temps dans le circuit.

Un voltmètre devra donc être étalonné à de fréquents intervalles dans les conditions où l'instrument sera employé aux mesures ; c'est-à-dire au point où il sera fixé, et lorsque le fil aura été échauffé par le passage du courant.

On peut atténuer, de la manière suivante, les erreurs provenant de l'élévation de température de la bobine galvanométrique : Si dans le circuit du voltmètre G on introduit une résistance R, on aura :

$$(10) \qquad v = (G + R)\gamma\delta ;$$

la résistance pouvant être construite de façon à ne pas s'échauffer sensiblement par le passage du courant, R sera

constant et G seul variera ; il deviendra G $(1 + \varphi)$; en désignant par ε l'erreur qui en résulte sur la valeur de v, nous
aurons

$$(11) \qquad \frac{\varepsilon}{v} = \frac{\varphi}{1 + \dfrac{R}{G}}.$$

On voit que l'erreur relative sera d'autant moindre que $\dfrac{R}{G}$
sera plus grand, c'est-à-dire qu'il est avantageux de faire usage
d'un voltmètre assez sensible pour permettre l'emploi d'une
résistance additionnelle élevée dans le circuit de l'instrument.

123. Voltmètre calorimétrique de Cardew. — Réu-
nissons les deux points dont la différence de potentiel est v,
par un conducteur de résistance R; l'intensité du courant sera
$i = \dfrac{v}{R}$; la chaleur développée sera $0{,}24 \dfrac{v^2}{R}$ calories par seconde, c'est-à-dire proportionnelle au carré de la différence de po-
tentiel. En s'échauffant, le fil augmente de longueur ; l'allon-
gement étant proportionnel à l'élévation de température, peut
servir de mesure à la différence de potentiel v ; tel est le principe du voltmètre Cardew représenté par les figures 95 et 96.

Il se compose d'un fil en platine-argent de 0,0635 mm. de
diamètre et de 4 mètres environ de longueur totale, en quatre
brins parallèles passant sur des poulies d'ivoire; l'une des extrémités est fixe, l'autre est attachée à un ressort qui maintient le fil tendu ; les variations de longueur sont amplifiées
par un système d'engrenages qui commandent une aiguille
mobile sur un cadran divisé. Pour rendre les indications de
l'instrument indépendantes de la température extérieure, le fil
est monté à l'intérieur d'un tube de laiton dont le coefficient
de dilatation est le même que celui de l'alliage platine-argent ;
c'est-à-dire que l'instrument ne mesure que la différence des
températures du fil et du tube.

Ce voltmètre convient particulièrement à la mesure des différences de potentiel dans les circuits à courants alternatifs,
les déviations de l'aiguille ayant toujours lieu dans le même
sens quel que soit le signe de la différence de potentiel ; mais

il doit être vérifié fréquemment, à cause des altérations que subissent les propriétés physiques du fil, lorsqu'il est sou-

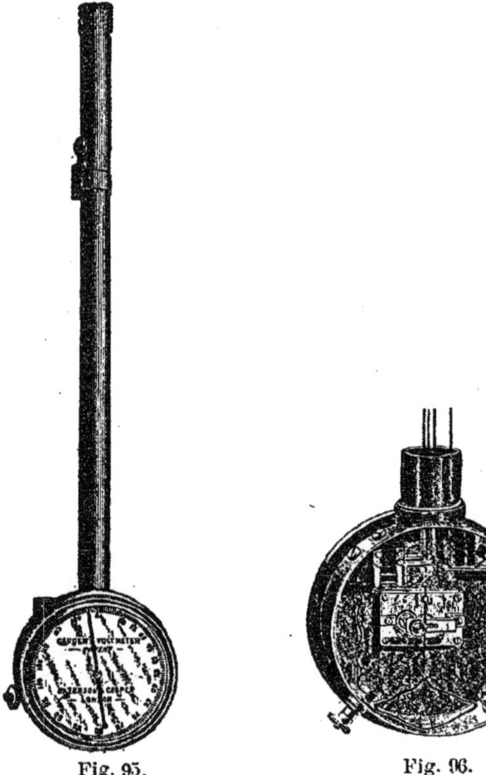

Fig. 95.   Fig. 96.

mis à une élévation prolongée de température. Lorsqu'on mesure par le voltmètre calorimétrique une différence de potentiel entre deux points d'un circuit à courants alternatifs, l'instrument donne en réalité la racine carrée de la valeur moyenne de E^2, et la valeur moyenne de la différence de potentiel,

$$E_m = \frac{2\sqrt{2}}{\pi} E_e$$

comme au n° 118.

124. Mesure d'une différence de potentiel par le galvanomètre à miroir. — La disposition suivante (fig. 97) permet d'appliquer un galvanomètre à miroir à la mesure

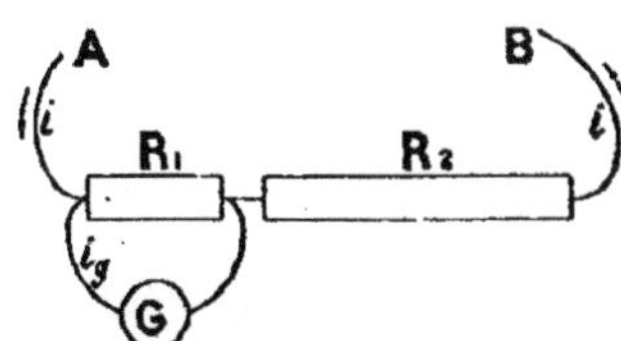

Fig. 97.

d'une différence de potentiel quelconque ; l'instrument le plus commode pour ce genre de mesures est le galvanomètre apériodique, fig. 44.

On établit entre les deux points A et B une dérivation formée par deux résistances R_1, R_2 dont la somme $(R_1 + R_2)$ soit assez élevée pour que la différence de potentiel $(A - B)$ ne soit pas modifiée d'une façon appréciable par cette dérivation.

$$(A-B) = G i_g + R_2 i$$
$$R_1 (i - i_g) = G i_g$$

d'où l'on tire

$$(12) \qquad (A-B) = v = \frac{G(R_1 + R_2) + R_1 R_2}{R_1} \cdot \gamma \delta.$$

On simplifie le calcul en choisissant pour R_1 et R_2 des valeurs convenables ; l'équation (12) donne

$$(13) \qquad R_2 = \frac{R_1}{G + R_1} \left[\frac{v}{\gamma \delta} - G \right].$$

Si l'on veut, par exemple, avoir une déviation de n divisions pour 1 volt, on prendra $\frac{v}{\delta} = \frac{1}{n}$; G et γ étant connus, on choisit pour R_1 une valeur convenable et l'équation (13) fournit la valeur correspondante de R_2.

125. Voltmètre électrostatique Thomson. — Cet instrument (fig. 98) est un électromètre dont l'aiguille est mobile autour d'un axe horizontal. L'ensemble des plaques fixes et de l'aiguille constitue un condensateur à capacité variable, dont les armatures sont mises en communication avec les deux points dont on veut mesurer la différence de potentiel. Dans

Fig. 98.

ces conditions l'aiguille tend à prendre la position pour laquelle la capacité du condensateur est un maximum ; la force qui produit le déplacement angulaire est proportionnelle au carré de la différence de potentiel ; cette force d'attraction est équilibrée par la composante horizontale d'un poids suspendu à la partie inférieure de l'aiguille. L'aiguille est munie d'un index qui se déplace sur une échelle portant 60 divisions; la valeur d'une division en volts dépend du poids attaché à l'aiguille Cet instrument a été construit pour mesurer de très grandes différences de potentiel (de 400 à 5000 volts), principalement pour les applications des machines à courants alternatifs.

126. Détermination de la constante d'un galvanomètre. — La *constante* γ d'un galvanomètre est le facteur par lequel on multiplie la déviation observée pour obtenir l'intensité du courant qui produit cette déviation. G désignant la résistance du galvanomètre, le produit γG est la différence de potentiel qu'il faut maintenir aux bornes du galvanomètre, pour obtenir une déviation égale à l'unité, à la condition que les déviations de l'instrument soient proportionnelles aux intensités. Pour un galvanomètre des tangentes, l'unité de déviation est l'angle de 45° (tg. 45° = 1) ; avec le galvanomètre à miroir, on prend comme unité de déviation une division de l'échelle.

Galvanomètre à miroir. L'expérience se dispose comme l'indique la fig. 99.

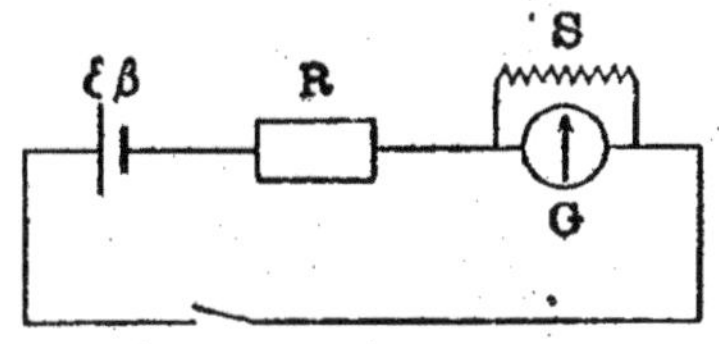

Fig. 99.

Le galvanomètre (de résistance G), muni d'une boîte de shunts S, est placé, avec la boîte de résistance R, dans le circuit d'un élément de pile de f. e. m. connue ε, et de résistance intérieure β.

On modifie à volonté la déviation δ du galvanomètre en donnant à R et à S des valeurs convenables. En désignant par m le pouvoir multiplicateur du shunt employé et par γ la constante du galvanomètre, on aura

$$\gamma\delta = \frac{\varepsilon}{R+\beta+\dfrac{G}{m}}.$$

Si R est très grand, on pourra prendre simplement

$$(14)\qquad \gamma = \frac{1}{\delta} \cdot \frac{\varepsilon}{R+\dfrac{G}{m}}.$$

L'erreur relative, que l'on commet en négligeant β, étant égale à $\dfrac{\beta}{R+\dfrac{G}{m}}$, il sera facile de la rendre négligeable en prenant R très grand, égal par exemple à 1 migohm.

La méthode suivante, due à M. Hockin, élimine complète-ment cette erreur; l'expérience se dispose d'après le schéma de la fig. 100.

G résistance du galvanomètre,

S résistance du shunt employé : $m = 1 + \dfrac{G}{S}$.

E, f. e. m. de la batterie : β sa résistance intérieure.

a, b, c, boîtes de résistances.

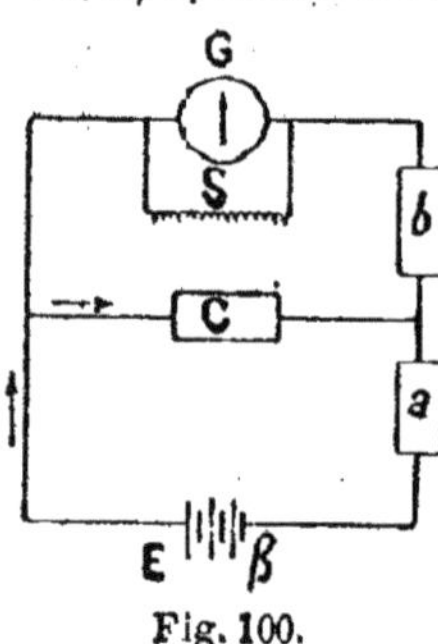
Fig. 100.

On donne à c une valeur fixe (par ex. 1000 ohms) et on ajuste a et b de façon à obtenir au galvanomètre une dévia-tion δ ; on modifie ensuite la résistance a ; soit a' sa nouvelle valeur qui doit être très différente de a ; puis on ajuste b de façon à obtenir au galvanomètre la même déviation que précédemment ; soit b' cette nouvelle valeur ; on aura les quatre équations :

$$(a + \beta)\, i_a + \left(b + \frac{1}{m}\,G\right) i_b = E$$

$$c\,(i_a - i_b) - \left(b + \frac{1}{m}\,G\right) i_b = 0$$

$$(a' + \beta)\, i'_a + \left(b' + \frac{1}{m}\,G\right) i'_b = E$$

$$c\,(i'_a - i'_b) - \left(b' + \frac{1}{m}\,G\right) i'_b = 0,$$

auxquelles il faut ajouter l'équation de condition :

$$i_b = i'_b = m\gamma\delta.$$

On en déduit

$$(15)\qquad \frac{E}{\gamma} = m\delta \left[\frac{(a' - a)\,(b + c + \frac{1}{m}\,G)\,(b' + c + \frac{1}{m}\,G)}{(b - b')\,c} - c\right].$$

$\dfrac{E}{\gamma}$ est la résistance du circuit dans lequel la f. e. m. E don-nerait l'unité de déviation au galvanomètre G.

Si l'amortissement du galvanomètre est faible, on abrège considérablement la durée de l'expérience en employant la méthode de Gauss, dont voici le principe: Lorsqu'on lance le courant dans le galvanomètre, l'arc de première impulsion, abstraction faite de l'amortissement, est égal à 2δ, c'est-à-dire au double de la déviation permanente ; si l'on supprime le courant lorsque la déviation est $\frac{1}{2}\delta$, c'est-à-dire au tiers de la durée T d'une oscillation simple, l'aiguille atteindra sa position d'équilibre avec une vitesse nulle ; et, si l'on rétablit le courant à cet instant, elle restera immobile. Pour ramener l'aiguille au zéro sans oscillations, il faut interrompre le courant pendant $\frac{1}{3}$T, le rétablir pendant $\frac{1}{3}$T, puis le supprimer définitivement, Cette règle n'est plus applicable si l'amortissement est rapide ; mais comme, dans ce cas, les oscillations s'éteignent très vite, il est plus simple d'attendre que l'aiguille prenne d'elle-même sa position d'équilibre.

Voltmètres. — L'expérience se dispose d'après le schéma de la fig. 101.

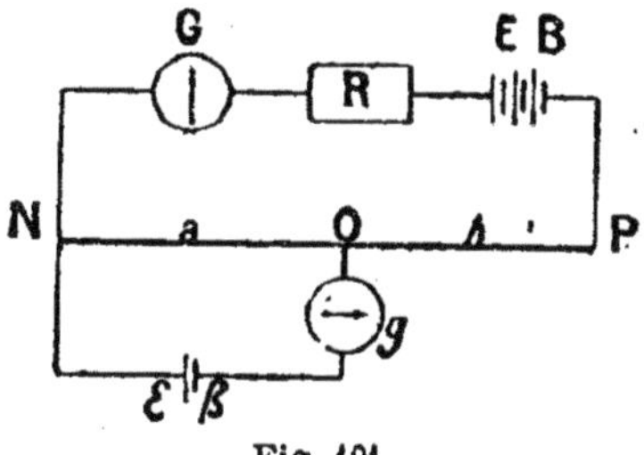

Fig. 101.

G, voltmètre à étalonner,
g, galvanomètre sensible,
$(a + b)$, résistance du rhéostat NP à fil divisé,
R, boîtes de résistances,
E, B, batterie fournissant le courant qui passe en G,
ε, β, batterie étalon.

Après avoir ajusté la résistance R de façon à obtenir en G une déviation convenable, on cherche la position du point O pour laquelle il ne passe pas de courant en g ; lorsque cette condition est remplie, on a :

$$i = \frac{E}{B + G + R + a + b} = \frac{\varepsilon}{a}$$

ε et a étant connus, on a la valeur de i qui correspond à δ, déviation observée en G, et la constante

$$\gamma = \frac{\varepsilon}{a} \cdot \frac{1}{\delta},$$

ou

$$\gamma = \frac{\varepsilon}{a} \frac{1}{m\delta},$$

si l'on a employé avec G un shunt de pouvoir multiplicateur m. La résistance du galvanomètre étant connue, on aura la valeur du facteur γG, différence de potentiel correspondant à l'unité de déviation.

La pile étalon peut être remplacée avec avantage par l'ampère-étalon (121).

Pour tarer un galvanomètre, il faut faire varier le courant qui traverse l'instrument et tracer la courbe des intensités en fonction des déviations observées ; on verra ainsi entre quelles limites les déviations sont proportionnelles aux intensités ou aux différences de potentiel correspondantes, et on pourra, s'il y a lieu, tracer une échelle de divisions correspondant à 1, 2... n volts.

127. Mesure des courants par la chute de potentiel. — Si l'on insère sur le passage d'un courant i une résistance connue r, il suffira de mesurer la différence de potentiel, v, entre les deux extrémités de la résistance, pour connaître l'intensité :

$$(1) \qquad\qquad i = \frac{v}{r} \cdot$$

Cette chute de potentiel peut être mesurée au moyen du potentiomètre (119) ; mais dans les applications on emploie de préférence un galvanomètre étalonné placé en dérivation entre les deux extrémités de la résistance r.

Ce dernier procédé est plus rapide que la méthode de réduction à zéro ; il a, en outre, l'avantage de rendre les observations continues et de mettre ainsi en évidence les variations accidentelles du courant ; on aura comme précédemment :

$$(2) \qquad\qquad i = \frac{1}{r} G\gamma . \delta.$$

La résistance r doit être aussi faible que possible, et de section suffisante pour ne pas s'échauffer sous l'influence du courant ; on la construit généralement en maillechort ou en platinoïd ; il est commode de lui donner une valeur telle que le facteur $\frac{G\gamma}{r}$ soit un nombre simple. Si la résistance r est donnée, on mettra en circuit avec le galvanomètre une résistance R telle que $\frac{(G + R)\gamma}{r}$ satisfasse à cette condition.

128. Ajustage d'une résistance. — Pour établir une résistance de valeur déterminée r, on commence par mesurer (avec un léger excès) la longueur approximative de fil néces-

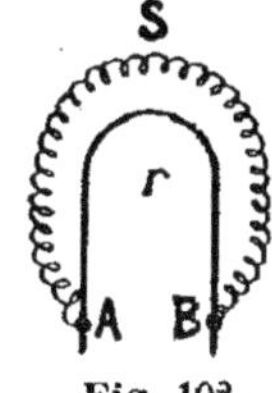

Fig. 102.

saire, et, après avoir fixé les prises de courant A et B, on mesure exactement la résistance comprise entre A et B (fig. 102).

Soit $(r + \rho)$ la valeur trouvée ; pour la ramener à la valeur exacte r, on établira entre les deux points A et B une dérivation de résistance S telle que :

$$\frac{(r + \rho)S}{r + \rho + S} = r$$

d'où :

$$(3) \qquad S = r\left[1 + \frac{r}{\rho}\right].$$

Lorsque la résistance r doit donner passage à des courants de grande intensité, il est avantageux de la tenir immergée dans un bain d'huile minérale dont la température peut être maintenue constante par une circulation d'eau froide.

129. Ampèremètres. — On construit pour la mesure industrielle des courants des galvanomètres étalonnés en ampères ; on donne à ces appareils le nom d'*Ampèremètres*.

La fig. 103 représente un ampèremètre construit par la maison Carpentier, dans lequel chaque division correspond à un

ampère. Par l'emploi d'un shunt de résistance égale à celle de
l'instrument, on peut l'appliquer à la mesure de courants plus
intenses, chaque division correspondant alors à 2 ampères.

Fig. 103.

La fig. 104 représente le galvanomètre d'intensité de Sir
William Thomson ; il ne diffère du galvanomètre de potentiel
décrit au n° 122 [1] que par la bobine, formée d'un petit nombre
de spires de ruban de cuivre ayant 150 mm². de section.

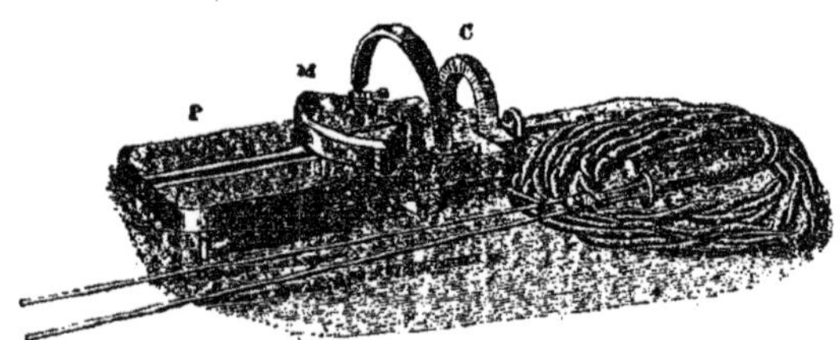

Fig. 104.

H désignant la composante horizontale totale au centre de la
bobine, n le nombre correspondant à la position du magnétomètre, δ la déviation observée, on aura :

$$(4) \qquad\qquad i = \frac{H}{n}\, \delta \text{ amp.}$$

Les ampèremètres sont sujets aux mêmes causes d'erreur
que les voltmètres et doivent être vérifiés fréquemment ; l'éta-

---

1. En France, ces deux galvanomètres sont construits par la maison
Bréguet.

lonnage se fait en mesurant par la méthode du n° 126 l'intensité du courant qui passe par l'instrument, et en traçant la courbe des intensités en fonction des déviations. Si les indications de l'instrument ne sont pas proportionnelles, on tracera empiriquement les divisions de l'échelle correspondant aux diverses intensités.

130. Mesure des courants par l'électrodynamomètre. Nous avons vu (88) que lorsque la bobine fixe et la bobine mobile d'un électrodynamomètre sont traversées par le même courant, la déviation donne la valeur moyenne du carré de l'intensité. Si le courant est constant, on en déduira immédiatement sa valeur moyenne; il n'en est plus de même s'il est périodique. Dans le cas le plus simple, celui où le courant suit la loi du sinus, on aura comme au n° 118 :

$$i_m = \frac{2\sqrt{2}}{\pi}\, i_e = 0,9\, i_e,$$

en désignant par i_e^2 la valeur moyenne du carré de l'intensité donnée par l'électrodynamomètre, et par i_m la valeur moyenne de cette intensité.

131. Mesure des quantités d'électricité. — La quantité d'électricité qui traverse un conducteur, dans un temps donné, est la valeur de l'intégrale définie :

$$Q = \int_o idt.$$

On peut déterminer sa valeur en mesurant l'intensité du courant à des intervalles de temps connus; après avoir tracé deux axes rectangulaires, on portera les temps en abscisses et les intensités en ordonnées. Les divers points ainsi obtenus étant joints par une courbe continue, la quantité d'électricité cherchée aura pour mesure la surface de la courbe comprise entre l'axe des abscisses et les deux ordonnées extrêmes ; le résultat obtenu sera d'autant plus exact que les observations seront plus rapprochées.

Pour des expériences de longue durée il est plus commode

d'employer un galvanomètre, dont l'aiguille est munie d'une plume traçant d'une façon continue les indications de l'instrument sur une feuille de papier quadrillé entraîné par un mouvement d'horlogerie (fig. 105) (Richard frères, à Paris).

Fig. 105.

Les galvanomètres enregistreurs peuvent rendre de grands services dans les applications électriques, parce qu'ils permettent d'étudier les variations accidentelles dans le régime du courant, mais ils seraient d'un emploi difficile dans une distribution électrique industrielle comprenant un grand nombre de circuits distincts ; dans ce cas les quantités d'électricité sont mesurées au moyen de compteurs spéciaux que nous aurons à décrire en traitant des distributions électriques.

Dans le système des unités pratiques, l'unité de quantité est le *coulomb*, c'est-à-dire la quantité d'électricité fournie en une seconde par un courant d'un ampère. Dans les applications on emploie généralement comme unité *l'ampère-heure* qui vaut 3600 coulombs.

132. Mesure de la puissance électrique. — La puissance électrique A, c'est-à-dire le travail développé dans l'unité de temps par un courant d'intensité i entre deux points dont la différence de potentiel est E, a pour expression :

$$A = Ei.$$

Comme la résistance du circuit entre les deux points considérés

$$R = \frac{E}{i},$$

on a aussi :

$$A = Ri^2 \qquad \text{ou} \qquad A = \frac{E^2}{R}.$$

Ces trois expressions de la puissance sont équivalentes.

On peut déterminer la puissance absorbée ou fournie par un appareil électrique en mesurant séparément les valeurs *simultanées* de E et i, de R et i ou de E et R. Ces déterminations se font par les méthodes indiquées précédemment. Lorsque E, R, i sont exprimés en unités pratiques (volts, ohms, ampères), l'unité de puissance est le *watt*.

1 watt = 0,1019 kilogrammètre par seconde (à Paris) ;
1000 watts ou 1 kilowatt = 1,34 cheval-vapeur ;
1 cheval-vapeur = 736 watts.

On appelle *wattmètres* les appareils qui permettent de mesurer directement la puissance développée dans un circuit électrique ; ces appareils sont basés sur les actions réciproques des courants. Le wattmètre Siemens est un électrodynamomètre semblable à celui qui est représenté fig. 46 page 74 ; la bobine fixe, composée d'un très grand nombre de spires de fil fin, a une résistance d'environ 4000 ohms ; la bobine mobile est également composée de plusieurs spires ; sa résistance est d'environ 60 ohms ; chacune des bobines aboutit à deux bornes fixées sur le socle de l'instrument.

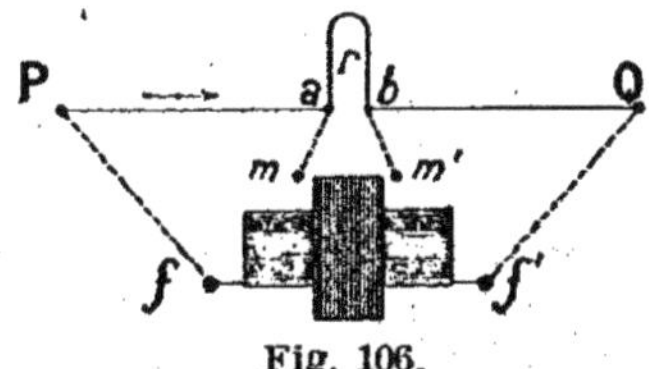

Fig. 106.

Pour mesurer avec cet appareil la puissance développée entre les deux points P et Q (fig. 106), on introduit dans le circuit une résistance connue r. Désignons par R la résistance de la bobine fixe, par ρ celle de la bobine mobile, par i l'intensité du courant total et par E la différence du potentiel des points P et Q. Les bornes f et f' étant reliées aux points P et Q, le courant qui traverse la bobine fixe sera égal à $\dfrac{E}{R}$; on admet que la résistance R est assez grande pour ne pas modifier d'une façon appréciable la différence de potentiel (P — Q).

Les bornes m et m' étant reliées aux points a et b, le courant dans la bobine mobile sera :

$$i \cdot \frac{r}{r+\rho}.$$

Le couple résultant de l'action réciproque des deux bobines est équilibré par la tension d'un ressort qui ramène le cadre mobile dans sa position primitive; θ étant l'angle de torsion du ressort, on aura :

$$\frac{Eir}{R(r+\rho)} = k\theta$$

ou :

$$Ei = kR\left(1 + \frac{\rho}{r}\right)\theta.$$

En donnant à r des valeurs convenables on pourra, avec le même instrument, mesurer des puissances très différentes.

Le facteur constant étant calculé une fois pour toutes pour chacune des valeurs de r, on aura :

$$Ei = M\theta.$$

Dans le wattmètre de Sir Wiliam Thomson, l'action récipro-

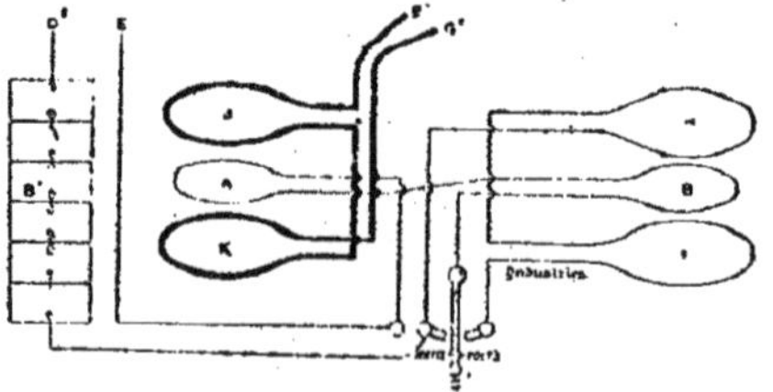

Fig. 107.

que des deux courants est équilibrée par un poids ; la fig. 107

représente le principe de cet appareil dont la fig. 108 donne la vue perspective.

Deux bobines de fil isolé A, B sont fixées aux extrémités d'un fléau de balance; les bobines H, I également en fil fin sont fixes; les bobines J et K sont formées de bandes de cuivre afin de pouvoir donner passage à des courants intenses; elles sont fixes; B′ est une boîte de résistance.

L'appareil peut être employé soit comme voltmètre, soit comme wattmètre. Supposons d'abord qu'on veuille l'utiliser pour mesurer une différence de potentiel. Le levier C′ est tourné sur la touche « volts » et les bornes D′, E′ sont reliées aux points P et Q dont on veut mesurer la différence de potentiel. Si la résistance B′ est très grande par rapport à celle du circuit P Q, la différence de potentiel (P—Q) diffère très peu de B′i′, en désignant par i′ l'intensité du courant qui passe dans la résistance B′, les bobines mobiles A et B et les bobines fixes H et I.

Fig. 108.

Le fléau s'élève du côté droit; on le ramène à l'équilibre en déplaçant le poids mobile P (fig. 108); on mesure ainsi la force qui fait équilibre à l'action réciproque des deux bobines; cette force étant proportionnelle à i′², on calcule au moyen de la constante de l'instrument la valeur de i′, et on en déduit celle de B′i′, différence de potentiel à mesurer.

10

Pour déterminer la puissance développée entre les points P et Q, on tourne le levier C' sur la touche « watts » ; les bornes D' et E' sont mises en communication avec les points P et Q, et les bobines J et K insérées dans le circuit PQ. Le fléau sera sollicité par une force proportionnelle au produit du courant total par la différence de potentiel (P—Q). Le poids qui fait équilibre à cette force, multiplié par la constante de l'instrument et par la résistance B', donne la valeur de la puissance.

133. Mesure de la puissance par l'électromètre. — Lorsque la f.e.m. qui agit dans le circuit est une fonction périodique du temps, la self-induction a pour effet de créer une différence de phase entre la f.e.m. et le courant. Dans ces conditions les valeurs qu'on obtient en mesurant individuellement E et i, ne sont pas simultanées, et leur produit ne donnerait pas la valeur exacte de la puissance ; il en serait de même si l'on voulait mesurer la puissance au moyen d'un wattmètre basé sur l'action réciproque des courants. La méthode suivante, due à M. Potier, fournit le moyen de déterminer le produit Ei pour des valeurs simultanées des deux variables ; elle est basée sur l'emploi de l'électromètre à quadrants (118).

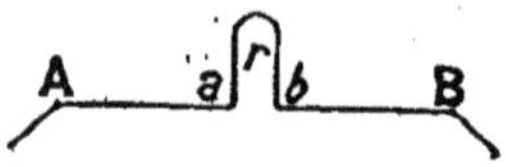

Fig. 109.

Pour mesurer par cette méthode la puissance développée dans un circuit à courants alternatifs AB (fig. 109), après avoir inséré dans le circuit une résistance connue r, dépourvue de self-induction, on relie une des paires de quadrants au point A, $(V_1 = A)$; et l'autre paire au point B $(V_2 = B)$. On fait ensuite une première mesure en reliant l'aiguille au point a, $(V = a)$; et une seconde mesure en la reliant au point b, $(V = b)$.

La première expérience donne :

$$(1) \qquad \delta_1 = k \int_0^{\frac{1}{2}T} \frac{[A-B]\left[a - \frac{1}{2}(A+B)\right]}{\frac{1}{2}T} \, dt$$

en désignant par T la durée d'une période entière.

La seconde expérience donne :

$$(2) \qquad \delta_2 = k \int_0^{\frac{1}{2}T} \frac{[A-B]\left[b-\frac{1}{2}(A+B)\right]}{\frac{1}{2}T}\, dt$$

Retranchant (2) de (1) et divisant les deux membres par r, il vient :

$$\frac{\delta_1-\delta_2}{kr} = \frac{2}{T} \int_0^{\frac{1}{2}T} (A-B)\frac{(a-b)}{r}\, dt.$$

Comme $\qquad (A-B) = E, \qquad \dfrac{a-b}{r} = i,$

l'intégrale représente le quotient du travail électrique correspondant à une demi-période par la durée de cette demi-période, c'est-à-dire la puissance moyenne développée pendant cette demi-période ; on aura donc :

$$(4) \qquad A_m = \frac{\delta_1-\delta_2}{kr}.$$

Cette expression de la puissance est indépendante de toute hypothèse sur la loi que suit la f. e. m. en fonction de temps.

131. Mesure du travail électrique. — Le travail électrique développé dans un circuit, pendant un temps donné, a pour expression l'intégrale définie

$$(5) \qquad \mathfrak{C} = \int_0^T E i\, dt,$$

dont la valeur se détermine en mesurant la puissance $E i$ à des intervalles de temps connus et en traçant la courbe qui représente la valeur de la puissance en fonction du temps. La surface limitée par cette courbe, l'axe des abscisses et les deux ordonnées extrêmes sera la valeur de $\mathfrak{C}$.

Dans le système des unités pratiques l'unité de travail est le *joule* ou *watt-seconde*, c'est-à-dire le travail développé en une seconde par un courant d'un ampère entre deux points dont la différence de potentiel est de 1 volt.

1 joule = 0, 1019 kilogrammètre (à Paris).

Dans les applications on fait usage du *watt-heure*, du *kilo watt-heure* ou du *cheval-heure*.

En traitant des distributions électriques, nous indiquerons les méthodes employées pour enregistrer le travail développé dans un circuit pendant un temps déterminé.

135. Mesure de l'intensité d'un champ magnétique par la méthode d'induction. — Plaçons dans la partie du champ à étudier un cadre sur lequel est enroulé un conducteur isolé, relié aux deux bornes d'un galvanomètre balistique ; ce cadre est mobile autour de l'un de ses diamètres. Le nombre des tubes de force qui traversent le circuit en pénétrant par l'une de ses faces, AB, sera égal à $\mathcal{H}_x S$, en désignant par $\mathcal{H}_x$ la composante du champ normale à la face AB, et par S la surface totale des spires enroulées sur le cadre. Si l'on fait tourner le cadre de 180°, le nombre des tubes de force pénétrant par la face AB sera $-\mathcal{H}_x S$; la variation totale du flux de la première position à la seconde sera

$$(1) \qquad N_1 - N_2 = 2\mathcal{H}_x S,$$

et la quantité d'électricité induite pendant le déplacement (48) :

$$(2) \qquad Q = \frac{2\mathcal{H}_x S}{R},$$

R étant la résistance totale du circuit électrique.

Pour une déviation balistique α observée au galvanomètre,

$$(3) \qquad Q = k\left[\alpha_1 + \frac{\alpha_1 - \alpha_3}{4}\right],$$

k étant la constante balistique (111).

Les équations (2) et (3) donnent la valeur de $\mathcal{H}_x$; en mesurant de même les composantes $\mathcal{H}_y$ et $\mathcal{H}_z$ suivant deux autres directions rectangulaires, l'intensité du champ sera déterminée en grandeur et en direction.

La surface S est une donnée de construction, elle s'exprime en centimètres carrés ; la résistance R est mesurée par l'une des méthodes connues : si elle est exprimée en ohms, $R \times 10^9$ sera la résistance en unités C.G.S.; k devra également être exprimé en unités C. G. S. On obtiendra ainsi la valeur de $\mathcal{H}$ en unités C. G. S.

Cette méthode est applicable à la mesure de champs magnétiques d'intensités très différentes; il suffit pour cela de choisir des valeurs convenables pour S et R.

Si l'espace dans lequel on se propose de mesurer la force magnétique est de dimensions trop restreintes pour permettre l'emploi d'un cadre tournant, on donnera au circuit induit la forme d'un disque très plat, qui sera introduit dans la partie du champ que l'on veut explorer, puis retiré d'un mouvement rapide ; la variation du flux de force $\mathcal{H}S$ sera mesurée, comme précédemment, par la déviation observée au galvanomètre.

La constante balistique du galvanomètre peut se déterminer de différentes manières :

1° En suivant la marche indiquée au n° 111, c'est-à-dire en mesurant T, durée d'une oscillation simple de l'aiguille, et γ l'intensité du courant correspondant à l'unité de déviation ; γ étant exprimé en ampères, on aura

$$(4) \qquad k = \frac{T}{\pi}\gamma \times 10^{-1} \qquad \text{unités C.G.S.}$$

2° En observant la déviation α produite par la décharge d'un condensateur de capacité C exprimée en microfarads, dont les armatures ont une différence de potentiel connue, E, exprimée en volts, on aura :

$$(5) \qquad k = \frac{CE}{\alpha} \times 10^{-7} \qquad \text{unités C.G.S.}$$

3' Par la méthode d'induction. Prenons un fil de cuivre isolé, enroulé sur un tube de laiton mince, et désignons par :

n le nombre total des spires de fil,

s la surface moyenne d'une spire (cm²),

l la longueur du solénoïde (cm),

i l'intensité du courant dans le conducteur (ampères).

Lorsque le cylindre est suffisamment long relativement à

son diamètre (35), l'intensité du champ magnétique au centre diffère très peu de

$$(6) \qquad \mathcal{H} = \frac{4\pi ni}{l}$$

Glissons le solénoïde à l'intérieur d'une bobine plate composée de p spires de fil de cuivre isolé, dont les extrémités seront reliées aux bornes d'un galvanomètre balistique. Le centre de la bobine étant amené au centre du cylindre, le nombre des tubes de force qui traversent le circuit de la bobine est

$$(7) \qquad N = \frac{4\pi nis}{l}\, p,$$

lorsque le courant i est établi.

Le flux sera nul lorsque le courant sera interrompu.

En désignant par :

α la déviation balistique correspondant à la quantité d'électricité induite par cette variation,

R la résistance totale (ohms) du circuit électrique, on aura

$$(8) \qquad k = \frac{1}{\alpha}\frac{1}{R}\frac{4\pi nis}{l}\, p \, . \, 10^{-10} \qquad \text{unités C.G.S.}$$

136. Constantes d'aimantation. — Les quantités à déterminer sont :

$\mathcal{J}$ intensité d'aimantation induite,

$\mathcal{B}$ induction magnétique en un point,

$\varkappa$ coefficient de susceptibilité magnétique,

μ coefficient de perméabilité magnétique.

En désignant par

$\mathcal{H}$ l'intensité du champ magnétique en un point, on a entre ces cinq quantités les trois relations (43) :

$$(9) \qquad \mathcal{J} = \varkappa \mathcal{H},$$

$$(10) \qquad \mathcal{B} = \mu \mathcal{H},$$

$$(11) \qquad \mathcal{B} = \mathcal{H} + 4\pi\mathcal{J}, \quad \text{ou} \quad \mu = 1 + 4\pi\varkappa.$$

Deux de ces quantités étant déterminées, on en déduit les trois autres.

137. Mesure de la perméabilité magnétique par la méthode d'induction. — Les fig. 110 et 111 montrent la

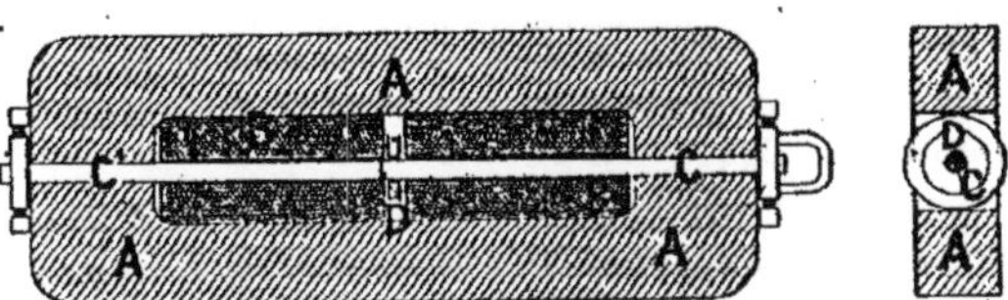

Fig. 110.

disposition adoptée par le Dr J. Hopkinson pour l'étude des propriétés magnétiques du fer[1].

AA (fig. 110) bloc en fer forgé recuit, de 457 mm de lon-

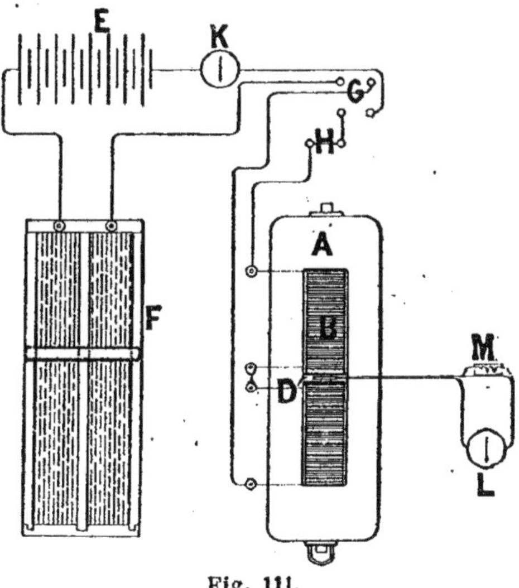

Fig. 111.

gueur, 165 mm de largeur et 51 mm d'épaisseur, évidé au centre pour recevoir les bobines magnétisantes BB.

1. Dr J. Hopkinson, *On the Magnetisation of Iron*, *Phil. Trans. Royal Society*. London, vol. 176, p. 455.

La pièce d'échantillon est divisée en deux barreaux C, C' de 12,65 mm. de diamètre, ajustés bout à bout ; ils sont tournés sur toute leur longueur et passent à frottement doux à travers deux trous alésés, percés aux extrémités du bloc.

D circuit d'exploration enroulé sur une bobine d'ivoire, au centre de laquelle passe un des barreaux d'essai ; la bobine D est attachée à un ressort en caoutchouc qui la fait sauter hors du champ, aussitôt que le barreau C est retiré.

Chacune des bobines B est formée par 12 couches de fil de 1,13 mm de diamètre ; les deux circuits formés par les quatre premières couches de chaque bobine sont réunis en série ; les deux groupes de huit couches extérieures sont disposés en quantité, et le circuit ainsi constitué est couplé en série avec celui des spires intérieures ; le nombre total de spires dans les deux bobines magnétisantes est de 2008 ; celui du circuit d'exploration est de 350.

Le courant d'aimantation est produit par une batterie E (fig. 111) de huit éléments Grove ; son intensité est réglée par un rhéostat à liquide F ; de là il passe en BB par l'inverseur G et l'interrupteur H ; l'intensité du courant est mesurée par un galvanomètre K.

La bobine D est reliée, par une clef convenable, au galvanomètre balistique L, dans le circuit duquel on peut introduire une résistance M.

Cette disposition permet de soumettre l'échantillon à une série de forces magnétisantes croissantes et décroissantes, positives ou négatives, et de déterminer la valeur du flux d'induction magnétique correspondant à chacun des états observés.

Il suffit, pour cela, de mesurer la variation du flux de force magnétique à travers le circuit explorateur D, en observant la déviation balistique correspondante au galvanomètre L, dont la constante se détermine par l'une des méthodes indiquées au n° 135.

Si, après avoir donné à $\mathfrak{H}$ une valeur déterminée, on abandonne la bobine D à l'action du ressort qui la sollicite, elle sortira du champ et la déviation du galvanomètre mesurera le flux total d'induction. En faisant varier $\mathfrak{H}$ sans déplacer la

bobine D, la déviation balistique mesure la variation correspondante du flux d'induction. — On obtiendra ainsi les coefficients d'aimantation totale et temporaire et par différence le
coefficient d'aimantation permanente.

Soient :

L la longueur moyenne des lignes d'induction dans la pièce
d'échantillon, dont la section est S,

L' la longueur moyenne des lignes d'induction dans le bloc,
dont la section est S',

$\mathfrak{B}$ et $\mathfrak{B}'$ les valeurs de l'induction magnétique dans l'échantillon et dans le bloc,

μ et μ' leurs coefficients de perméabilité magnétique.

Le système formé par le bloc AA et les barreaux d'é-
preuve, constitue un circuit magnétique fermé, dans lequel, par
conséquent, le flux total d'induction est constant.

On aura donc

$$(9) \qquad N = \mathfrak{B}S = \mathfrak{B}'S' ;$$

et comme

$$\mathfrak{B} = \mu\mathfrak{H}, \qquad \mathfrak{B}' = \mu'\mathfrak{H},$$

$$(10) \qquad \mathfrak{H} = \frac{\mathfrak{B}}{\mu} = \frac{\mathfrak{B}'}{\mu'}.$$

La différence de potentiel entre les deux faces d'un courant
élémentaire i étant égale à $4\pi i$, si n désigne le nombre de spires
dans lesquelles passe le courant d'aimantation i, la variation de
potentiel magnétique entre les deux extrémités du circuit d'aimantation sera $4\pi n i$; cette variation est égale à l'intégrale de
la force magnétique prise le long d'un tube de force ; c'est-à-
dire qu'on a :

$$(11) \qquad 4\pi n i = \int_0^L \frac{\mathfrak{B}}{\mu}\, d\lambda + \int_0^{L'} \frac{\mathfrak{B}'}{\mu'}\, d\lambda$$

ou, en tenant compte de l'équation (9)

$$(12) \qquad 4\pi n i = N \left[\frac{L}{\mu S} + \frac{L'}{\mu' S'} \right] = N \left[\mathcal{R} + \mathcal{R}' \right.$$

en désignant par $\mathcal{R}$ et $\mathcal{R}'$ les résistances magnétiques du barreau et du bloc.

Dans la disposition adoptée, μ' et S' sont très grands et le terme $\dfrac{L'}{\mu'S'}$ est assez petit pour qu'on puisse le négliger sans inconvénient ; on prendra donc simplement :

$$(13) \qquad N.\frac{L}{\mu S} = 4\pi ni, \qquad \text{ou} \qquad \mathcal{H} = \frac{4\pi ni}{L}.$$

N étant déterminé comme il est dit plus haut, on aura

$$\mathcal{B} = \frac{N}{S} \qquad \text{et} \qquad \mathcal{J} = \frac{\mathcal{B} - \mathcal{H}}{4\pi}.$$

Par suite du jeu nécessaire au passage des barreaux d'épreuve dans les trous du bloc, L ne peut pas être mesuré rigoureusement ; mais l'erreur qui résulte de cette incertitude est assez faible pour être sans inconvénient au point de vue des applications.

Comme l'aire du circuit explorateur D est plus grande que la section du barreau, le nombre de tubes de force mesuré par la déviation balistique est la somme de ceux qui passent dans le barreau et dans l'air environnant. — On peut tenir compte de la correction à faire de ce chef, en substituant aux barreaux d'échantillon une tige de cuivre ou de bois et en mesurant l'induction correspondante. En désignant par S'' la surface moyenne d'une spire du circuit D et par p leur nombre, le flux de force extérieur au barreau sera égal à $p(S'' - S)\mathcal{H}$

138. Mesure de l'intensité d'aimantation par la méthode d'arrachement. — La force magnétique en un point O du champ d'un barreau aimanté, a pour mesure $\mathcal{J}(\omega_1 - \omega_2)$, $\mathcal{J}$ étant l'intensité d'aimantation, ω_1 et ω_2 les angles solides sous lesquels le point O voit les deux faces polaires du barreau. Lorsque le point O est sur l'une des faces polaires, $\omega_1 = 2\pi$ et si l'autre face est située dans le même plan (aimant en fer à cheval), ou si le barreau est très long relativement à son diamètre, $\omega_2 = 0$, et l'intensité du champ au point O sera $2\pi\mathcal{J}$.

Coupons le barreau de section S par un plan perpendiculaire

à l'axe et laissons en contact les deux faces de séparation ;
l'attraction qui agit entr'elles est égale à $2\pi J^2 S$. En appelant P le
poids nécessaire pour les détacher l'une de l'autre, on aura :

$$(14) \qquad\qquad 2\pi J^2 S = gP$$

S étant exprimé en cm^2, P en grammes, $g = 981$ cm, et l'é-
quation (14) donnera la valeur de J en unités C.G.S.

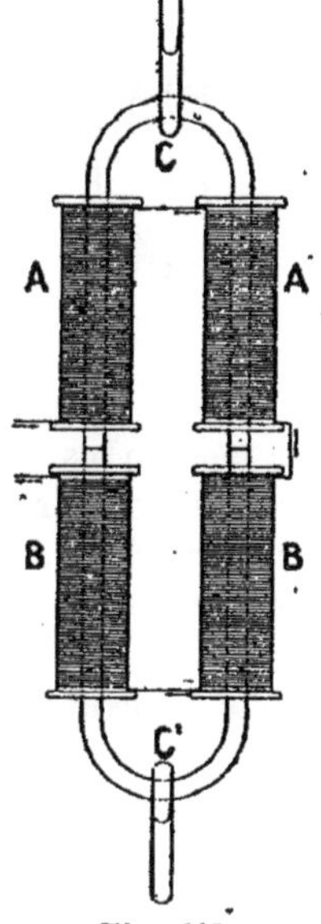

Fig. 112.

L'expérience peut se disposer comme l'indique la fig. 112. La pièce d'essai a la forme d'un anneau allongé coupé en deux moitiés perpendiculairement à l'axe ; chacune des branches est insérée dans une bobine magnétisante : les quatre bobines AA'B'B sont disposées en série, et traversées par un même courant d'intensité i. En désignant par n le nombre total des spires et par L la longueur moyenne des lignes de force à l'intérieur du barreau, on aura comme précédemment :

$$(15) \qquad\qquad \mathcal{H} = \frac{4\pi n i}{L}.$$

L'anneau étant suspendu en C, on attache en C' un plateau de balance, et l'on détermine, pour chaque valeur de $\mathcal{H}$, le poids nécessaire pour détacher la partie inférieure de l'anneau ; on en déduit les valeurs de J, $\varkappa$, $\mathcal{B}$, μ en fonction de $\mathcal{H}$.

La disposition indiquée fig. 112 peut également servir à la mesure de la perméabilité magnétique par la méthode du n° 137 ; il suffit pour cela d'insérer dans l'intervalle compris entre les bobines magnétisantes A et B un circuit d'exploration relié à un galvanomètre balistique, en procédant de la même manière qu'au n° 137.

139. Courbes d'aimantation. — Pour faire l'étude com-

plète des propriétés magnétiques d'un échantillon de fer, on le
soumet à une série de forces magnétisantes croissant à partir

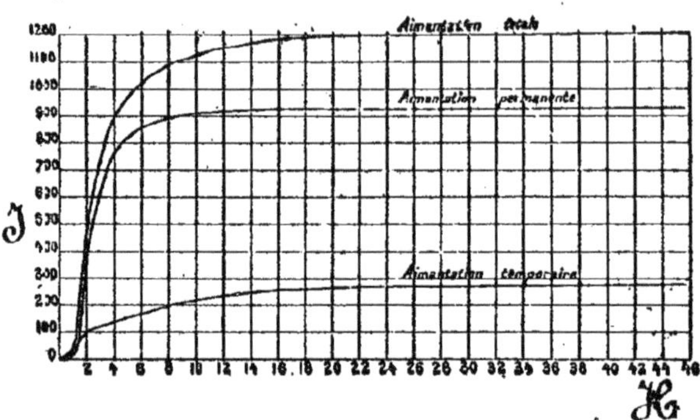

Fig. 113.

de 0 jusqu'à une valeur déterminée $\mathcal{H}_m$.

Pour chacune des valeurs données à $\mathcal{H}$, on mesure les intensités d'aimantation totale, temporaire, et permanente. Après
avoir atteint la plus grande valeur que l'on veut donner à $\mathcal{H}$, on
répète les mesures en sens inverse, c'est-à-dire en revenant de
$\mathcal{H}_m$ à 0. En changeant le sens du courant et en donnant successivement à $\mathcal{H}$ un certain nombre de valeurs négatives

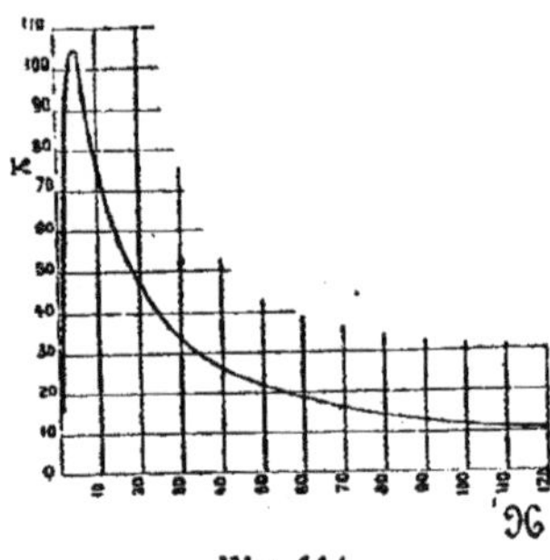

Fig. 114.

comprises entre 0 et $-\mathcal{H}_m$, on obtiendra de même les coefficients d'aimantation pour les valeurs négatives du champ.

En remontant ensuite de $-\mathcal{H}_m$ à 0 et de 0 à $+\mathcal{H}_m$, on aura fait décrire à l'échantillon un cycle magnétique complet.

Les résultats des expériences peuvent être représentés graphiquement de plusieurs manières différentes, suivant l'objet que l'on a en vue.

La fig. 113 donne les intensités d'aimantation, totale, temporaire, permanente, pour des valeurs croissantes du champ.

La fig. 114 donne le coefficient de susceptibilité totale pour

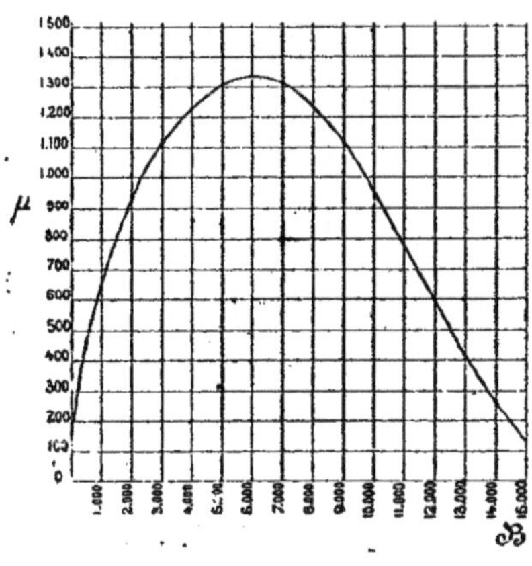

Fig. 115.

des valeurs croissantes de $\mathcal{H}$, et la fig. 115 le coefficient de perméabilité pour des valeurs croissantes de $\mathcal{B}$. Ces deux courbes se rapportent au même échantillon de fer.

La fig. 116, extraite du mémoire du Prof. Ewing, donne la valeur de l'induction $\mathcal{B}$ en fonction de $\mathcal{H}$ pour un cycle magnétique complet.

140. Hystérésis. — En étudiant la loi suivant laquelle varie l'induction magnétique en fonction de l'intensité du champ, on constate que l'aimantation dépend non seulement de la force magnétisante mais aussi du cycle que le fer a parcouru pour arriver à son état actuel ; la désaimantation subit un retard dû au magnétisme rémanent. Le Prof. Ewing, qui a étudié ce phénomène d'une façon spéciale[1], l'a désigné sous le nom d'*hystérésis* (ὑστερεῖν, rester en arrière).

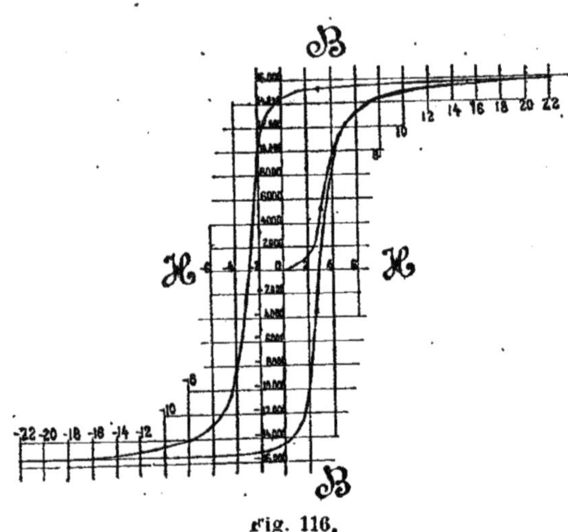

Fig. 116.

L'hystérésis donne lieu à une dissipation d'énergie ; pour le démontrer, appliquons au circuit d'aimantation l'équation générale du n° 45.

$$E\,i\,dt = R\,i'^2\,dt + i\,dN.$$

En désignant par :

S la section du barreau d'échantillon,

n N le nombre des spires du circuit d'aimantation,

$\mathfrak{B}$ la valeur de l'induction à l'instant considéré,

N l'induction magnétique totale,

on a
$$N = n\mathfrak{B}S ;$$

et comme
$$\mathfrak{H} = \frac{4\pi n i}{L},$$

<hr>

[1] Prof. Ewing, Experimental Researches on Magnetism. Phil. Trans. R. S. London. Vol. 176, p. 523.

o obtient :

$$idN = \frac{LS}{4\pi} \mathcal{H}d\mathcal{B}.$$

Par conséquent

$$(16) \qquad Eidt = Ri^2dt + \frac{A}{4\pi} \mathcal{H}d\mathcal{B}$$

en désignant par A le volume LS du noyau de fer.

L'équation (16) exprime que le travail fourni par la source électrique est égal, à chaque instant, à l'énergie dissipée sous forme de chaleur par suite de la résistance du circuit électrique, plus ou moins la quantité d'énergie correspondant aux variations d'aimantation du noyau. .

L'intégrale

$$(17) \qquad \frac{A}{4\pi} \int \mathcal{H}d\mathcal{B},$$

prise entre les deux limites $+\mathcal{B}$ et $-\mathcal{B}$, ou $+\mathcal{H}$ et $-\mathcal{H}$, représente le travail correspondant à l'énergie dissipée par l'hystérésis pour un cycle magnétique complet.

Dans la fig. 116, l'aire intérieure de la courbe donne la valeur de l'intégrale définie :

$$\int_{+\mathcal{B}}^{-\mathcal{B}} \mathcal{H}d\mathcal{B} \quad \text{ou} \quad \int_{+\mathcal{H}}^{-\mathcal{H}} \mathcal{B}d\mathcal{H}$$

En divisant cette surface par 4π, on obtiendra la perte d'énergie par l'hystérésis, en ergs par cm³ du noyau de fer.

Comme $\mathcal{B} = \mathcal{H} + 4\pi\mathcal{J}$, la perte d'énergie par cm³, pour un cycle complet, peut également être exprimée par l'une des intégrales :

$$\int_{+\mathcal{J}}^{-\mathcal{J}} \mathcal{H}d\mathcal{J}, \quad \text{ou} \quad \int_{+\mathcal{H}}^{-\mathcal{H}} \mathcal{J}d\mathcal{B}.$$

L'énergie ainsi dissipée ne peut prendre d'autre forme que celle d'une quantité équivalente de chaleur, qui se diffuse dans la masse du noyau de fer, et en élève la température.

141. Mesure d'un coefficient de self-induction en fonction d'une résistance. — La bobine (L, x) forme l'un des côtés, MP, d'un pont de Wheatstone (fig. 117), dont les trois autres côtés sont des résistances a, b, R, dépourvues de self-induction.

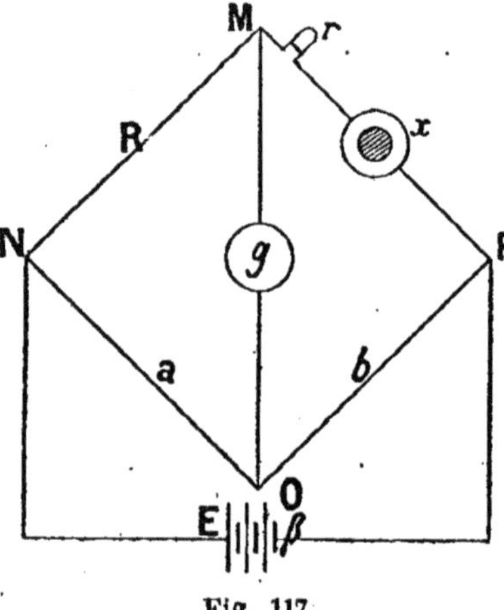

Fig. 117.

On commence par mesurer la résistance, x, de la bobine par a méthode connue ; le réglage étant effectué de façon que $ax = b$R, il ne passera pas de courant dans la diagonale MO ; mais si, après avoir ouvert le circuit de la pile, on rétablit brusquement le courant, il se développera dans le côté MP une f. e. m. de self-induction, $E' = L \dfrac{di_x}{dt}$; l'équilibre établi pour l'état permanent ne subsistera plus pour la période variable du courant, et l'aiguille du galvanomètre sera déviée. L'intensité du courant qui passe dans la diagonale MO, pendant cette période variable, a pour expression (92) :

$$(1) \qquad i_g = \frac{\beta\,(a+\mathrm{R}) + \mathrm{R}\,(a+b)}{\Delta_0}\,\mathrm{L}\cdot\frac{di_x}{dt}$$

$$\Delta_0 = \frac{1}{a}\,[b(a+\mathrm{R})+g(a+b)][\beta(a+\mathrm{R})+\mathrm{R}(a+b)].$$

La quantité totale d'électricité qui aura traversé le galvanomètre pendant la période variable,

$$(2) \qquad q = \int i_g dt = \frac{b(a+R)+R(a+b)}{\Delta_0} \, Li \; ;$$

i_x étant la valeur qui correspond au régime permanent, c'est-à-dire à $E' = 0$, avec $ax = bR$, on a :

$$(3) \qquad i_x = \frac{E[b(a+R)+y(a+b)]}{\Delta_0} .$$

Portant cette valeur dans l'équation (2), il vient :

$$(4) \qquad q = \frac{aLE}{\Delta_0} = kx,$$

en désignant par x la déviation balistique du galvanomètre ;

$$x = x_1 + \frac{x_1 - x_3}{4} .$$

Après avoir observé cette déviation, on dérange l'équilibre du pont, en modifiant R d'une petite quantité dR ; le courant permanent qui passe dans le galvanomètre a pour valeur :

$$(5) \qquad i_g = \frac{Ebd R}{\Delta_0} = \gamma\delta,$$

en désignant par γ la constante, et par δ la déviation permanente du galvanomètre.

Les équations (4) et (5) donnent

$$(6) \qquad L = \frac{k\alpha}{\gamma\delta} \cdot \frac{b}{a} \cdot dR.$$

Il est essentiel de ne mesurer la décharge relative à l'établissement du courant qu'après avoir vérifié que l'équilibre subsiste pour l'état permanent. Lorsque la valeur exacte de R est comprise entre deux valeurs successives de la résistance de comparaison, on réalise l'équilibre au moyen d'un rhéostat, r, à fil et à curseur, inséré dans la branche MP.

On prendra pour δ la moyenne des déviations permanentes correspondant aux valeurs $R + dR$ et $R - dR$ de la résistance de comparaison

Dans les bobines à noyau de fer, le coefficient de self-induction varie avec la perméabilité magnétique du métal, et doit être déterminé pour différentes intensités du courant. Les résistances MN et MP étant connues, et le courant étant nul en MO, la valeur de i_x se déduira de la différence de potentiel $(N - P)$.

Si L doit être mesuré avec un courant intense, la décharge correspondant à l'établissement du courant donnerait au galvanomètre une déviation trop forte ; pour la maintenir dans les limites de l'échelle, on opère de la manière suivante :

La batterie E est reliée à un commutateur permettant de faire varier à volonté le nombre des éléments actifs. Le réglage du pont étant effectué, on mesure la différence de potentiel $(N - P)$; soit ε_1 sa valeur ; en supprimant un certain nombre d'éléments par le jeu du commutateur, on modifie le courant i_x, et la f. e. m. de self-induction développée donnera lieu à une décharge $q = k\alpha$; la différence de potentiel $(N - P)$ pour le nouvel état permanent sera ε_2. On dérange ensuite l'équilibre du pont en modifiant R d'une petite quantité dR ; en désignant par δ la déviation permanente, et par ε la différence correspondante de potentiel $(N - P)$, on obtiendra

$$(7) \qquad L = \frac{\varepsilon}{\varepsilon_1 - \varepsilon_2} \cdot \frac{k\alpha}{\gamma\delta} \cdot \frac{b}{a} \cdot dR.$$

En faisant $\varepsilon = \varepsilon_1$, $\varepsilon_2 = 0$, on retombe sur l'équation (6).

Emploi d'un courant sinusoïdal. Nous avons vu (59) que lorsque la f. e. m. est une fonction périodique du temps, la self-induction a pour effet d'augmenter la résistance apparente du conducteur dans le rapport de

$$\sqrt{x^2 + \frac{4\pi^2 L^2}{T^2}} \quad \text{à } x.$$

Cette propriété fournit le moyen de mesurer un cœfficient de self-induction en fonction d'une résistance.

La bobine (L, x) forme l'un des côtés d'un pont de Wheatstone dont les trois autres côtés, a, b, R, sont dépourvus de self-induction.

Après avoir mesuré la résistance, x, de la bobine par la méthode connue, on substitue à la pile E une f. e. m. périodique de la forme $E_o \sin \frac{2\pi t}{T}$, et on remplace le galvanomètre par un électro-dynamomètre sensible ; la résistance R étant ajustée de nouveau, de façon qu'il ne passe aucun courant dans la diagonale MO, on aura :

$$\sqrt{x^2 + \frac{4\pi^2 L^2}{T^2}} = \frac{b}{a} \cdot R_2 ;$$

la première mesure avait donné :

$$x = \frac{b}{a} \cdot R_1.$$

On en déduit :

$$(8) \qquad L = \frac{b}{a} \cdot \frac{T}{2\pi} \sqrt{R_2{}^2 - R_1{}^2}.$$

112. Mesure d'un coefficient de self-induction en fonction d'une capacité. — La bobine (L, x) forme l'un

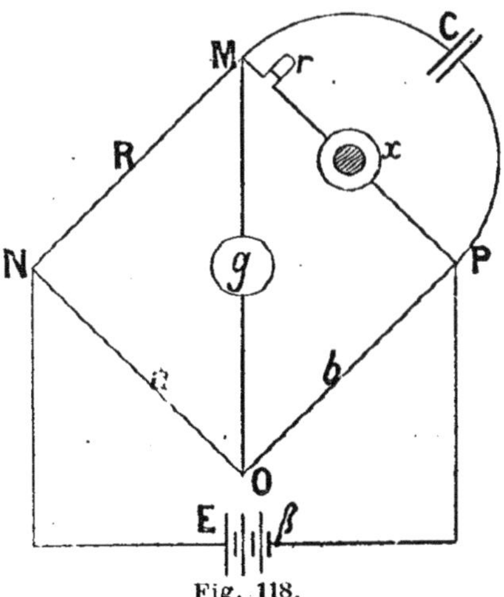

Fig. 118.

des côtés du pont de Wheatstone (fig. 118), dont les trois autres côtés sont des résistances, a, b, R, dépourvues de self-induction ; C est un condensateur de capacité connue, dont les armatures sont reliées aux sommets M et P.

Le réglage étant effectué pour le régime permanent, considérons la valeur des courants à un instant t quelconque de la période variable.

Désignons par :

S une résistance équivalente à celle du système de conducteurs aboutissant aux sommets M et P,

i le courant en M,

i_c le courant qui passe au condensateur,

i_x le courant qui traverse la bobine,

v la différence de potentiel des armatures du condensateur.

Nous aurons les équations suivantes :

$$E = Si + v ;$$
$$v = xi_x + L\frac{di_x}{dt} ;$$
$$i_x = i - i_c ;$$
$$i_c dt = C dv ;$$

d'où
$$i_c = Cx\frac{di_x}{dt} + CL\frac{d^2 i_x}{dt^2}.$$

On en déduit :

$$E = (S+x)i + (L - Cx^2)\frac{di_x}{dt} - CL\frac{d^2 i_x}{dt^2} ;$$

c'est-à-dire que tout se passe comme s'il existait dans le circuit MP une f. e. m. $E' = (L - Cx^2)\frac{di_x}{dt} - CL\frac{d^2 i_x}{dt^2}$.

La quantité, q, d'électricité qui passe dans le galvanomètre pendant la période variable sera

$$q = \frac{b(a+R)+R(a+b)}{\Delta_0}(L - Cx^2)i_x,$$

i_x désignant ici l'intensité du courant dans le côté MP, lorsque le régime est établi.

En faisant deux mesures, l'une avec la capacité C' (qui peut être nulle), l'autre avec la capacité C'', on aura

$$\frac{x'}{x''} = \frac{L - C'x^2}{L - C''x^2},$$

et

$$(9) \qquad L = \frac{\alpha' C'' - \alpha'' C'}{\alpha' - \alpha''} \cdot x^2.$$

Lorsque la résistance de la bobine est trop faible pour la capacité des condensateurs dont on dispose, on l'augmente en insérant dans le côté MP une résistance auxiliaire dépourvue de self-induction.

CHAPITRE VI

MACHINES ÉLECTRO-MAGNÉTIQUES

113. Transformation du travail mécanique en énergie électrique. — Les appareils qui transforment le travail mécanique en énergie électrique sont fondés sur les phénomènes d'induction électro-magnétique résultant du mouvement d'un circuit fermé dans un champ magnétique (chap. III).

Pendant ce déplacement, le conducteur est traversé par un courant électrique dont l'énergie est équivalente au travail mécanique qui produit le mouvement, moins l'énergie dissipée pendant la transformation.

Les machines électro-magnétiques se composent de deux organes essentiels : le *champ magnétique inducteur*, et le *système induit* ou *armature*, dont le circuit est complété par le conducteur extérieur dans lequel le courant est utilisé.

Les machines électro-magnétiques se distinguent les unes des autres par la forme des courants induits, la nature du champ magnétique et le mode d'enroulement du circuit induit.

114. Forme des courants induits. — Lorsqu'un circuit fermé se déplace dans un champ magnétique, la f. e. m. induite est à chaque instant égale et de signe contraire à la variation du nombre des tubes de force qui traversent le circuit dans l'unité de temps (45). Pour que la f. e. m. soit rigoureusement constante, il faut que la variation du flux par unité de temps soit également constante pour une révolution entière. Cette condition est réalisée dans l'expérience du disque de Faraday ; les machines construites sur ce principe, désignées sous le nom d'*unipolaires*, ne permettent pas d'obtenir des forces électromotrices élevées, et les applications qui en ont été faites jusqu'ici sont peu nombreuses.

Dans les machines usuelles, le circuit induit se compose généralement d'un certain nombre de bobines disposées symétriquement par rapport à l'axe de rotation du système dans le champ. Il en résulte que l'intensité et le sens du flux de force magnétique varient périodiquement, et un conducteur extérieur relié directement aux deux extrémités du système induit sera parcouru par des courants dirigés tantôt dans un sens, tantôt dans un autre.

On appelle machines à *courants alternatifs* celles qui fournissent au circuit extérieur des courants alternativement de signes contraires.

En groupant les bobines de l'induit d'une façon convenable au moyen d'un appareil spécial appelé *commutateur* ou *collecteur*, on peut faire en sorte que les courants alternés de l'induit traversent le circuit extérieur toujours dans le même sens ; dans ce cas la machine est dite à *courants redressés* ou *continus*.

145. Champ magnétique inducteur. — Le champ magnétique peut être constitué par des aimants permanents ou par des électro-aimants. Dans le premier cas la machine est dite *magnéto-électrique ;* dans le second, *dynamo-électrique* (fig. 142 à 148, page 172).

L'aimantation d'un barreau de fer par un courant exige une dépense d'énergie. Nous avons vu, en effet, que le travail correspondant à l'établissement d'un courant i dans un circuit dont le coefficient de self-induction est L, a pour expression $\frac{Li^2}{2}$; lorsque le fer est aimanté, si le courant reste constant, la puissance nécessaire pour maintenir le champ est égale à Ri^2 (R étant la résistance du circuit), c'est-à-dire à la quantité d'énergie dissipée dans l'unité de temps par l'échauffement du circuit des électro-aimants. Il semble donc à première vue que le champ magnétique fourni par des électro-aimants coûte plus cher que celui des aimants permanents ; mais comme ceux-ci sont, à poids égal, moins puissants que les électro-aimants, les machines magnétos sont relativement plus volumineuses

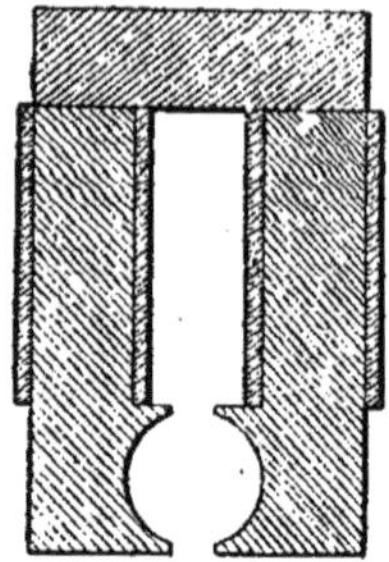

Fig. 119.
Edison-Hopkinson.

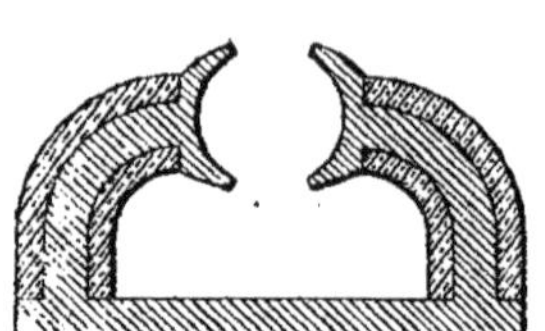

Fig. 120.
Jürgensen.

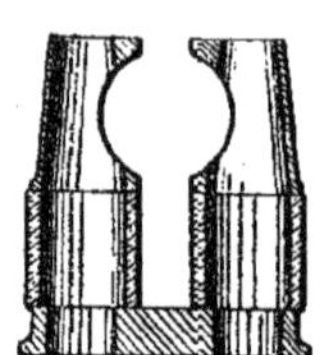

Fig. 121.
Gramme, type supérieur.

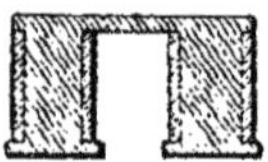

Fig. 122.
Marcel Deprez à 2 anneaux.

Fig. 123.
Kapp.

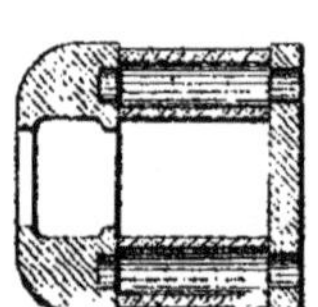

Fig. 124.
Jones.

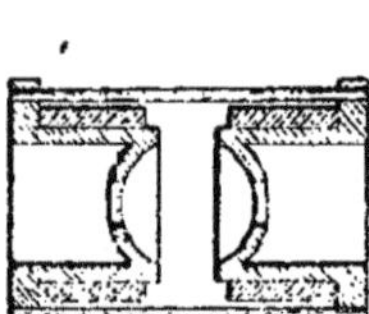

Fig. 125.
Thomson-Houston.

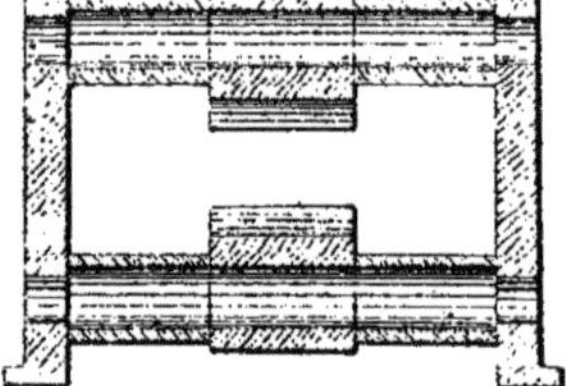

Fig. 126.
Gramme,

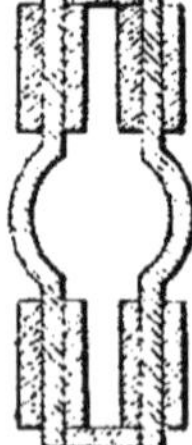

Fig. 127.
Siemens,

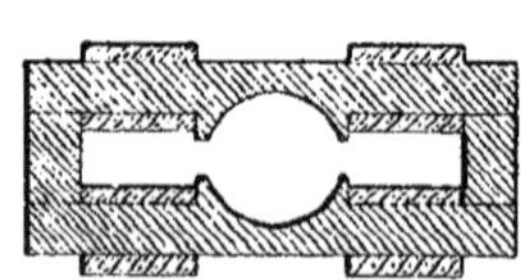

Fig. 128.
Weston.

Fig. 129.
Elwell-Parker.

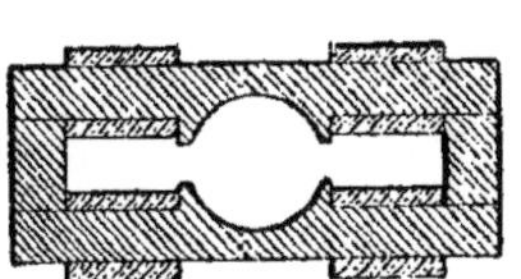

Fig. 130.
Crompton.

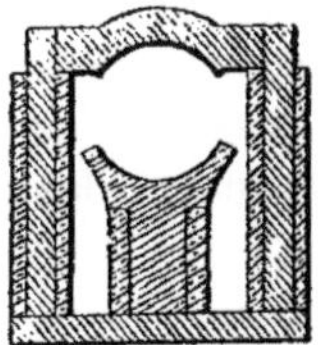

Fig. 131.
Goolden et Trotter.

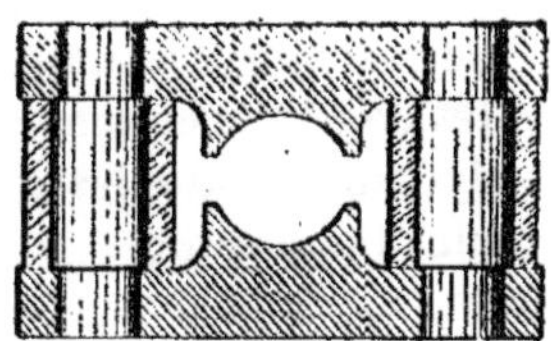

Fig. 132.
Manchester.

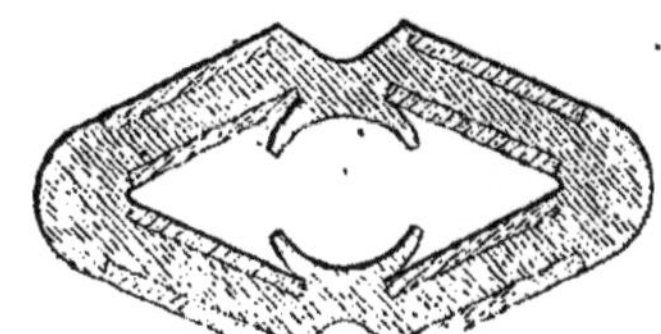

Fig. 133.
De Méritens.

Fig. 134.
Elwell Parker.

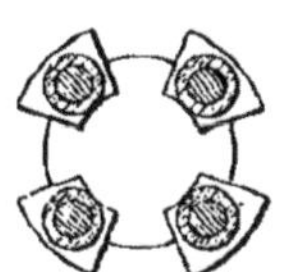

Fig. 139.
Machine à 4 pôles (Gülcher).

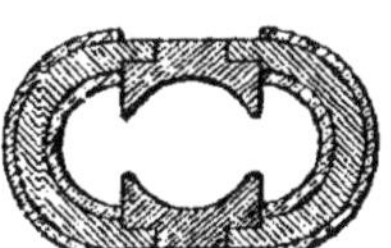

Fig. 135.
Kapp.

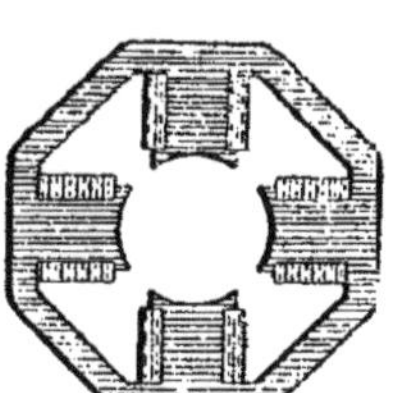

Fig. 138.
Gramme à 4 pôles.

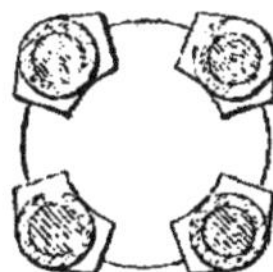

Fig. 140.
Machine à 4 pôles Brush.

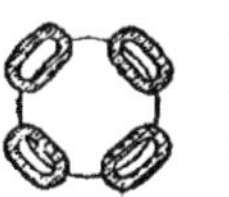

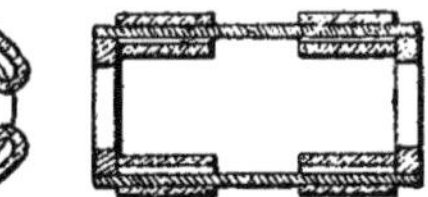

Fig. 141.
Machine à pôles (Andrews).

et coûtent plus cher que les dynamos ; en outre, les aimants permanents s'affaiblissent peu à peu et doivent être réaimantés de temps en temps. Aussi, les applications des machines dynamos sont-elles de beaucoup les plus nombreuses et les plus importantes.

146. Différentes formes d'électro-aimants. — Un électro-aimant se compose de deux *noyaux* en fer, autour desquels est enroulé le circuit excitateur, réunis par une pièce de fer appelée *culasse ;* les noyaux sont terminés par les *pièces polaires* entre lesquelles tourne l'armature.

Les fig. 119 à 125 représentent des électro-aimants à *pôles simples* ; les fig. 126 à 135 des électro-aimants dits à *pôles conséquents.*

Ces différents types fournissent un champ magnétique qui peut être considéré comme uniforme dans la partie utilisée. La fig. 136 représente le fantôme magnétique d'un champ bipolaire.

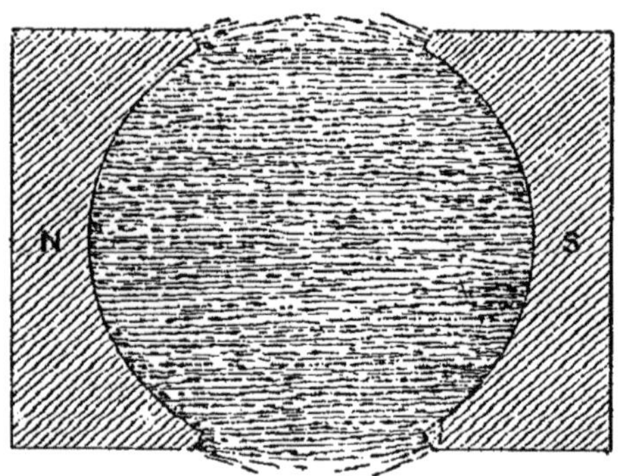

Fig. 136. — Champ magnétique d'un champ bi-polaire.

Il existe d'autres types de machines dans lesquelles le système inducteur est formé par plusieurs pôles placés symétriquement autour de l'espace dans lequel se déplace l'induit. Le champ magnétique change de grandeur et de direction d'un point à un autre, comme l'indique la fig. 137 qui donne le fantôme magnétique d'un champ à quatre pôles.

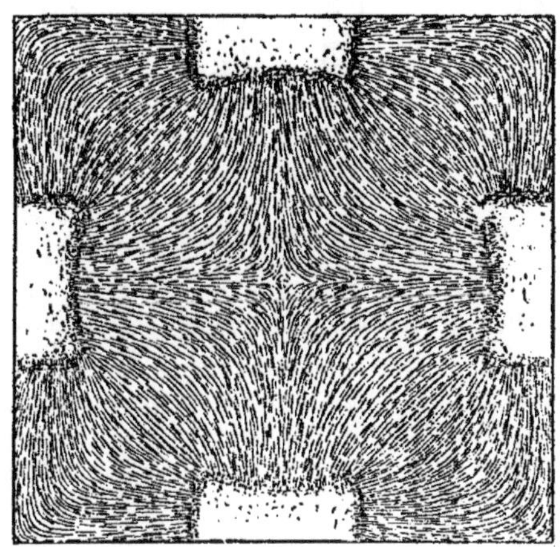

Fig. 137. — Champ magnétique produit par 4 pôles.

Les fig. 138 à 144 représentent des champs multipolaires.

117. Excitation des électro-aimants. — Les dynamos se distinguent les unes des autres par le mode d'excitation de leurs électro-aimants.

Si le courant excitateur est fourni par une source extérieure (fig. 143), la dynamo est dite à *excitation indépendante* ; lorsqu'il est fourni par la machine elle-même, la dynamo est *auto-excitatrice*.

L'auto-excitation est basée sur le magnétisme que possèdent les électro-aimants au moment où commence le mouvement de l'armature. Le courant induit, très faible au départ, accroît l'intensité du champ, qui augmente ainsi successivement jusqu'à ce qu'elle ait atteint sa valeur de régime ; cette formation progressive du champ n'exige, en général, qu'un temps assez court.

Lorsque les électro-aimants sont excités par le courant total de la machine (fig. 144), celle-ci prend le nom de *dynamo*

Fig. 142.
Machine magnéto.

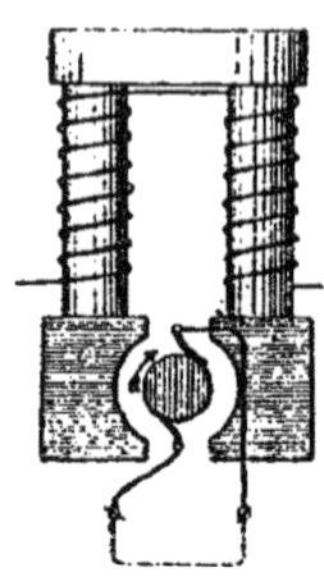

Fig. 143.
Excitation indépendante.

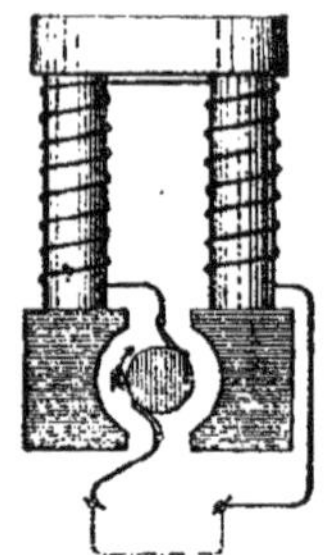

Fig. 144.
Excitation er. série.

Fig. 145.
Excitation en dérivation.

Fig. 146.
Excitations en série et en
courte dérivation.

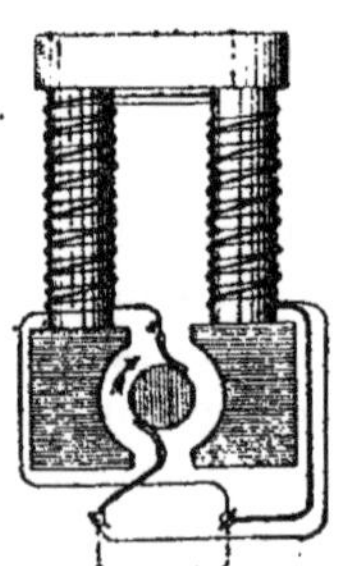

Fig. 147.
Excitations en série et en
longue dérivation

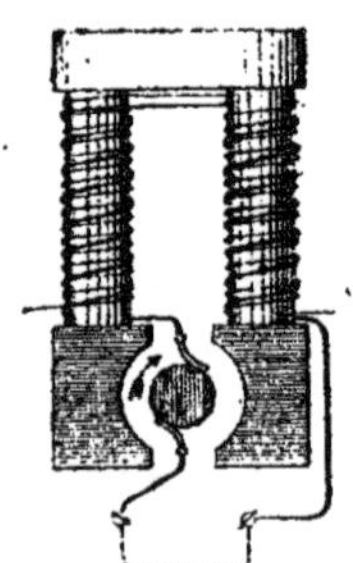

Fig. 148.
Excitations indépendante
et en dérivation.

en série ; si l'excitation est fournie par une dérivation du courant principal (fig. 145), la machine prend le nom de *dynamo en dérivation* ou *dynamo-shunt.*

On peut combiner ces deux modes d'excitation, c'est-à-dire employer deux enroulements dont l'un est parcouru par le circuit total, l'autre par un courant dérivé ; les machines construites sur ce principe ont reçu le nom de *dynamos compound.* Lorsque le circuit dérivé est en communication avec les deux extrémités de l'induit (fig. 146) on a le montage en *courte dérivation ;* s'il est en communication avec les deux extrémités de circuit extérieur (fig. 147), on a le montage en *longue dérivation.* L'excitation indépendante peut de même être combinée avec l'excitation en dérivation (fig. 148).

Chacun de ces modes d'excitation (série, shunt, compound) donne à la machine des propriétés spéciales, ainsi que nous le verrons dans la suite.

I. — *Dynamos à courants continus.*

148. Machine élémentaire. — Considérons un conducteur AB enroulé sur un anneau de révolution (fig. 149), mobile

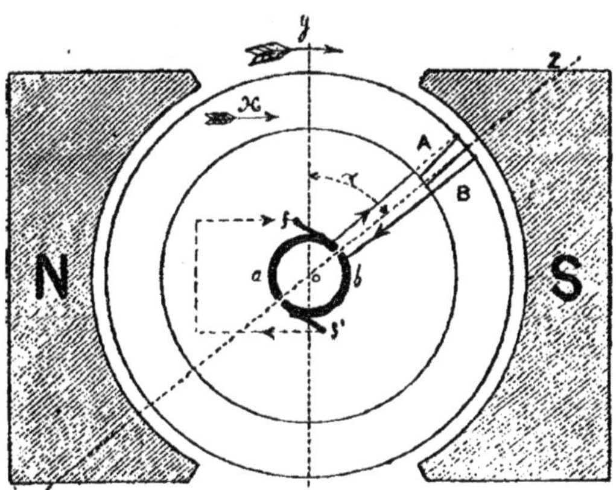

Fig. 149.

autour de l'axe O, dans un champ magnétique uniforme $\mathcal{H}$.

Désignons par S la surface totale des spires projetée sur le plan diamétral Oz.

Lorsque le plan fait un angle α avec le plan yy' normal à la direction du champ, le nombre, N, des tubes de force qui traversent le circuit AB, est :

$$(1) \qquad N = \mathcal{H}S \cos \alpha.$$

Si l'on imprime au circuit AB un mouvement continu dans le sens de la flèche, la f. e. m. induite sera :

$$(2) \qquad E = -\frac{dN}{dt} = \mathcal{H}S \sin \alpha \, \frac{d\alpha}{dt} \, ;$$

$\frac{d\alpha}{dt}$ est la vitesse angulaire de la bobine, que nous supposons constante.

En désignant par T la durée d'une révolution complète, et par t le temps correspondant au déplacement angulaire α, $\frac{2\pi t}{T} = \alpha$; et

$$(3) \qquad E = \frac{2\pi}{T} \mathcal{H}S \sin \frac{2\pi t}{T} \, ;$$

Le sinus étant positif pour les angles compris entre 0 et π, les valeurs successives de E seront représentées, de y en y', par les ordonnées positives d'un arc de sinusoïde (fig. 150).

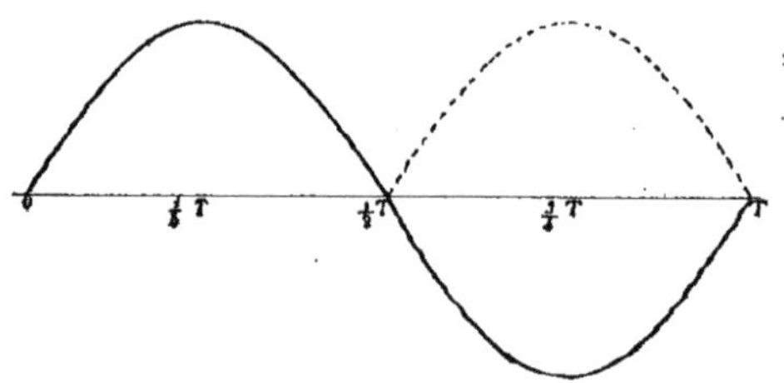

Fig. 150.

1. Un observateur ayant devant lui la face pour laquelle N diminue, c'est-à-dire pour laquelle $\frac{dN}{dt}$ est négatif, voit le courant circuler dans le sens des aiguilles d'une montre.

Lorsque le circuit AB arrive en y', si le mouvement continue dans le même sens, comme le sinus est négatif pour les valeurs de t comprises entre $\frac{1}{2}$ T et T, la f. e. m. induite changera de signe en passant par les mêmes valeurs absolues que pendant la première moitié du déplacement ; elle sera donc représentée par les ordonnées d'un arc de sinusoïde placé en dessous de l'axe des abcisses.

La valeur moyenne de la f. e. m. pour une demi-période est l'ordonnée moyenne de l'un des arcs de sinusoïde, c'est-à-dire que l'on a :

$$(4) \qquad E_m = \frac{2\pi}{T} \, \mathfrak{I6}S \cdot \frac{2}{\pi} = 4n\mathfrak{I6}S,$$

en désignant par n le nombre de révolutions par seconde.

Les renversements de signes de la force électro-motrice se produisent dans le plan yy' à chaque demi-révolution, et un conducteur reliant directement les deux extrémités du circuit AB, recevrait une série de courants, alternativement dirigés dans un sens et dans l'autre.

Pour que les courants reçus par le circuit extérieur soient tous dirigés dans le même sens, il faut employer un commutateur (fig. 149). Il se compose d'un cylindre en matière isolante sur lequel sont appliquées deux surfaces métalliques ; chacune d'elles est reliée à l'une des extrémités du circuit AB ; deux frotteurs métalliques f et f' (généralement désignés sous le nom de *balais*) mettent a et b alternativement en communication avec l'une et l'autre extrémité du circuit extérieur. Si l'inversion se produit à l'instant où le courant induit va changer de signe, le circuit extérieur sera traversé par des courants constamment dirigés dans le même sens et la f. e. m. qui agit dans ce circuit sera représentée par une série d'arcs de sinusoïde placés au-dessus de l'axe des abscisses (fig. 150) ; c'est ce que l'on appelle des *courants redressés*.

A l'instant t, la f. e. m. induite

$$E = \frac{2\pi}{T} \, \mathfrak{I6}S \sin \frac{2\pi t}{T} \, ;$$

l'intensité du courant au même instant aura pour expression
(p. 49) :

$$(5)\; i = \frac{2\pi \mathfrak{N} \mathrm{S}}{\sqrt{\mathrm{R}^2 + \dfrac{4\pi^2 \mathrm{L}^2}{\mathrm{T}^2}}} \sin\left(\frac{2\pi t}{\mathrm{T}} - \varphi\right) = \frac{2\pi \mathfrak{N} \mathrm{S}}{\mathrm{TR}} \cos\varphi \sin\left(\frac{2\pi t}{\mathrm{T}} - \varphi\right)$$

en posant $\dfrac{2\pi \mathrm{L}}{\mathrm{TR}} = \mathrm{tg}\,\varphi$, et en désignant par L le coefficient de
self-induction, et par R la résistance totale du circuit fermé.

Pour que le renversement des pôles ait lieu au moment où
le courant change de signe, c'est-à-dire lorsque $i = 0$, il faut
que le diamètre de commutation fasse un angle φ avec le plan
yy' normal à la direction du champ.

L'angle des deux plans yy' et zz' est ce que l'on appelle
l'*angle de calage* ou l'*avance angulaire* des balais.

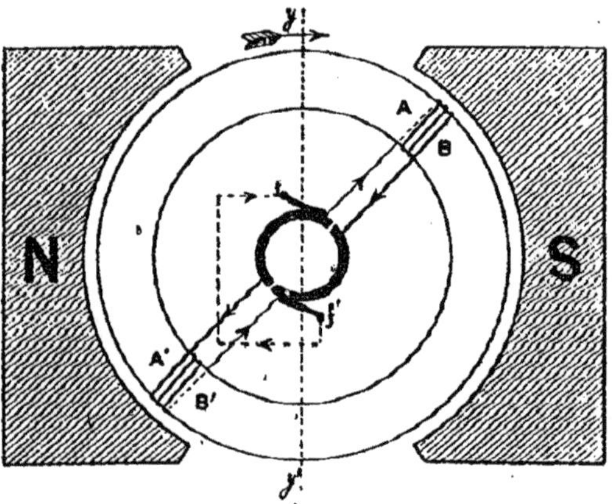

Fig. 151.

Si au lieu d'une bobine unique, AB, l'anneau porte deux
bobines semblables AB et A'B' placées aux extrémités d'un
même diamètre, et réunies au commutateur comme l'indique
la fig. 151, la f. e. m. induite aura la même valeur absolue
dans les deux sections et sera dirigée dans le même sens par
rapport au circuit extérieur ; chacune des bobines fournit la
moitié du courant extérieur.

R' étant la résistance extérieure et r celle de l'une des bobines, le courant total aura pour valeur :

$$i = \frac{E}{R' + \frac{1}{2}r}.$$

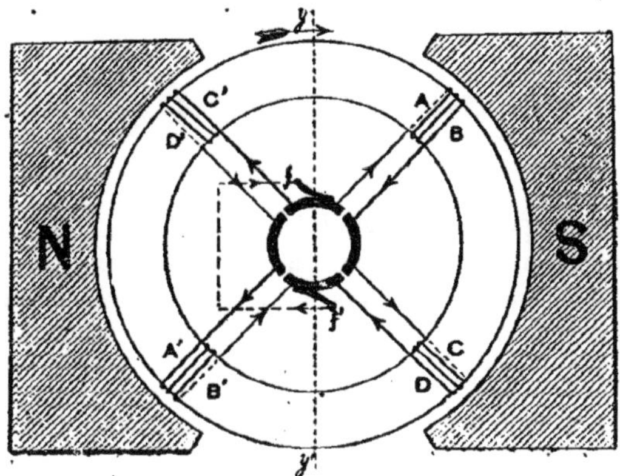

Fig. 152.

Au système des bobines AB, A'B', ajoutons-en un second semblable composé de deux bobines CD, C'D' placées aux extrémités du diamètre perpendiculaire au premier, et reliées à un commutateur à 4 lames, comme l'indique la fig. 152. A l'instant t, la f. e. m. induite sera :

en AB $\qquad E_1 = \frac{2\pi}{T} \mathcal{H}S \sin \frac{2\pi t}{T}$;

en CD $\qquad E_2 = \frac{2\pi}{T} \mathcal{H}S \cos \frac{2\pi t}{T}$.

AB et CD étant réunis en série, les f. e. m. E_1 et E_2 s'ajoutent, et l'on aura entre les deux points f et f'.

$$(6) \qquad E = \frac{2\pi}{T} \mathcal{H}S \left[\sin \frac{2\pi t}{T} + \cos \frac{2\pi t}{T} \right].$$

La f. e. m. induite en A'B' et C'D' a la même valeur absolue et agit dans le même sens par rapport au circuit extérieur ;

les courants induits s'ajoutent comme précédemment, et chacune des moitiés de l'anneau fournit la moitié du courant extérieur.

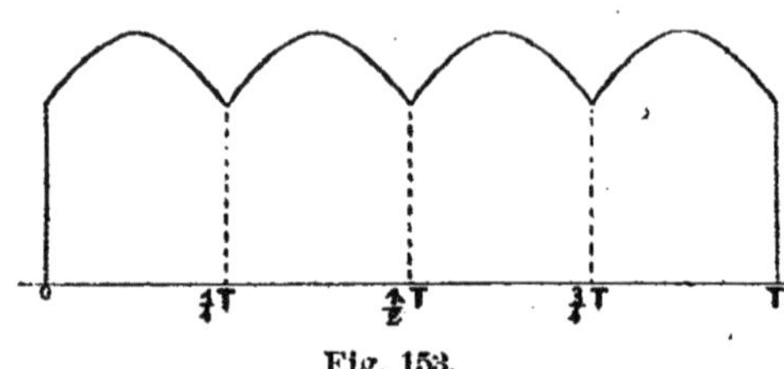

Fig. 153.

En traçant pour une révolution complète (de 0 à T) la courbe représentée par l'équation (6), on voit (fig. 153) qu'elle se compose de quatre parties semblables, dont chacune correspond au quart de la période entière.

La f. e. m. moyenne

$$E_m = 4n\mathcal{H}S,$$

en désignant par S la surface totale (2s) des sections AB et CD, enroulées sur l'une des moitiés de l'anneau. La f. e. m. moyenne est donc la même que dans le cas d'une bobine unique de même surface, mais la courbe de la fig. 153 montre que l'amplitude relative des oscillations entre le maximum et le minimum est bien moindre que dans le cas précédent.

Cette amplitude sera d'autant plus faible que le nombre des sections sera plus grand, et en l'augmentant suffisamment, le courant reçu par le circuit extérieur différera extrêmement peu d'un courant rigoureusement continu.

Quel que soit le nombre des sections (fig. 154), le principe de l'enroulement est le même; le nombre des lames du commutateur est égal à celui des divisions de l'induit, de telle sorte que chaque lame réunit la fin d'une bobine avec l'origine de la suivante. Pendant le mouvement, toutes les sections qui se trouvent du même côté du plan de commutation fournissent des courants de même sens dont les f. e. m. s'ajoutent, et les courants induits dans chacune des moitiés de l'anneau se réunissent dans le circuit extérieur.

Désignons par :

p, le nombre des sections pour l'une des moitiés de l'anneau ; θ, l'angle au centre d'une section ; on a $p\theta = \pi$.

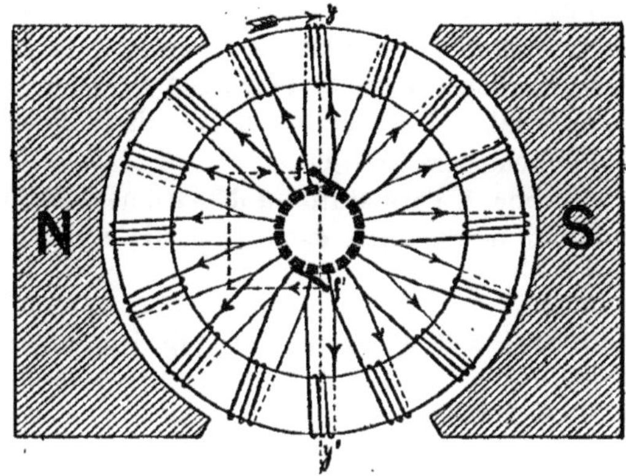

Fig. 154.

s, la surface des spires d'une section projetée sur son plan diamétral ; S, la surface totale des spires de l'une des moitié de l'anneau ; on a $S = ps$.

β, l'angle de la ligne des balais avec le plan yy' normal à la direction du champ ;

α, un déplacement angulaire de l'anneau mesuré à partir de la ligne des balais, et T, la durée d'une révolution complète de l'anneau ; on aura $\dfrac{d\alpha}{dt} = \dfrac{2\pi}{T}$, c'est la vitesse angulaire de l'anneau, que nous supposons constante ; n, étant le nombre de révolutions par seconde, on aura : $n = \dfrac{1}{T}$;

Enfin soient :

L, le coefficient de self-induction de l'une des moitiés de l'anneau ;

R_e, la résistance du circuit extérieur ; r, la résistance de l'une des moitiés du circuit induit, et R, la résistance totale du circuit ; on aura $R = R_e + \dfrac{1}{2} r$.

Toutes les sections étant égales et symétriquement placées,

le courant extérieur sera produit par une série d'impulsions périodiques égales, dont chacune correspond au déplacement angulaire θ.

Considérons l'anneau au moment où les axes de deux sections diamétralement opposées se trouvent sur la ligne des balais ; leur épaisseur étant la même que celle des lames du collecteur, le nombre des sections actives dans chacune des moitiés de l'anneau sera $(p - 1)$.

Si l'on imprime à l'armature un déplacement angulaire α, le flux de force magnétique dans la partie active du demi-anneau sera

$$N = \mathcal{H}s \left[\cos (\beta + \alpha + \theta) \ldots\ldots + \cos (\beta + \alpha + (p - 1)\,\theta) \right],$$

ou, en faisant la somme [1],

$$N = - \mathcal{H}s \, \frac{\sin (\beta + \alpha)}{\operatorname{tg} \frac{1}{2}\theta} \, .$$

La f. e. m. induite, $E = - \dfrac{dN}{dt}$, aura pour expression

$$(7) \qquad E = \frac{2\pi \mathcal{H}s}{T \operatorname{tg} \frac{1}{2}\theta} \cos (\beta + \alpha).$$

L'intensité du courant devant satisfaire à l'équation

$$E = Ri + L \frac{di}{dt},$$

on aura

$$(8) \qquad i = \frac{2\pi \mathcal{H}s}{TR \operatorname{tg} \frac{1}{2}\theta} \cos \varphi \, \cos (\beta + \alpha - \varphi),$$

$$1. \qquad \cos a + \cos (a + b) + \ldots\ldots + \cos (a + (m - 1)\,b)$$

$$= \frac{\sin \frac{1}{2} mb}{\sin \frac{1}{2} b} \cos \left(a + \frac{1}{2}(m - 1)\,b \right)$$

en posant

$$(9) \qquad \frac{2\pi L}{TR} = tg\ \varphi\ .$$

Lorsque l'anneau passe de la position $\alpha = -\frac{\theta}{2}$ à la position $\alpha = +\frac{\theta}{2}$, la f. e. m. moyenne induite pendant ce déplacement,

$$(9) \qquad E_m = 4n\mathfrak{K}S \cos\frac{1}{2}\theta \cos\beta\ ,$$

et l'intensité moyenne du courant

$$(11) \qquad i_m = \frac{4n\mathfrak{K}S}{R} \cos\frac{1}{2}\theta \cos(\beta - \varphi) \cos\varphi.$$

Elle sera maximum pour $\beta = \varphi$, c'est-à-dire lorsque la ligne des balais fait avec le plan yy' un angle φ, tel que tg $\varphi = \frac{2\pi L}{TR}$.

L'énergie fournie au circuit extérieur pendant le déplacement θ ayant pour expression :

$$\int_{-\frac{1}{2}\theta}^{+\frac{1}{2}\theta} R\, i^2 dt,$$

sera également maximum pour $\beta = \varphi$.

Cette condition étant remplie, on aura :

$$(12) \qquad E_m = 4n\mathfrak{K}S \cos\frac{1}{2}\theta \cos\varphi\ .$$

$$(13) \qquad i_m = \frac{4n\mathfrak{K}S}{R} \cos\frac{1}{2}\theta \cos\varphi\ .$$

En faisant $\beta = \varphi$ dans l'équation (8), on voit que, pendant le déplacement angulaire θ, le courant est maximum pour $\alpha = 0$ et minimum pour $\alpha = \pm\frac{1}{2}\theta$.

Le rapport du minimum au maximum étant égal à $\cos\frac{1}{2}\theta$, on peut réduire autant qu'on le voudra l'amplitude relative des oscillations du courant, en augmentant suffisamment le nombre des sections ; et en général $\cos \frac{1}{2} \theta$ différera très peu de l'unité.

Nous mettrons les équations (12) et (13) sous la forme :

$$(14) \qquad \mathrm{E}_m = 4n\mathrm{NP} \cos \varphi,$$

$$(15) \qquad i_m = \frac{4n\mathrm{NP} \cos \varphi}{\mathrm{R}},$$

en désignant par :

P, le nombre total des spires formant les p sections d'une moitié de l'anneau.

N, le nombre des tubes de force émanant du système inducteur, qui traversent une spire de l'induit dans le plan neutre yy'.

149. Circuit magnétique. Emploi du fer dans la construction de l'armature. — Le flux de force magnétique qui agit sur l'induit, peut être considéré comme résultant d'une force magnéto-motrice $\mathcal{F}$ (44), ayant son origine dans le système inducteur.

La résistance magnétique du milieu environnant l'inducteur et l'induit n'étant pas infinie, une fraction du flux total s'écoulera par les dérivations latérales, et le nombre des tubes de force utiles sera moindre que celui qui émane du système inducteur.

En désignant par

$\mathcal{R}_m$ la résistance magnétique des inducteurs.

$\mathcal{R}$ celle du champ dans lequel se déplace l'induit.

$\mathcal{R}_c$ celle du milieu dans lequel se trouve la machine ; N_m, N, N_c les flux de force correspondants,

on pourra écrire par analogie avec la loi des courants dérivés [1],

$$\mathcal{F} = \mathrm{N}_m \mathcal{R}_m + \mathrm{N}\mathcal{R},$$
$$\mathrm{N}_c \mathcal{R}_c = \mathrm{N}\mathcal{R},$$
$$\mathrm{N}_m = \mathrm{N} + \mathrm{N}_c,$$

---

1. Cette analogie entre le circuit magnétique et le circuit électrique a été vérifiée expérimentalement. Voir à ce sujet : *Journal of the Society of Telegraph Engineers and Electricians*, Vol. XV, p. 530 et suiv.

On en déduit :

$$(16) \qquad N = \frac{\mathcal{F}}{\mathcal{R}_m + \mathcal{R}\left[1 + \dfrac{\mathcal{R}_m}{\mathcal{R}_s}\right]},$$

que nous mettrons sous la forme abrégée :

$$(17) \qquad N = \frac{\mathcal{F}}{\mathcal{R}'}.$$

Dans une machine magnéto-électrique, $\mathcal{F}$ dépend de l'intensité d'aimantation et des dimensions des aimants permanents qui forment le champ magnétique.

Dans une machine dynamo électrique, $\mathcal{F}\,4 = \pi\,Qi$, en représentant par Q le nombre des spires enroulées sur les électro-aimants, et par i l'intensité du courant excitateur.

Lorsque le courant est exprimé en ampères, le produit Qi se désigne généralement sous le nom d'*ampères-tours*, et comme 1 ampère vaut 0,1 unité C. G. S. de courant, on aura :

$$(18) \qquad \mathcal{F} = 0{,}4\pi Qi \quad \text{unités C. G. S.}$$

Lorsque la machine est à double enroulement, le nombre total d'ampères-tours d'excitation sera la somme des ampères-tours de chacun des enroulements.

Il résulte des équations (14), (15), (16) que, pour une même force magnéto-motrice, la f. e. m. et le courant augmentent lorsque $\mathcal{R}$ diminue. On devra donc se proposer de rendre le circuit magnétique le plus perméable possible, et c'est dans ce but que l'on place à l'intérieur du circuit induit un noyau en fer doux.

Ce noyau ne doit pas être massif ; en effet, pendant le mouvement de l'armature, il s'y développe en chaque point une f. e. m. parallèle à l'axe de rotation ; si la masse du fer était continue, sa résistance électrique intérieure serait très faible, et ces f. e. m. induites donneraient naissance à des courants intenses qui échaufferaient le noyau en absorbant un travail considérable (expérience de Foucault). Il est donc nécessaire de diviser le noyau suivant des lignes ou des plans normaux

à la direction de l'induction électro-magnétique, afin de réduire
autant que possible la dissipation d'énergie due aux courants
de Foucault.

150. Armature Gramme. — L'armature comprend le
noyau en fer monté sur l'arbre moteur, le circuit induit, le
commutateur ou collecteur et les balais.

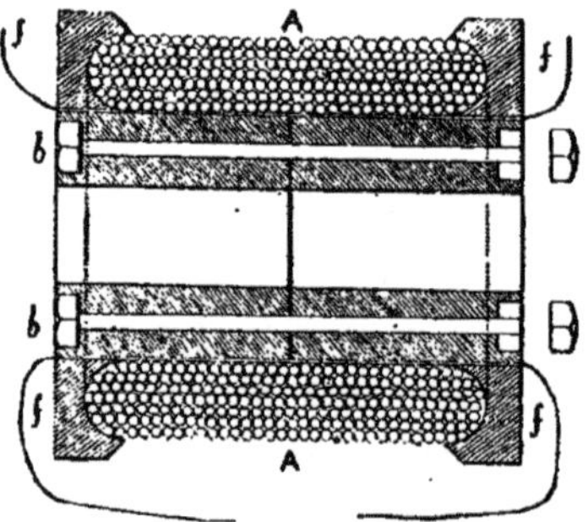

Fig. 155. — Construction du noyau de l'armature Gramme.

Le noyau de l'armature Gramme se construit de la manière
suivante. Un mandrin cylindrique en fonte (fig. 155), divisé en
deux parties réunies par des boulons *bb'* est monté sur un tour,
et l'on enroule dans la gorge A du fil de fer recuit, verni à la
gomme laque. Lorsque le bobinage est terminé, on fait un certain nombre de ligatures au moyen des fils de fer *ff*, qui empêchent la déformation de l'anneau au démoulage ; on peut
alors sortir les boulons *bb*, et retirer le mandrin. Le noyau
ayant été recouvert de deux couches superposées d'une bande
de toile vernie à la gomme laque, on procède au bobinage du fil
de cuivre qui doit constituer le circuit induit. Ce fil est recouvert
de coton et verni à la gomme laque au fur et à mesure de l'enroulement qui se fait par sections égales, en laissant dépasser
les bouts de fil qui commencent et finissent chaque section.
Lorsque l'enroulement est terminé, le circuit induit est frotté
extérieurement et l'on procède au montage sur l'arbre. Après
avoir passé une couche épaisse de gomme laque sur le pour-

tour intérieur, on fait pénétrer au centre un moyeu en bois (fig. 156), à travers lequel doit passer l'arbre moteur, qui reçoit à

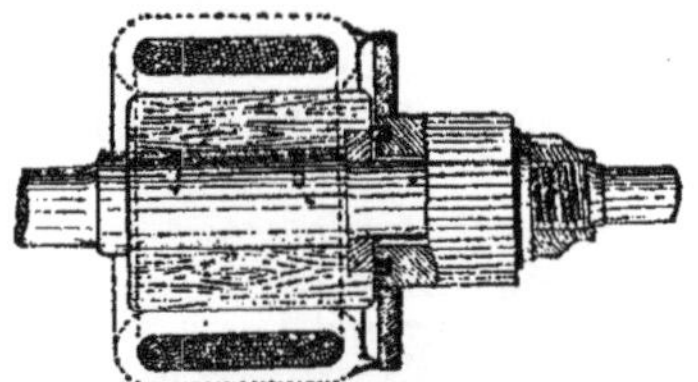

Fig. 156. — Armature Gramme.

l'une de ses extrémités la poulie de commande et à l'autre le collecteur (fig. 157). C'est un cylindre formé par la juxtaposition de lames de cuivre isolées, en nombre égal à celui des sections de l'induit ; chaque lame porte un appendice auquel

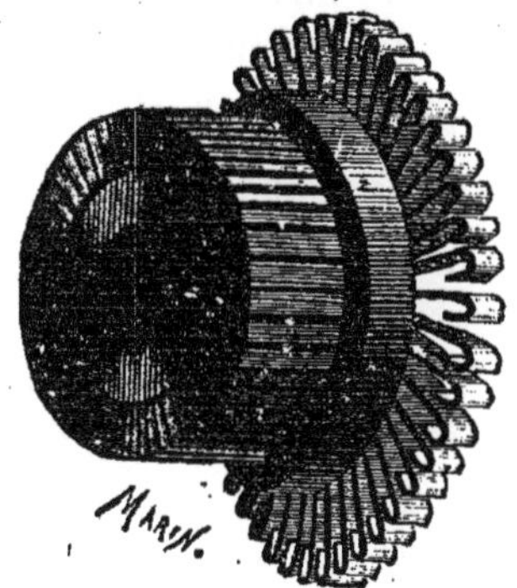

Fig. 157. — Collecteur Gramme.

vient se fixer le bout final d'une bobine et le bout initial de la bobine suivante. Chaque lame du collecteur établit la communication entre deux sections successives du circuit induit, qui se trouve ainsi constitué par un conducteur sans fin.

Le mode de construction que nous venons de décrire pour l'anneau n'est applicable qu'aux machines de très faibles dimensions ; pour les machines plus puissantes, la disposition

suivante est préférable. Après avoir enroulé le fil de cuivre sur
le noyau, on recouvre la face intérieure de l'anneau d'une étoffe
feutrée ; le moyeu en bois est creux et divisé en trois ou quatre segments, de façon à pouvoir être amené en place sans frottement. On produit l'adhérence du moyeu sur la face interne

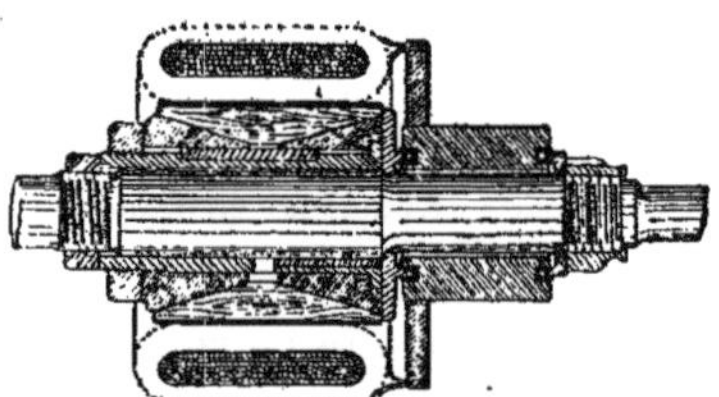

Fig. 158. — Armature Gramme.

de l'anneau au moyen de deux cônes en bronze qu'on rapproche en serrant les écroux d'une entretoise (fig. 158). Cette entretoise, en bronze, a la forme d'un cylindre creux à l'intérieur
duquel passe l'arbre moteur.

Pour certaines machines à très grand débit et faible f. e. m.
employées dans l'électro-métallurgie, M. Gramme a adopté la
disposition suivante (fig. 159). Sur deux moyeux en bronze en-

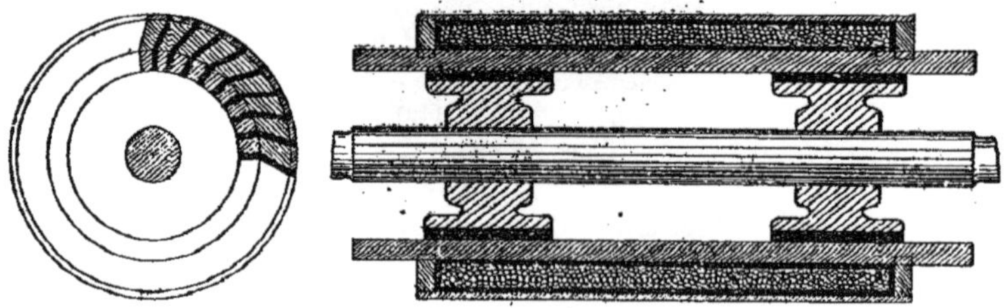

Fig. 159 — Armature Gramme à grand débit.

taillés à leur circonférence et clavetés sur l'arbre moteur, on
dispose une série de longues barres de cuivre dont les
bouts servent de collecteurs ; ces barres sont isolées les unes
des autres et isolées des moyeux. Le cylindre ainsi formé est
recouvert de deux toiles vernies à la gomme laque. Le fil de

fer constituant le noyau est enroulé sur ce cylindre, puis recouvert d'une couche de toile isolante. Une seconde série de
barres de cuivre disposées suivant les génératrices extérieures
du cylindre complète l'anneau. Les barres intérieures et extérieures sont reliées entr'elles par de petites traverses radiales
de manière à former un conducteur continu sans fin.

L'anneau Gramme, adopté par un très grand nombre de
constructeurs, comporte quelques modifications dans sa construction. On a cherché en particulier à rendre plus parfaite la
liaison du noyau et de l'arbre, à empêcher le glissement du fil
induit à la circonférence extérieure et à ventiler l'intérieur du

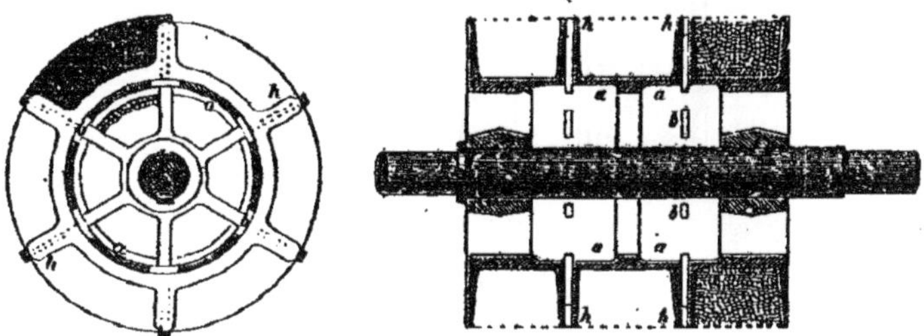

Fig. 160. — Armature Kapp.

noyau pour abaisser sa température. Les dispositions varient
avec chaque constructeur et nous n'en citerons que quelques-
unes.

Dans l'armature de Kapp, le fil de fer du noyau est enroulé
sur un tambour en bronze aa, (fig. 160), divisé sur la longueur
en plusieurs parties par des nervures h, entre lesquelles l'air
peut circuler en pénétrant par les ouvertures b ; un certain
nombre de dents fixées entre les nervures servent de butées
au fil extérieur et l'entraînent dans le mouvement de rotation
de l'armature, en l'empêchant de se déplacer sous l'action de
la force tangentielle.

Au lieu de construire le noyau de l'armature en fil de fer, on
peut le former d'une série de disques en tôle mince, isolés par
une couche de vernis ou une rondelle de papier.

Dans l'armature Crompton (fig. 161), le noyau est formé par
des disques de tôle au bois de 1 mm. d'épaisseur, assemblés

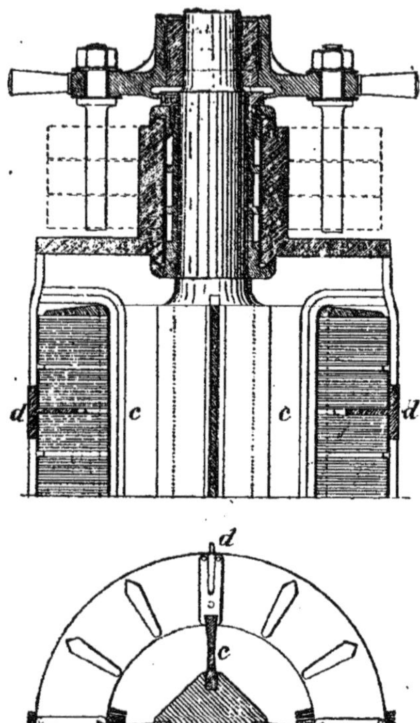

Fig. 161. — Armature Crompton.

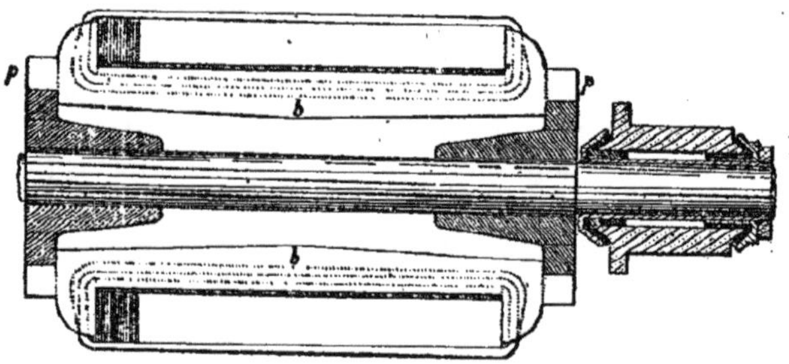

Fig. 162. — Armature Groves.

sur, des bras *c*, en bronze d'aluminium, fixés sur le noyau
de l'arbre moteur. Les disques sont isolés par une couche de
vernis ; ils forment des groupes séparés par des lames isolantes permettant à l'air de circuler à travers le noyau : le fil
induit est maintenu par un certain nombre de dents *d*. Le
noyau étant monté, on peut retirer l'arbre sans déformer l'ensemble, ce qui facilite beaucoup l'enroulement.

La fig. 162 indique un autre mode de construction (Groves) ;
les disques de tôle, isolés par des rondelles de papier verni,
sont maintenus par le serrage de deux plateaux en bronze *p*,
sur les bras *b* également en bronze ; les plateaux *p* sont évidés
de façon à permettre l'enroulement des fils sur l'anneau tout
monté.

Dans l'anneau de l'armature Foster et Andersen (fig. 163),
les disques de tôle, séparés par des rondelles de papier, sont
serrés entre deux plaques de bronze *a*, maintenues par les
bras *b* des moyeux *d* ; le serrage se fait par le double écrou
hh.

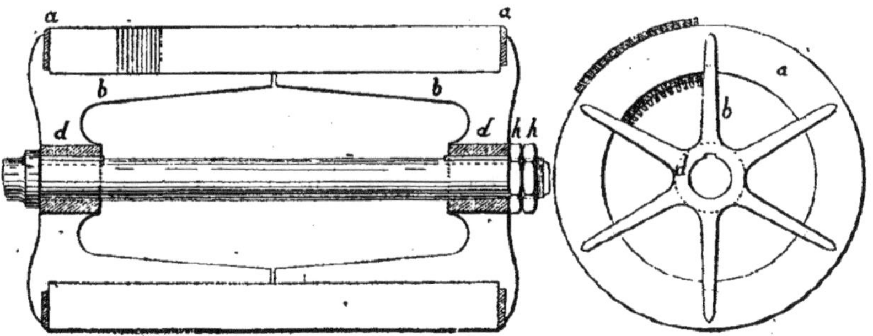

Fig. 163. — Armature Foster et Andersen.

Dans l'armature Hochhausen (fig. 164 à 168), le noyau
est en quatre parties ; chacune d'elles se compose de lames de
tôle de 1,5 mm. d'épaisseur assemblées à queue d'aronde sur la
pièce en fonte B (fig. 166) ; les tôles sont séparées les unes des
autres par des cales de 1,5 mm. Les quadrants de l'anneau
sont réunis entre eux par les semelles C et boulonnés sur les

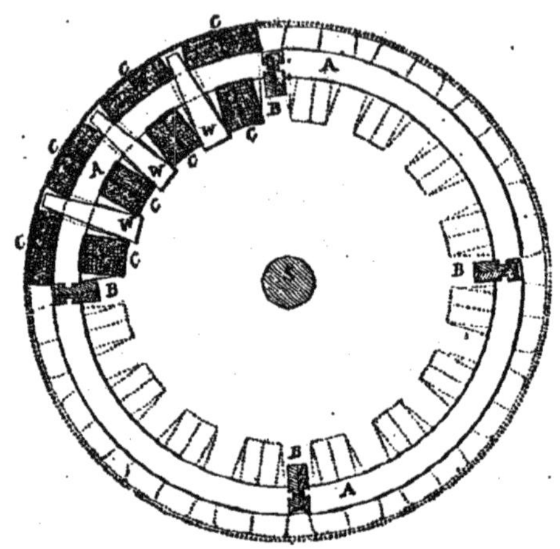

Fig. 164. — Armature Hochhausen. Coupe transversale.

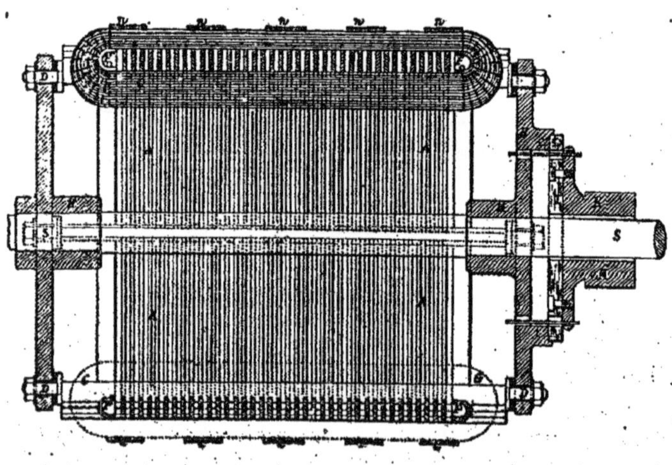

Fig. 165. — Armature Hochhausen. Coupe longitudinale.

deux plateaux extrêmes H par les goujons DD′ ; ceux-ci sont formés par la juxtaposition de deux demi-cylindres D et D′

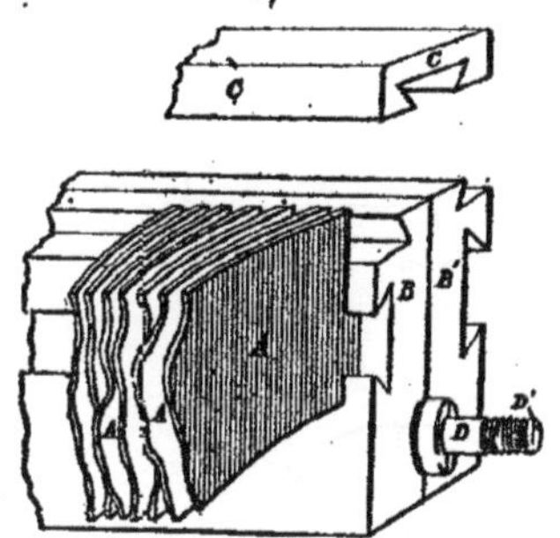

Fig. 166. — Armature Hochhausen.
Construction du noyau.

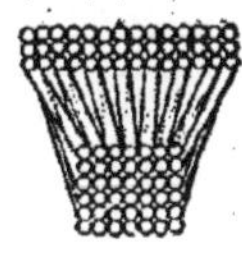

Fig. 167. — Armature Hochhausen.
Enroulement d'une section.

qui font respectivement partie des pièces B et B′. La fig. 167 indique l'enroulement d'une section de l'induit ; les sections sont maintenues en place par un certain nombre de coins en

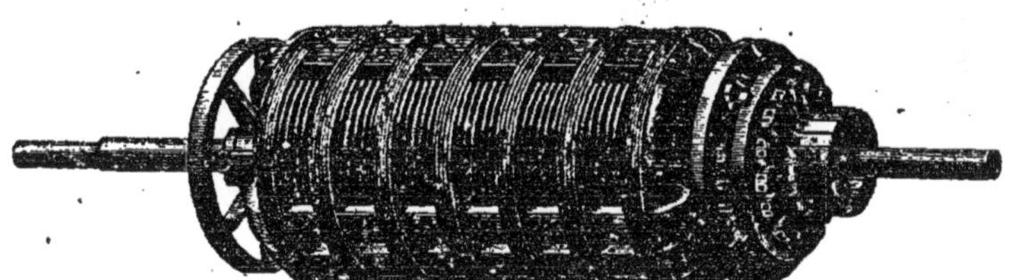

Fig. 168. — Armature Hochhausen. Vue perspective.

bois W (fig. 164), qui empêchent le déplacement tangentiel du fil pendant la rotation de l'armature.

151. Enroulement Siemens. — Dans l'armature Siemens, les fils du circuit induit sont disposés à l'extérieur du noyau ; chaque spire enveloppe complètement le cylindre pour revenir à la lame du collecteur voisine de celle où elle est partie (fig. 169), tandis que dans l'enroulement Gramme une spire

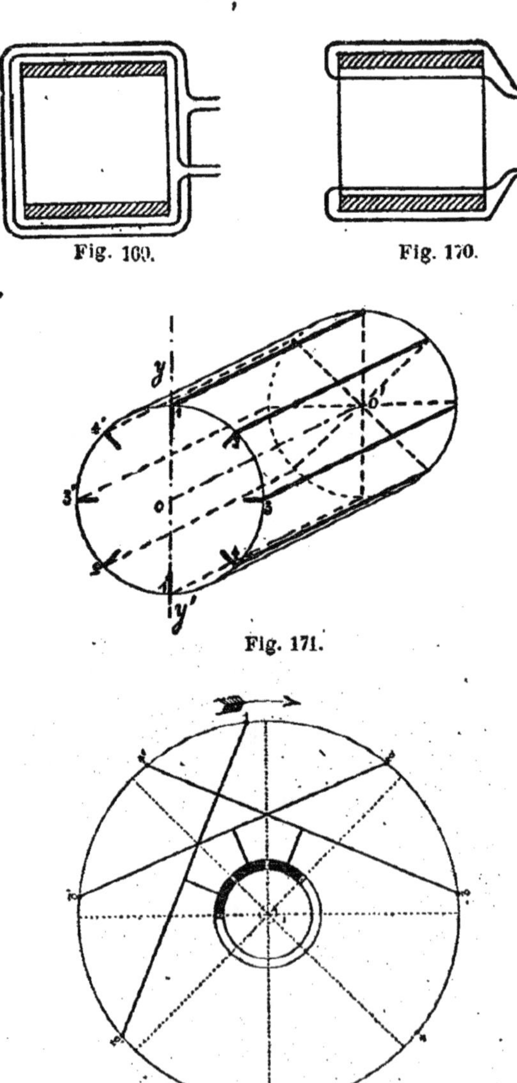

Fig. 169.

Fig. 170.

Fig. 171.

Fig. 172.

ne recouvre qu'une seule génératrice de la surface extérieure
(fig. 170).

Considérons un cylindre (fig. 171) sur lequel ont été enroulées un certain nombre de spires élémentaires 11'; ....; 44';
lorsque le tambour tournera autour de son axe OO' dans un
champ magnétique uniforme, toutes les portions de fil situées d'un même côté du plan yy', normal à la direction du
champ, seront le siège de f. e. m. de même sens..

En joignant 1 à 2', 2 à 3'..., par l'intermédiaire des lames
du collecteur (fig. 172), on formera un circuit continu dans
lequel les f. e. m. induites sont toutes dirigées dans le même
sens. Pour fermer le circuit, il suffirait de joindre les extrémités libres 1' et 4 à deux lames supplémentaires en contact
avec les balais : mais la moitié seulement de la surface du
collecteur serait utilisée. On se trouve dans les mêmes conditions qu'avec un anneau Gramme dont une moitié seulement
serait recouverte de fil.

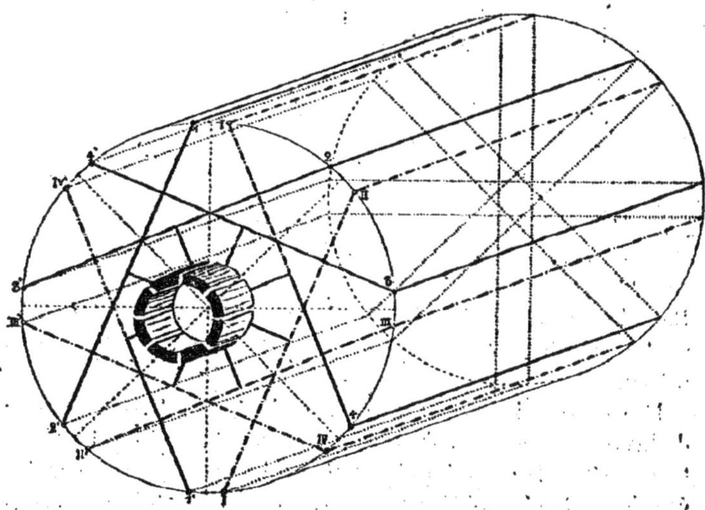

Fig. 173. — Enroulement Siemens.

Pour obtenir des courants symétriques de chaque côté du
plan de commutation, comme dans l'anneau Gramme, il faut

13

doubler chacune des premières sections. La fig. 173 indique
l'enroulement des deux parties dont les sections sont respectivement désignées par 11', 22'..... et I I', II II'... ; chacune des
sections peut être formée d'un nombre quelconque de spires.

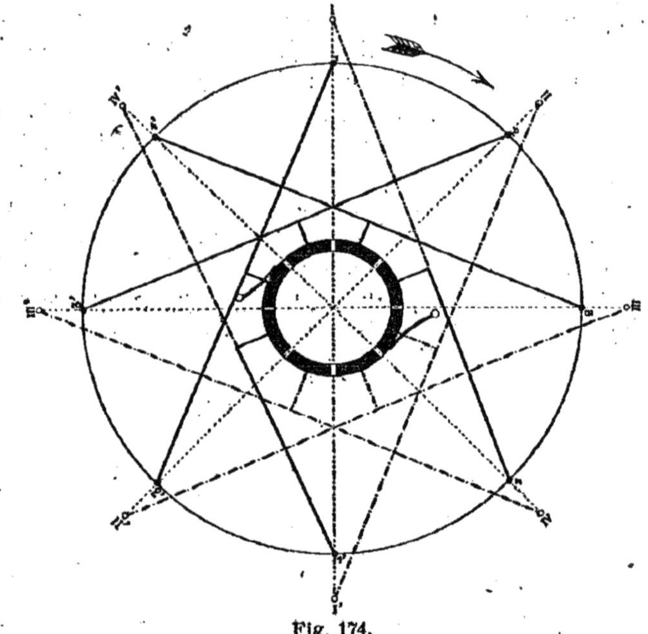

Fig. 174.

Dans les armatures à fil fin, les deux moitiés de l'enroulement
sont généralement superposées (fig. 174); le principe est le
même.

La carcasse de l'armature est constituée par deux tourteaux
de bronze clavetés sur l'arbre moteur (fig. 175). Entre les tourteaux est roulée une feuille de tôle mince maintenue sur des
épaulements réservés à cet effet. Ce tambour en tôle est recouvert de plusieurs couches de fil de fer doux recuit et verni à la
gomme laque, puis enveloppé d'une toile isolante. La circonférence extérieure des tourteaux porte des entailles en nombre
égal à celui des sections; on y enfonce des coins en bois dans

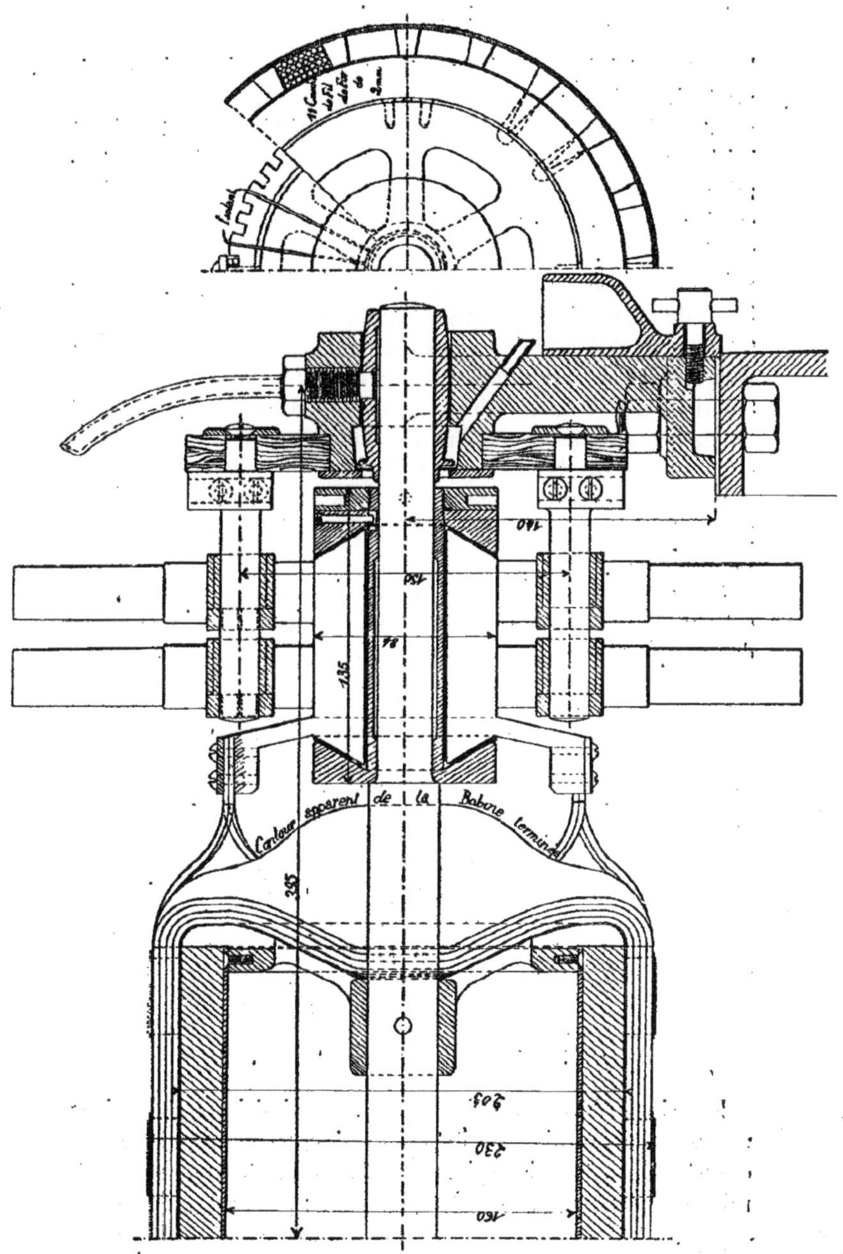

Fig. 175. — Armature Siemens. Détails de construction.

lesquels ont été percés deux petits canaux pour loger les extrémités du fil formant une section. On procède alors à l'enroulement de l'induit en commençant par la bobine dont le bout initial sera fixé à la lame n° 1 du collecteur ; lorsqu'elle est terminée, on bobine la section diamétralement opposée par dessus les spires du n° 1 ; on revient ensuite au n° 2 et on continue ainsi jusqu'à ce que les $2p$ sections qui composent l'armature soient terminées, en ayant toujours soin de superposer la section de rang $(p+m)$ à la section de rang m. Cette disposition a pour objet d'éviter le contact entre des portions de circuit à des potentiels très différents. On procéderait de même si les sections des deux moitiés de l'armature étaient juxtaposées ; mais, dans ce cas, le nombre des divisions des tourteaux serait double de celui des lames du collecteur.

Lorsque l'enroulement est terminé, le collecteur est mis en place et les extrémités des sections sont fixées à leurs lames respectives.

En se reportant à la fig. 174, on voit que la ligne des balais est perpendiculaire au plan de commutation ; pour la ramener dans ce plan, il suffirait d'allonger les fils de jonction.

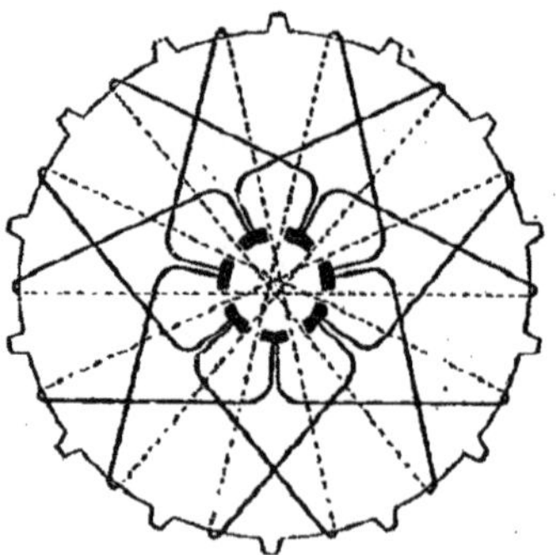

Fig. 170. — Enroulement Edison.

Le principal avantage de l'armature cylindrique réside dans une meilleure utilisation du fil de cuivre ; pour une longueur donnée, la surface des spires soumises à l'induction est généralement plus grande que dans l'anneau ; par contre, l'enroulement du tambour présente l'inconvénient du croisement des fils sur les bases du cylindre, ce qui augmente les difficultés de construction et de réparation.

L'enroulement Edison est analogue à celui de Siemens ; mais le nombre des sections est impair ; il est de 7 dans les petites machines et de 49 dans les grandes. La fig. 176 représente le principe de cet enroulement pour un collecteur à 7 lames ; on voit qu'avec cette disposition les balais diamétralement opposés ne passent pas au même instant d'une section à l'autre du collecteur.

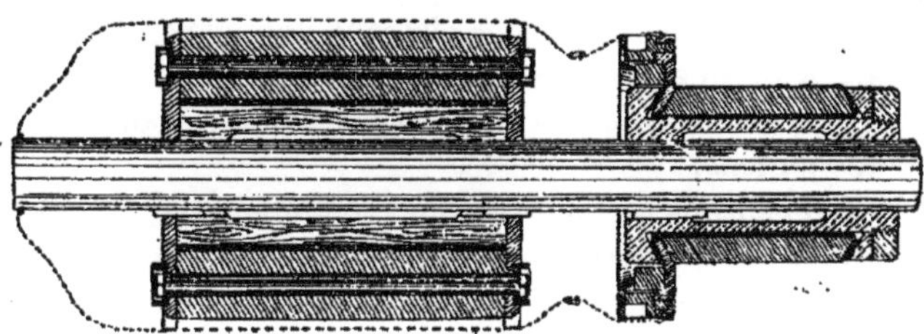

Fig. 177. — Armature Edison.

Le noyau, formé de disques en tôle mince isolés par des rondelles de papier et maintenus par 4 ou 6 boulons longitudinaux, est monté sur un moyeu en bois de gaïac (fig. 177).

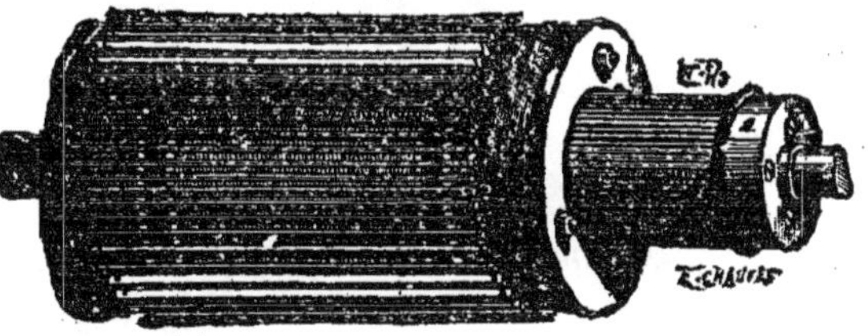

Fig. 178. — Armature Edison à grand débit.

La fig. 178 représente l'armature d'une machine Edison destinée à produire des courants de grande intensité, dans laquelle le circuit induit est formé par des barres de cuivre jux-

taposées. Les liaisons des sections successives se font au moyen
de disques en cuivre mince isolés les uns des autres (fig. 179).

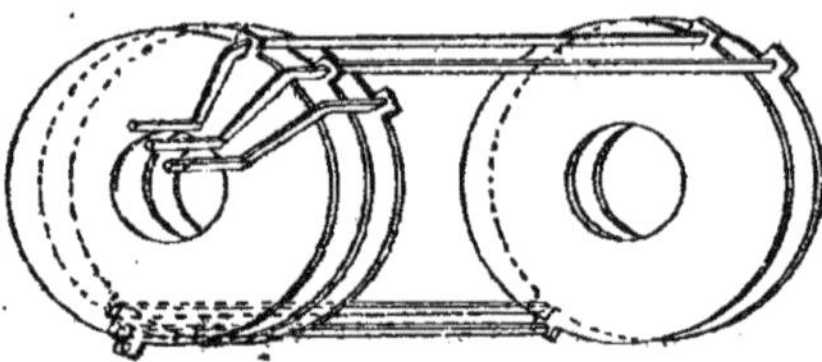

Fig. 179. — Armature Edison à grand débit. Montage des barres.

Dans les machines Edison-Hopkinson les disques de tôle du
moyeu sont maintenus par des plateaux dont le serrage se fait
au moyen de deux écrous montés sur une partie filetée de
l'arbre ; le nombre des sections est pair comme dans l'enroulement Siemens.

Les dispositions à employer pour maintenir le fil en place
sur le tambour et empêcher le glissement tangentiel, sont analogues à celles que nous avons décrites pour les armatures annulaires.

L'armature Weston est également du genre Siemens. Le

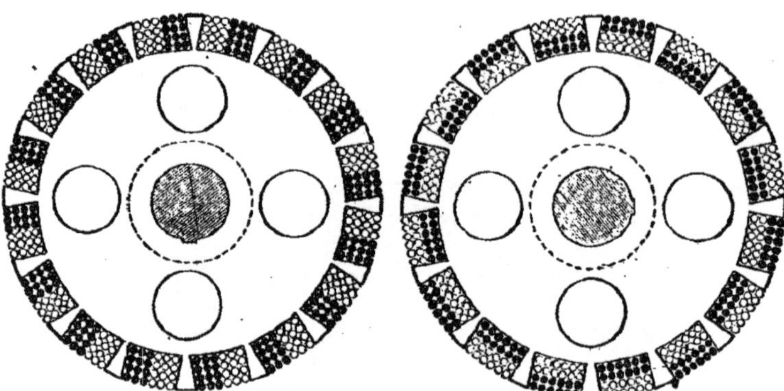

Fig. 180. — Armature Weston.   Fig. 181. — Armature Weston.

noyau est formé de disques de tôle crénelés clavetés sur l'arbre
moteur et séparés l'un de l'autre par des rondelles de papier ;
ces disques sont percés de trous pour faciliter la ventilation
intérieure du noyau.

Les fig. 180 et 181 montrent deux dispositions de cet enroulement ; les sections appartenant à l'une et à l'autre moitié de l'armature sont indiquées par des teintes différentes.

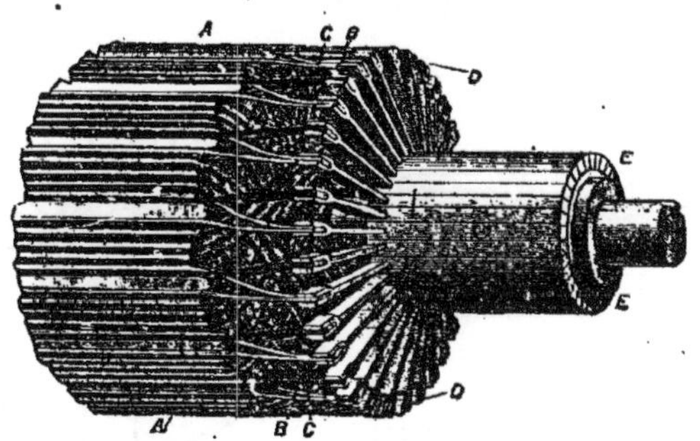

Fig. 182. — Armature Weston à deux enroulements distincts.

Dans les machines à haute tension, le système induit se compose de deux séries de sections complètement distinctes l'une de l'autre, afin d'éviter les avaries pouvant résulter d'un court circuit accidentel de deux bobines successives de la même série. Cette disposition est indiquée fig. 182, où les deux circuits sont représentés par des teintes différentes.

152. Collecteur.— Balais. — Le *collecteur* est un des organes essentiels de l'armature ; nous en avons indiqué le principe en décrivant le mode de construction de l'anneau Gramme. Le nombre des lames étant égal à celui des sections de l'induit, chacune d'elles doit occuper une position symétrique à celle de la section correspondante. Si cette condition n'était pas remplie, il serait impossible d'éviter la production d'étincelles.

Le collecteur doit être parfaitement tourné et centré sur l'arbre. Les lames se font généralement en cuivre ou en bronze phosphoreux, quelquefois en acier (Siemens) ; elles sont isolées au moyen de carton d'amiante, de fibre vulcanisée ou mieux par une lame de fibre entre deux feuilles de mica : quelquefois elles ne sont séparées que par une couche d'air ; mais, dans ce cas, il faut que les vides aient des dimensions suffisantes pour

que les limailles détachées par le frottement des balais sur le
collecteur ne puissent pas occasionner de courts circuits.

Le collecteur doit être facilement démontable pour en permettre l'examen et la réparation.

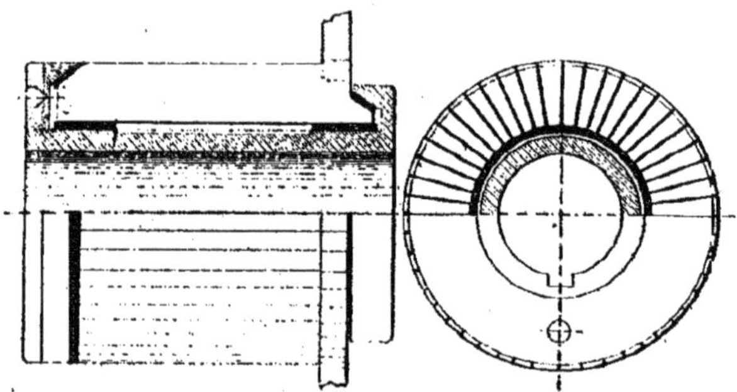

Fig. 183. — Coupe d'un collecteur.

La fig. 183 indique les détails de construction du collecteur
d'une machine Paterson et Cooper.

Les *balais* établissent la communication entre le système induit et le circuit extérieur par l'intermédiaire du collecteur. On
appelle balai *positif* celui par lequel le courant arrive au circuit extérieur et balai *négatif* celui par lequel le courant revient à la machine. Dans le circuit induit, le courant va du balai négatif au balai positif.

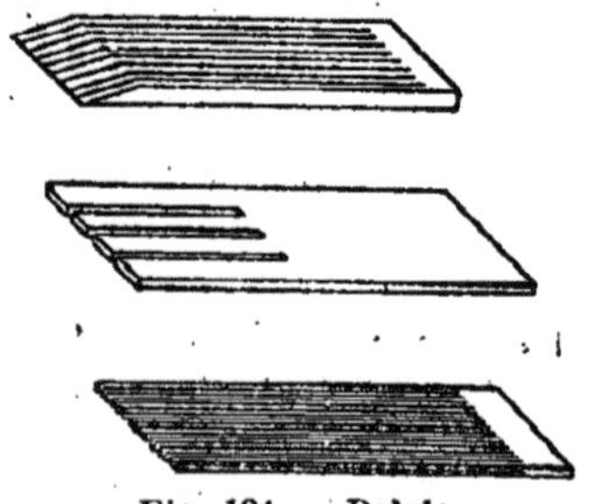

Fig. 184. — Balais.

Chaque balai se compose d'un faisceau de fils ou de lames de
cuivre (fig. 184) maintenu dans une gaine fixée au porte-balais.

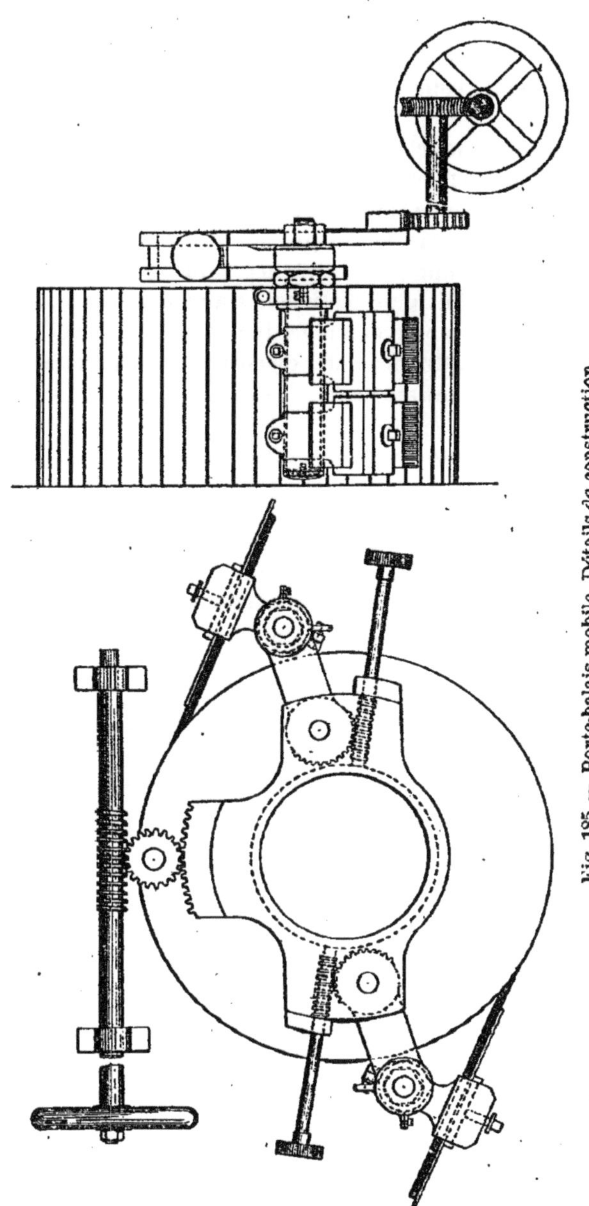

Fig. 185. — Porte-balais mobile. Détails de construction.

Le *porte-balais* est muni de ressorts qui assurent le contact des balais sur le collecteur ; la pression de ces ressorts doit être juste suffisante pour maintenir les balais à la surface du collecteur.

Les balais doivent toucher le collecteur aux deux extrémités d'un même diamètre ; les porte-balais sont fixés à un collier mobile autour de l'axe de rotation, de telle sorte qu'on puisse modifier à volonté l'angle de calage. En pratique, on détermine le diamètre de commutation en cherchant la position pour laquelle il ne se produit plus d'étincelles aux balais.

Les balais peuvent appuyer tangentiellement sur le collecteur ou par bout ; cette dernière disposition est préférable parce qu'elle permet un ajustage plus exact de la surface de contact des balais

La fig. 185 représente les détails du porte-balais d'une machine Thury.

153. Angle de calage des balais. — Nous avons vu (147) que le diamètre de commutation ne se trouve pas dans le plan normal à la direction du champ inducteur, et qu'il doit être déplacé dans le sens du mouvement de l'armature. L'angle de

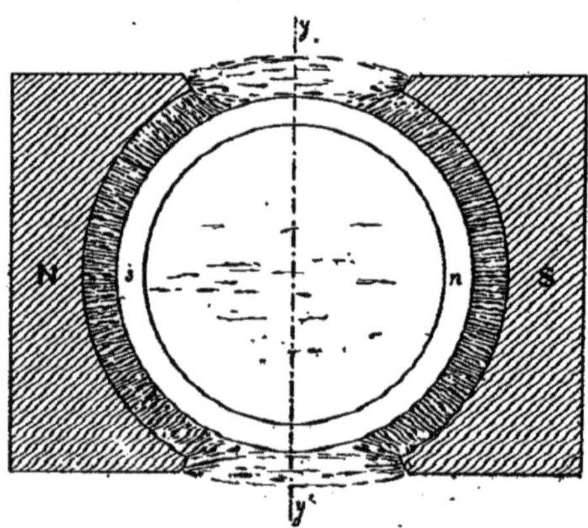

Fig. 186. — Fantôme d'un champ bipolaire avec anneau de fer.

calage peut se déterminer en fonction des constantes d'aimantation de l'inducteur et de l'induit.

Dans le champ magnétique de deux pièces polaires N et S considérons un anneau en fer doux, il s'y développe par induction deux pôles s et n situés sur la ligne normale à yy', et l'on aura le fantôme magnétique de la fig. 186.

Si l'anneau est entouré d'un conducteur dans lequel passe un courant, il acquiert une nouvelle aimantation qui se superpose à la première ; le flux de force magnétique qui traverse le circuit est la résultante du flux provenant des pièces polaires N et S et de celui qui est dû au courant. Lorsque le circuit est partagé par les balais en deux moitiés traversées par des courants de sens contraires, les pôles dûs à cette seconde aimantation se trouvent dans le plan de commutation. Ce plan devant être normal à la direction de la force magnétique résultante, on obtiendra l'angle de calage pour la construction de la fig. 187 dans laquelle

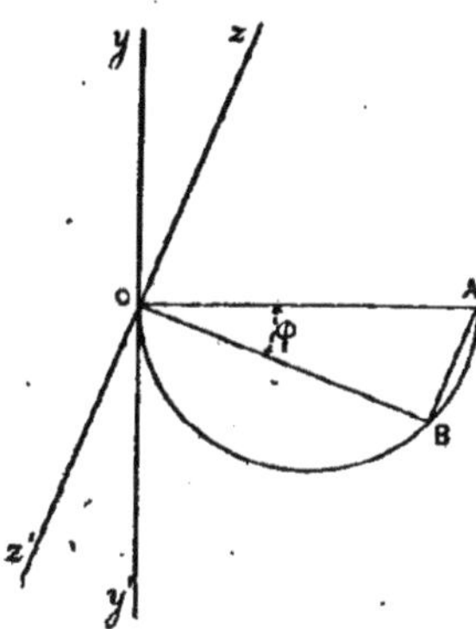

Fig. 187. — Angle de calage.

$OA = \mathfrak{B}$, induction magnétique due au champ primitif ;
$AB = \mathfrak{B}'$, induction magnétique due au courant.

La ligne OB représentera en grandeur et en direction l'intensité du champ résultant, et la ligne ZZ' normale à OB, sera le diamètre de commutation.

L'angle de calage est déterminé par la condition $\sin \varphi = \dfrac{\mathfrak{B}'}{\mathfrak{B}}$.

1. Cette expression est équivalente à celle du n° 147. En effet, exprimons

La fig. 188 représente la déformation du champ magnétique inducteur pendant la rotation de l'armature.

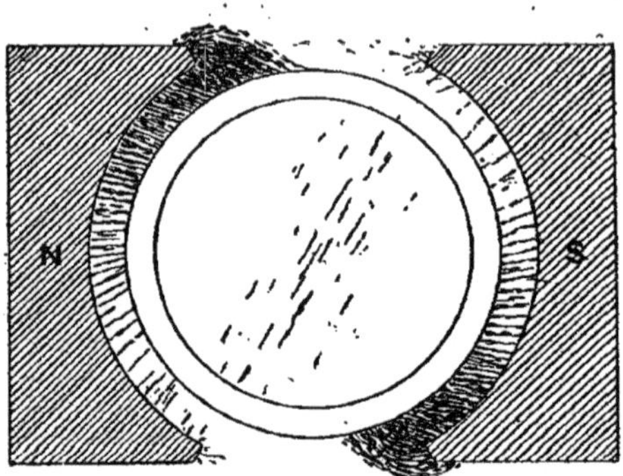

Fig. 188. — Déformation du champ par le mouvement de l'armature.

Pour une valeur donnée du champ inducteur l'angle de calage, dépendant de l'aimantation due au courant, change avec le régime de la machine : c'est pour cela que les porte-balais doivent pouvoir se déplacer en marche, de façon à être fixés dans la position correspondant au minimum d'étincelles.

le flux de force totale dû au courant, $N' = Li$, en fonction de l'induction magnétique $\mathfrak{B}'$. Pour l'une des moitiés de l'armature on aura, en conservant les mêmes notations qu'au n° 147, et en remarquant que l'aimantation due au courant est en chaque point tangente à l'axe de l'anneau,

$$N' = \mathfrak{B}'s\,[\sin\theta + \sin 2\theta + \ldots + \sin p\theta] = \frac{\mathfrak{B}'s}{\operatorname{tg}\frac{1}{2}\theta}$$

et comme

$$i = \frac{2\pi}{TR}\,\frac{\mathfrak{B}s}{\operatorname{tg}\frac{1}{2}\theta}\cos\varphi, \qquad \text{et} \qquad \frac{2\pi L}{TR} = \operatorname{tg}\varphi,$$

on en déduit

$$\frac{\mathfrak{B}'}{\mathfrak{B}} = \sin\varphi\,.$$

Pour un régime donné, la valeur de $\mathfrak{B}$ ne sera constante que si la perméabilité du champ magnétique ne varie pas pendant le mouvement de l'armature. Cette condition est satisfaite avec les armatures dont le noyau est une surface de révolution ; elle ne l'est plus pour les armatures munies de dents saillantes en fer comme celles des fig. 180 à 182.

Avec ce type d'armatures l'*entrefer* est extrêmement réduit et la perméabilité totale du circuit magnétique est plus grande qu'avec des noyaux lisses ; mais sa valeur n'est pas constante, et les variations périodiques du flux magnétique résultant de ces inégalités favorisent la production des étincelles aux balais, et développent dans les pièces polaires des courants de Foucault qui les échauffent en absorbant du travail. Avec cette forme d'armature les pièces polaires doivent être en fonte, dont la conductibilité électrique est moindre que celle du fer, ou ce qui est préférable, les électro-aimants au lieu d'être pleins doivent être formés par des lames de fer isolées disposées suivant des plans perpendiculaires à la direction de ces courants parasites.

151. Machines multipolaires. — Le champ magnétique de ces machines est formé par $2m$ pôles ($m > 1$), alternativement de noms contraires, placés symétriquement autour de l'armature.

L'enroulement de l'induit se fait d'après deux modes différents, suivant que l'on se propose d'obtenir un courant de grande intensité ou une force électro-motrice élevée.

1. *Enroulement en quantité.* — Les sections, dont le nombre est un multiple de $2m$, sont réunies entr'elles dans l'ordre des côtés d'un polygone régulier convexe. Celles qui sont symétriquement placées par rapport aux pôles de mêmes noms, seront alors le siège de f. e. m. égales et de mêmes sens ; elles devront donc être commutées au même instant. Comme la f. e. m. induite change de signe $2m$ fois par tour dans chaque section, le nombre des diamètres de commutation devra être égal à m, c'est-à-dire qu'il faudra employer m paires de balais (fig. 189).

Au lieu de multiplier le nombre des balais, ce qui présente

l'inconvénient d'augmenter les frottements nuisibles et l'usure
du collecteur, on peut, comme l'a indiqué M. Mordey, réunir

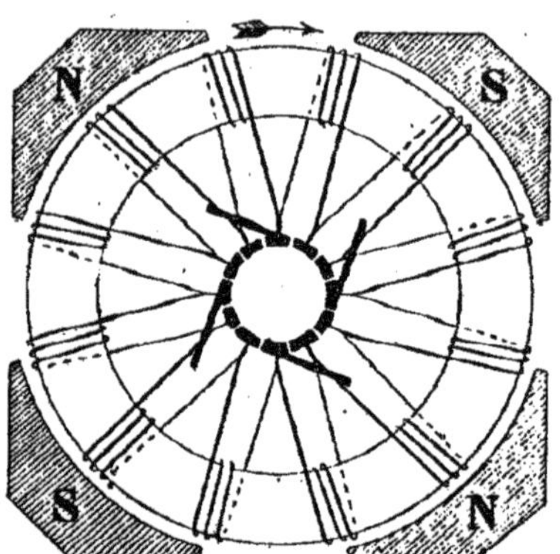

Fig. 189. — Machine à 4 pôles. Enroulement en quantité, avec deux
paires de balais.

entr'elles les sections semblablement placées dans le champ,
et une seule paire de balais suffira pour recueillir les courants.

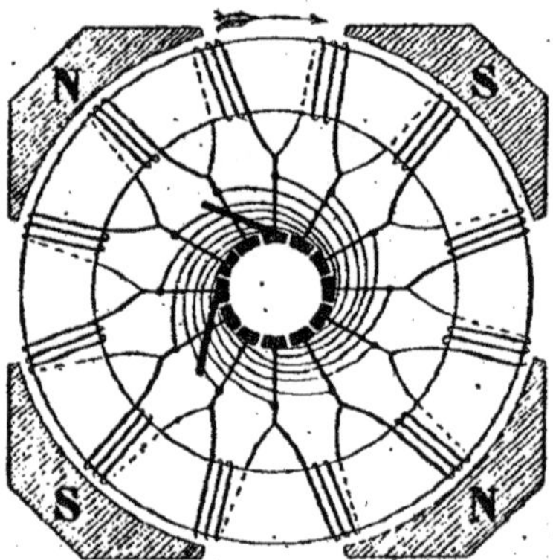

Fig. 190. — Machine à 4 pôles. Enroulement en quantité, avec une
seule paire de balais.

Dans une machine à 4 pôles, on réunira les deux sections
situées aux extrémités du même diamètre (fig. 190); dans une

machine à 6 pôles, on réunira les trois sections qui font entre elles un angle de 120°.

Les valeurs moyennes de la f. e. m. induite et du courant se déterminent de la même façon que pour les machines à 2 pôles.

P étant le nombre total des spires enroulées sur une des moitiés de l'armature, $\frac{P}{m}$ sera le nombre compris dans l'angle au centre de deux pôles successifs.

Considérons une spire dans l'un des plans de commutation ; le flux de force qui la traverse est égal à N cos φ ; lorsqu'elle aura passé dans le plan de commutation suivant, après avoir décrit un angle $\frac{\pi}{m}$, le flux sera égal et de signe contraire au précédent ; la variation totale correspondant à ce déplacement, dont la durée est $\frac{T}{2m}$, sera donc 2N cos φ, et la f. e. m. moyenne induite dans la spire considérée sera 2N cos φ : $\frac{T}{2m}$ ou $4nm$N cos φ. Pour les $\frac{P}{m}$ spires comprises entre les deux points de commutation, on aura :

$$E_m = 4n\text{PN}\cos\varphi$$

comme pour une machine bipolaire (147) ; mais pour le même nombre de spires, P, la résistance de l'armature à $2m$ pôles sera m^2 fois plus faible que celle de l'armature bipolaire.

Le mode d'enroulement que nous venons de décrire convient donc surtout à la production de courants intenses ; mais l'amplitude relative des oscillations de la f. e. m. est évidemment plus grande que dans une machine à 2 pôles ayant le même nombre de lames au collecteur.

2. *Enroulement en série.* — On divise l'armature en un nombre, M, de sections, tel que M = $mk \pm 1$, équation dans laquelle k représente un nombre entier premier avec M. En réunissant les sections de k en k, c'est-à-dire suivant l'ordre des côtés d'un polygone étoilé, les angles sous lesquels le flux de force magnétique traverse deux sections successives dans l'ordre des connexions diffèrent de $\frac{2\pi}{mM}$, comme dans l'armature

d'une machine bipolaire, et une seule paire de balais suffira pour recueillir les courants des deux moitiés de l'induit.

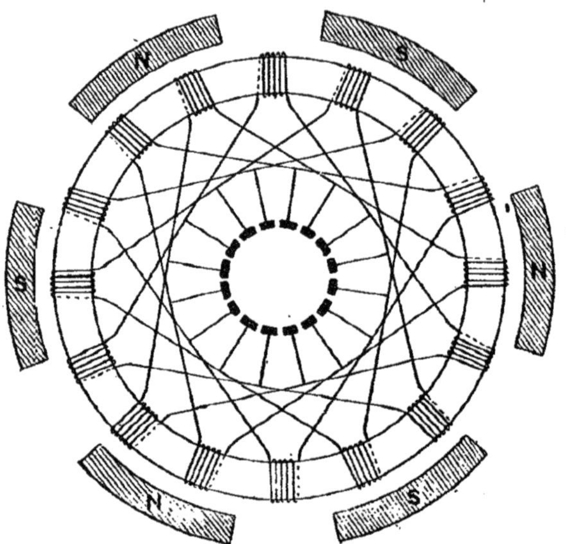

Fig. 191. — Machine à 6 pôles. Enroulement en série.

La fig. 191 montre le principe de ce mode d'enroulement appliqué à une machine à 6 pôles.

En désignant encore par P le nombre total des spires enroulées sur une des moitiés de l'armature, la f. é. m. induite aura pour expression

$$E_m = 4nmPN\cos\varphi,$$

c'est-à-dire qu'elle est m fois plus élevée que celle d'une armature bipolaire de mêmes dimensions, ayant la même résistance intérieure.

135. Induits à disques. — Si les boucles élémentaires de l'armature au lieu d'être disposées suivant des plans passant par l'axe de rotation, sont rabattues sur un plan perpendiculaire à cet axe, on aura l'*induit à disque*. Cette forme d'armature ne convient qu'aux machines multipolaires. Le disque, sur lequel est fixé le circuit induit, tourne entre deux séries d'électro-aimants formant un certain nombre de champs

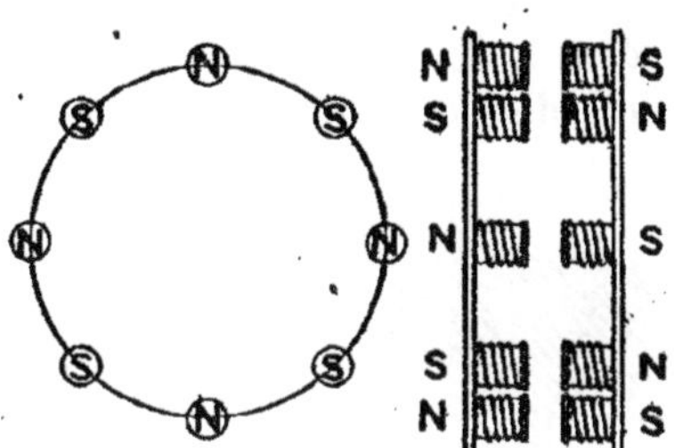

Fig. 192.
Champ magnétique d'une machine à disque.

de signes alternativement contraires, comme l'indique la fig. 192.

Le disque ayant peu d'épaisseur, les pôles opposés peuvent être très rapprochés ; la résistance magnétique de l'espace interpolaire est alors assez faible pour qu'il ne soit pas nécessaire d'employer un noyau en fer. On supprime ainsi les pertes d'énergie dues aux courants de Foucault et à l'hystérésis. La ventilation du circuit induit étant très active, la chaleur développée par le passage du courant se dissipe plus facilement. De plus, comme on peut sans inconvénient augmenter le diamètre du disque, une même longueur de fil donnera pour le circuit induit une section utile plus grande, et il sera facile de réduire la vitesse angulaire, ce qui permettra d'actionner directement la machine par le moteur, sans transmission intermédiaire. Malgré ces divers avantages, les machines à disque sont encore peu répandues, probablement à cause des difficultés d'ordre mécanique que présente leur construction. Ces difficultés semblent avoir été en grande partie résolues dans la machine de M. Desroziers, construite par la maison Bréguet, qui a déjà reçu un certain nombre d'applications pour l'éclairage des navires.

La fig. 193, représente le principe de l'enroulement d'une machine à 6 pôles. Le circuit induit est constitué par un nombre convenable d'éléments tels que *abcde* formés de deux parties radiales *bc* et *de* et de deux arcs *ab* et *cd* placés, l'un à l'extérieur, l'autre à l'intérieur du disque. Le nombre des parties radiales, telles que *bc*, est représenté par la formule $P = 2 (mk \pm 1)$; dans la fig. 193, $m = 3$; $k = 9$; $P = 52$. Les sommets sont réunis de 9 en 9, alternativement à droite et à

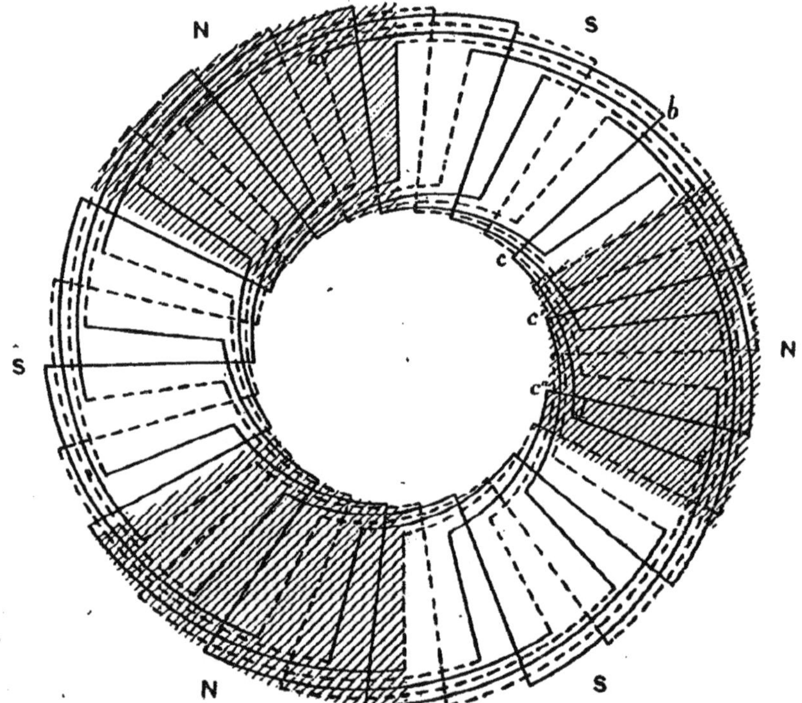

Fig. 193. — Machine Desroziers. Enroulement de l'induit.

gauche, par des arcs de cercle pour chacune des séries de connexions intérieures et extérieures ; on obtient ainsi un circuit continu, comme dans l'anneau Gramme.

L'enroulement se fait sur un plateau en carton comprimé, percé de trous par lesquels passent les extrémités des fils radiaux ; les connexions en arcs de cercle sont sur l'autre face du plateau. Il s'ensuit que d'un côté tous les fils sont radiaux, et que de l'autre côté ils sont tous parallèles ; on évite ainsi les croisements de fils. Pour faciliter la construction, on emploie deux plateaux, dont chacun porte la moitié de l'enroulement, et qui sont ensuite réunis par un disque métallique portant un moyeu claveté sur l'arbre moteur. Dans la fig. 193, les traits pleins indiquent les fils du plateau avant et les traits pointillés ceux du plateau arrière. Les deux moitiés de l'enroulement se montent séparément sur chacun des deux plateaux ; on fait alors sortir les bouts extrèmes de chaque section, puis on assemble les plateaux sur le moyeu en mettant les fils radiaux du côté du disque métallique. Il ne reste plus qu'à réunir par des soudures les bouts des fils d'un plateau à ceux de l'autre pour obtenir l'enroulement dans son ensemble.

Pour donner au circuit induit une section suffisante, sans trop multiplier le nombre des côtés du polygone étoilé, on

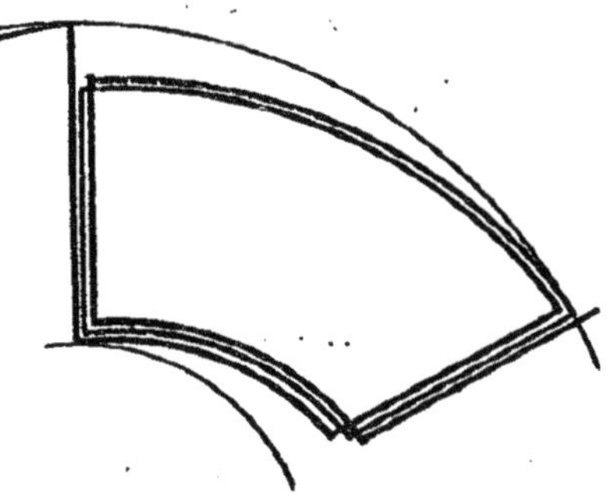

Fig. 194. — Section à plusieurs spires.

fait revenir le fil plusieurs fois sur lui-même comme l'indique la fig. 194 ; le nombre des boucles sur chaque plateau est égal à $(mk \pm 1)\, q$; les arcs de la même section sont alors placés les uns sur les autres.

Les sections sont réunies au collecteur de deux en deux, c'est-à-dire que les prises de courant se font aux points c, c', c'', appartenant au plateau qui fait face au collecteur. Dans le cas actuel il y aura 26 sections réunies au collecteur ; mais comme il y a 3 paires de pôles, chacune des sections devra être commutée 3 fois par tour, et il faudra donner au collecteur $26 \times 3 = 78$ lames, en réunissant chaque section aux 3 lames placées à 120° l'une de l'autre. Les connexions des points c, c', c'' au collecteur se font d'une façon méthodique par un appareil que l'auteur a désigné sous le nom de *connecteur* (fig. 195). Il se compose d'un cylindre en bois, sur lequel est monté un plateau circulaire également en bois. Les fils qui vont directement de l'induit au collecteur traversent simplement le plateau. Ceux qui doivent aller à la lame qui est à 120° à

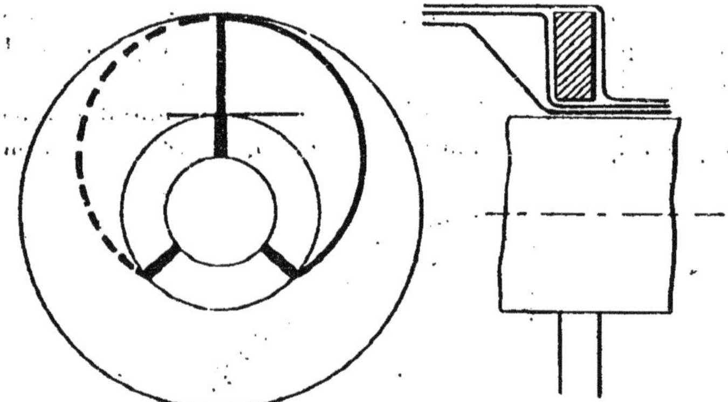

Fig. 195. — Connecteur de la machine Desroziers.

droite, s'arrêtent sur la face avant du plateau, parcourent un arc qui les amène en face de cette lame, et se redressent suivant une génératrice du cylindre pour aller s'y souder. Les fils qui vont à la lame de 120° à gauche, traversent le plateau, parcourent sur la face arrière un arc égal et de sens contraire à celui de la face avant, et se redressent comme eux pour aller au collecteur. En opérant ainsi, on évite les croisements de fils comme pour l'induit. Les différentes parties (induit, connecteur et collecteur) sont exécutées séparément, montées sur l'arbre et assemblées entre elles.

156. Armatures à pôles. — Cette forme d'armature, imaginée par M. Lontin, se compose d'un noyau central en fer, muni de dents radiales équidistantes (fig. 196), sur lesquelles est monté le fil de l'induit ; l'enroulement est continu comme dans l'anneau Gramme.

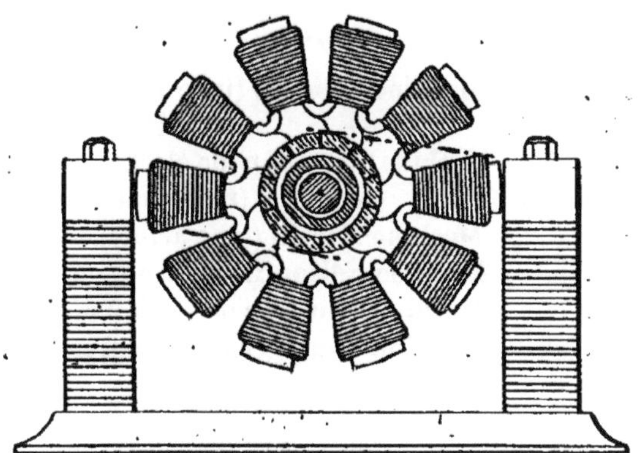

Fig. 196. — Armature à pôles (Lontin).

Cette armature tourne entre deux pièces polaires, et les courants induits dans les deux moitiés de l'armature sont recueillis au moyen d'un collecteur et de balais semblables à ceux de la machine Gramme. Cette armature est d'une construction difficile, à cause de la nécessité de diviser la masse de fer suivant des plans perpendiculaires à la direction de la f. e. m. induite, pour éviter les courants de Foucault. Aussi est-elle presque complètement abandonnée.

157. Exemples de dynamos. — Les figures 197 à 222 fournissent quelques exemples des divers types de dynamos que nous venons de passer en revue.

Armatures annulaires.

Fig. 197, 198.   Machine Gramme (type d'atelier).
Fig. 199.   Machine Gramme (type octogonal).
Fig. 200, 201.   Machine Gramme (type supérieur).

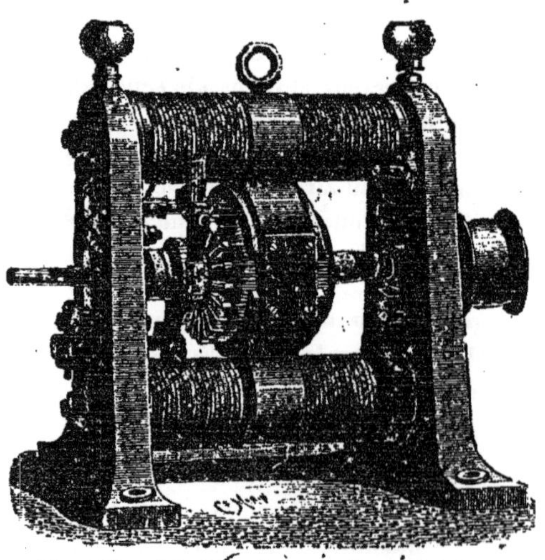

Fig. 197. — Machine Gramme (type d'atelier).

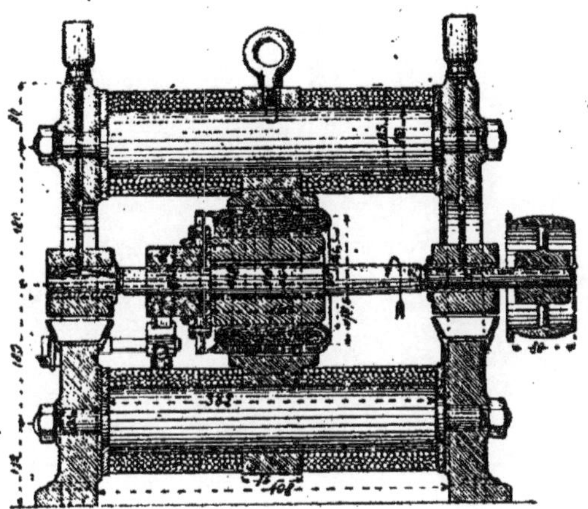

Coupe.

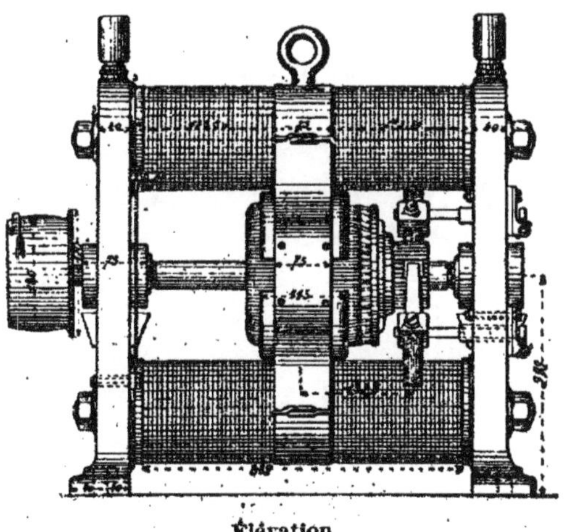

Élévation

Fig. 198. — Machine Gramme (type d'atelier).

Fig. 199. — Machine Gramme (type octogonal).

Fig. 200. — Machine Gramme (type supérieur).

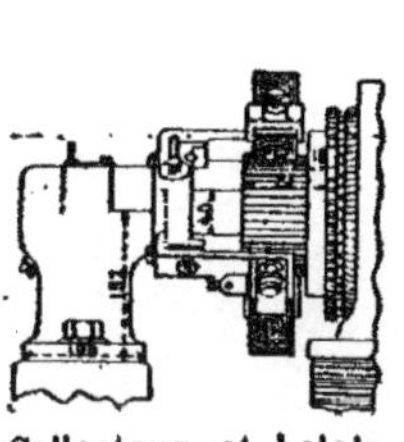

Collecteur et balais

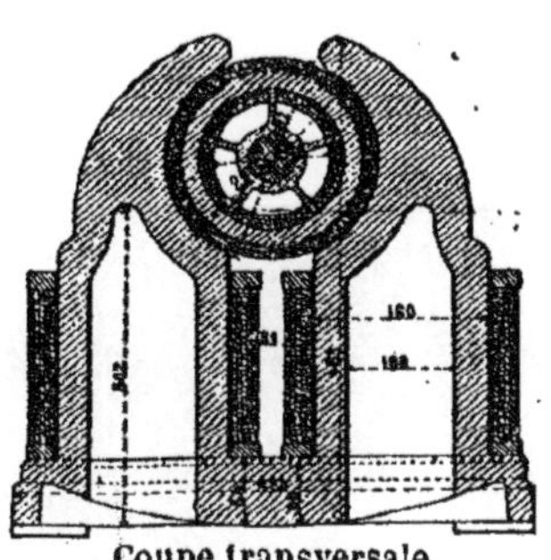

Coupe transversale

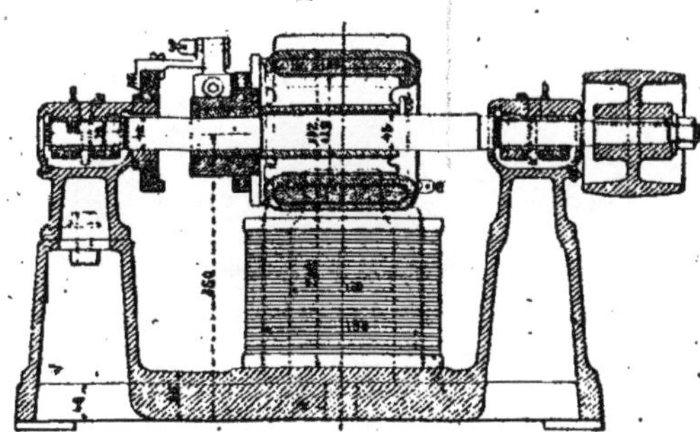

Coupe longitudinale

Fig. 201. — Machine Gramme (type supérieur).

Fig. 202. — Machine Crompton.

Fig. 203. — Machine Brown (Vue extérieure).

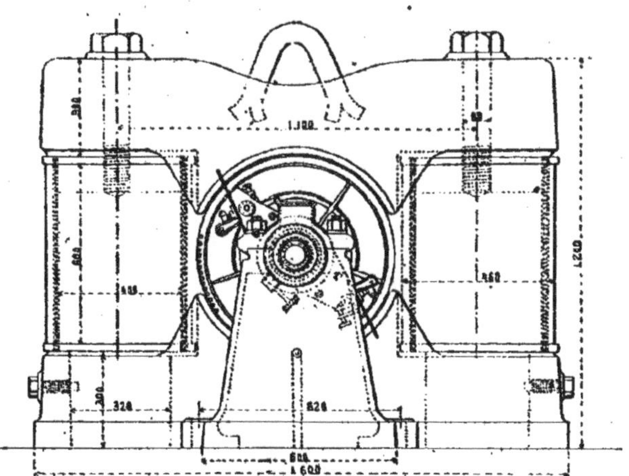

Fig. 204. — Machine Brown (Élevation).

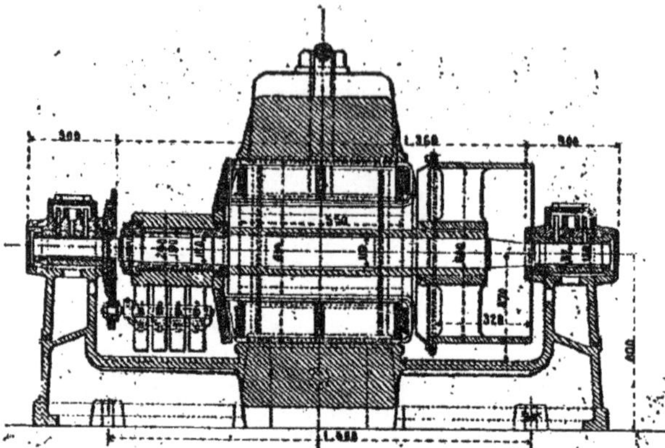

Fig. 205. — Machine Brown (Coupe).

Fig. 206. — Machine Phénix de Paterson et Cooper.

Fig. 297. — Machine de Greenwood et Battley (Leeds).

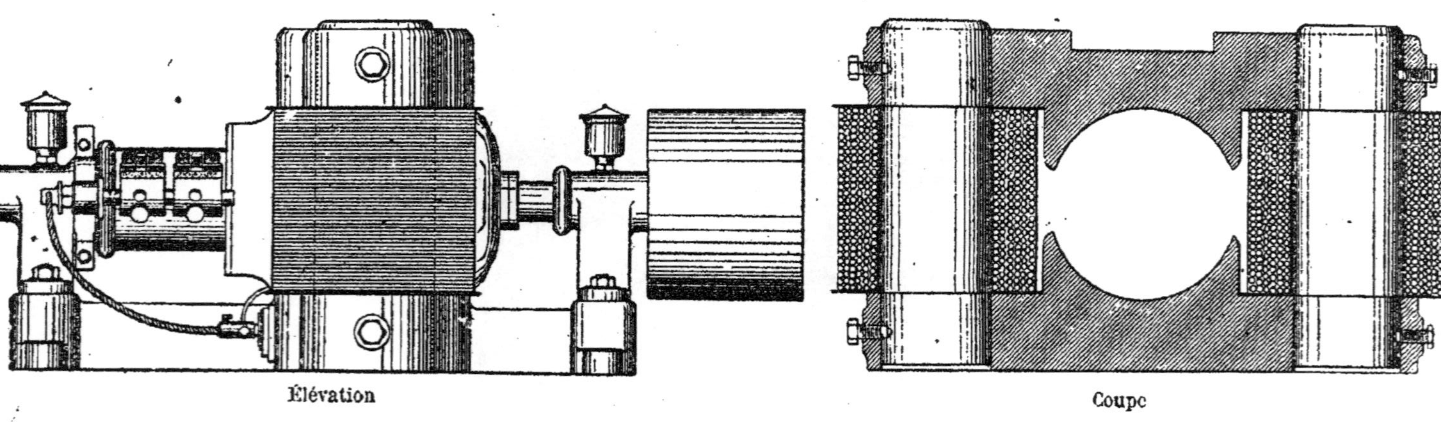

Fig. 208. — Machine Mather et Platt (Manchester).

Fig. 209. — Machine Siemens (type D).

Fig. 210. — Machine Siemens (type F).

Fig. 211. — Machine Siemens (type F).

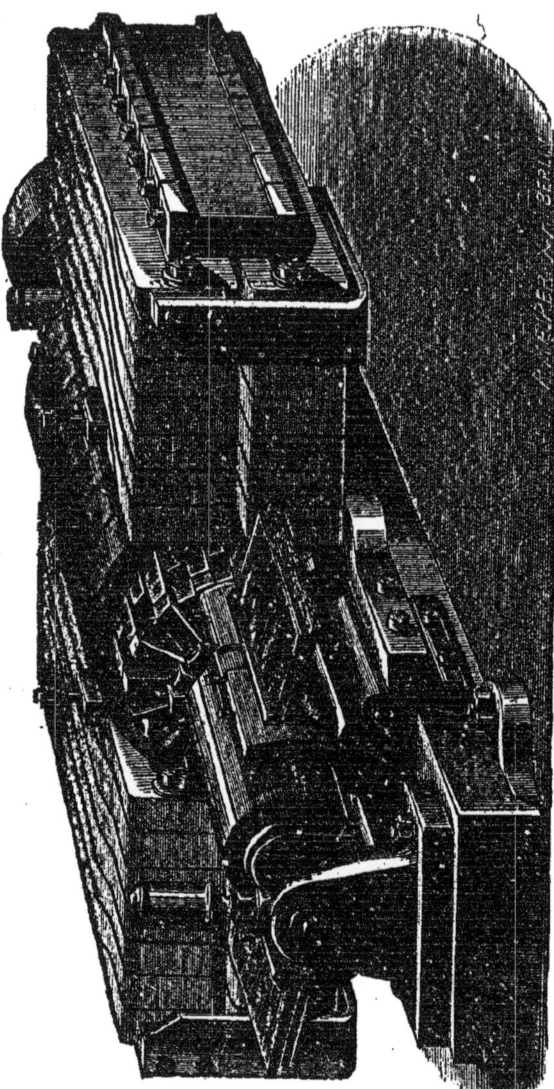

Fig. 212. — Machine Siemens (type C) pour électro-métallurgie.

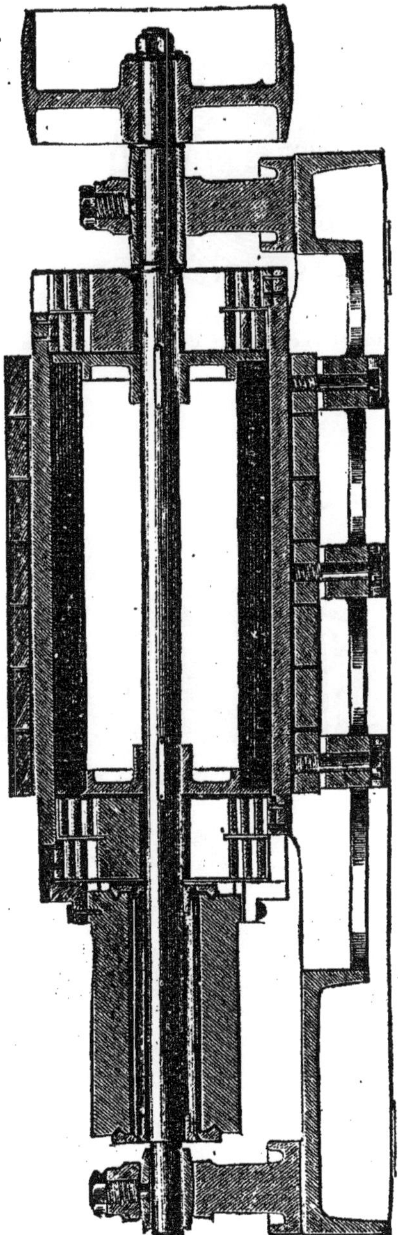

Fig. 213. — Machine Siemens (type C) pour électro-métallurgie. — Coupe.

Fig. 211.
Connexion entre l'induit et le collecteur de la machine Siemens (type C).

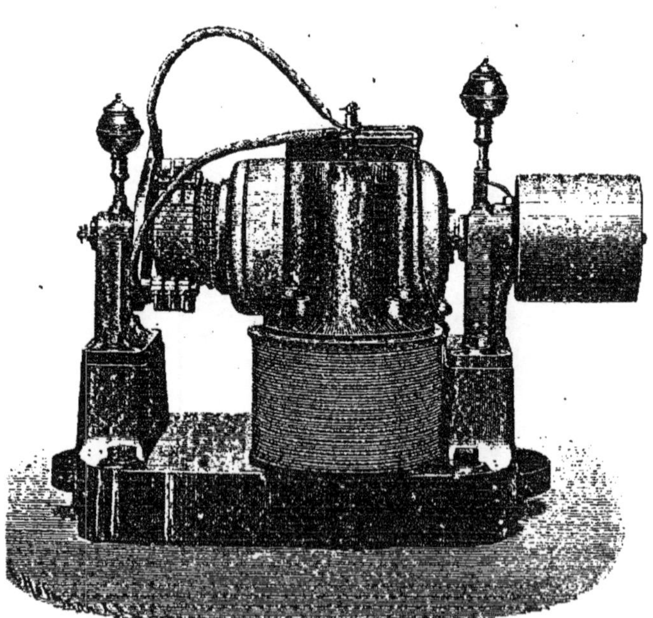

Fig. 213. — Machine Siemens (type supérieur).

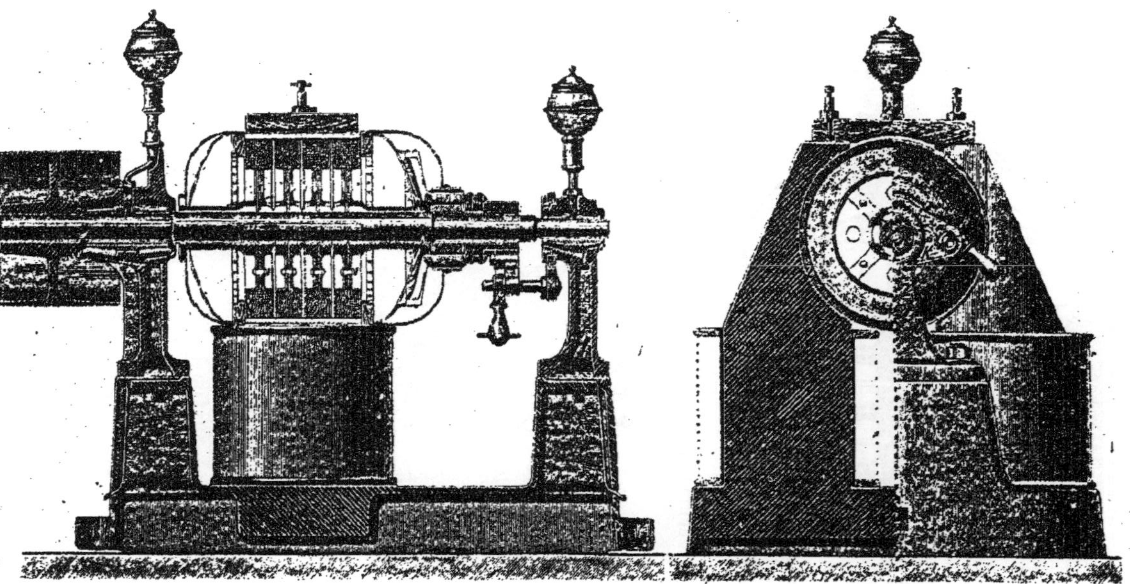

Fig 216. — Machine Siemens (type supérieur). — Coupes.

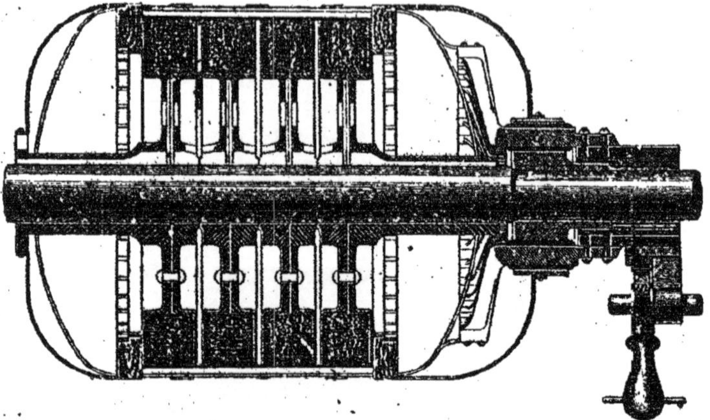

Fig. 217. — Machine Siemens (type supérieur). Détails de l'armature.

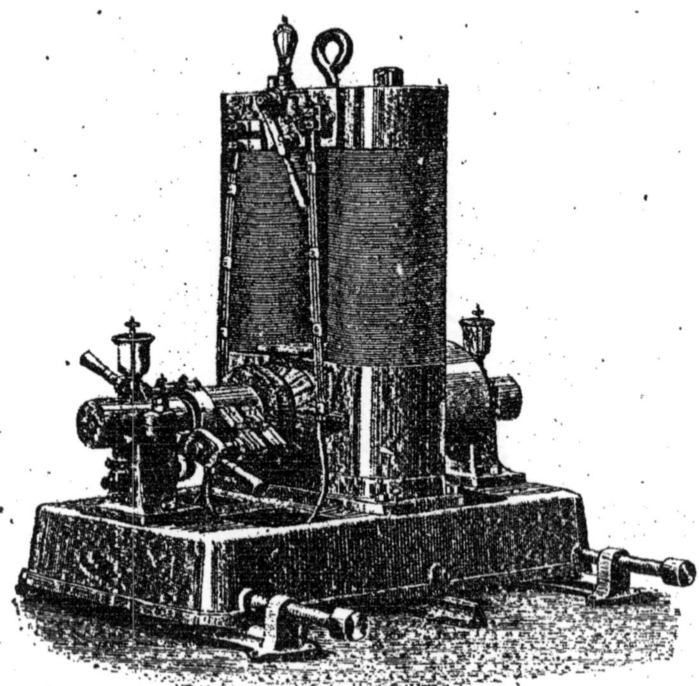

Fig. 218. — Machine Edison (type actuel).

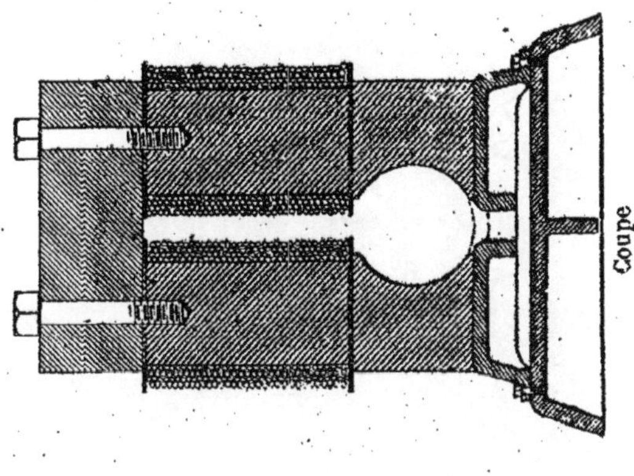

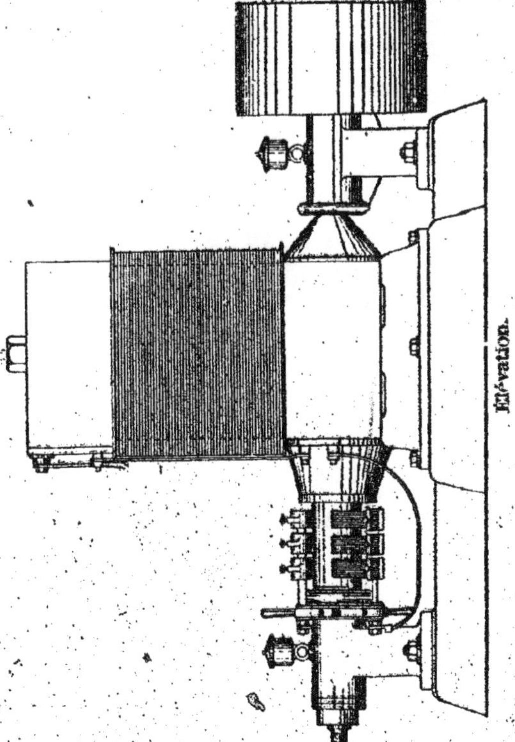

Fig. 219. — Machine Edison-Hopkinson.

Fig. 220. — Machine Thury (type C).

Fig. 221. — Machine Thury (type M).

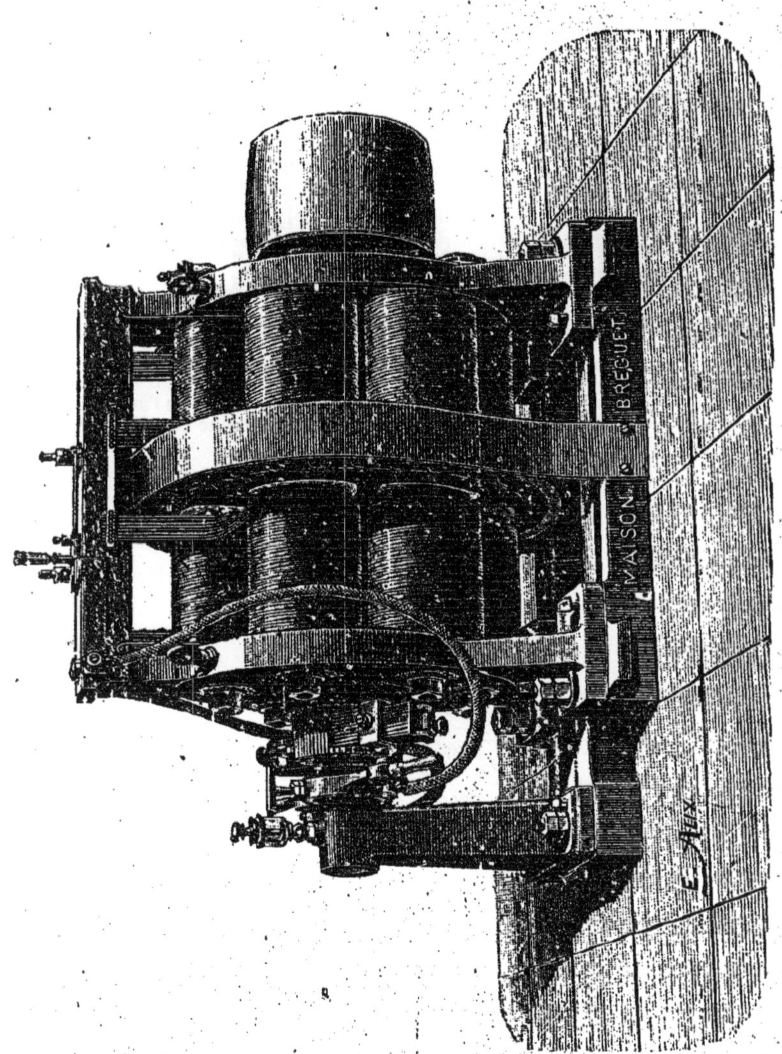

Fig. 222. — Machine Desroziers.

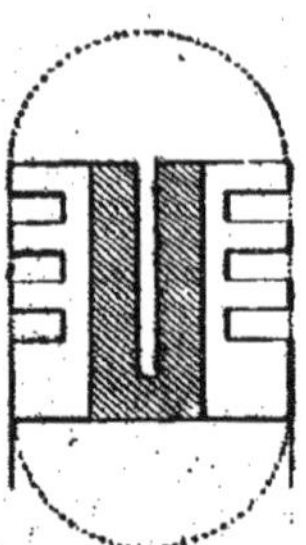

Fig. 223.
Machine Brush. — Anneau
en fonte.

Fig. 224.
Machine Brush. — Coupe de l'anneau
en fonte et vue d'une section.

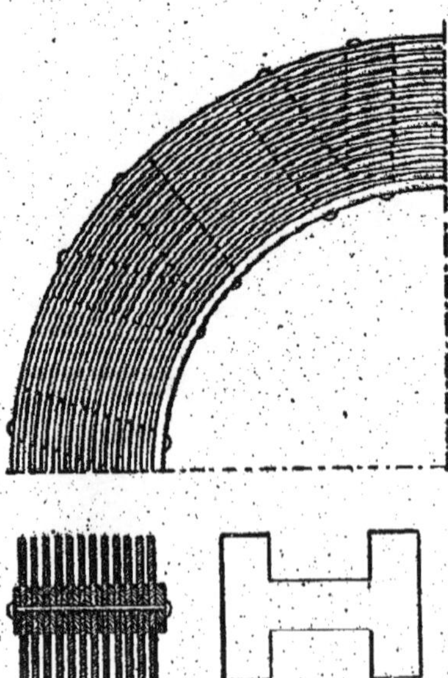

Fig. 225. — Machine Brush. — Anneau en tôle.

158. Machine Brush. — Le noyau de l'armature a la forme d'un anneau plat muni sur ses faces latérales de saillies entre lesquelles se logent les sections de l'induit (fig. 223, 224). Dans les anciennes machines, cet anneau était en fonte d'une seule pièce, avec des rainures profondes ménagées dans la masse pour obvier à la formation des courants de Foucault ; mais la perte d'énergie était encore très considérable, et dans les machines de construction plus récente, le noyau est formé de bandes de tôle comme l'indique la fig. 225.

Le champ magnétique est constitué par deux électro-aimants en fer à cheval, dont les pôles de mêmes noms sont en regard (fig. 226) ; chacune des pièces polaires latérales embrasse les 3/8 de la circonférence.

L'enroulement de l'induit est essentiellement différent de celui des machines que nous avons déjà décrites. Il est divisé en groupes de 4 bobines placées aux extrémités de deux diamètres perpendiculaires (fig. 227), et ayant chacun un commutateur et des balais distincts.

Les bobines, diamétralement opposées, sont couplées en tension et leurs extrémités aboutissent au commutateur (fig. 228). Ce commutateur est formé par la réunion de 4 segments métalliques séparés les uns des autres, et isolés de l'arbre de rotation ; les extrémités de l'une des paires de bobines sont reliées en A et en B, celles de l'autre paire en E et F ; les balais ont une largeur égale à celle du commutateur ; les dents C, D, G, H correspondent à 1/8 de circonférence ; lorsqu'elles passent sous les balais, une seule paire de bobines travaille, l'autre se trouve hors du circuit. Cette interruption se produit lorsque la paire de bobines correspondante traverse la partie du champ magnétique voisine de la ligne neutre, c'est-à-dire celle où la variation du flux de force et par suite la f. e. m. induite sont le plus faibles.

On réunit généralement sur un même anneau 2 ou 3 groupes semblables avec leurs commutateurs et balais ; ces groupes peuvent être reliés entr'eux, soit en quantité, soit en tension.

L'anneau de la machine, représentée fig. 229, est formé de 12 sections et comporte 3 commutateurs et 6 balais ; elle peut

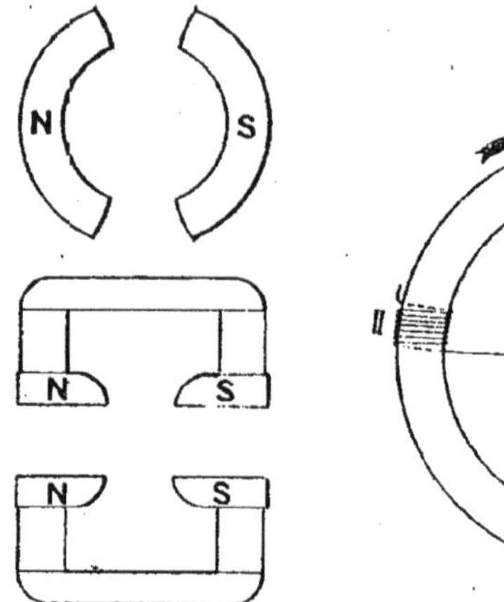

Fig. 226. — Machine Brush.
Inducteur.

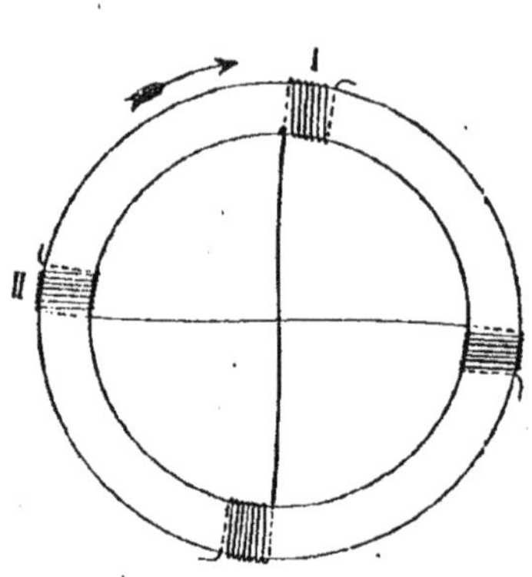

Fig. 227. — Induit de la machine
Brush. — Couplage des sections
opposées.

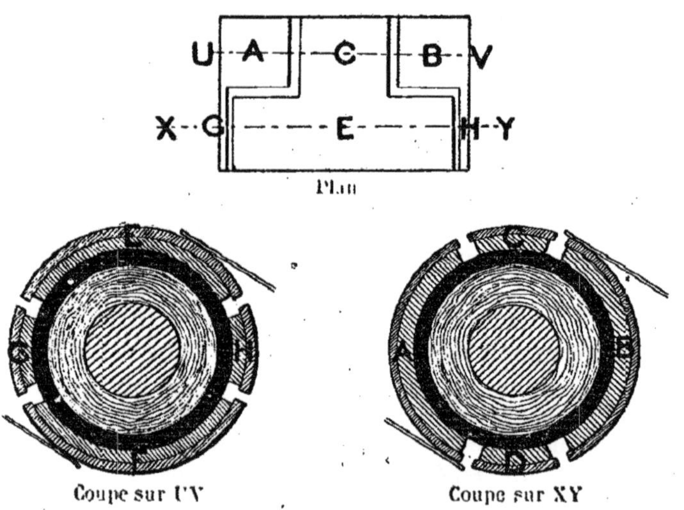

Fig. 228. — Commutateur Brush.

Fig. 229. — Machine Brush de 40 foyers.

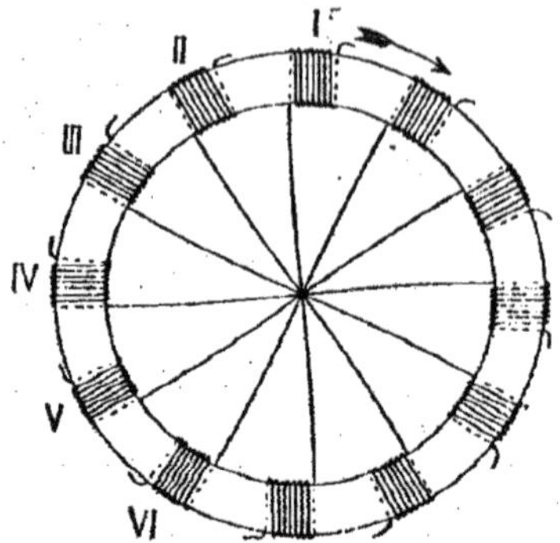

Fig. 230. — Machine Brush. — Armature à 12 sections.

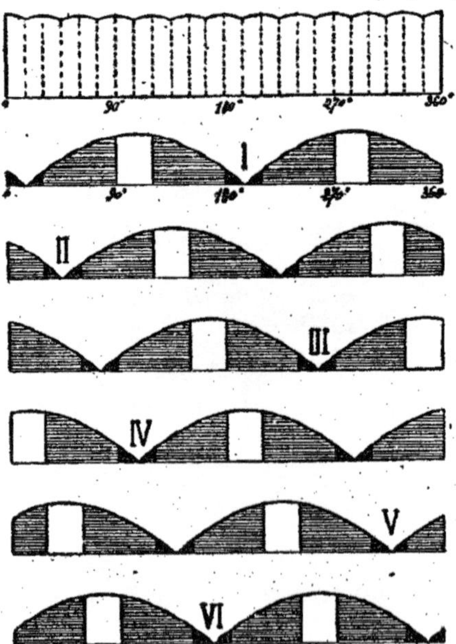

Fig. 231. — Machine Brush à 12 sections. — Courbes de la f. e. m. induite.

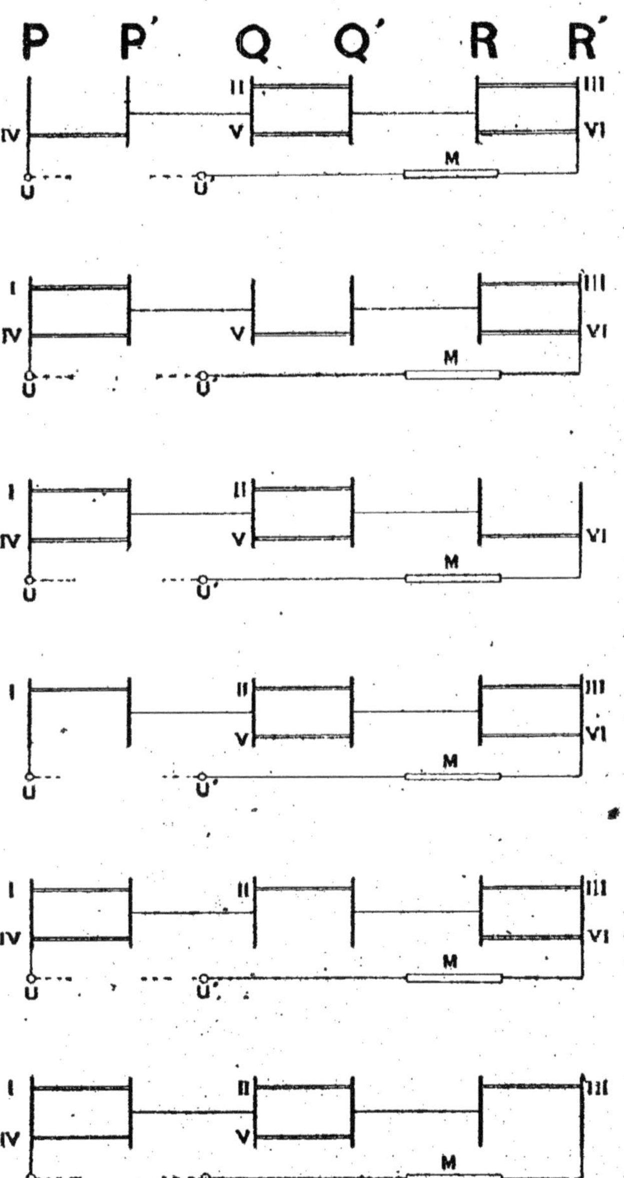

Fig. 232. — Machine Brush à 12 sections. — Diagramme du fonctionnement des 3 commutateurs.

être considérée comme résultant de la réunion en série de 3 machines simples à 4 bobines.

La fig. 230 donne la disposition des bobines sur l'anneau.

La fig. 231 représente les valeurs de la f. e. m. induite dans chacune des paires de bobines, en prenant comme origine des temps l'instant où la paire de bobines n° I est mise hors du circuit ; les portions teintées en noir correspondent à la mise hors circuit des bobines ; les portions hachées correspondent au temps pendant lequel les deux bobines perpendiculaires sont réunies en quantité. La courbe de la f. e. m. résultante est donnée fig. 231 pour un tour entier.

La fig. 232 représente schématiquement l'ordre de passage successif des sections sous les balais, avec les notations suivantes :

P, P′; Q, Q′; R, R′ désignent les 3 paires de balais ;

I, II, III, IV, V, VI, les paires de bobines dans l'ordre où elles se succèdent pendant la rotation ;

M, circuit des électro-aimants qui, dans le cas actuel, sont excités par le courant total ;

U et U′, bornes de la machine auxquelles aboutissent les extrémités du circuit extérieur.

159. Machine Thomson-Houston. — Cette machine est représentée en élévation et en coupe fig. 233 et 234. Les noyaux des électro-aimants sont des cylindres creux en fonte terminés à une de leurs extrémités par une pièce polaire ayant la forme d'une calotte sphérique et à l'autre par une bride ; les deux brides sont réunies par des entretoises en fer qui constituent la culasse des électro-aimants. Les électro-aimants sont excités en série.

L'armature est sphérique ; son noyau est formé par deux coquilles en fonte SS (fig. 235), clavetées sur l'arbre moteur et maintenues par un certain nombre d'entretoises en fer, *d*. Sur cette carcasse est enroulé du fil de fer recuit et verni W ; à l'extérieur, on colle une toile ou du papier verni à la gomme laque. Le circuit induit est divisé en trois sections, embrassant chacune un angle de 120° ; les chevilles J servent à faciliter l'enroulement qui se fait de la manière suivante : on place d'a-

Fig. 230. — Machine Thomson-Houston (vue).

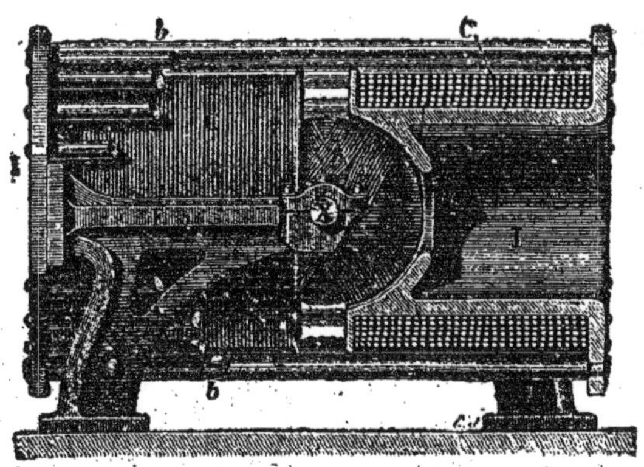

Fig. 231. — Machine Thomson-Houston (coupe).

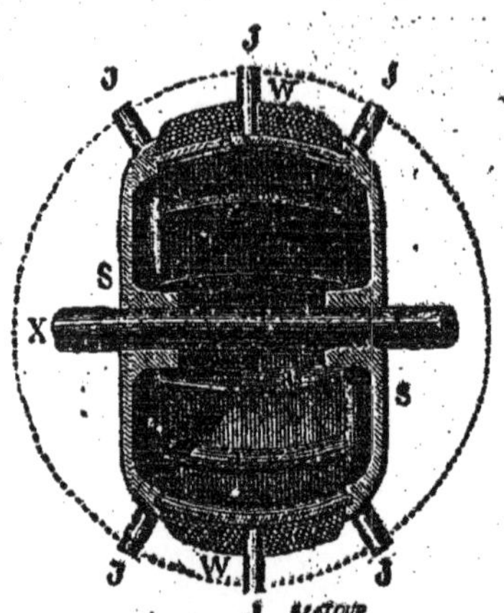

Fig. 235.
Noyau de l'armature Thomson-Houston.

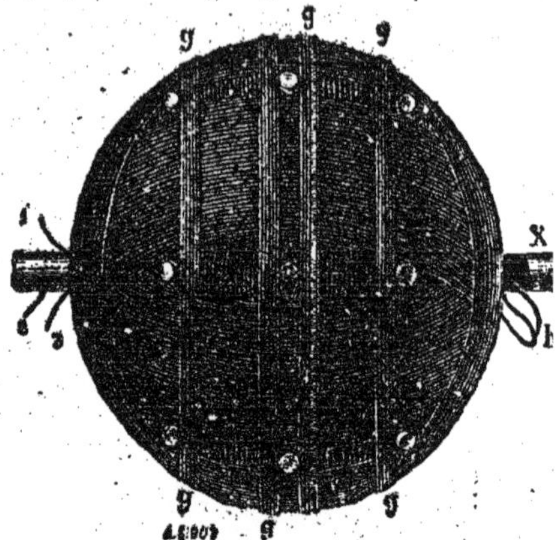

Fig. 236.
Armature (vue extérieure).

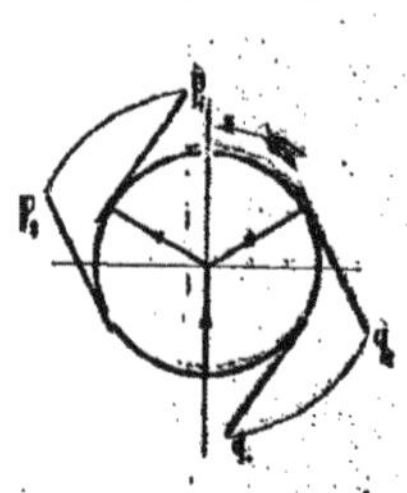

Fig. 237. — Disposition des balais.
(Thomson-Houston).

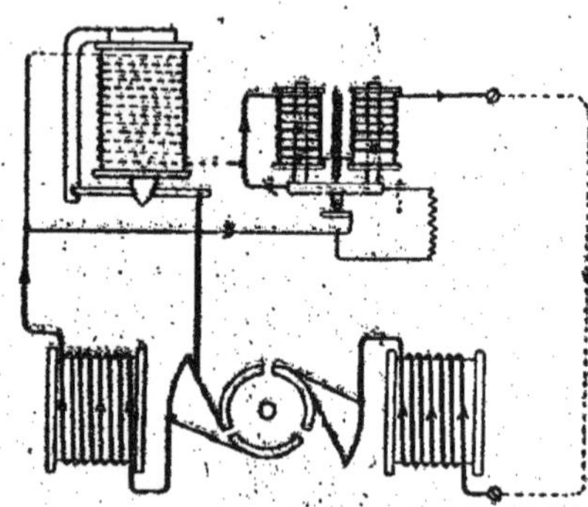

Fig. 238. — Ensemble de l'appareil
régulateur du courant (Thomson-Houston

bord la moitié de la première section, puis la moitié de la seconde, la totalité de la troisième, le reste de la seconde et le reste de la première. De cette façon, les distances moyennes du circuit induit au noyau sont les mêmes pour les trois sections. Lorsque l'enroulement est terminé, l'armature a la forme d'une sphère ; elle est alors solidement cerclée au moyen de fils de laiton pour empêcher toute déformation sous l'action de la force centrifuge. Les trois sections sont réunies entr'elles par une de leurs extrémités (fig. 236) ; chacune des trois autres aboutit à un des segments du commutateur, qui comprennent chacun un angle de 120°.

Les balais sont diamétralement opposés ; ils sont doubles et pour la marche normale, les deux parties du même balai comprennent entr'elles un angle de 60° ; il résulte de cette disposition que l'on a, en général, deux sections couplées en quantité et reliées en tension avec la troisième, ainsi que l'indique la fig. 237, dans laquelle les lignes radiales intérieures représentent les sections de l'induit.

Pour diminuer la f. é. m., on recule les balais p_1 et q_1 et l'on avance les balais p_2 et q_2 dans le sens du mouvement ; l'angle compris entre p_1 et p_2, q_1 et q_2 est alors supérieur à 60° ; par suite, les angles compris entre q_2 et p_1 et entre p_2 et q_1 sont inférieurs à 120°, c'est-à-dire plus petits qu'un segment du collecteur. Dans ces conditions, les sections de l'induit seront mises en court circuit six fois par tour, et la diminution qui en résulte dans la production de la machine dépendra de l'accroissement donné à l'angle des balais solidaires.

Ce réglage des balais se fait automatiquement sous l'action des variations d'intensité du courant. La fig. 238 donne le schéma du circuit de la machine et de l'appareil régulateur ; les détails de la transmission de mouvement aux porte-balais sont représentés fig. 239.

Comme cette dynamo est destinée à la production de forces électro-motrices élevées (en général supérieures à 2,000 volts), le passage des balais d'un segment à l'autre a lieu sous une différence de potentiel considérable, et il était nécessaire d'employer une disposition spéciale pour empêcher la formation d'étincelles permanentes entre deux segments successifs.

M: Thomson emploie à cet effet un souffleur rotatif (fig. 240) placé sur l'axe de la machine entre le collecteur et le coussinet de l'arbre. Cet appareil aspire l'air à l'extérieur et le refoule par deux tuyères plates (fig. 241) dont les orifices sont parallèles à l'axe du collecteur. On obtient à chaque tour six jets d'air qui se produisent au moment où les balais passent d'un segment du collecteur au suivant.

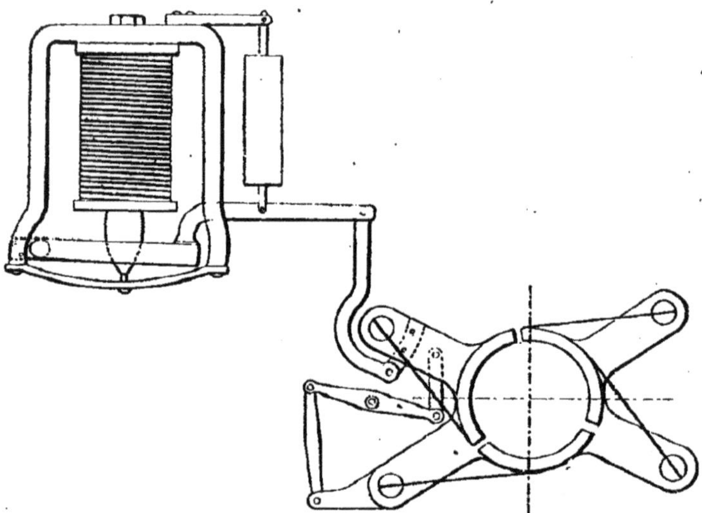

Fig. 239. — Détails de l'appareil régulateur (Thomson-Houston).

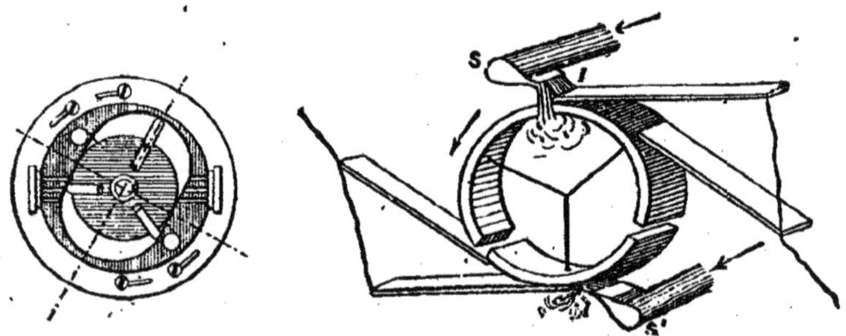

Fig. 240. — Souffleur de la machine Thomson-Houston.

Fig. 241. — Tuyères du souffleur Thomson-Houston.

II. — *Machines à courants alternatifs.*

160. Machine élémentaire.— Dans les machines à courants alternatifs, le circuit induit se déplace dans un champ magnétique formé par une série de pôles alternativement de signes contraires ; les pôles inducteurs peuvent être placés soit radialement à l'extérieur ou à l'intérieur de l'induit, soit latéralement. La première disposition s'applique aux armatures annulaires (fig. 242), la seconde aux armatures à disque (fig. 243) ; le principe du fonctionnement de la machine est le même.

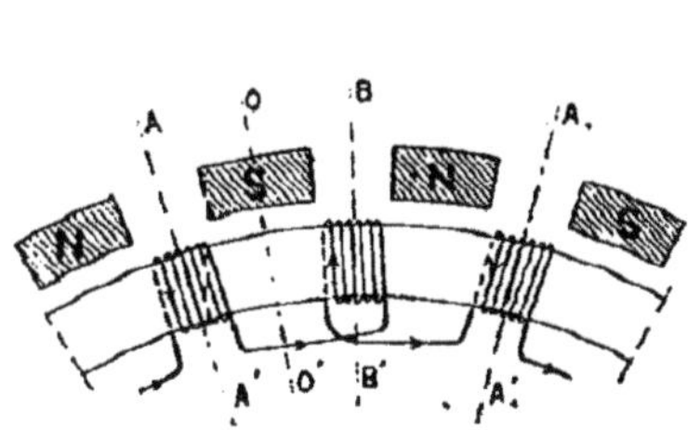

Fig. 242. — Machine à courants alternatifs. — Armature annulaire.

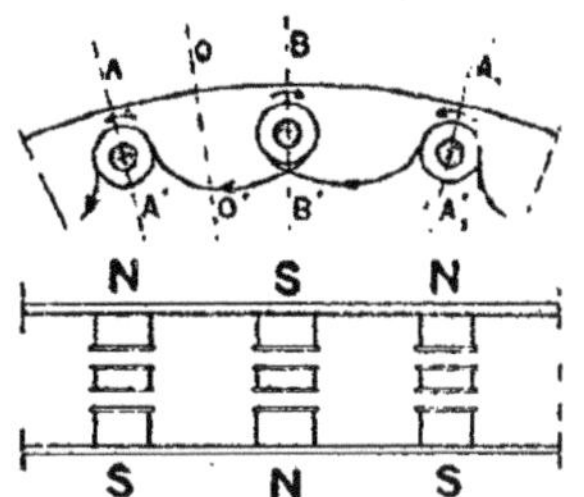

Fig. 243. — Machine à courants alternatifs. — Armature à disque.

Considérons une des bobines induites au moment où son axe coïncide avec la ligne AA′ ; le flux de force qui traverse la surface S des spires de la bobine a pour expression $+\mathcal{H}s$. Quand la bobine aura passé de AA′ en BB′, le flux de force sera égal à $-\mathcal{H}s$; la variation totale sera $2\mathcal{H}s$. Si nous désignons par τ la durée du déplacement angulaire de A en B, la f. e. m. induite moyenne sera $\dfrac{2\mathcal{H}s}{\tau}$; elle est nulle en A et en B où, pendant un instant très court, la variation est nulle, et maximum sur la ligne OO′, où le flux change de signe. De BB′ en $A_1A'_1$, les mêmes phénomènes se reproduisent en sens contraire ; le changement de la f. e. m. a lieu en B. En A_1 la bobine se retrouve dans la même situation qu'en A. Le déplacement de A en A_1 correspond donc à une période entière. S'il y a $2m$ champs alternativement de signes contraires, un tour entier correspondra à m périodes entières et à $2m$ changements de signe de la f. e. m., c'est-à-dire à $2m$ courants alternatifs.

La même action se produit simultanément pour chacune des bobines qui composent l'induit, mais on voit que les courants de deux bobines successives sont de sens contraires. En disposant les connexions comme dans les fig. 242 et 243, les courants seront à chaque instant tous dirigés dans le même sens par rapport au circuit extérieur, et la f. e. m. totale sera la somme des f. e. m. induites dans chacune des bobines de la série. Dans quelques machines, comme nous le verrons plus loin (machine Ferranti) l'angle au centre d'une section est double de celui de deux pôles successifs, ce qui revient à supprimer dans les fig. 242 et 243 une section sur deux ; les courants induits sont alors tous dirigés dans le même sens, et les sections peuvent être réunies l'une à l'autre en série dans l'ordre naturel.

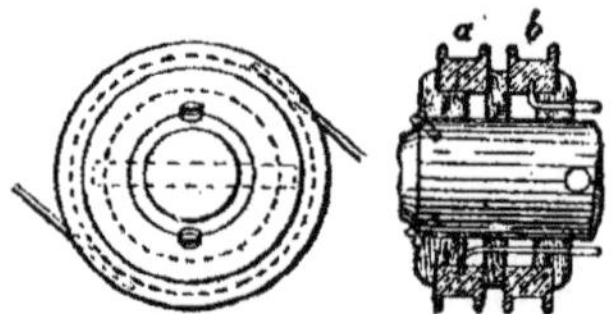

Fig. 244. — Collecteur d'une machine à courants alternatifs.

Les deux extrémités de l'induit sont reliées à un collecteur (fig. 244) formé de deux bagues métalliques isolées, a et b, sur chacune desquelles frotte un balai.

Au lieu de relier les sections en série, comme nous venons de l'indiquer, on peut en réunir un certain nombre en quantité et coupler en série les groupes ainsi obtenus. La disposition à adopter dépendra de l'application que l'on a en vue.

La théorie des machines à courants alternatifs a été donnée par M. Joubert pour le cas où l'armature ne contient pas de fer. Il a vérifié expérimentalement que la f. e. m. induite est alors une fonction sinusoïdale simple, et que l'on a :

$$(1) \qquad\qquad E = E_0 \sin \frac{2\pi t}{T}$$

E_0 étant la valeur maximum de la f. e. m. induite, et T la durée d'une période entière.

En désignant par $2m$ le nombre des pôles, et par n le nombre de tours par seconde, on aura $T = \dfrac{1}{mn}$.

L'intensité du courant satisfait à l'équation :

$$(2) \qquad E = Ri + L\frac{di}{dt},$$

dans laquelle R désigne la résistance, et L le coefficient de self-induction du circuit dans lequel agit la f. e. m. E.

On en déduit (50) :

$$(3) \qquad i = \frac{E_0}{\sqrt{R^2 + \dfrac{4\pi^2 L^2}{T^2}}} \sin\left(\frac{2\pi t}{T} - \varphi\right); \text{ ou}$$

$$(3\ bis) \qquad i = \frac{E_0}{R} \cos\varphi \, \sin\left(\frac{2\pi t}{T} - \varphi\right),$$

en posant

$$(4) \qquad \frac{2\pi L}{TR} = tg\,\varphi.$$

En désignant par

E_e, i_e les valeurs de la f. e. m. et du courant fournies par l'électromètre et l'électrodynamomètre ;

E_m, i_m les valeurs moyennes de E et de i pour une demi-période ;

A_m, la puissance électrique moyenne développée pendant une demi-période,

on aura les relations suivantes :

$$(5) \quad E_e = \frac{E_0}{\sqrt{2}}; \qquad E_m = \frac{2}{\pi} E_0; \qquad E_m = \frac{2\sqrt{2}}{\pi} E_e = 0,9\,E_e$$

$$(6) \quad i_e = \frac{E_0}{R\sqrt{2}} \cos\varphi; \qquad i_m = \frac{2}{\pi}\frac{E_0}{R}\cos\varphi; \qquad i_m = \frac{2\sqrt{2}}{\pi} i_e = 0,9\,i_e$$

$$(7) \qquad A_m = \int_{\frac{1}{2}T}^{\frac{1}{2}T} \frac{Eidt}{\frac{1}{2}T} = \frac{E_0^2 \cos^2\varphi}{2R};$$

et par conséquent

$$(8) \qquad A_m = \frac{E_e^2}{R} \cos^2 \varphi = E_e i_e \cos \varphi = R i_e^2.$$

Il résulte de l'équation (3) que les phases du courant et de la f. é. m. ne coïncident pas, la différence $\frac{\varphi T}{2\pi}$ des deux phases est ce que l'on appelle le *retard du courant* ou le *déplacement du zéro*.

L'équation (4) montre que lorsque la résistance diminue ou que la vitesse augmente, l'angle d'écart devient plus grand. Pour $T = 0$, c'est-à-dire pour une vitesse infinie, en aurait $\varphi = \frac{\pi}{2}$, et le déplacement du zéro serait $\frac{1}{4}T$; le retard du courant est donc toujours inférieur à $\frac{T}{4}$ ou $\frac{\pi}{2}$. Pour une vitesse donnée, le retard est maximum lorsque la résistance totale est la plus petite possible, c'est-à-dire lorsque la machine est fermée en court circuit.

Si dans l'équation (7) on remplace $\cos^2\varphi$ par sa valeur

$$\frac{R^2}{R^2 + \frac{4\pi^2 L^2}{T^2}}$$

on verra que A_m sera maximum pour $R = \frac{2\pi L}{T}$; la différence des phases de la f. é. m. et du courant est alors égale à 45° $(\lg \varphi = 1)$, ou à $\frac{1}{8}$ de la période entière.

Les équations (1) à (8) sont applicables à l'une quelconque des parties d'un circuit à courants alternatifs, en désignant alors par E la différence de potentiel entre les deux points considérés ; R et L étant les valeurs de la résistance et du coefficient de self-induction pour la même portion du circuit.

Lorsque l'armature contient du fer, les variations de perméabilité du circuit induit et l'hystérésis compliquent le phénomène, et la f. é. m. ne peut plus être représentée par une sinusoïde simple.

161. Machine magnéto-électrique de Méritens. — La première machine qui a été employée pour la production

Fig. 245. — Machine magnéto-électrique de Méritens.

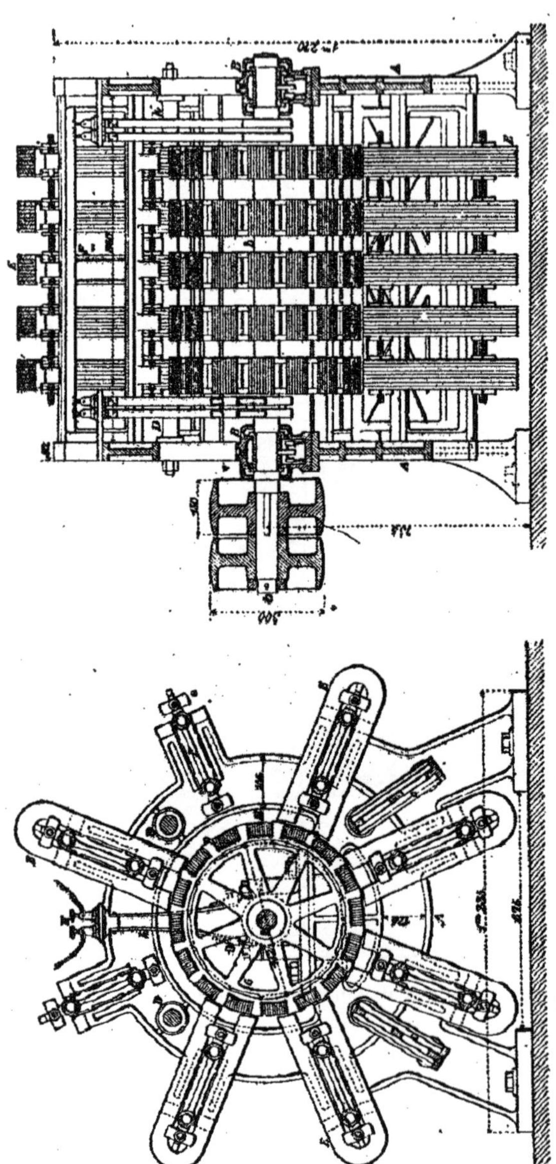

Fig. 246. — Machine magnéto-électrique de Méritens.

Fig. 247. — Machine de Méritens.
Élément du noyau.

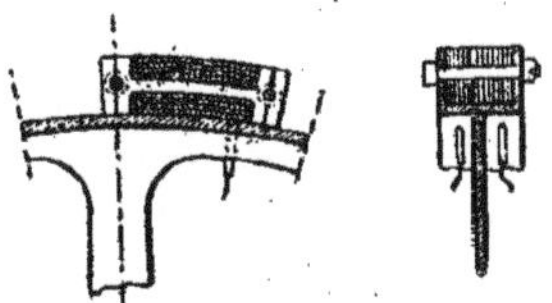

Fig. 248. — Machine de Méritens.
Montage d'une bobine sur la
couronne de l'armature.

Fig. 249. — Machine magnéto-électrique de Méritens à aimants horizontaux.

de la lumière électrique est celle de la Compagnie l'Alliance, imaginée par Nollet en 1850, dans laquelle le champ magnétique était formé par un système d'aimants permanents. Ce type de machine magnéto-électrique, modifié par M. de Méritens, sert principalement à l'éclairage des phares.

Dans le modèle représenté fig. 245 et 246, le champ magnétique est constitué par 40 aimants en fer à cheval disposés par groupes de 5 suivant les sommets d'un octogone régulier, ce qui donne 16 pôles alternativement de signes contraires. Chacun des aimants est formé de 8 lames superposées. L'armature comprend 5 anneaux semblables montés sur l'arbre moteur; un anneau correspond à une couronne d'aimants.

Le système induit se compose de 16 bobines dont le noyau est formé par l'assemblage de pièces de tôle de 1 mm. d'épaisseur (fig. 247); ces bobines élémentaires sont montées sur une poulie en bronze comme l'indique la fig. 248. L'angle au centre d'une bobine est égal à la distance angulaire de deux pôles successifs.

Le groupage des sections en série ou en quantité se fait au moyen d'un commutateur à fiches; il est le même pour chacun des 5 anneaux, dont les courants se réunissent en quantité.

La fig. 249 représente un modèle de machine magnéto-électrique du même constructeur, dans lequel les aimants sont placés horizontalement.

Ces machines sont très bien construites et fonctionnent régulièrement, mais leur prix est plus élevé que celui des dynamos de même puissance et l'emplacement qu'elles occupent est plus considérable.

162. Machine Gramme. — Dans cette machine, représentée fig. 250, le circuit inducteur est mobile; il se compose de 8 barres d'électro-aimants disposées radialement autour d'un noyau central formant culasse, et maintenues par deux tourteaux en fonte; les pôles de ces électro-aimants sont alternativement de signes contraires. L'induit, qui est fixe, est un anneau Gramme divisé en 32 sections dont les extrémités aboutissent à des bornes placées sur le bâti de la machine, et qui peuvent être couplées en quantité ou en tension. Les électro-aimants

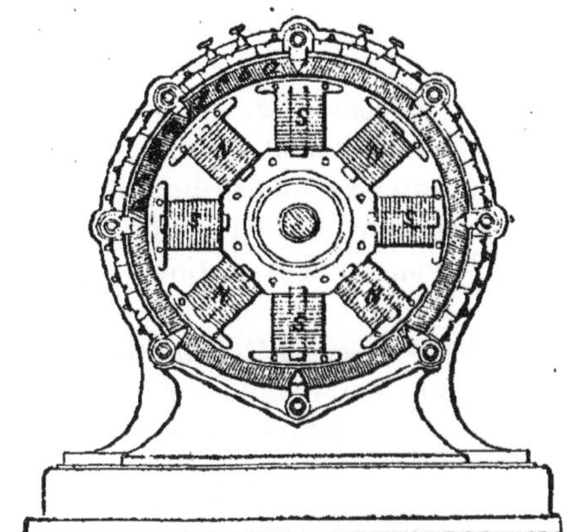

Fig. 250. — Machine Gramme (Coupe transversale).

Fig. 251. — Machine Gramme (auto-excitatrice).

sont excités par une petite machine Gramme à courant continu.

Dans la machine représentée fig. 251, la machine à courants alternatifs et son excitatrice sont réunies. A cet effet, l'arbre central porte un anneau Gramme ordinaire qui tourne entre les pôles d'un électro-aimant à 4 noyaux placé à l'intérieur du bâti, et fournit le courant d'excitation.

163. Machine Lontin. — Cette machine est représentée fig. 252. Le système inducteur mobile se compose de 24 électro-aimants placés radialement autour d'une culasse centrale ; l'ar-

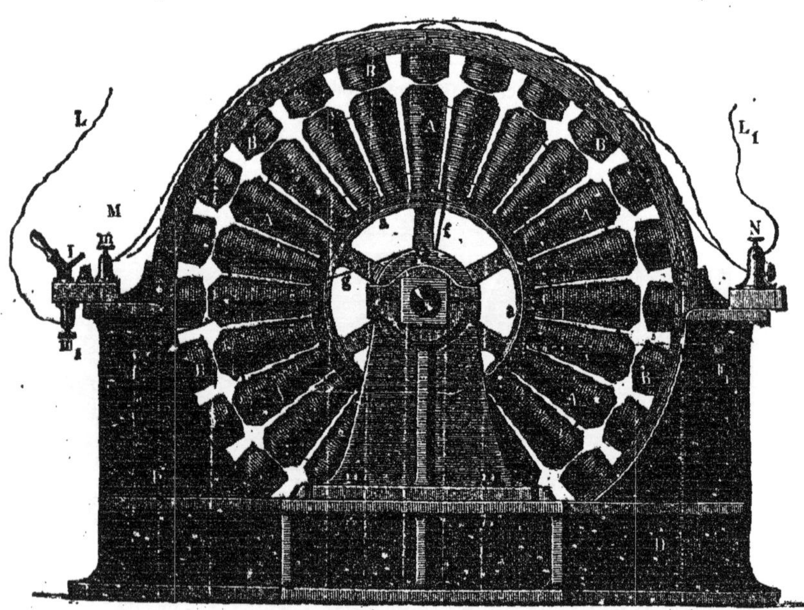

Fig. 252. — Machine Lontin.

mature porte un nombre égal de bobines radiales. Un commutateur M distribue le courant sur 12 circuits distincts au moyen de bornes m, m_1 ; chacun des circuits est muni d'un interrupteur I. Le courant excitateur est fourni par une dynamo à courant continu.

164. Machine Siemens (fig. 253). — Le champ inducteur fixe est formé par deux couronnes d'électro-aimants dont les

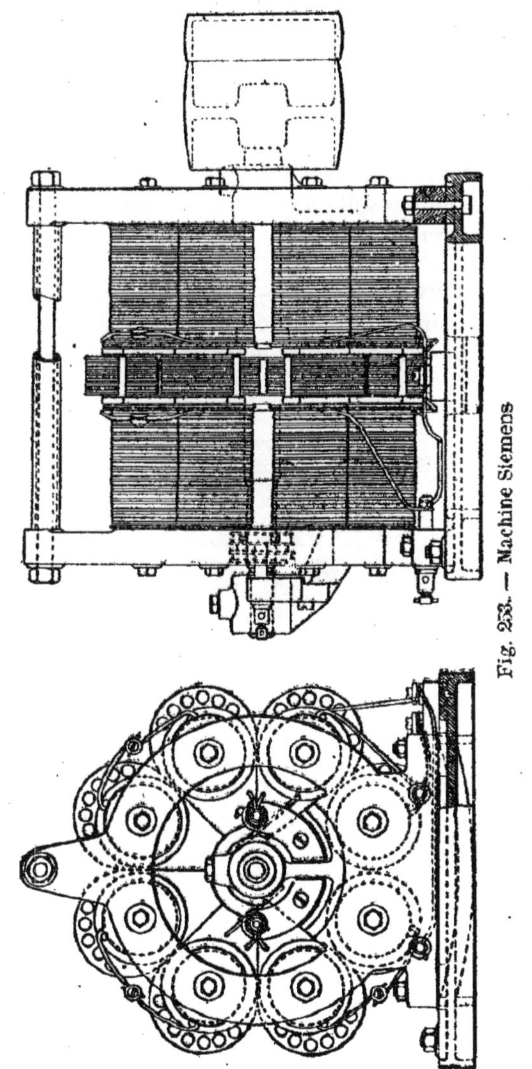

Fig. 253. — Machine Siemens

noyaux sont boulonnés sur deux flasques circulaires en fonte
formant culasses ; les pôles d'une même couronne sont alternativement de signes contraires, et les pôles nord de l'une des
couronnes font face aux pôles sud de l'autre. Le courant excitateur est fourni par une dynamo à courant continu. L'armature mobile se compose d'un nombre de bobines égal à celui
des paires de pôles ; le noyau de la bobine est en bois et le fil est
maintenu entre deux flasques en maillechort percées de trous
pour diminuer l'intensité des courants de Foucault. Ces bobines
sont assemblées sur un disque monté sur l'arbre moteur ; elles
peuvent être réunies soit en quantité, soit en série, ou divisées
en plusieurs circuits distincts.

165. Machine Ferranti. — Le champ magnétique de cette
machine se compose de deux couronnes portant chacune 32
électro-aimants droits dont les pôles opposés sont alternativement de noms contraires. Les noyaux des électro-aimants font

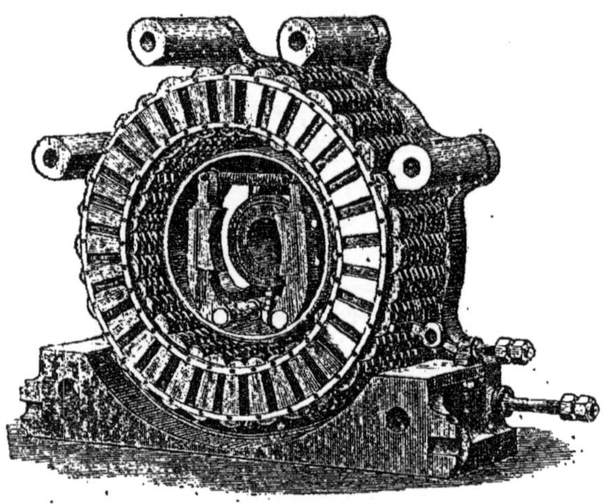

Fig. 254. — Machine Ferranti.

partie du bâti de la machine dont les deux moitiés sont assemblées et maintenues par 6 boulons (fig. 254). L'excitation est
faite par une machine indépendante.

L'induit, formé d'un ruban de cuivre, présente 16 boucles symétriquement placées autour de l'axe (fig. 265). Le nombre des champs magnétiques étant double de celui des boucles, la variation du flux de force est à chaque instant égale et de même signe pour toutes les boucles, et la direction des courants induits change simultanément dans toutes les boucles lorsqu'elles passent d'un champ magnétique au suivant.

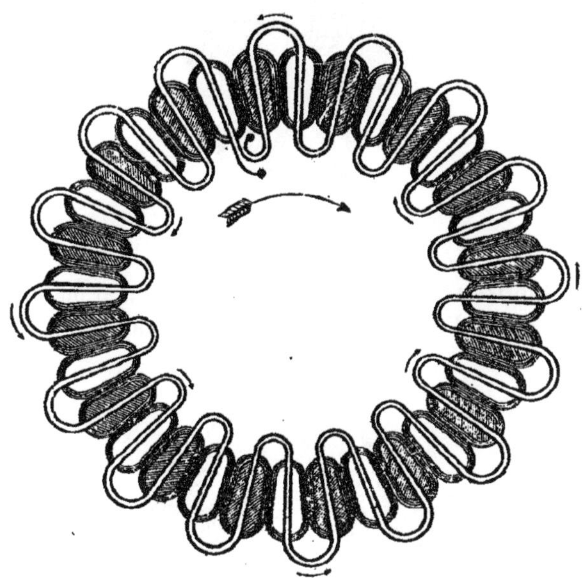

Fig. 255. — Diagramme de la machine Ferranti

Le circuit induit est formé par la superposition de 4 rubans dont chacun fait deux fois le tour de la circonférence ; les 8 couches de cuivre sont isolées les unes des autres et les 4 circuits sont couplés en quantité. Les boucles sont maintenues par deux étoiles (fig. 256) isolées l'une de l'autre et isolées de l'arbre, qui servent en même temps à établir la communication entre les extrémités de l'induit et le collecteur.

Cette machine étant destinée à la production de courants de grande intensité, les balais sont remplacés par des pièces massives de cuivre dont chacune embrasse la moitié environ de la circonférence de l'une des bagues du collecteur.

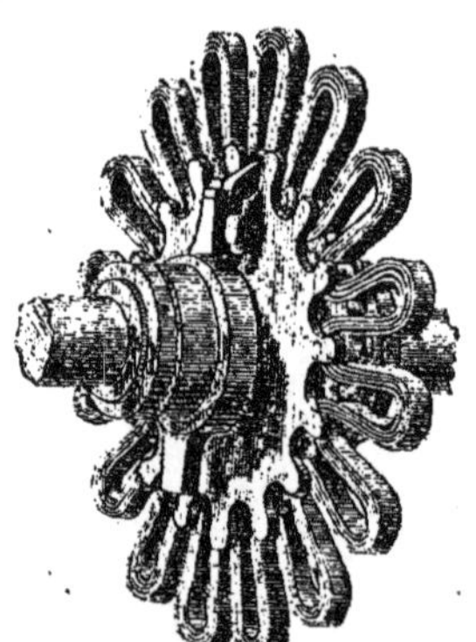

Fig. 256. — Induit de la machine Ferranti.

166. Machine Mordey (fig. 257). — L'inducteur mobile (fig. 258) se compose d'un cylindre en fer qui forme le noyau d'un

Fig. 257. — Machine Mordey.

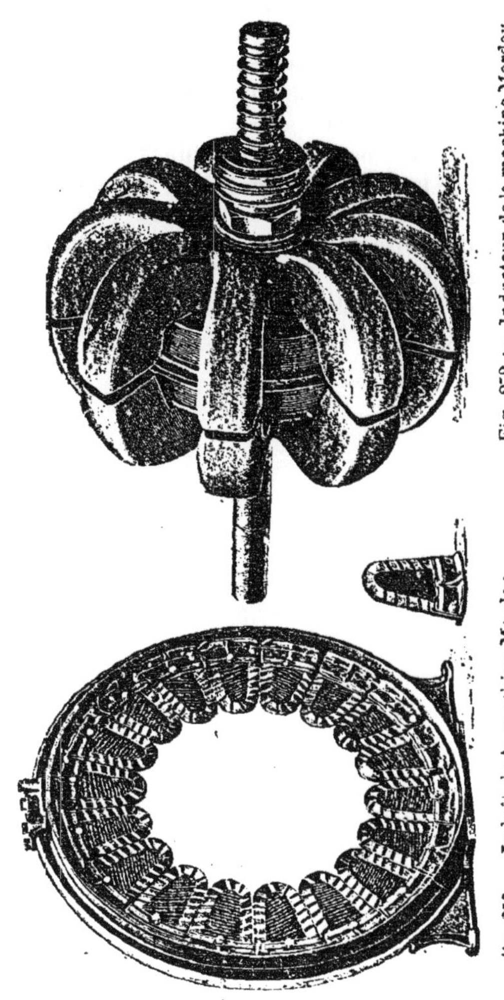

Fig. 258. — Inducteur de la machine Mordey.

Fig. 259. — Induit de la machine Mordey.

électro-aimant monté sur l'arbre moteur (fig. 258). Les extrémités du circuit excitateur sont reliées à deux bagues métalliques en contact avec des frotteurs par lesquels arrive le courant d'une dynamo à courant continu. A chacune des extrémités du noyau central est fixée une pièce de fonte portant 9 bras recourbés qui forment les épanouissement polaires de l'électro-aimant central. Le vide interpolaire réservé au circuit induit est d'environ 18 mm.

L'armature fixe se compose de 18 bobines en ruban de cuivre de 11 mm. de largeur. Chaque bobine est montée sur un noyau en porcelaine qui se fixe à l'intérieur d'un anneau en bronze (fig. 259) divisé en deux parties pour faciliter le montage et les réparations.

Cette machine étant destinée à la production de f. é. m. élevées, les 18 bobines sont réunies en série.

CHAPITRE VII

ÉTUDE EXPÉRIMENTALE DES MACHINES

167. Rendement. — Coefficient économique. — Dans la transformation du travail mécanique en énergie électrique les frottements, l'hystérésis, les courants de Foucault, l'échauffement des conducteurs intérieurs absorbent du travail, et l'énergie électrique utilisable ne représente qu'une fraction du travail dépensé.

En désignant par :

A_M la puissance motrice fournie à la machine électrique,

A_E la puissance électrique totale développée,

A_ε la puissance électrique utilisable,

le rapport $\dfrac{A_E}{A_M}$ est le *rendement électrique brut*, ou *rendement électrique total*;

la différence $A_M - A_E$ représente la perte par les frottements, l'hystérésis, les courants parasites, les imperfections de la machine ;

le rapport $\dfrac{A_\varepsilon}{A_E}$ est le *coefficient économique;*

la différence $A_E - A_\varepsilon$ représente les pertes dues à la résistance des circuits intérieurs de la machine ;

le rapport $\dfrac{A_\varepsilon}{A_M}$ est le *rendement électrique net* ou *rendement électrique industriel*;

la différence $A_M - A_\varepsilon$ est la perte totale pendant la transformation.

168. Calcul du coefficient économique. — La puissance absorbée par les résistances intérieures d'une machine sera représentée par une somme de termes de la forme ri^2

(loi de Joule), dont les valeurs se déterminent par le calcul lorsque les résistances des divers circuits et le mode d'excitation sont connus.

Nous désignerons par :

η, le coefficient économique à déterminer ;

E, la force électromotrice induite totale ;

ε, la différence de potentiel aux bornes de la machine ;

i_a, l'intensité totale du courant induit ;

i_m, l'intensité du courant dans les électro-aimants excités en série ;

i_s, l'intensité du courant dans les électro-aimants excités en dérivation ;

i, l'intensité du courant extérieur ;

r_a, la résistance du circuit induit mesurée entre les deux balais ;

r_m, la résistance du circuit des électro-aimants en série ;

r_s, la résistance du circuit des électro-aimants en dérivation ;

R, la résistance du circuit extérieur.

La puissance électrique fournie au circuit extérieur aura pour expression Ri^2 ou εi.

168. Coefficient économique des dynamos à courants continus. — 1° *Dynamo à excitation indépendante* (fig. 260).

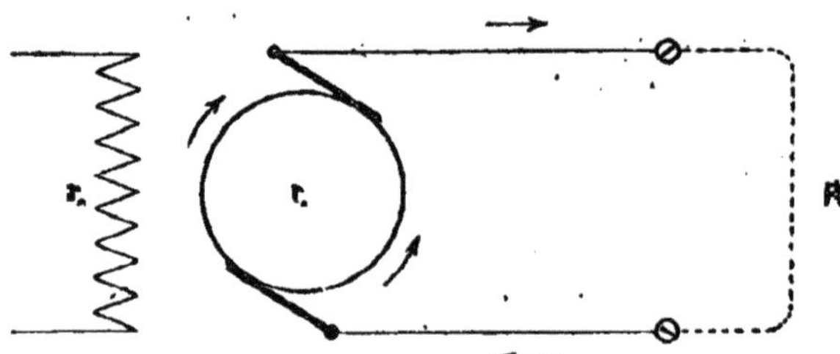

Fig. 260. — Machine à excitation indépendante.

Le courant excitateur étant fourni par une dynamo indépendante développant une puissance électrique A', on aura lés équations suivantes :

(1) $$E = (r_a + R)\, i,$$

(2) $$\varepsilon = Ri = \frac{R}{R + r_a}\, E,$$

(3) $$\eta = \frac{Ri^2}{(R+r_a)\, i^2 + A'}\cdot$$

Pour une valeur donnée de A', le coefficient économique augmente avec R.

2° *Dynamo excitée en série* (fig. 261).

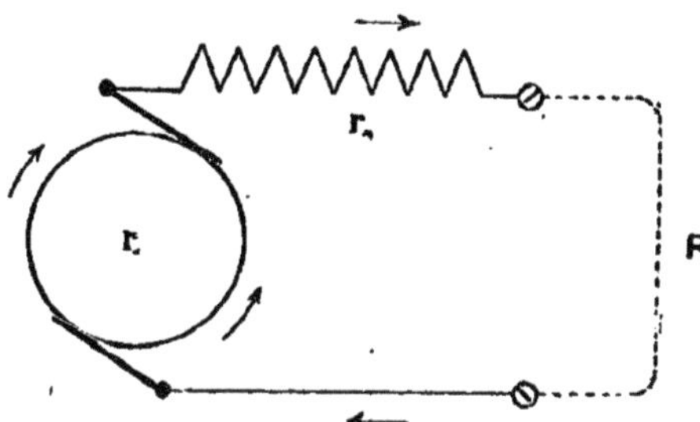

Fig. 261. — Machine excitée en série.

La machine étant excitée par le courant total, on aura :

(4) $$i_a = i_m = i$$

et, par conséquent:

(5) $$\varepsilon = Ri,$$

(6) $$E = \varepsilon + (r_a + r_m)\, i = (r_a + r_m + R)\, i,$$

(7) $$\eta = \frac{Ri^2}{(R+r_a+r_m)\, i^2} = \frac{R}{R+r_a+r_m} = \frac{\varepsilon}{E}\cdot$$

Le coefficient économique augmente avec R, c'est-à-dire lorsque la puissance développée diminue.

L'équation (7) donne

(8) $$(r_a + r_m) = R.\frac{1 - \eta}{\eta},$$

relation qui permet de calculer la valeur de la résistance inté-

rieure de la machine correspondant à un coefficient économique déterminé, lorsque la résistance extérieure, R, est
donnée.

3° *Dynamo-Shunt* (fig. 262).

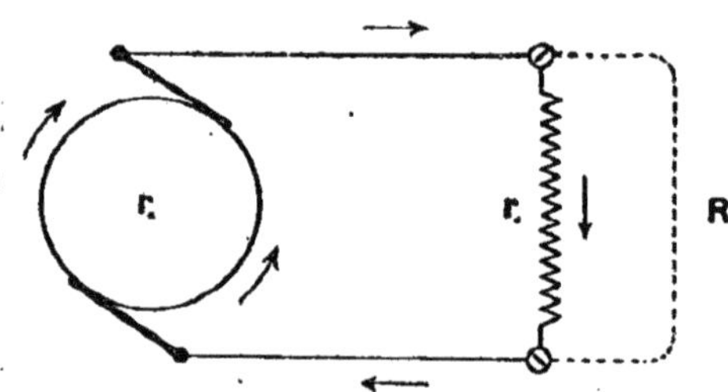

Fig. 262. — Dynamo-Shunt.

La machine étant excitée par une dérivation du courant induit total, on aura les équations suivantes :

$$(9) \qquad i_a = i + i_s,$$
$$(10) \qquad \varepsilon = R i = r_s\, i_s,$$
$$(11) \qquad E = \varepsilon + r_a\, i_a.$$

On en déduit :

$$(12) \qquad i_s = \frac{Ri}{r_s} = \frac{\varepsilon}{r_s},$$

$$(13) \qquad i_a = \frac{R+r_s}{r_s}\, i = \varepsilon\left[\frac{1}{r_s} + \frac{1}{R}\right],$$

$$(14) \qquad E = \varepsilon\left[\frac{1}{r_a} + \frac{1}{r_s} + \frac{1}{R}\right] r_a,$$

$$(15) \qquad r_i = \frac{Ri^2}{Ri^2 + r_a\, i_a^2 + r_s\, i_s^2},$$

et, en remplaçant i_a et i_s par leurs valeurs (12) et (13) :

$$(16) \qquad r_i = \frac{Rr_s^2}{(R+r_s)\,[R(r_a+r_s) + r_a\, r_s]}.$$

Dans cette équation r_a et r_s sont des constantes, R est variable. La valeur de R qui rend η maximum doit satisfaire à l'équation $\frac{d\eta}{dR} = 0$. On en déduit :

$$(17) \qquad\qquad R^2\,(r_a+r_s) = r_a r_s^2.$$

Éliminant r_a entre les équations (16) et (17), il vient :

$$(18) \qquad\qquad \eta = \frac{r_s - R}{r_s + R}.$$

Par conséquent, lorsque l'équation (17) est satisfaite :

$$(19) \qquad\qquad r_s = R \cdot \frac{1 + \eta}{1 - \eta},$$

$$(20) \qquad\qquad r_a = R \cdot \frac{1 - \eta^2}{4\eta}.$$

Les équations (19) et (20) permettent de calculer les valeurs que doivent avoir les résistances intérieures de la machine pour que le coefficient économique ait une valeur déterminée avec une résistance extérieure donnée. La valeur trouvée pour r_s est une limite inférieure ; celle de r_a une limite supérieure.

4° *Dynamo excitée en série et courte dérivation* (fig. 263).

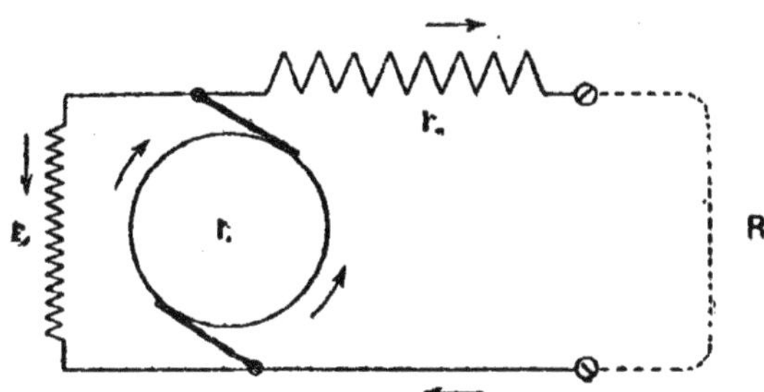

Fig. 263. — Machine excitée en série et courte dérivation.

Les équations de condition sont :

$$(21) \qquad\qquad i_m = i$$
$$(22) \qquad\qquad i_a = i + i_s$$
$$(23) \qquad\qquad \varepsilon = Ri$$
$$(24) \qquad\qquad r_s\,i_s = (R + r_m)\,i$$
$$(25) \qquad\qquad E = r_a\,i_a + (R + r_m)\,i.$$

On en déduit :

$$(26) \qquad i_s = \frac{R + r_m}{r_s} i$$

$$(27) \qquad i_a = \frac{R + r_m + r_s}{r_s} i$$

$$(28) \qquad \eta = \frac{R i^2}{(R + r_m) i^2 + r_a i_a^2 + r_s i_s^2}$$

et, en remplaçant i_a et i_s par leurs valeurs en fonction de i,

$$(29) \qquad \eta = \frac{R}{R + r_m + r_s} \cdot \frac{r^2{}_s}{(R + r_m + r_s) r_a + (R + r_m) r_s} .$$

En prenant R comme variable indépendante, η sera maximum pour

$$(30) \qquad R^2 (r_a + r_s) = r_a (r_m + r_s)^2 + (r_m + r_s) r_m r_s.$$

Cette équation étant supposée satisfaite, si l'on élimine r_a entre les équations (29) et (30), il viendra

$$(31) \qquad \eta = \frac{r_m + r_s - R}{r_m + r_s + R}$$

ou

$$(32) \qquad r_m + r_s = R \cdot \frac{1 + \eta}{1 - \eta} .$$

En éliminant r_m entre les équations (30) et (32), il vient :

$$(33) \qquad r_a = r_s \left[\frac{1 - \eta^2}{4 \eta} \cdot \frac{r_s}{R} - 1 \right].$$

5° Dynamo excitée en série et en longue dérivation (fig. 264).

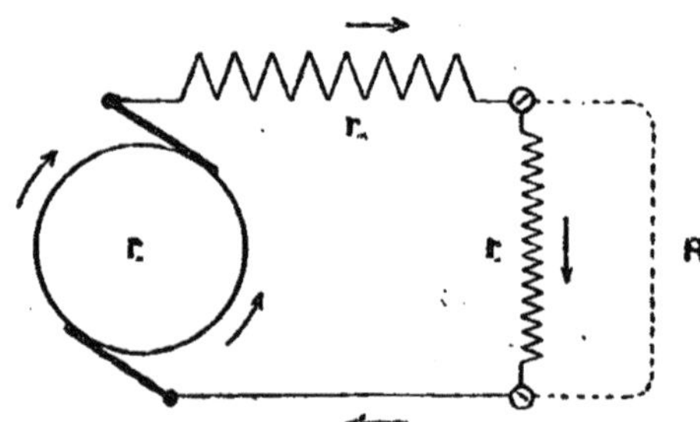

Fig. 264. — Machine excitée en série et longue dérivation.

Les équations de condition sont :

$$(34) \qquad i_a = i_m = i + i_s,$$
$$(35) \qquad \varepsilon = Ri = r_s i_s,$$
$$(35) \qquad E = (r_a + r_m)\, i_a + Ri.$$

On en déduit :

$$(37) \qquad i_s = \frac{Ri}{r_s}$$

$$(38) \qquad i_a = \frac{R+r_s}{r_s}\, i,$$

$$(39) \qquad \eta = \frac{Ri^2}{Ri^2 + (r_a+r_m)\, i_a^2 + r_s\, i_s^2}$$

et, en remplaçant i_a et i_s par leurs valeurs en fonction de i,

$$(40) \qquad \eta = \frac{R}{R+r_s} \cdot \frac{r_s^2}{(R+r_s)(r_a+r_m)+Rr_s} \cdot$$

R étant la variable indépendante, η sera maximum pour

$$(41) \qquad R^2\, (r_a+r_m+r_s) = r_s^2\, (r_a+r_m).$$

Cette équation étant supposée satisfaite, si l'on élimine r_a entre (40) et (41), il viendra :

$$(42) \qquad \eta = \frac{r_s - R}{r_s + R},$$

ou

$$(43) \qquad r_s = R\, \frac{1 + \eta}{1 - \eta}.$$

En éliminant r_s entre (43) et (41), on obtiendra :

$$(44) \qquad r_a + r_m = R\, \frac{1 - \eta^2}{4\eta}.$$

Les équations (43) et (44), de même que les équations (32) et (33) expriment les conditions auxquelles doivent satisfaire les résistances intérieures de la machine, pour que le coefficient économique puisse atteindre une valeur déterminée avec une résistance extérieure donnée.

170. Coefficient économique d'une machine à courants alternatifs. — En se reportant au n° 160, on voit que la puissance totale développée par la machine est $(R+r_a)i_e^2$ et que la puissance utile est Ri_e^2. Le coefficient économique, η, aura donc pour expression

$$(45) \qquad \eta = \frac{Ri_e^2}{(R+r_a)\,i_e^2 + A'}\,,$$

A′ étant la puissance électrique développée par l'excitatrice. Pour une machine magnéto-électrique $A' = 0$, et

$$(46) \qquad \eta = \frac{R}{R + r_a}\,.$$

171. Mesure des résistances intérieures. — Pour calculer le coefficient économique, il faut connaître les résistances intérieures de la machine correspondant à une allure déterminée. En effet, pendant la marche, les circuits induit et inducteur s'échauffent et leurs résistances augmentent peu à peu, jusqu'au moment où la température de régime est atteinte. Ce sont les valeurs finales de ces résistances qui entrent dans le calcul des formules que nous venons d'établir.

L'élévation de température, pendant le fonctionnement de la machine, ne doit pas dépasser la limite au-delà de laquelle l'isolant pourrait être décomposé ou désagrégé par la chaleur. Cet accroissement de température peut se déterminer en mesurant la résistance des circuits au commencement et à la fin de l'expérience.

R_0 étant la résistance d'un conducteur à $0°$ et R_t sa résistance à $t°$, on a $R_t = R_0 \alpha^t$. Pour le cuivre de haute conductibilité employé dans la construction des machines, $\alpha = 1{,}003713$. En mesurant la résistance du circuit à la température initiale connue t, puis à la température finale inconnue T, on aura $R_T = R_t \alpha^{T-t}$; on en déduira la valeur de $(T-t)$, élévation de température résultant du fonctionnement de la machine au régime expérimenté. Cet accroissement ne doit pas dépasser $50°$ à $60°$; l'augmentation correspondante de la résistance est de 20 à 25 o/o.

Les méthodes décrites aux n°ˢ 103 et 105 conviennent très bien à la mesure des résistances intérieures d'une machine,

parce qu'elles peuvent être exécutées assez rapidement pour
que la température des conducteurs ne change pas d'une manière appréciable pendant la détermination. Les extrémités du
circuit sont disposées de façon à pouvoir être reliées aux appareils de mesure par le jeu d'un commutateur, aussitôt que
la machine est arrêtée.

172. Mesure de l'isolation. — Au moment de la réception d'une machine, il est nécessaire de vérifier l'isolation des
circuits intérieurs entre eux et avec la terre. On emploie à cet
effet la méthode du n° 104 que l'on applique successivement
à chacun des circuits induit et inducteur, puis à l'ensemble des
deux circuits en reliant le fil de terre au bâti métallique de la
machine ; on vérifie de même l'isolation des lames du collecteur entre elles et avec l'arbre. Ces mesures doivent être répétées de temps en temps, après que la machine a été mise en
service.

173. Rendement industriel. — Pour mesurer le rendement industriel d'une machine, c'est-à-dire le rapport
$\frac{A_\mathrm{s}}{A_\mathrm{M}}$ de la puissance motrice fournie à la puissance électrique
disponible, il faut déterminer les valeurs simultanées de A_s et
de A_M.

A_M peut être déterminé au moyen d'un dynamomètre de
transmission, placé entre le moteur et la dynamo, qui mesure
le couple appliqué à la circonférence de la poulie motrice,
dont on a préalablement mesuré le diamètre. Si, au moyen
d'un vélocimètre ou d'un tachymètre, on observe la vitesse angulaire correspondante de la poulie, on aura tous les éléments
nécessaires pour calculer la puissance motrice fournie à la
dynamo.

La puissance électrique utile se déduit de l'observation des
valeurs simultanées du courant et de la différence de potentiel
aux bornes de la machine (132, 133).

Pour faire l'expérience, après avoir mis la machine en train
à une allure déterminée, on la laisse fonctionner pendant un
temps suffisant pour que les divers circuits aient pris leur

température de régime. On observe alors à des intervalles de temps réguliers les indications du dynamomètre et du tachymètre, en même temps que les valeurs correspondantes de la puissance électrique utile si. En traçant alors la courbe des valeurs de A_M et celle des valeurs correspondantes de A_S en fonction du temps, le rapport des deux surfaces représentera le rendement industriel moyen $\dfrac{A_S}{A_M}$, pour l'allure expérimentée.

Ces mesures doivent être faites à différents régimes dans les limites d'emploi de la dynamo soumise à l'essai. La représentation graphique des observations périodiques que nous venons d'indiquer, peut être avantageusement remplacée par l'emploi d'appareils enregistreurs automatiques

Au lieu de faire usage d'un dynamomètre de transmission, on peut adopter la méthode suivante.

On mesure d'abord au moyen de l'indicateur de pression la puissance développée sur le piston du moteur et simultanément au moyen d'un frein la puissance disponible sur l'arbre de la machine. En répétant ces mesures pour différentes allures du moteur, on aura déterminé pour chacune d'elles le rapport de la puissance indiquée à la puissance motrice disponible, et il suffira de prendre une série de diagrammes sur le cylindre pour connaître la puissance fournie à la dynamo expérimentée.

Lorsque la dynamo doit être actionnée directement par la machine à vapeur, on peut se contenter de mesurer le rapport de la puissance électrique disponible à la puissance indiquée, ce qui revient à déterminer immédiatement la consommation de vapeur et, par suite, la dépense de combustible correspondant à une quantité donnée d'énergie électrique utile.

En traitant des moteurs électriques, nous indiquerons d'autres méthodes pour la mesure du rendement des machines.

174. Rendement électrique total. — Le rendement électrique brut ou total se déduit du rendement industriel, $\dfrac{A_S}{A_M}$, et du coefficient économique $\chi = \dfrac{A_S}{A_E}$, puisque l'on a :

$$\frac{A_E}{A_M} = \frac{1}{\chi} \cdot \frac{A_S}{A_M}.$$

175. Caractéristique. — L'intensité du courant que peut fournir une machine dans un circuit de résistance R est exprimée par l'équation

$$(1) \qquad i = \frac{E}{R} = \frac{4nPN\cos\varphi}{R}.$$

Le flux magnétique total, N, dépend du courant excitateur, des dimensions de la machine et des qualités magnétiques du fer qui entre dans sa construction.

L'angle de calage, φ, est fonction de l'intensité du champ et de celle du courant induit.

Les relations qui existent entre ces diverses variables se déterminent par l'expérience et peuvent être représentées au moyen de courbes.

Les premières études graphiques sur le fonctionnement des dynamos, dues au Dr J. Hopkinson, datent de 1879. M. Marcel Deprez a donné le nom de *caractéristique* à la courbe qui re-présente la f. e. m. d'une machine en fonction du courant, lors-que l'excitation est faite en série.

Le même mode de représentation est applicable aux divers types de machines, et nous indiquerons la marche à suivre pour l'étude graphique de leur fonctionnement.

176. Caractéristique d'une dynamo en série. — Pour étudier la loi de la f. e. m. en fonction du courant, il est nécessaire de pouvoir modifier à volonté le débit de la machine. A cet effet, on réunira les pôles par un système de résistances dont on puisse changer la valeur au moyen d'un commutateur. La machine étant mise en train à sa vitesse normale, on observera le nombre de tours par seconde au moyen d'un vélocimètre ou d'un tachymètre, et l'on notera les valeurs correspondantes de la différence de potentiel aux bor-nes, ε, et de l'intensité du courant extérieur, i. La f. e. m. totale, E, se déduira de la relation : $E = \varepsilon + (r_a + r_m)i$.

Comme la valeur de E dépend de la vitesse de rotation de l'armature, il est nécessaire d'indiquer le nombre de tours pour lequel la caractéristique est tracée ; cette vitesse doit être maintenue aussi constante que possible pendant toute la durée de l'expérience. Si le nombre de tours observé est différent de celui qui a été choisi comme base, on aura, d'après l'équation (1) :

$$(2) \qquad E_o = E \cdot \frac{n_0}{n} \, ,$$

en désignant par E_0 et E les f. e. m. totales correspondant aux vitesses n_0 et n.

On ne doit commencer à prendre les mesures définitives pour le tracé de la caractéristique que lorsque la machine a fonctionné pendant un temps suffisant pour atteindre sa température de régime.

Chaque fois que l'on modifie le débit de la dynamo, il faut avoir soin de caler les balais dans la position la plus favorable.

Les observations doivent être répétées un certain nombre de fois en passant du débit minimum au débit maximum et inversement.

Elles peuvent être résumées sous forme de tableau de la manière suivante :

Numéros des observations	Valeurs observées				Valeurs calculées				
	z	i	n	$r_a + r_m$	$(r_a+r_m)\, i$	E	E_0	ε_0	R

La courbe A de la fig. 265 représente la *caractéristique totale* d'une machine excitée en série, c'est-à-dire la loi suivant laquelle la force électro-motrice totale E_0 varie en fonction du courant i, à la vitesse de n_0 tours par seconde.

La courbe A' représente les valeurs de la f. e. m. induite à circuit ouvert, c'est-à-dire les valeurs de N en fonction du courant d'excitation lorsque le courant induit est nul.

Les points de cette courbe se déterminent en excitant les électro-aimants par une source indépendante, et en mesurant pour chacune des valeurs de i la différence de potentiel aux bornes ; le courant et par suite la chute de potentiel dans l'armature étant nuls, cette différence de potentiel sera précisément égale à la f. e. m. induite.

Les ordonnées des courbes A′ et A représentent également, à une échelle différente, les valeurs du flux d'induction totale, N, et d'induction utile $N\cos\varphi$, en fonction de la force magnétomotrice $0{,}4\pi Q i$, puisque dans le cas de la machine excitée en série, le courant excitateur est le même que le courant extérieur.

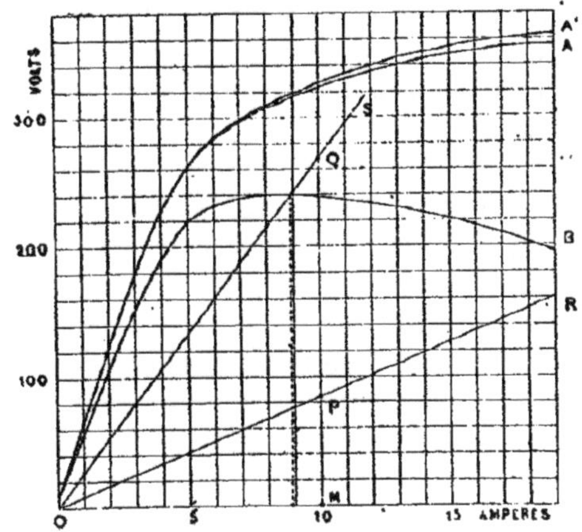

Fig. 265. — Dynamo excitée en série.
A′. Courbe d'excitation. — A. Caractéristique totale.
B. Caractéristique externe.

La caractéristique totale pour une vitesse n_1, différente de n_0, s'obtiendrait en multipliant les ordonnées de la courbe (E_0, i) par le rapport $\dfrac{n_1}{n_0}$.

En étudiant la forme de la courbe A (fig. 265), on voit qu'elle ne passe pas par l'origine, c'est-à-dire que, par suite du magnétisme rémanent, la f. e. m. induite ne s'annule pas avec le courant. Tant que le courant est faible, la courbe diffère très peu d'une droite, c'est-à-dire qu'au départ la f. e. m. est proportionnelle au courant. A mesure que l'intensité augmente, la courbe s'infléchit en se rapprochant de l'horizontale. Sa forme est donc analogue à celle de la courbe d'aimantation (fig. 113, page 156) ; en fait, les deux courbes seraient identiques si le courant de l'armature ne réagissait pas sur le champ des électro-aimants.

Cette action augmente avec l'intensité du courant induit, et, à mesure que les électro-aimants s'approchent de la saturation, la caractéristique tend à fléchir au-dessous de l'horizontale ; et à partir d'un certain point, la f. e. m. diminuera à mesure que le courant augmentera.

Pour atténuer cette action, il faut augmenter la section des électro-aimants : le fer étant alors plus loin de son point de saturation, la même excitation fournira un champ magnétique plus intense et la déformation résultant du courant induit sera moins prononcée.

Au moyen de la caractéristique totale A, on peut tracer la courbe exprimant la relation entre la différence de potentiel aux bornes et l'intensité du courant extérieur. Cette seconde courbe (ε, i) est représentée en B, fig. 265.

Pour la tracer, prenons sur l'axe des abscisses une longueur OM égale à i_1 ampères ; élevons en ce point une ordonnée MP égale à $(r_a + r_m)i_1$ volts, et menons la droite OR par le point P et l'origine : les ordonnées de la droite OR représenteront les valeurs de $(r_a + r_m)i$ pour les différentes intensités, et en les retranchant des ordonnées correspondantes de la courbe (E_0,i) on obtiendra les points de la caractéristique externe (ε_0,i), représentée en B (fig. 265).

On remarquera toutefois que la ligne OR ne sera une droite qu'à la condition que $(r_a + r_m)$ reste constant ; dans le cas contraire, ce serait une courbe.

La caractéristique externe étant tracée, on peut immédiatement déterminer quelle sera l'intensité du courant pour une résistance extérieure donnée R. A cet effet, on prend OM $= i$ ampères, MQ $=$ Ri volts, et l'on mène la droite OS passant par le point Q, c'est-à-dire déterminée par la condition que son coefficient angulaire soit égal à la résistance R donnée.

Le point où cette droite OS coupe la caractéristique externe
donne les valeurs de e et de i pour la résistance extérieure R,
puisque $\frac{e}{i} = $ R.

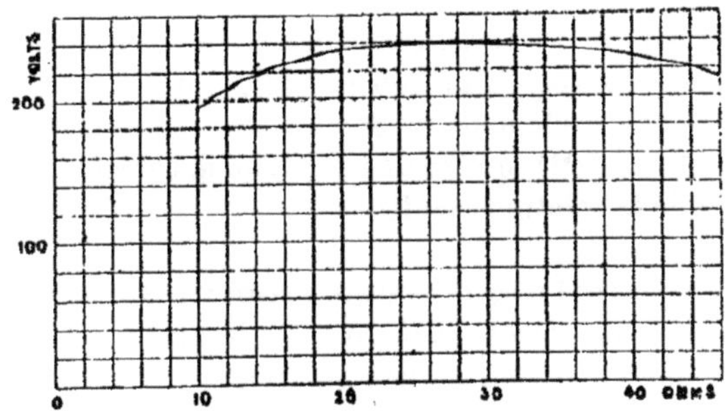

Fig. 266. — Dynamo en série.
Différence de potentiel aux bornes en fonction de la résistance extérieure.

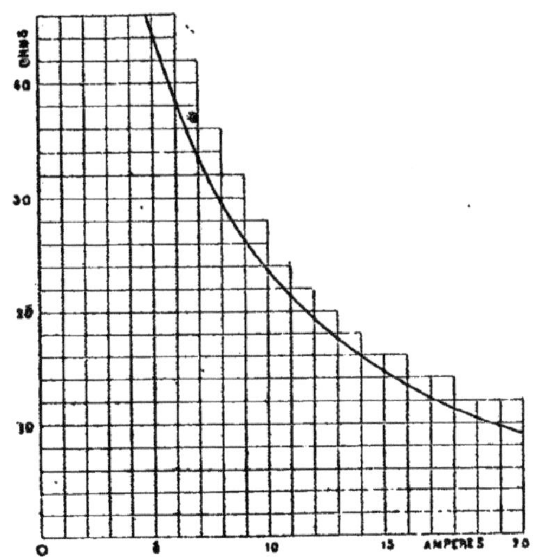

Fig. 267. — Dynamo en série.
Intensité du courant en fonction de la résistance extérieure.

Lorsque R augmente, l'intensité décroît, et la machine ne

s'amorce que si la résistance extérieure est inférieure à une certaine limite que l'on appelle la *résistance critique* pour la vitesse à laquelle a été tracée la caractéristique. La partie droite de la caractéristique correspond à la période d'équilibre instable ou d'amorçage.

Au moyen de la caractéristique externe, on peut tracer deux autres courbes (fig. 266 et 267), qui sont quelquefois d'un usage commode dans les applications; ce sont les courbes $\varepsilon = f(R)$ et $i = f(R)$, qui se déduisent de la caractéristique (B) au moyen de la relation $\varepsilon = Ri$.

177. Caractéristique d'une dynamo shunt.— La méthode expérimentale est analogue à celle que nous venons de décrire pour la machine excitée en série.

La dynamo ayant pris sa température normale, on observe, pour chacun des régimes étudiés, le nombre de tours n, la différence de potentiel aux bornes ε, le courant extérieur i, le courant excitateur i_s.

Les observations peuvent être résumées de la manière suivante :

Numéros des observations.	Valeurs observées					Valeurs calculées						
	ε	i	i_s	r_a	n	i_a	$r_a i_a$	E	E_0	ε_0	r_s	R

Les valeurs à calculer se déduisent des valeurs observées au moyen des relations :

$$i_a = i + i_s ; \quad E = \varepsilon + r_a i_a ; \quad E_0 = E \frac{n_0}{n} ; \quad \varepsilon_0 = E_0 - r_a i_a ;$$

$$r_s = \frac{\varepsilon}{i_s} ; \quad R = \frac{\varepsilon}{i} .$$

On commence par tracer, pour la vitesse n_0, la courbe $E_0 = f(i_s)$ représentant la loi suivant laquelle la f. e. m. totale varie en fonction du courant excitateur i_s; c'est la courbe dont l'équation est $E_0 = 4n_0\text{PN}\cos\varphi$; elle est représentée en A (fig. 268). La courbe A′ de la même figure indique la f. e. m. correspondante à circuit ouvert.

Les ordonnées de A′ et A représentent également les valeurs de N et de N cos φ en fonction de la force magnétomotrice.

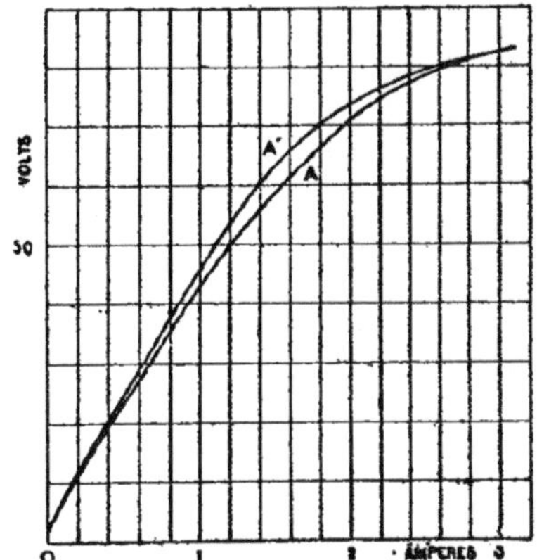

Fig. 268. — Dynamo-shunt.

A′. Courbe d'excitation totale }
A. Force électro-motrice induite } en fonction du courant d'excitation.

La caractéristique totale $E_0 = f(i_a)$ et la caractéristique externe $E = f(i)$ se tracent au moyen des données du tableau des observations : elles peuvent également se déduire directement de la courbe A, au moyen des relations

$$i_a = \frac{E - i_s r_s}{r_a} \; ; \quad i = \frac{E - i_s(r_a + r_s)}{r_a} \; ; \quad \varepsilon = r_s i_s.$$

La fig. 269 donne la caractéristique externe d'une dynamo-shunt : la caractéristique externe aurait la même forme.

Les caractéristiques corespondant à des vitesses différentes doivent être déterminées expérimentalement, et ne peuvent pas se déduire les unes des autres comme dans le cas de la machine en série. En effet, N cos φ dépendant à la fois de i_s et de i_a, et i_s étant fonction de E, les ordonnées de la courbe (E, i_s) ne sont plus simplement proportionnelles au nombre de

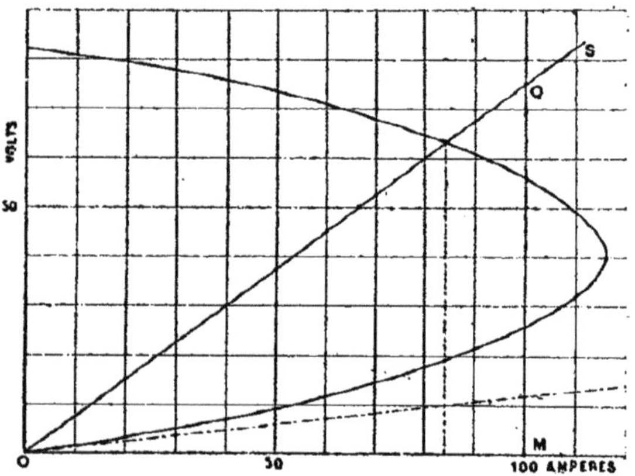

Fig. 269. — Dynamo shunt. — Caractéristique externe.

tours. Il est par suite indispensable, pour le tracé de cette courbe, de maintenir la vitesse aussi constante que possible, et ce n'est que pour de très faibles écarts entre la vitesse observée et la vitesse normale qu'on pourra admettre l'exactitude de la proportion $\dfrac{E_0}{n_0} = \dfrac{E}{n}$.

Pour déterminer l'intensité du courant correspondant à une résistance extérieure donnée, on mène la droite OS dont le coefficient angulaire est égal à R ; le point où elle coupe la caractéristique donne les valeurs correspondantes de e et de i. En diminuant de plus en plus la résistance extérieure, il arrivera un moment où la droite OS ne coupera plus la courbe ; la machine sera désamorcée. La dynamo-shunt ne commence donc à produire un courant appréciable que lorsque la résistance extérieure a atteint une certaine valeur. La partie inférieure de la caractéristique représente la période instable de l'amorçage ;

la partie supérieure comprise entre le coude et l'axe des ordonnées correspond au régime permanent.

On voit que, pendant le régime permanent, à une augmen-

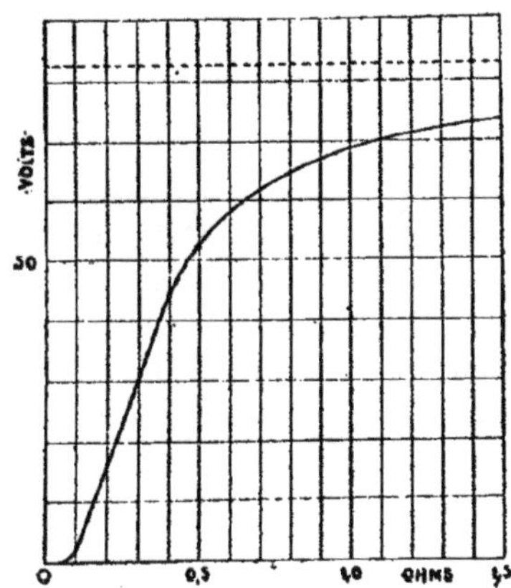

Fig. 270. — Dynamo-shunt.
Différence de potentiel aux bornes en fonction de la résistance extérieure.

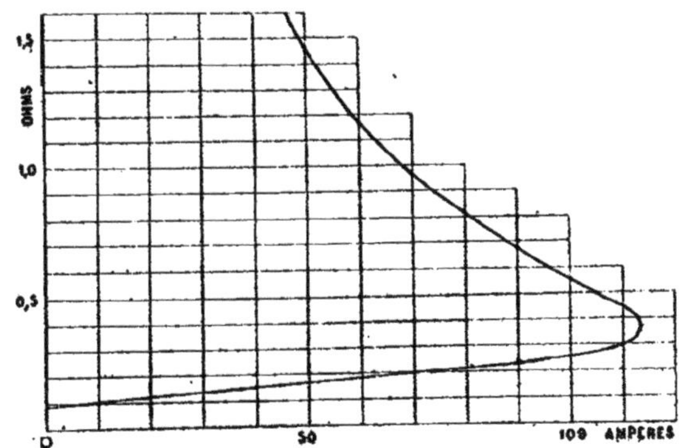

Fig. 271. — Dynamo-shunt.
Intensité du courant en fonction de la résistance extérieure.

tation de résistance extérieure correspondent une diminution du courant et un accroissement de la différence de potentiel aux bornes. Cette différence de potentiel est maximum pour une résistance infinie, c'est-à-dire lorsque la machine travaille à circuit ouvert ; à ce moment elle ne fournit plus que le travail correspondant à l'excitation du champ magnétique.

Les courbes $i = f(R)$ et $\varepsilon = f(R)$ représentées fig. 270 et 271 se déduisent de la caractéristique externe au moyen de la relation $\varepsilon = Ri$.

178. Caractéristique d'une dynamo à excitation indépendante.

— On déterminera d'abord la courbe d'excitation, $E = 4n\,PN$, en observant les valeurs correspondantes de la vitesse angulaire, du courant d'excitation et de la différence de potentiel aux bornes à circuit ouvert.

On tracera ensuite les caractéristiques totale et externe pour différentes valeurs du courant d'excitation.

Le tableau suivant indique les observations à faire pour cette détermination.

Numéros des observations.	Valeurs observées						Valeurs calculées.				
	i_m	r_m		i	r_a	ε	r_{ai}	E	E_0	ε_0	R

Les courbes A et B de la fig. 272 représentent les caractéristiques totale et externe pour une valeur donnée du courant d'excitation. Elles mettent en évidence la réaction de l'induit sur le champ inducteur déjà mentionnée au n° 176.

En effet, si cette réaction n'existait pas, la f. e. m. totale E resterait constante tant que le courant excitation ne change pas, et la caractéristique totale serait représentée par la droite horizontale A', tandis qu'en réalité elle s'incline vers l'axe des abscisses à mesure que l'intensité du courant induit augmente.

Les points de la caractéristique externe B s'obtiennent en

retranchant des ordonnées de **A** les ordonnées correspondantes de la droite **OR**, dont le coefficient angulaire est égal à la résistance intérieure, r_a, de la machine.

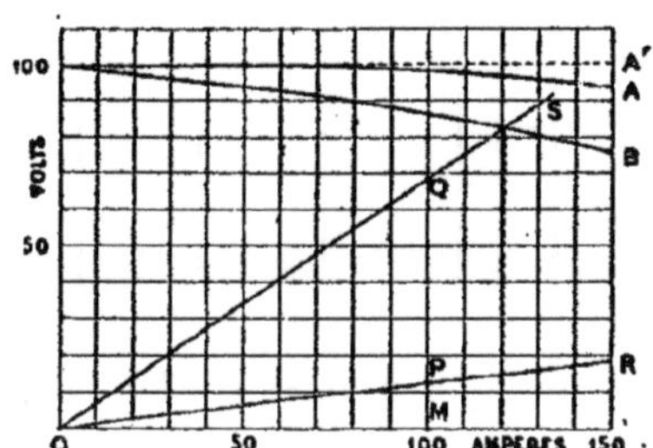

Fig. 272. — Dynamo à excitation indépendante.
Caractéristiques totale et externe.

Les fig. 273 et 274 donnent pour cette même machine les courbes $\varepsilon = f(R)$ et $i = f(R)$.

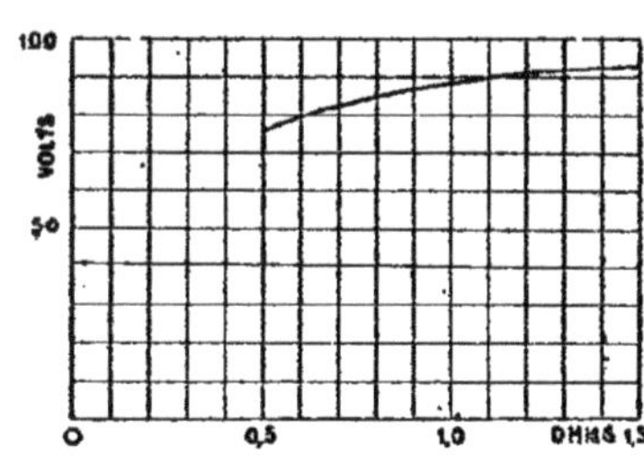

Fig. 273. — Dynamo à excitation indépendante. — Différence de potentiel aux bornes en fonction de la résistance extérieure.

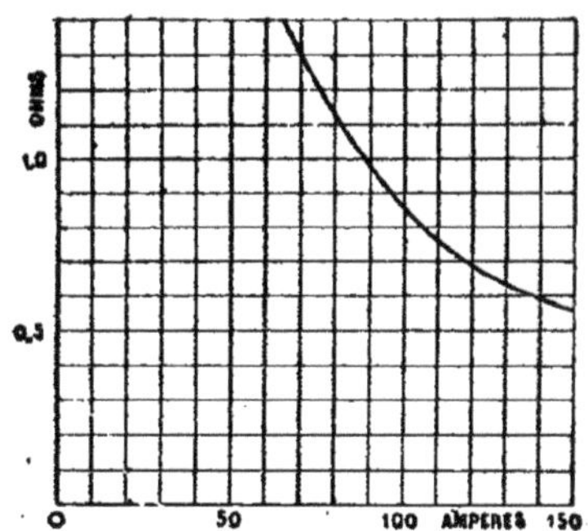

Fig. 274. — Dynamo à excitation indépendante. — Intensité du courant en fonction de la résistance.

179. Caractéristique d'une machine compound. — Le tableau suivant indique les observations à faire pour cette détermination.

Numéros des observations	Valeurs observées						Valeurs calculées								
	i	i_s	r_a	r_m	u	z	i_a	i_m	$Q_m i_m$	$Q_s i_s$	E	E_o	z_o	r_s	R

Q_m désigne le nombre des spires sur les électro-aimants excités en série,

Q_s celui des spires sur les électro-aimants excités en dérivation.

La force magnéto-motrice $\mathcal{F}$, agisssant dans le circuit magnétique, a pour valeur

$$\mathcal{F} = 0{,}4\,\pi\,[Q_m i_m + Q_s i_s].$$

Les courbes d'excitation à circuit ouvert et à circuit fermé se tracent en prenant comme abscisses les valeurs de $\mathcal{F}$ et comme ordonnées les valeurs correspondantes de E.

Ainsi que nous le verrons dans le chapitre suivant, l'emploi du double enroulement a surtout pour but de donner à la machine la propriété de fournir aux bornes une différence de potentiel constante, lors même que la résistance extérieure varie : dans ce cas la caractéristique externe est représentée par une droite parallèle à l'axe des abscisses, dans les limites entre lesquelles la condition ci-dessus est remplie.

180. Caractéristique d'une machine à courants alternatifs. — Comme pour une f. e. m. donnée, l'intensité du courant dépend à la fois de la résistance du circuit et de son coefficient de self-induction, on ne pourra pas représenter le fonctionnement de la machine par une courbe unique. La caractéristique devra donc être tracée pour l'application spéciale que l'on a en vue.

Les deux cas les plus fréquents sont : celui où le coefficient de self-induction étant constant, la résistance varie, et celui où la résistance est constante et la self-induction variable.

Les dynamos à courants alternatifs sont excitées par un courant continu provenant d'une machine indépendante, ou fourni par le redressement d'une partie du courant alternatif ; le premier mode est le plus fréquent, et il sera facile, dans ce cas, de tracer la courbe d'aimantation, c'est-à-dire la f. e. m. totale à circuit ouvert pour différentes valeurs du courant excitateur. La fig. 275 représente la courbe d'excitation d'une machine Siemens.

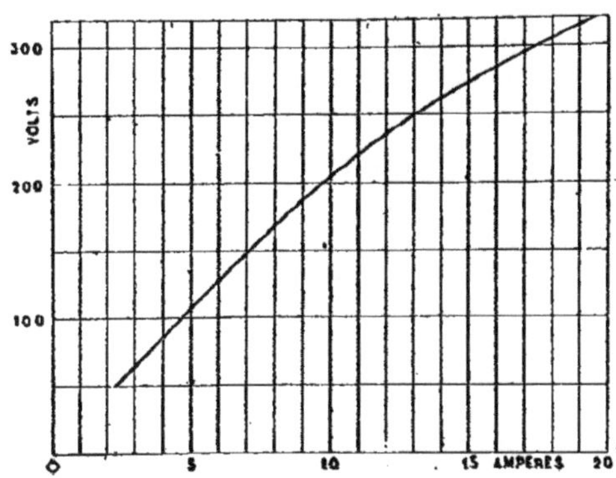

Fig. 275. — Dynamo à courants alternatifs. — Courbe d'excitation.

Lorsque l'armature ne contient pas de fer, et que la f. e. m. induite suit la loi du sinus, les équations du n° 161 permettent de calculer l'intensité du courant, la différence de potentiel aux bornes et la puissance développée pour les différentes valeurs que l'on peut assigner soit à la résistance, soit au coefficient de self-induction du circuit extérieur.

On peut déterminer expérimentalement la différence de phase entre le courant et la f. e. m., en mesurant la puissance développée par la méthode de n° 133, et au moyen du même électromètre les valeurs correspondantes de E_0 et i . L'angle de retard, φ, sera donné par l'équation

$$A_m = E_0\, i_0 \cos \varphi$$

et comme $\operatorname{tg} \varphi = \dfrac{2\,\pi\,\mathrm{L}}{\mathrm{T\,R}}$, on en déduira la valeur du coefficient de self-induction en fonction de la résistance du circuit et de la durée d'une période.

Avec une armature à noyau de fer les phénomènes sont plus complexes, à cause de l'hystérésis et des variations de perméabilité du champ, et la caractéristique doit être déterminée par l'expérience directe.

La marche à suivre est la même que celle que nous avons indiquée pour les dynamos à courants continus, en faisant usage des méthodes de mesures spécialement applicables aux courants alternatifs.

Pour déterminer expérimentalement la loi suivant laquelle la f. e. m. induite varie en fonction du temps, on relie les deux extrémités de l'une des bobines aux bornes d'un galvanomètre balistique à travers une résistance convenable; le centre de la bobine ayant été amené dans l'axe de l'un des champs inducteurs, on lancera dans les électro-aimants un courant d'intensité connue ; la déviation balistique donnera la mesure du flux magnétique total correspondant à cette position On répétera l'expérience en faisant avancer, chaque fois, la bobine d'un angle connu jusqu'à ce qu'elle arrive dans l'axe du champ suivant. Si l'on prend comme abscisses les angles décrits et comme ordonnées les déviations balistiques observées, on pourra tracer la courbe de la f. e. m. en fonction de temps, et vérifier si elle suit la loi du sinus d'une façon suffisamment approchée.

CHAPITRE VIII

RÉGULATION ET COUPLAGE DES DYNAMOS

181. Objet de la régulation. — En étudiant le fonctionnement des machines à excitation indépendante, en dérivation et en série, nous avons vu que la différence de potentiel utile et l'intensité du courant changent avec la résistance du circuit extérieur.

Dans la plupart des applications qui exigent une puissance variable, il est nécessaire de maintenir constant l'un des deux facteurs de la puissance, c'est-à-dire la différence de potentiel ou le courant. C'est l'objet des méthodes de régulation que nous allons passer en revue.

182. Régulation pour potentiel constant. — Dans les applications qui exigent un potentiel constant, on emploie généralement des dynamos excitées en dérivation ou par une source indépendante. La machine étant établie pour fournir une différence de potentiel déterminée au débit maximum, si le courant diminue, la tension augmentera. On peut ramener celle-ci à sa valeur normale en modifiant l'intensité du champ inducteur ou la vitesse angulaire de l'induit.

Régulation par le champ inducteur. Elle consiste à diminuer le courant d'excitation au moyen d'un rhéostat intercalé dans le circuit inducteur ; le nombre des résistances du rhéostat régulateur et la valeur de chacune d'elles se déterminent expérimentalement, de telle sorte que la variation de potentiel ne dépasse pas la limite qui aura été fixée. Le plus souvent le rhéostat est manœuvré à la main, d'après les indications d'un voltmètre ; mais, dans les installations importantes, il peut être avantageux d'employer un régulateur automatique.

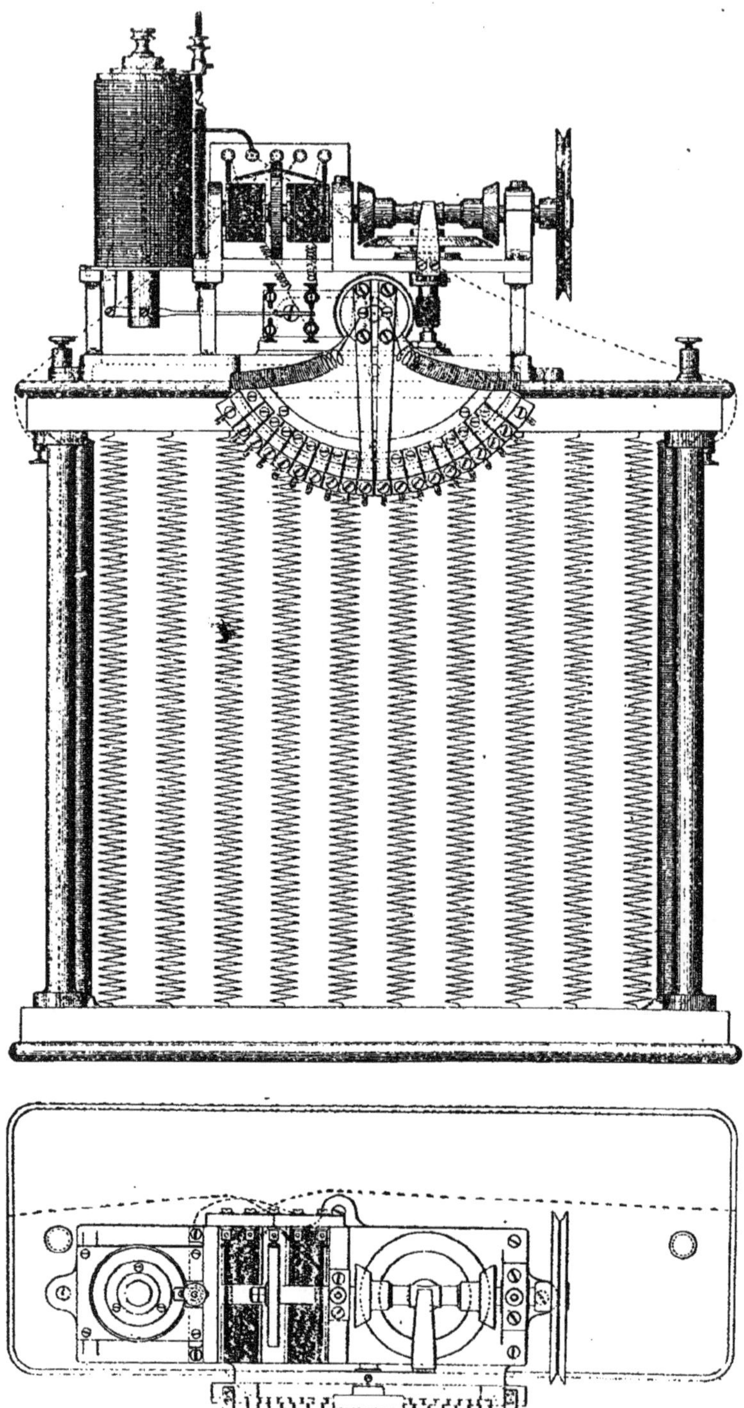

Fig. 276. — Régulateur automatique de potentiel (système Thury).
Élévation et plan.

La fig. 276 représente un appareil de ce genre, dont le fonctionnement est indiqué schématiquement par la fig. 277.

Il se compose de trois parties : le rhéostat R, inséré dans le circuit excitateur de la dynamo D, le relai actionnant le curseur *ff* du rhéostat et le solénoïde régulateur S qui détermine le fonctionnement du relai.

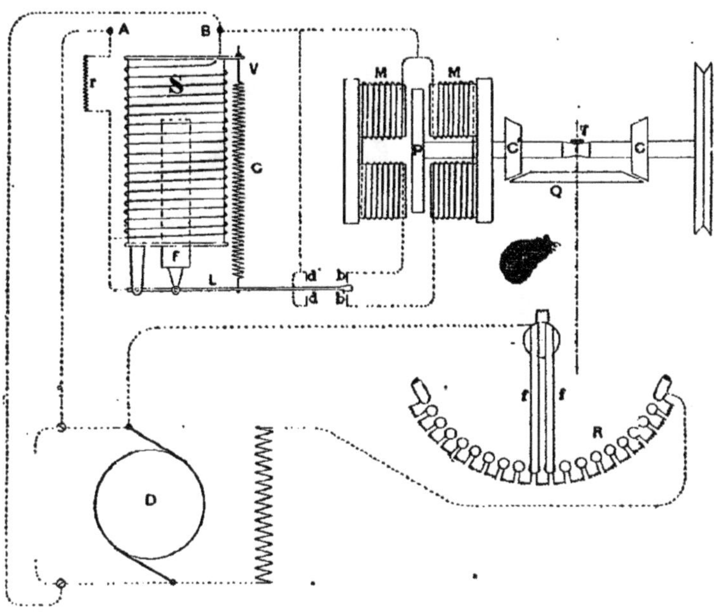

Fig. 277. — Diagramme du régulateur automatique Thury.

Les extrémités du solénoïde S sont attachées aux points A et B entre lesquels la différence de potentiel doit être maintenue constante. Une résistance *r* permet de régler, une fois pour toutes, l'intensité du courant qui passe dans le solénoïde en vertu de la différence de potentiel (A — B). A l'intérieur du solénoïde se trouve un cylindre de fer doux F, dont l'extrémité inférieure est attachée par une articulation sur le levier L. Le ressort à boudin G, dont la tension est réglée par la vis V, maintient le levier L à égale distance des contacts *b*

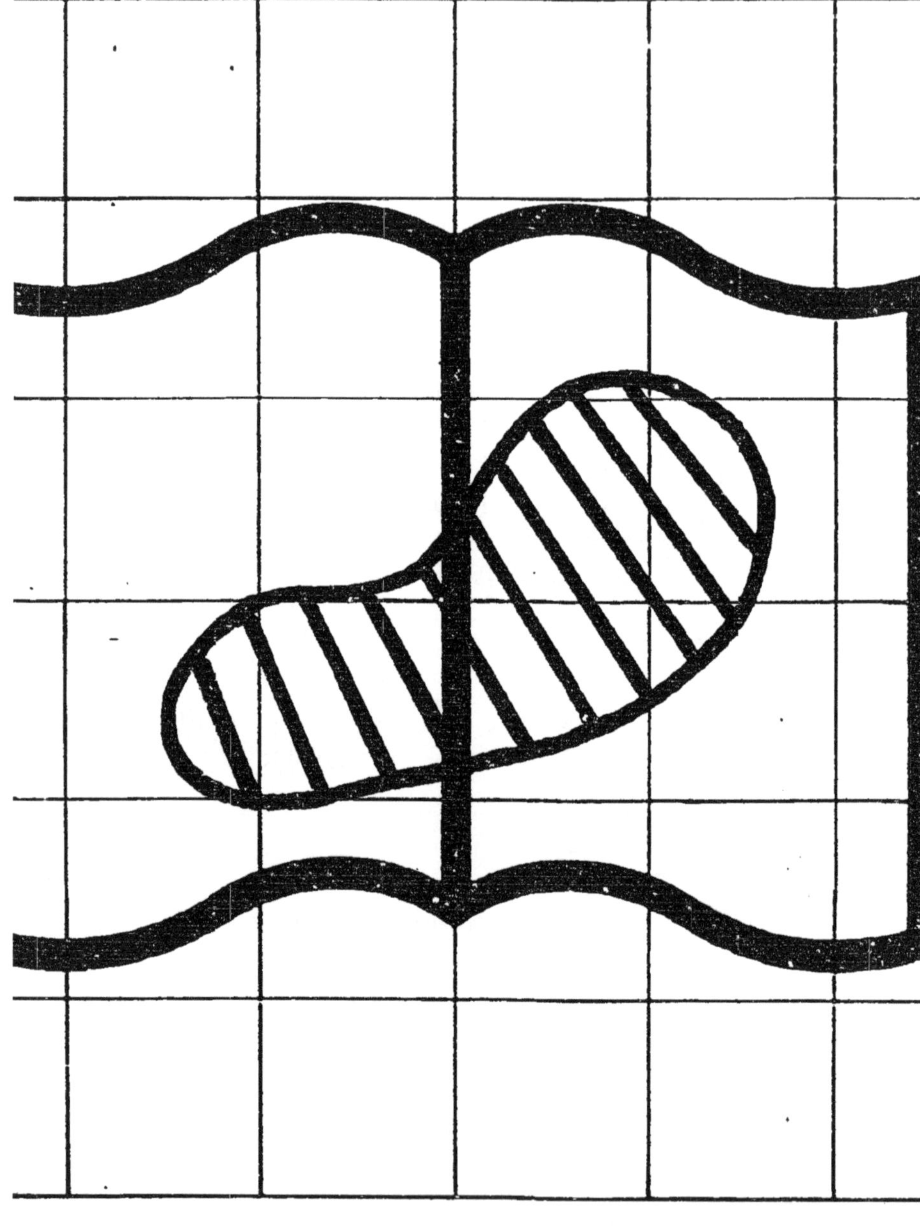

et *b'*, lorsque le courant qui traverse le solénoïde correspond
à la différence normale de potentiel entre A et B; la tension
du ressort fait alors équilibre à l'action de la pesanteur et à
celle du champ magnétique produit par le courant en S. Si la
différence de potentiel (A — B) varie dans un sens ou dans
l'autre, l'intensité du courant change en S et l'équilibre est
rompu. Le noyau F, en s'élevant ou en s'abaissant, déplace le
levier L, dont l'extrémité viendra buter sur l'un des contacts
b ou *b'* et fermera le circuit de l'un des électro-aimants M ou
M'. Le disque de fer doux P sera attiré, et, en se déplaçant,
entraînera l'arbre O qui peut glisser longitudinalement dans
ses paliers. Cet arbre, qui est animé d'un mouvement de rotation continu, porte deux cônes de friction C et C'; lorsque
P est attiré par M, le cône C vient porter sur la roue d'angle
Q, qu'il entraîne dans son mouvement; si c'est l'électro-aimant
M' qui est excité, Q sera entraîné en sens inverse par le cône
C'. Le mouvement de la roue Q est transmis par un pignon et
une vis sans fin au curseur du rhéostat R; la résistance insérée dans le circuit excitateur de la dynamo augmente dans
le premier cas et diminue dans le second. Le mouvement du
curseur continue jusqu'à ce que la différence de potentiel
(A — B) ait été ramenée à sa valeur normale; le levier L revient alors dans sa position horizontale sous l'action du ressort antagoniste G, et, le courant du relai étant rompu, le
disque P reprend sa position d'équilibre sous l'action du ressort plat T; la roue Q reste immobile.

Les vis de butée *d* et *d'* ont pour but de supprimer le courant
dans le relai, lorsque le curseur *ff* arrive à fin de course, soit
d'un côté, soit de l'autre. A ce moment le levier L établit la
communication entre *b* et *d* ou entre *b'* et *d'*, et le relai est mis
en court circuit. Les oscillations du noyau F sont amorties par
un piston qui plonge dans un cylindre plein d'huile.

Régulation par le moteur. La fig. 278 représente un régulateur automatique d'admission de vapeur. Il se compose du solénoïde S, placé en dérivation entre les deux points dont la
différence de potentiel doit être maintenue constante. Le
noyau F en fer doux est en équilibre sous l'action du ressort
G et de la force magnétique due au courant qui traverse le

solénoïde. Si la différence de potentiel varie, le noyau se déplacera en agissant sur le levier L. Ce levier actionne le tiroir H en communication avec un réservoir d'eau, placé à la partie

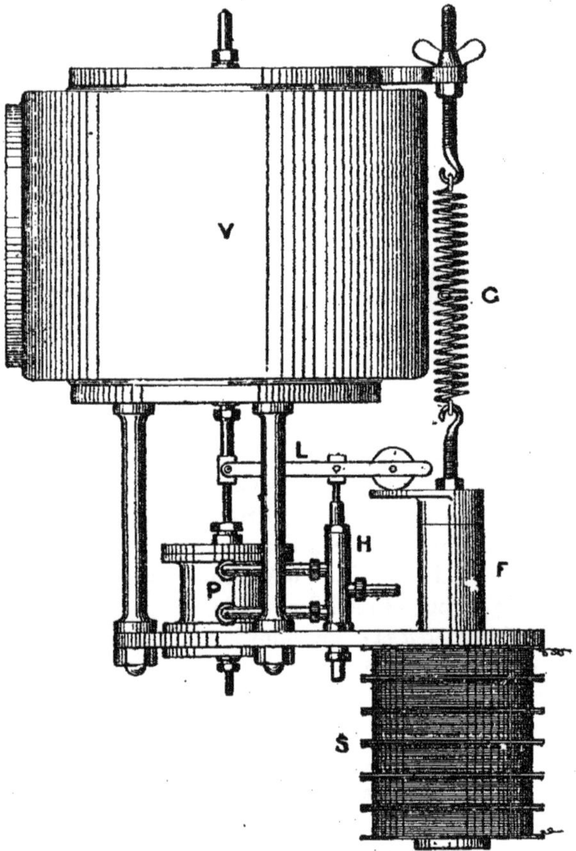

Fig. 278. — Régulateur automatique d'admission de vapeur (Willans).

supérieure de l'atelier, qui commande le piston P relié à la soupape d'admission de vapeur V, de telle sorte que le travail moteur varie en raison de l'énergie électrique dépensée dans le circuit extérieur.

183. Régulation pour courant constant. — Lorsque la machine employée pour la production d'un courant constant est à excitation indépendante ou en dérivation, on peut lui appliquer l'un des deux modes de régulation décrits au numéro précédent. Il suffira pour cela de remplacer le solénoïde S à fil fin par un solénoïde à gros fil placé sur le trajet même du courant à régler.

Avec une machine excitée en série, le réglage peut être effectué par l'une des méthodes suivantes :

Régulation par le décalage des balais. La puissance développée par une dynamo est maximum, lorsque le diamètre de commutation est normal à la direction du champ résultant de l'action mutuelle de l'inducteur et de l'induit ; pour une position différente, la puissance développée diminue ; elle serait nulle si la commutation avait lieu dans le plan parallèle à la direction du champ. On pourra donc modifier le débit de la machine en faisant varier l'angle de calage.

Ce déplacement peut être effectué, soit à la main, soit automatiquement. En décrivant la dynamo Thomson-Houston, nous avons indiqué ce mode de régulation, ainsi que la disposition adoptée pour atténuer l'action destructive des étincelles sur le collecteur et sur les balais.

Régulation par le champ. 1. Le circuit des électro-aimants est shunté par un rhéostat, et l'intensité du courant excitateur se règle en modifiant la résistance du shunt.

2. Au lieu de faire varier le courant excitateur, on peut, comme l'a proposé M. Marcel Deprez, changer le nombre des spires actives. A cet effet, le circuit des électro-aimants est divisé en un certain nombre de sections reliées à un commutateur, qui permet de modifier à volonté le nombre des ampères-tours d'excitation.

3. Dans le système Trotter (fig. 279), le rhéostat r est placé en dérivation sur l'une des moitiés du circuit excitateur ; il en résulte que les électro-aimants Y sont excités par le courant total, tandis que les électro-aimants X n'en reçoivent qu'une fraction, déterminée par la valeur de la résistance r. Si le courant était nul en X, le circuit magnétique de Y serait fermé par une pièce de fer doux, et le flux magnétique exté-

rieur serait nul. En agissant sur le rhéostat r, on pourra donc modifier la résistance magnétique de X et faire varier le flux de force dans l'armature.

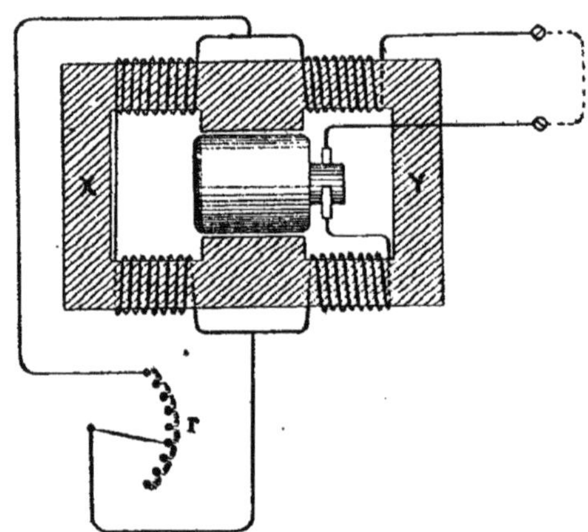

Fig. 279. — Régulateur de courant (système Trotter).

On arrive ainsi à conserver au courant une valeur constante, lors même que la résistance du circuit extérieur varie.

4. La fig. 280 représente le système Waterhouse pour la régulation à courant constant.

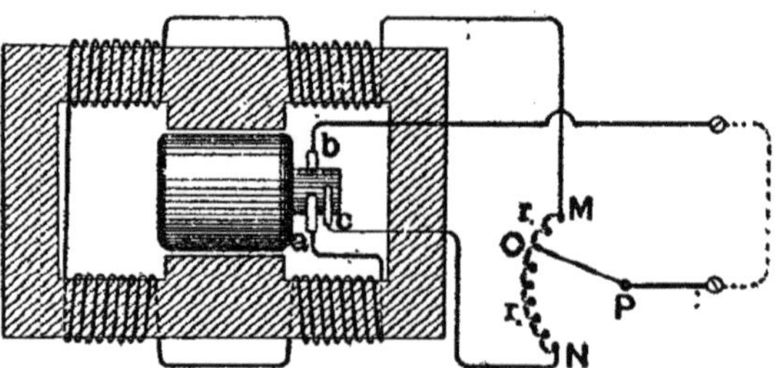

Fig. 280. — Régulateur de courant (Système Waterhouse).

a et b sont les balais principaux fixés aux extrémités du diamètre de commutation ; c est un troisième balai indépendant des deux premiers et calé en avance sur le balai a.

Le courant partant du balai positif a passe dans les électro-aimants et la résistance r_1 ; le courant partant du 3e balai c passe en r_2 et les deux courants se réunissent dans le circuit extérieur qui vient se fermer sur le balai négatif b. L'intensité du courant d'excitation dépend de la position du curseur PO ; elle est maximum lorsque le contact est établi en M et minimum lorsqu'il se trouve en N. Le curseur PO est commandé automatiquement par un solénoïde à gros fil placé sur le trajet du courant total.

184. Dynamos auto-régulatrices. — En étudiant le fonctionnement des trois modes d'excitation simple, nous avons vu que lorsque la résistance extérieure R augmente, la différence de potentiel, e, aux bornes *diminue* si la machine est excitée *en série*, et qu'elle *augmente* si la machine est excitée *en dérivation* ou par une *source indépendante*.

En constituant le champ magnétique par la superposition de deux modes d'excitation dont les variations soient égales et de signes contraires, il est possible de rerdre la différence de potentiel aux bornes indépendante de la résistance du circuit extérieur, au moins dans les limites d'emploi de la machine.

Pour que la machine soit auto-régulatrice, les deux enroulements doivent satisfaire à certaines conditions qu'il s'agit de déterminer.

1. *Excitation indépendante et en série.* — La f. e. m. totale induite a pour expression :

$$(1) \qquad E = 4n\mathrm{PN}\cos\varphi.$$

En désignant par :
$Q'i'$ le nombre d'ampères-tours de l'excitation indépendante ;
Qi le nombre d'ampères-tours de l'excitation en série ;
et en posant :

$$(2) \qquad \frac{1,6\pi\mathrm{P}\cos\varphi}{\mathcal{R}} = M,$$

nous aurons :

$$(3) \qquad E = n\mathrm{M}[Q'i' + Qi].$$

La fig. 281 donne :

(4)
$$E = \varepsilon + (r_a + r_m)i.$$

(5)
$$\varepsilon = Ri.$$

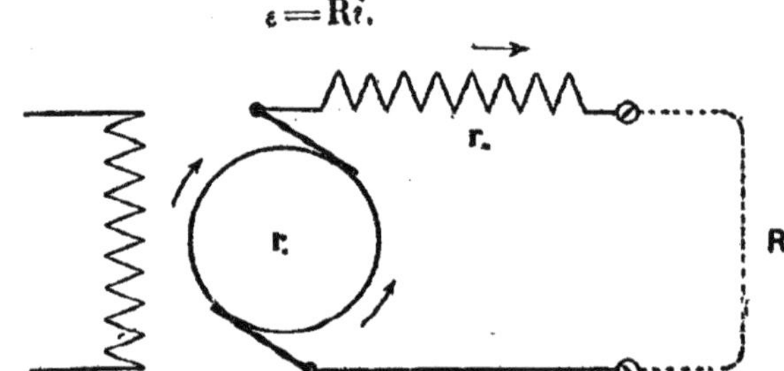

Fig. 281. — Excitation indépendante et en série.

Remplaçant E et i par leurs valeurs dans l'équation (5), il vient :

(6)
$$\varepsilon\,[(r_a + r_m) - nMQ] = R\,[nMQ'i' - \varepsilon].$$

Pour que ε reste constant lorsque R varie, il faut avoir :

(7)
$$\varepsilon = nMQ'i'.$$

(8)
$$(r_a + r_m) = nMQ.$$

et par conséquent :

(9)
$$\frac{Q}{Q'} = \frac{(r_a + r_m)\,i'}{\varepsilon}$$

2. *Excitation en courte dérivation et en série.* — En conservant les mêmes notations que précédemment et en désignant par Q_s le nombre des spires de l'enroulement en dérivation, nous aurons :

(10)
$$E = nM[Q_s i_s + Qi].$$

Fig. 282. — Excitation en courte dérivation et en série.

La fig. 282 donne :

$$(11) \qquad E = r_a i_a + (R + r_m)i$$

$$(12) \qquad i_s r_s = (R + r_m)i$$

$$(13) \qquad i_m = i$$

$$(14) \qquad i_a = i + i_s$$

$$(15) \qquad \varepsilon = Ri$$

Par conséquent :

$$(16) \qquad (R + r_m)\,[nMQ_s - (r_a + r_s)] = r_s\,[r_a - nMQ].$$

Pour que la machine soit auto-régulatrice, il faut que l'équation (16) soit satisfaite quelle que soit la valeur de R ; c'est-à-dire que l'on doit avoir :

$$(17) \qquad nMQ_s = r_a + r_s.$$

$$(18) \qquad nMQ = r_a.$$

et par conséquent :

$$(19) \qquad \frac{Q}{Q_s} = \frac{r_a}{r_a + r_s}$$

3. *Excitation en longue dérivation et en série* (fig. 283). —

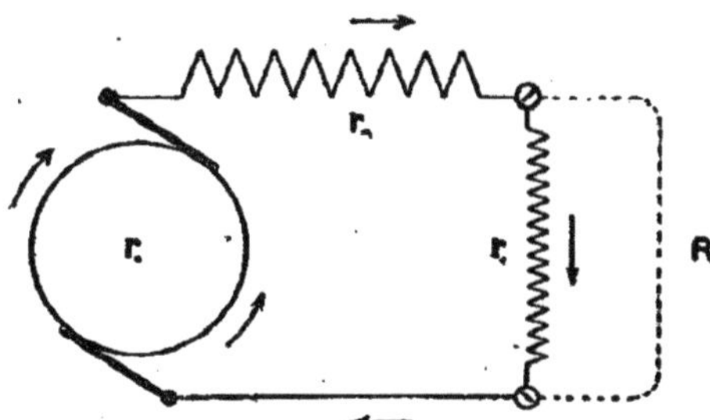

Fig. 283. — Excitation en longue dérivation et en série.

Les équations fondamentales seront :

$$(20) \qquad E = nM(Qi_m + Q_s i_s)$$

$$(21) \qquad E = Ri + (r_a + r_m)i_a$$

$$(22) \qquad \varepsilon = \mathrm{R}i = i_s r_s$$

$$(23) \qquad i_m = i_a = i + i_s.$$

On en déduit :

$$(24) \qquad (r_s + \mathrm{R})\,[n\mathrm{MQ} - (r_a + r_m)] = \mathrm{R}[r_s - n\mathrm{MQ}_s].$$

Les conditions de l'auto-régulation seront :

$$(25) \qquad n\mathrm{MQ} = r_a + r_m$$

$$(26) \qquad n\mathrm{MQ}_s = r_s$$

et par conséquent :

$$(27) \qquad \frac{\mathrm{Q}}{\mathrm{Q}_s} = \frac{r_a + r_m}{r_s},$$

Discussion. — Dans une machine à potentiel constant, la puissance extérieure, $\frac{\varepsilon^2}{\mathrm{R}}$, diminue lorsque R augmente ; elle est nulle pour $\mathrm{R} = \infty$; à ce moment la f. e. m. de la machine est due entièrement à l'excitation indépendante (1er cas) ou à l'excitation en dérivation (2e et 3e cas). Cette f. e. m. à circuit ouvert doit être précisément égale à la différence de potentiel qu'il s'agit de maintenir constante pendant le fonctionnement de la machine. Cette condition est exprimée par les équations (7), (17), (26). A mesure que la résistance extérieure diminue, le courant augmente et la différence de potentiel aux bornes tend à baisser. Cette diminution doit être compensée par l'excitation en série dont la valeur augmente avec l'intensité du courant extérieur.

Si M était constant, les équations (7) et (8), (17) et (18), (25) et (26) fourniraient immédiatement les conditions à remplir pour que la machine fût auto-régulatrice à tous les régimes ; mais comme la valeur de M dépend à la fois de l'intensité du champ magnétique et de celle du courant induit, les équations de condition ne peuvent pas être rigoureusement satisfaites pour toutes les valeurs de R et l'on devra se contenter d'une approximation.

Si la section des électro-aimants est suffisante pour que le fer soit très loin de la saturation, et que le flux d'induction provenant du champ l'emporte de beaucoup sur celui qui est dû au courant de l'armature, les valeurs de M correspondant aux différents régimes différeront assez peu pour qu'on puisse considérer ce facteur comme constant et égal à la moyenne de ses valeurs extrêmes.

Les équations (9), (19), (27) montrent que le nombre des spires en série sera d'autant moindre que la résistance intérieure de la machine sera plus faible, c'est-à-dire que son coefficient économique sera plus élevé. Ce nombre peut se déterminer facilement par l'expérience directe de la manière suivante.

La machine ayant été établie de façon à fournir à circuit ouvert la f. e. m. E_ℓ on enroule sur les électro-aimants un certain nombre de spires alimentées par une source extérieure. En faisant varier le débit de la machine et en déterminant, dans chaque cas, l'intensité du courant nécessaire pour ramener la différence de potentiel aux bornes à sa valeur normale, on en déduira le nombre d'ampères-tours nécessaires à la régulation, et par suite le nombre de spires qu'il faudra employer pour l'excitation en série. Le nombre auquel on sera conduit sera généralement supérieur à celui qui est fourni par la formule théorique.

En se reportant aux équations de condition établies plus haut, il est facile de voir que la machine n'est auto-régulatrice que pour une vitesse déterminée ; il est donc indispensable que le moteur actionnant la dynamo ait une allure régulière et constante.

En traitant la question de l'*auto-régulation pour courant constant* de la même façon que l'auto-régulation pour potentiel constant, on verrait qu'elle peut être obtenue en combinant les excitations indépendante et en dérivation, ou les excitations en série et en dérivation. Les équations de condition seraient les mêmes que celles qui ont été trouvées précédemment ; mais leur réalisation pratique ne serait possible que dans des limites très restreintes, et les machines construites sur ces données auraient un coefficient économique extrême-

ment faible. Il est donc préférable, pour obtenir la constance
du courant, de recourir à l'un des systèmes de régulation décrits au n° 183.

185. Couplage des dynamos à courants continus.
— Lorsqu'une seule machine est insuffisante pour fournir la
puissance nécessaire, on peut en grouper un certain nombre ;
le mode de couplage dépend du but proposé.

Les applications les plus fréquentes sont : le couplage en
tension des dynamos excitées en série, et le couplage en quantité des dynamos excitées en dérivation.

Pour associer en tension deux ou plusieurs dynamos excitées en série, on relie le pôle positif d'une machine au pôle
négatif de la suivante ; les deux bornes extrèmes sont réunies
par le conducteur extérieur. Avec cette disposition, la différence de potentiel entre les extrémités du circuit extérieur est
la somme des différences de potentiel produites par chacune
des machines. Le courant étant le même dans tout le circuit,
les dynamos doivent être semblables.

Pour coupler en quantité plusieurs machines shunt, on
réunit les pôles de mêmes noms. Avant d'introduire une dynamo dans le circuit général, on la fait fonctionner à circuit
ouvert après avoir inséré une résistance dans le circuit excitateur. Lorsque la différence de potentiel aux bornes est
égale à celle qui existe sur la ligne, on ferme le commutateur
de la machine ; en diminuant ensuite peu à peu la résistance
des électro-aimants, on l'amène à fournir la proportion voulue
du courant total. Pour retirer une machine du circuit, on affaiblit graduellement le champ, et l'on ouvre le commutateur
de la machine lorsque le courant qu'elle fournit approche de
zéro.

Si l'on avait à coupler en quantité deux machines excitées
en série, il faudrait non seulement réunir entr'eux les pôles
de même nom, mais aussi, comme l'a indiqué M. Gramme,
relier les deux circuits inducteurs en arc parallèle. Sans cette
précaution, dès que la f. e. m. de l'une des machines serait
plus élevée que celle de l'autre, le champ magnétique de la
seconde serait renversé et les deux machines marcheraient

en série l'une sur l'autre au lieu de travailler sur le circuit extérieur.

Pour coupler en tension deux dynamos shunt, il faut relier le pôle positif de l'une au pôle négatif de l'autre, et en outre réunir en série les deux circuits excitateurs qui forment ainsi une dérivation unique entre les deux bornes extrêmes.

186. Couplage des machines à courants alternatifs. — Considérons deux machines semblables A et B de mêmes périodes et tournant à la même vitesse. Lorsque ces machines seront réunies en série, la f. e. m. résultante sera la somme des f. e. m. produites par chacune d'elles. La puissance fournie au circuit extérieur aura pour expression :

$$\frac{E_0^2}{R} \sin\left(\frac{2\pi t}{T} - \varphi\right)\cos\varphi + \frac{E'_0{}^2}{R} \sin\left(\frac{2\pi t}{T} - \psi\right) \cos\psi ,$$

φ et ψ désignant pour A et B respectivement la différence des phases du courant et de la f. e. m.

Lorsque les deux machines, que nous supposons identiques, marchent à la même vitesse et que leurs phases coïncident, on a $\varphi = \psi$, et la puissance fournie par le système est double de celle que développe l'une des machines ; mais si, pour une cause quelconque, le retard du courant augmente en B, c'est-à-dire si l'on a $\psi > \varphi$, le travail fourni par B pendant le temps $\frac{(\psi - \varphi)T}{2\pi}$ sera de signe contraire à celui de A ; c'est-à-dire que pendant cet intervalle une partie de l'énergie fournie par A est absorbée par B. La seconde machine étant moins chargée, tourne plus vite, et comme $\operatorname{tg} \psi = \frac{2\pi L}{TR}$, ψ augmente.

A, étant plus chargé, tourne moins vite et φ diminue: la différence des phases $(\psi - \varphi)$ ira donc sans cesse en augmentant jusqu'à ce qu'elle ait atteint son maximum qui est $\frac{\pi}{2}$. A ce moment, la puissance fournie au circuit extérieur est nulle ; la f. e. m. de A est égale et de signe contraire à celle de B (fig. 284). Cette situation correspond à l'état d'équilibre stable, et si l'on cherche à la modifier, les machines y reviendront d'elles-mêmes. Il n'est donc pas possible de coupler en

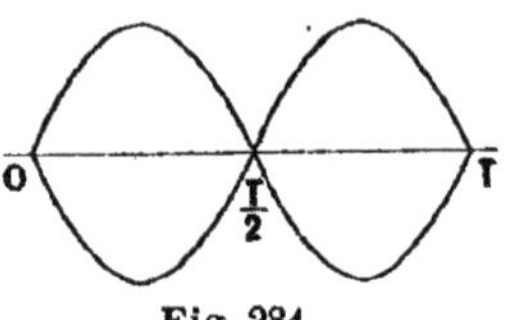

Fig. 284.

série deux machines à courants alternatifs, lors même qu'elles sont semblables ; mais elles peuvent toujours être réunies en quantité.

En effet, considérons les deux machines A et B (fig. 285), dont les bornes sont réunies par les conducteurs $a_1\,b_1,\,a_2\,b_2,$ c'est-à-dire en série. Les deux machines ayant pris leur ré-

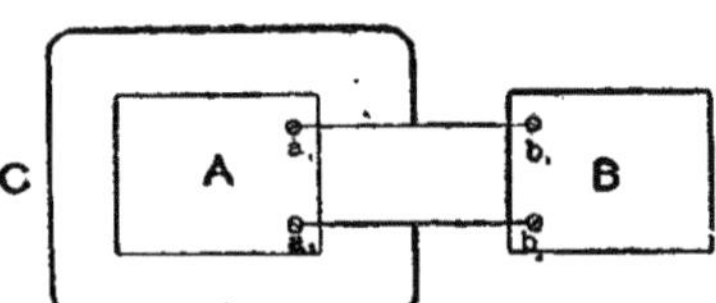

Fig. 285. — Machine à courants alternatifs, en quantité.

gime d'équilibre, a_1 et b_1 seront au même potentiel positif lorsque a_2 et b_2 seront au même potentiel négatif ; et si l'on réunit les conducteurs $a_1\,b_1$ et $a_2\,b_2$ par le fil extérieur C, ce fil sera traversé par un courant égal à la somme des courants des deux machines. Le couplage en quantité correspond donc à un état d'équilibre stable.

Cette particularité des machines à courants alternatifs a été indiquée par le Dr Hopkinson, qui a pu la vérifier expérimentalement au moyen de 3 grandes machines de Méritens appliquées à l'éclairage du phare de South Foreland.

CHAPITRE IX

CALCUL DES MACHINES DYNAMOS

187. Exposé de la question. — Aux débuts de l'industrie électrique, les règles servant de base à la construction des machines étaient purement empiriques, et la création de types nouveaux exigeait presque toujours une série de recherches et de tâtonnements laborieux.

Des travaux d'origine récente, dont les plus connus sont du Dr J. Hopkinson et de M. G. Kapp, ont comblé cette lacune en coordonnant les résultats d'observation sous une forme scientifique. Ils ont ainsi fourni les moyens de déterminer *a priori* les relations qui doivent exister entre les principaux éléments d'une machine pour satisfaire à des conditions données.

Dans l'exposé de la marche à suivre pour établir un projet de dynamo, nous prendrons comme exemple une machine bipolaire à courant continu.

Il sera facile d'en déduire la marche à suivre pour le calcul des dynamos de types différents, lorsque la forme de la machine et les conditions de son fonctionnement seront fixées.

188. Calcul des éléments de l'armature. — La machine à construire est définie par l'intensité du courant et la différence de potentiel aux bornes ; le mode d'excitation à adopter résulte de l'application que l'on a en vue ; le coefficient économique se détermine par des considérations spéciales ; dans certains cas il sera avantageux de réduire le prix d'établissement en sacrifiant le rendement ; dans d'autres, au contraire, il pourra être préférable de diminuer les frais d'exploitation en adoptant une machine plus parfaite quoique d'un prix plus élevé.

Le coefficient économique et le mode d'excitation étant fixés, les formules du chap. VII permettront de calculer la résistance maximum qu'il est possible de donner au circuit induit, l'intensité du courant total et la chute de potentiel dans l'armature. On en déduira la valeur que doit avoir la force électro-motrice induite E, pour satisfaire aux conditions du problème.

On a

$$(1) \qquad E = 4nPN \cos \varphi.$$

Pour une armature annulaire (fig. 286), $N = \mathfrak{B}xz$, et par suite

$$(2) \qquad E = 4nP\mathfrak{B}xz \cos \varphi.$$

Lorsque la dynamo est attelée directement sur l'arbre du moteur, le nombre de tours par seconde, n, est déterminé par des considérations d'ordre mécanique. Si la commande est

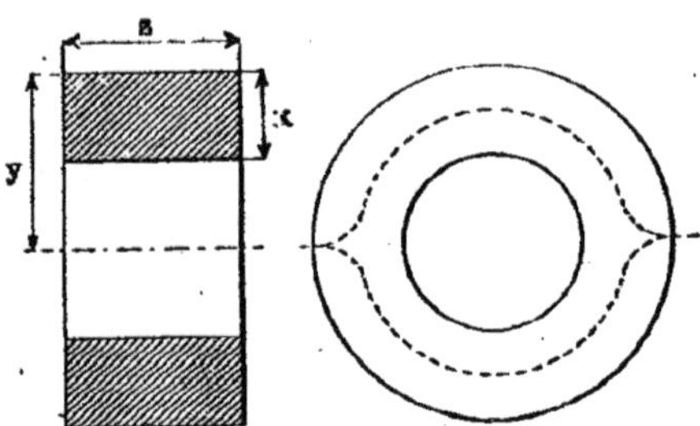

Fig. 286. — Armature annulaire.

faite par transmission, on donnera à n la plus grande valeur possible, afin de réduire les dimensions de l'armature. Toutefois, il est préférable de ne pas dépasser une vitesse de 15 m. par seconde à la circonférence de l'anneau, et le plus souvent on se tient au-dessous de cette valeur.

Pour les armatures à disque, la vitesse à la circonférence peut atteindre, sans inconvénient, 25 m. par seconde.

En désignant par v la vitesse linéaire à la circonférence de l'anneau, on aura

$$(3) \qquad v = 2\pi n y.$$

La valeur à adopter pour $\mathfrak{B}$ dépend de la qualité du fer employé dans la construction de l'anneau. Avec du fer très doux au point de vue magnétique, on peut admettre pour $\mathfrak{B} \cos \varphi$ une valeur comprise entre 18.000 et 22.500. Lorsque le noyau est en fil de fer, la section utile n'est que les 0,8 de la section totale ; le rapport est de 0,9 lorsque le noyau est formé de rondelles en tôle.

Comme dans l'équation (2), xz représente la section totale du noyau, il faudra, suivant le mode de construction, multiplier par 0,8 ou par 0,9 la valeur choisie pour $\mathfrak{B} \cos \varphi$.

Le contour de la section du noyau étant égal à $2\,(x+z)$, on pourra prendre comme longueur moyenne d'une spire $2,2\,(x+z)$; sa résistance sera $\dfrac{2,2(x+z)\rho}{\omega}$, en représentant par ω la section du conducteur et par ρ sa résistance spécifique.

Chacune des moitiés de l'anneau étant formée de P spires de fil, et les deux moitiés étant réunies en quantité, la résistance du circuit induit prise entre balais sera $\dfrac{1,1\mathrm{P}(x+z)\rho}{\omega}$.

La valeur maximum que l'on peut donner à cette résistance résulte du coefficient économique qui aura été fixé ; r_a étant ainsi connu, on aura l'équation de condition :

$$(4) \qquad r_a = \frac{1,1\mathrm{P}(x+z)\rho}{\omega}.$$

Afin de tenir compte de l'augmentation de résistance due à l'élévation de température de l'induit pendant le fonctionnement de la machine, on prendra $\rho = 2,5$ microhms ou $\rho = 2.500$ unités C. G. S.

Désignons par :

a la largeur d'une spire suivant la circonférence de l'anneau ;

b l'épaisseur d'une spire suivant le rayon ;

m^2 le rapport de la section totale du fil (isolant compris) à la section du conducteur ; on aura $ab = m^2\omega$;

q le nombre de spires superposées ;

u l'épaisseur totale de la couche de fil ; on aura $u = bq$;

γ la densité du courant dans le conducteur ; on aura $\gamma = \dfrac{i_a}{2\omega}$·

Pour que le conducteur puisse être logé à la circonférence de l'anneau, il faut que

$$(5) \qquad Pa = q\pi y.$$

L'énergie absorbée par la résistance de l'induit se transforme en chaleur, et il faut que la surface de refroidissement soit suffisante pour que la température de l'induit ne dépasse pas une certaine limite, au delà de laquelle l'enveloppe isolante pourrait être endommagée. Cette condition de refroidissement fournit une nouvelle équation.

Considérons une portion de circuit induit de longueur l, la résistance de l'un des fils sera $\dfrac{l\rho}{\omega}$; la quantité de chaleur développée en une seconde par le passage du courant $\dfrac{i_a}{2}$ sera $0,24\,\dfrac{l\rho}{\omega}\,\dfrac{i_a^2}{4}$ pour une couche, et $0,24\,q\,\dfrac{l\rho}{\omega}\,\dfrac{i_a^2}{4}$ pour les q couches superposées.

τ étant la limite admissible de l'élévation de température dans le fil induit, et ψ la quantité de chaleur rayonnée en une seconde par l'unité de surface pour un excès de température de $1°$, on devra avoir

$$0,24\,q\,\frac{l\rho}{\omega}\cdot\frac{i_a^2}{4} = \psi la\tau$$

Comme $i_a = 2\omega\gamma$, $bq = u$, $m^2\omega = ab$, il vient :

$$\gamma^2 u = m^2\,\frac{\psi\tau}{0,24\rho}$$

ou

$$(6) \qquad \frac{\gamma^2 u}{m^2} = \beta^2 = \text{constante}.$$

Lorsque toutes les quantités sont exprimées en unités C. G. S, et que u représente l'épaisseur du fil à la circonférence extérieure de l'anneau, on peut prendre $\beta < 25$.

Les équations (2) à (6) se réduisent aux deux suivantes :

$$(7) \qquad Ei_a = \frac{4\beta v\sqrt{u}\,\mathfrak{B}\,\cos\varphi}{m}\,xz,$$

$$(8) \qquad r_a i_a^2 = 4,4\,\pi\rho\beta^2\,(x+z)\,y,$$

ou, en remplaçant les quantités connues par leurs valeurs,

$$(7\ bis) \qquad xz = \frac{m\mathrm{A}}{\sqrt{u}},$$

$$(8\ bis) \qquad (x+z)\,y = \mathrm{C}.$$

Ces deux équations contiennent 3 inconnues, x, y, z, et deux paramètres indéterminés, m et u.

Pour en déduire la valeur des inconnues, on peut procéder de la manière suivante :

1. Après avoir calculé les valeurs de A et de C, on se donne la densité γ du courant dans le fil induit. Cette densité est généralement comprise entre 4 et 6 ampères par mm² (40 à 60 unités C.G.S par cm²). La section du conducteur, $\omega = \dfrac{i_a}{2\gamma}$, étant déterminée ainsi que sa forme, on choisira parmi les échantillons du commerce celui qui s'en rapproche le plus. Les prix courants des fabricants de fils indiquant l'épaisseur de la couche isolante, on connaîtra ainsi m^2.

L'épaisseur totale de l'enroulement, donnée par l'équation $u = \dfrac{m^2\beta^2}{\gamma^2}$, devant être un multiple exact de celle de l'un des fils, on modifiera s'il y a lieu la valeur choisie pour γ, de façon à satisfaire à cette condition.

2. Les deux paramètres u et m étant ainsi déterminés, il reste à trouver les valeurs des 3 inconnues x, y, z.

En posant $z = \zeta x$ et $\dfrac{m\mathrm{A}}{\sqrt{u}} = \mathrm{A}'$, les équations (7) et (8) se mettent sous la forme

$$(9) \qquad \zeta x^2 = \mathrm{A}',$$

$$(10) \qquad (1+\zeta)\,xy = \mathrm{C}.$$

On essaiera pour ζ différents nombres, à chacun desquels correspondront certaines valeurs de x, y, z, c'est-à-dire des anneaux de dimensions différentes, parmi lesquels on choisira celui dont la forme convient le mieux au point de vue de la construction et de la disposition à donner au champ magnétique.

Lorsque le nombre n de tours de l'armature est fixé d'avance, en suivant la marche indiquée plus haut, on sera conduit à deux équations de la forme

$$(11) \qquad vxz = \mathrm{A}''$$

$$(12) \qquad (x + z)\, v = \mathrm{C}''$$

que l'on résoudra de même par tâtonnements successifs ; la valeur de y se déduira de la relation : $v = 2\pi ny$.

Le calcul des dimensions d'une armature cylindrique du type Siemens se conduit de la même façon, en remarquant que, par suite du mode d'enroulement, on a

$$\mathrm{N} = 2\mathfrak{B}xz, \quad \text{au lieu de } \mathrm{N} = \mathfrak{B}xz\,;$$

$$\mathrm{P}a = 2q\pi y, \quad \text{au lieu de } \mathrm{P}a = q\pi y.$$

La longueur moyenne des portions de spires correspondant aux deux bases du cylindre est en général égale à 3 fois le diamètre, ce qui donne pour la longueur moyenne d'une spire $(2z + 6y)$, et pour la résistance entre balais :

$$r_a = \frac{\mathrm{P}\,(z + 3y)}{\omega}\, \rho$$

En y ajoutant les conditions

$$v = 2\pi hy \qquad \text{et} \qquad \gamma^2 u = m^2\beta^2,$$

on sera conduit à deux équations de la forme

$$(13) \qquad xz = \mathrm{A}_1,$$

$$(14) \qquad (z + 3y)\, y = \mathrm{C}_1,$$

que l'on résoudra comme précédemment en posant $z = \zeta x$ et en discutant les résultats correspondant à différentes valeurs de ζ.

Ayant calculé les dimensions de l'armature, on en fait le

tracé, après avoir déterminé le nombre des sections de l'induit. Comme chacune d'elles doit avoir le même nombre de fils, on sera généralement conduit à modifier quelque peu le nombre des spires fourni par le calcul ; il en sera de même pour la valeur définitive du diamètre extérieur du noyau qui devra être légèrement augmenté à cause des espaces perdus pour l'enroulement proprement dit. On corrigera l'effet de ces modifications sur la valeur de la f. e. m. induite, en changeant la valeur primitivement adoptée pour v ou pour n.

Lorsque les éléments de l'armature auront été ainsi déterminés, en tenant compte des exigences de la construction, on procédera au calcul des inducteurs.

189. Calcul des inducteurs. — Les éléments du système inducteur devront être déterminés de façon que le nombre des

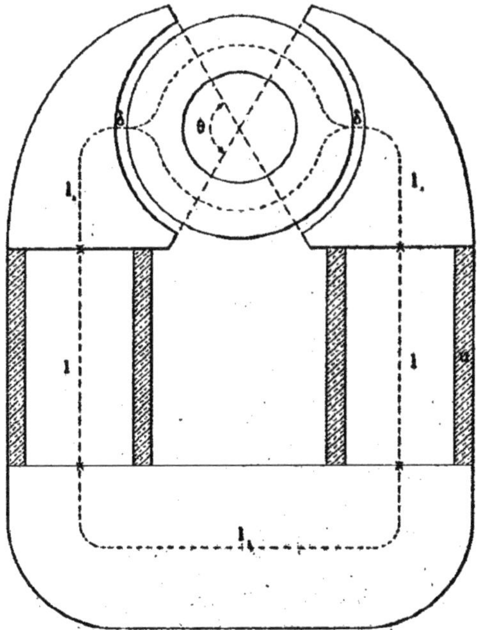

Fig. 287. — Electro-aimant à pôles simples.

tubes de force,qui traversent l'induit normalement au plan du commutateur, soit égal à $2\,\mathfrak{B}xz\cos\varphi$.

Nous prendrons comme exemple le cas où l'inducteur est formé par un électro-aimant à pôles simples (fig. 287).

Le flux de force total à créer est plus considérable que le flux utile nécessaire, à cause des dérivations par l'air et les pièces environnantes. Le rapport du flux utile au flux total dépendra donc des dimensions de la machine, ainsi que de la perméabilité magnétique de ses différentes parties. On pourrait se proposer de déterminer ce rapport à priori, en faisant certaines hypothèses sur la forme des dérivations latérales, mais ce calcul présenterait beaucoup d'incertitudes, et il est préférable de déterminer la valeur totale du flux en multipliant le flux utile par un coefficient d'expérience. D'après les observations faites sur diverses machines, on peut admettre que l'anneau ne reçoit en réalité que 0,70 à 0,75 du flux total.

Comme base du calcul, on pourra adopter le rapport 2 à 3, afin de laisser une marge pour l'imprévu. Le flux total à créer aura donc pour valeur :

$$3\,\mathfrak{B}xz\cos\varphi.$$

Désignons par :

N_m le flux de force magnétique dans les électro-aimants ;

N_e le flux de force dans l'*entrefer*, c'est-à-dire dans l'espace compris entre les surfaces polaires et le noyau de l'armature ;

N_a le flux de force dans l'armature ; on pourra admettre que $N_e = N_a$.

$\mathfrak{R}_m$, $\mathfrak{R}_e$, $\mathfrak{R}_a$ les résistances magnétiques de ces différentes parties;

Q_i le nombre d'ampères-tours de l'excitation.

Nous aurons :

$$N_a = 2\mathfrak{B}xz\cos\varphi\,; \qquad N_m = 3\mathfrak{B}xz\cos\varphi$$

et

$$(15) \qquad N_m\mathfrak{R}_m + N_e\mathfrak{R}_e + N_a\mathfrak{R}_a = 0,4\pi Qi.$$

Les dimensions de l'armature étant connues, ainsi que sa perméabilité magnétique μ_a, on aura :

$$(16) \qquad \mathfrak{R}_a = \frac{\pi(2y-x)}{4\mu_a xz}.$$

On déterminera de même la résistance $\mathcal{R}_e$ des deux entrefers en fonction de la distance δ comprise entre la surface polaire et la surface extérieure du noyau.

$$(17) \qquad \mathcal{R}_e = \frac{2\delta}{\theta y z}$$

θ étant l'angle au centre de l'une des pièces polaires ; θ est en général égal à $\frac{2}{3}\pi$.

L'entrefer δ est la somme de l'épaisseur occupée par l'enroulement et du jeu nécessaire entre la surface extérieure de l'anneau et celle des pièces polaires.

La résistance $\mathcal{R}_m$ du circuit magnétique des électro-aimants aura pour expression :

$$(18) \qquad \mathcal{R}_m = \frac{l_1}{\mu_1 s_1} + \frac{2l}{\mu s} + \frac{2l_2}{\mu_2 s_2} ,$$

en désignant par :

l_1, l, l_2 la longueur moyenne des lignes de force dans la culasse, les noyaux et les pièces polaires.

s_1, s, s_2 les sections et μ_1, μ, μ_2 les perméabilités respectives des différentes parties du circuit magnétique des électros.

Nous savons qu'il est essentiel, pour le bon fonctionnement d'une dynamo, que l'induction provenant des électro-aimants soit prépondérante sur celle qui résulte du courant induit. Il faut pour cela diminuer la densité du flux dans les noyaux, et comme le fer employé pour la construction est en général moins doux que celui du noyau de l'armature, on adoptera pour l'induction spécifique dans les électros une valeur $\mathcal{B}_m$ comprise entre 12.000 et 16.000 ; la section s de l'un des noyaux sera donnée par l'équation :

$$(19) \qquad s = \frac{N_m}{\mathcal{B}_m} .$$

On donne au noyau des électros-aimants une section circulaire ou rectangulaire.

Si la culasse et les pièces polaires sont en fer, on leur donnera la même section qu'aux noyaux ; si elles sont en fonte on leur donnera une section à peu près double, la perméabilité de la fonte n'étant que les 0,5 à 0,6 de celle du fer doux; s_1, s, s_2 sont donc connus. Les perméabilités μ_1, μ, μ_2 se déduisent des constantes d'aimantation du fer et de la fonte employés, dont la détermination expérimentale se fait par les méthodes indiquées (n°s 136 et suiv.).

Pour obtenir la valeur de $\mathfrak{R}_m$ il faut connaître en outre l_1, l, l_2. La longueur des noyaux dépendant du nombre de spires nécessaire à l'excitation, on devra résoudre l'équation (15) par approximations successives, en choisissant pour l une valeur arbitraire, soit par exemple le double du diamètre.

L'équation (15) donnera ainsi une première valeur approchée de Qi qui servira à calculer la longueur correspondante l des noyaux.

Désignons par

u l'épaisseur de l'enroulement sur le noyau ;

ω la section du conducteur, et $m^2\omega$ la section du fil recouvert de son isolant ;

ρ la résistance spécifique du cuivre (on prendra, comme précédemment, $\rho = 2.500$ unités C. G. S) ;

γ la densité du courant ; on a $i = \gamma\omega$;

r la résistance du circuit excitateur ; (elle dépend du mode d'excitation et du coefficient économique qui aura été fixé).

On aura :

$$(20) \qquad Q = \frac{2lu}{m^2\omega} \qquad \text{ou} \qquad Qi = \frac{2lu\gamma}{m^2} .$$

Pour que la surface de refroidissement soit suffisante, on devra avoir :

$$(21) \qquad \gamma^2 u = m^2\beta^2 ,$$

en prenant ici $\beta \lessgtr 20$.

Si les électro-aimants sont à section circulaire, de diamètre a, la longueur moyenne d'une spire sera $\pi (a + u)$ et la résistance totale du circuit aura pour expression :

$$(22) \qquad r = Q\pi(a + u)\frac{\rho}{\omega} .$$

Pour des électro-aimants de section rectangulaire ($a \times b$), on aurait :

$$(22 \; bis) \qquad r = 2Q(a+b+2u)\frac{\rho}{\omega}$$

On tirera de ces équations la valeur de l, ce qui permettra de déterminer la résistance magnétique $\mathfrak{R}_m$. En portant cette valeur dans l'équation (15) on en déduira une valeur plus approchée de Qi, au moyen de laquelle on pourra arrêter les dimensions des inducteurs, et faire le dessin exact de la machine.

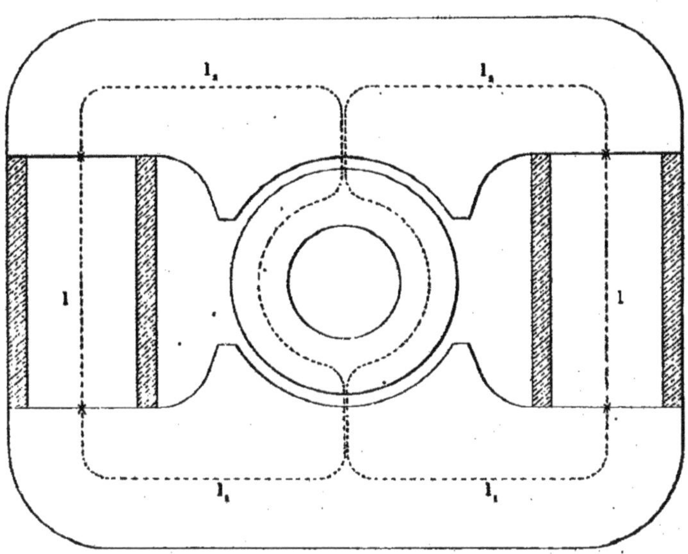

Fig. 288. — Electro-aimant à pôles conséquents.

L'étude du projet se complète par le tracé de la caractéristique théorique, déduite des constantes d'aimantation qui ont servi de base aux calculs.

L'angle de calage φ se détermine (153) par la condition $\sin \varphi = \dfrac{N'}{N}$, en représentant par N' le flux de force résultant du courant induit, et par N celui qui émane des électro-aimants.

Si le champ magnétique était formé par des électro-aimants
à pôles conséquents (fig. 288), la marche du calcul serait la
même, en remarquant que chacun des noyaux doit fournir la
moitié du flux total.

Dans le cas d'une machine multipolaire, on diviserait le
flux total en autant de parties qu'il y a de champs, et on opé-
rerait de la même façon que précédemment pour chacun des
circuits magnétiques distincts.

La machine étant construite, il faut tracer sa caractéristique
pour différentes vitesses, et déterminer le rapport du flux
utile au flux total, afin de s'assurer que le circuit magnétique
est bien disposé et ne présente pas de dérivations anormales.
Ces mesures se font par la méthode du galvanomètre balistique (135). Pour évaluer le flux total, on enroule une ou
plusieurs spires de fil sur la section médiane de la culasse,
et l'on observe les déviations produites par l'établissement et
la suppression du courant d'excitation. On déterminera de
même les valeurs correspondantes du flux magnétique dans
l'armature et aux différents points de l'espace qui environne la
machine. Cette somme doit être égale au flux total.

**196. Règles à observer dans la construction des
machines. — Armature. —** Il est très important que le fil
de fer ou la tôle employés dans la construction du noyau
soient très doux, non seulemunt parce que leur perméabilité
magnétique est plus grande, mais aussi parce que la perte
d'énergie par l'hystérésis est moindre. Lorsque les constantes
d'aimantation sont connues, cette perte peut s'évaluer par la
méthode du n° 140.

Pour une qualité donnée de fer, elle est proportionnelle au
volume du noyau et au nombre de tours par seconde.

En augmentant l'épaisseur du fil de fer ou de la tôle, on
rend la construction plus facile, mais on augmente considérablement l'importance des courants de Foucault, et il est préférable de ne pas donner plus de 1 mm d'épaisseur aux rondelles
de tôle ; les fils de fer et les rondelles de tôle doivent être isolés avec soin les uns des autres, comme nous l'avons déjà
indiqué.

Les spires de l'induit doivent être isolées les unes des autres sur tous les points où il peut exister de grandes différences de potentiel entre deux fils voisins.

Les détails d'exécution de l'armature ont une influence considérable sur le bon fonctionnement et la durée de la machine, et on ne saurait apporter trop de soin à cette partie de la construction. Les dimensions de l'arbre moteur et celles des pièces qui le relient au noyau de l'armature doivent être calculées en tenant compte des plus grands efforts accidentels auxquels l'armature peut être soumise. Nous avons indiqué précédemment les précautions à prendre pour maintenir l'enroulement à la circonférence de l'armature et empêcher le glissement tangentiel des fils.

Les pièces qui relient le noyau à l'arbre doivent être en métal non magnétique (on les fait généralement en bronze), afin d'empêcher la dérivation du flux d'induction par l'arbre, qui serait alors le siège de courants de Foucault intenses.

Avec des densités de courant élevées dans l'induit, il faut faire circuler de l'air à l'extérieur et à l'intérieur de l'armature au moyen d'un ventilateur, qui peut être monté sur l'arbre même de la machine ou en être distinct. Cette dernière disposition n'est appliquée que lorsque l'atelier comprendra un grand nombre de machines, dont chacune est alors mise en communication avec une conduite générale d'air. La ventilation doit se faire par insufflation et non par aspiration, afin de chasser à l'extérieur les poussières métalliques qui se détachent des balais et du collecteur.

Nous n'avons pas à revenir sur le mode de construction du collecteur, des porte-balais et des balais, que nous avons décrit dans un chapitre précédent. Le nombre de lames à donner au collecteur dépend des dimensions de la machine ; en général il est avantageux, au point de vue électrique, d'augmenter le nombre des sections, surtout lorsque la machine est à potentiel élevé ; la surface de contact des balais et du collecteur ne doit pas être inférieure à 5 mm² par ampère.

Il est très important que l'armature soit bien symétrique dans toutes ses parties, et qu'elle soit parfaitement centrée sur l'arbre, afin d'éviter les vibrations nuisibles et l'usure rapide

des portées et des coussinets, et de réduire au strict nécessaire
le vide compris entre la surface extérieure de l'enroulement et
les pièces polaires.

Inducteurs. — La meilleure forme des inducteurs, au
point de vue magnétique, serait celle d'une seule pièce de fer
très doux, sans joints ; mais, à cause des difficultés d'exécution,
cette disposition ne peut être réalisée que pour des machines
de très faibles dimensions ; et généralement les inducteurs
sont formés de plusieurs parties réunies entre elles par des
surfaces dressées et maintenues au moyen de boulons. Très
souvent les noyaux seuls sont en fer ; la culasse et les pièces polaires sont en fonte ; on leur donne, dans ce cas, une section
double environ de celle qu'elles auraient si elles étaient en
fer.

Dans certaines machines, la carcasse entière, y compris la
plaque de fondation, est faite d'un seul bloc de fonte ; ces machines sont très lourdes, mais elles sont d'un prix moins
élevé.

Enfin, on construit des machines dans lesquelles la carcasse
des électro-aimants est formée de tôles découpées, ce qui
permet l'emploi d'une armature avec noyau crénelé (anneau
Paccinotti).

Au point de vue de la stabilité, il convient de placer l'axe de
rotation le plus bas possible ; c'est la disposition adoptée par
Edison ; dans ce cas, pour éviter les dérivations magnétiques
par le bâti, on interpose entre la plaque de fondation et les
pièces polaires une plaque épaisse de zinc. Malgré cette précaution, la perte de flux magnétique par dérivation est toujours
assez élevée. Cet inconvénient n'existe pas dans les machines
du type supérieur.

Les machines avec électro-aimants à pôles conséquents
satisfont également aux deux conditions de stabilité et de
bonne utilisation du flux magnétique.

La section des noyaux doit être notablement plus grande
que celle de l'âme de l'armature, parce que le flux de force qui
traverse le noyau est plus considérable, et en second lieu
parce qu'il est avantageux de saturer l'induit pour diminuer sa

réaction sur le champ inducteur. La dernière remarqué
s'applique surtout aux machines qui doivent fournir un potentiel constant. Dans les machines dont le courant doit être réglé
par le calage variable des balais, il peut être nécessaire d'augmenter la réaction d'induit de façon à avoir plus de latitude
pour le réglage, en faisant travailler le fer des électro-aimants
plus près de son point de saturation.

On trouvera à la fin de l'ouvrage quelques données pratiques
sur la valeur de l'induction spécifique dans les noyaux des
électro-aimants et de l'induit d'un certain nombre de machines.

La force magnéto-motrice développée dans le circuit magnétique ne dépend que du nombre d'ampères-tours employé pour
l'excitation ; il est donc avantageux de donner aux noyaux la
plus petite longueur possible ; cette longueur est déterminée
par la condition que la surface extérieure de l'enroulement
soit proportionnée à la quantité de chaleur développée par le
passage du courant excitateur, ce qui limite l'épaisseur que l'on
peut donner à la couche de fil. L'enroulement des électro-
aimants se fait généralement avec du fil rond ; quelquefois
cependant on fait usage de conducteurs à section carrée ou
rectangulaire, en vue de mieux utiliser l'espace.

Pour des noyaux de forme déterminée, le volume de fil
nécessaire ne dépend que de la quantité d'énergie que l'on
consent à dépenser pour l'excitation. La perte dans les inducteurs est rarement inférieure à 2 1/2 0/0 et atteint quelquefois
10 0/0 du travail électrique total.

CHAPITRE X

TRANSFORMATEURS A COURANTS ALTERNATIFS

191. Objet des transformateurs. — La puissance
d'un courant électrique est mesurée par le produit des deux
facteurs E et i. Si l'on fait varier simultanément les deux facteurs de telle sorte que $E'i' = Ei$, la valeur de la puissance
n'aura pas varié ; mais elle se présentera sous une forme différente qui pourra être mieux appropriée aux applications que
l'on a eu vue.

Ce mode de transformation s'applique soit aux courants
continus, soit aux courants alternatifs ; mais les dispositions
employées ne sont pas les mêmes dans les deux cas. Nous ne
traiterons, dans ce chapitre, que de la transformation des
courants alternatifs ; celle des courants continus trouvera
naturellement sa place dans l'étude des systèmes de distribu-
bution électrique.

**192. Principe des transformateurs à courants
alternatifs.** — Un transformateur à courants alternatifs est
un appareil d'induction, dont le principe est le même que celui
de la bobine de Ruhmkorff. Il se compose d'un noyau en fer
doux, sur lequel sont enroulés deux circuits : le circuit inducteur ou *primaire* et le circuit induit ou *secondaire*.

Chaque fois que le courant primaire changera d'intensité ou
de direction, il se développera dans le circuit secondaire un
courant induit, dont le sens et l'intensité résultent des variations du courant primaire.

Par conséquent, si le circuit primaire est mis en communication avec une machine à courants alternatifs, le circuit

secondaire sera parcouru par des courants alternatifs inverses, de même période.

La bobine Ruhmkorff transforme des courants de faible tension en courants 'de haute tension ; tandis que dans les transformateurs industriels, on se propose généralement un résultat inverse, c'est-à-dire que l'on fournit au circuit primaire des courants de faible intensité et de f. e. m. élevée, pour recueillir aux bornes secondaires des courants intenses sous une différence de potentiel moindre.

193. Détails de construction des transformateurs. — Les premières applications industrielles des transformateurs

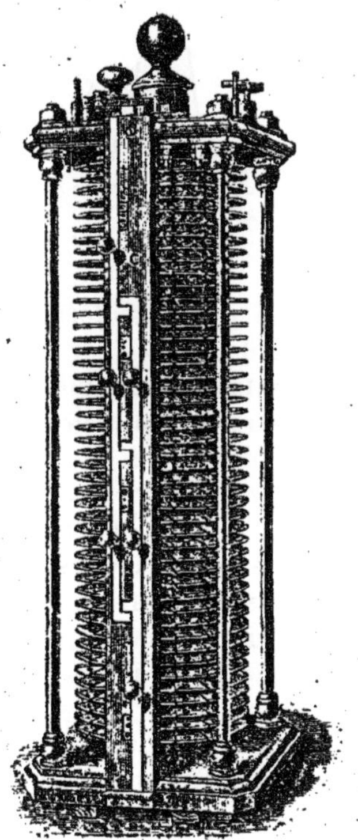

Fig. 289. — Transformateur Gaulard et Gibbs.

à courants alternatifs ont été réalisées par MM. Gaulard et

Gibbs, qui ont donné à leurs appareils le nom de *générateurs secondaires*.

La fig. 289 représente un transformateur de ce système. Les deux circuits sont enroulés sur un tube en fibre vulca-

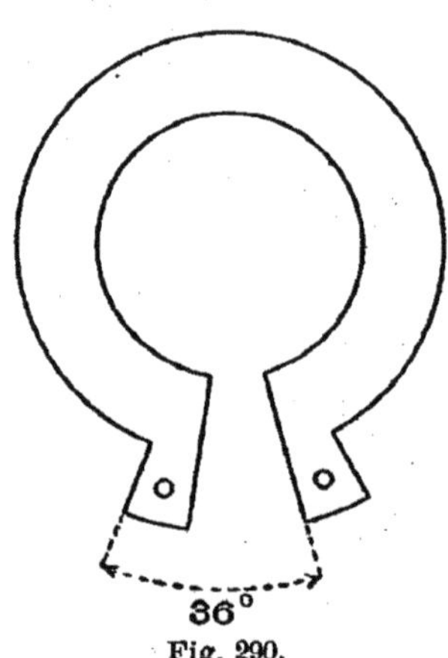

Fig. 290.

nisée dans lequel passe un noyau formé par un faisceau de fils de fer isolés les uns des autres par une couche de vernis. Chacun des enroulements est constitué par des rondelles de cuivre minces (fig. 290), reliées entr'elles de manière à former une spirale en ruban de cuivre. Les circuits primaire et secondaire sont identiques ; ils sont séparés l'un de l'autre par une bande de papier verni à la gomme laque. Le circuit primaire est continu ; le secondaire est divisé en plusieurs sections qui peuvent être couplées en série ou en quantité au moyen d'un commutateur à fiches C. On modifie l'induction du primaire sur le secondaire en fixant le noyau central dans dans des positions différentes.

Le mode de construction que nous venons de décrire était celui des appareils expérimentés à l'exposition de Turin en 1884. Mais on n'a pas tardé à reconnaître qu'il y avait avantage à remplacer le noyau droit ouvert par un noyau fermé sur lui-même, de façon à réduire la résistance magnétique du milieu dans lequel se propage le flux d'induction, et tous les

transformateurs modernes sont à *circuit magnétique fermé*
(fig. 291).

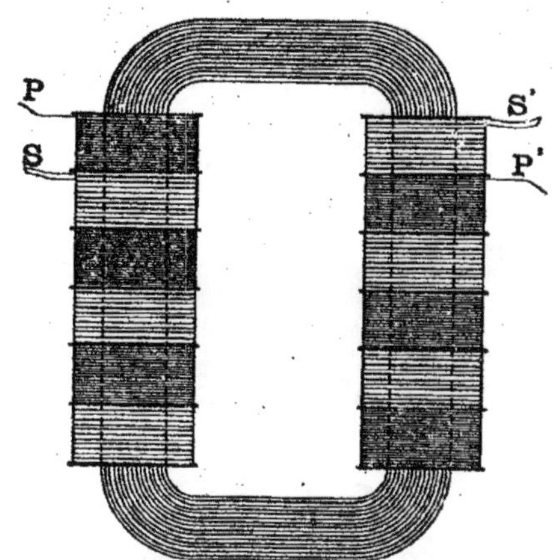

Fig. 291. — Transformateur à circuit magnétique fermé.

Les applications des transformateurs se sont développées
très rapidement, et il a été créé un assez grand nombre de
modèles différents parmi lesquels nous décrirons les plus
connus.

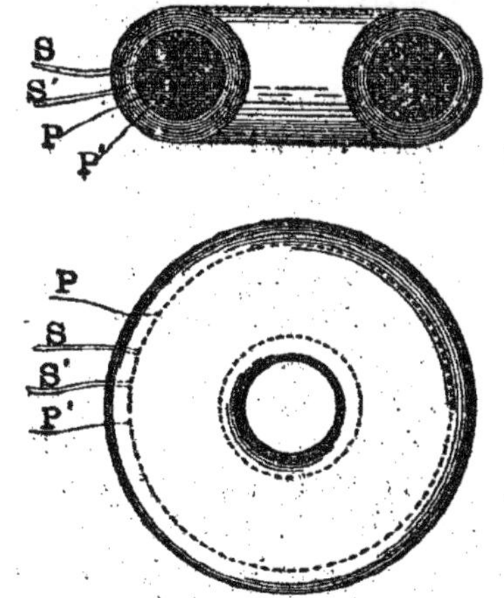

Fig. 292. — Transformateur Zipernowski.

Transformateur Zipernowski. — Les figures 292 et 293 re-présentent deux modes de construction dus au même inventeur.

Dans le transformateur de la fig. 292, qui a la forme d'un tore, les conducteurs du circuit primaire PP' et du circuit secondaire SS' forment le noyau central sur lequel est enroulé le fil de fer verni qui constitue le circuit magnétique fermé.

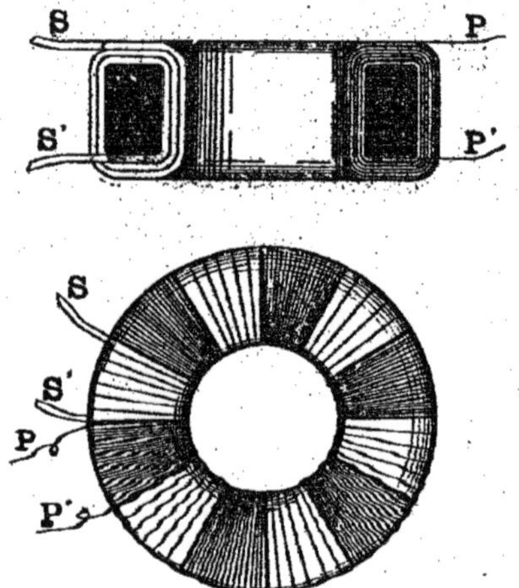

Fig. 293. — Transformateur Zipernowski.

Le transformateur représenté fig. 293 est construit comme un anneau Gramme ; le noyau central est en fil de fer verni ; les fils primaires PP' et secondaires SS' sont enroulés en sections alternées.

La fig. 294 donne la vue extérieure d'un transformateur Zipernowski enfermé dans sa boîte en fonte. A et B, C et D sont les bornes auxquelles s'attachent les extrémités des circuits primaire et secondaire.

Transformateur Westinghouse (fig. 295 à 298). — Dans ce transformateur, les circuits primaire et secondaire forment deux enroulements distincts placés à côté l'un de l'autre. Le noyau magnétique est construit avec des feuilles de tôle mince ayant la forme indiquée (fig. 295). Ces feuilles sont

successivement introduites dans les bobines, et les branches
ouvertes sont abaissées lorsque la pièce est en place ; les

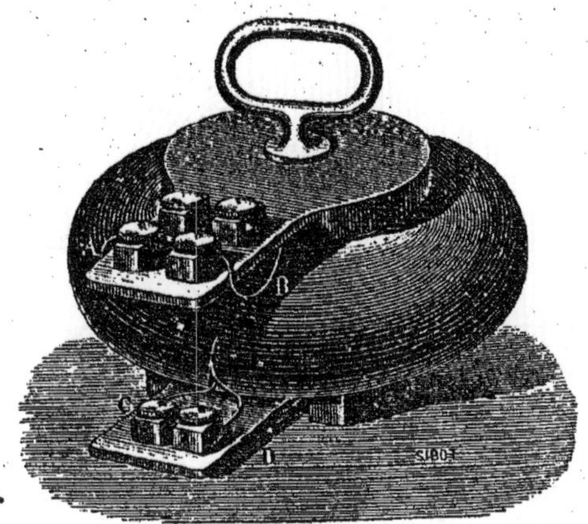

Fig. 294. — Transformateur Zipernowski (vue extérieure).

joints sont alternés, comme l'indique la fig. 296 ; les tôles
sont isolées les unes des autres par une feuille de papier
verni.

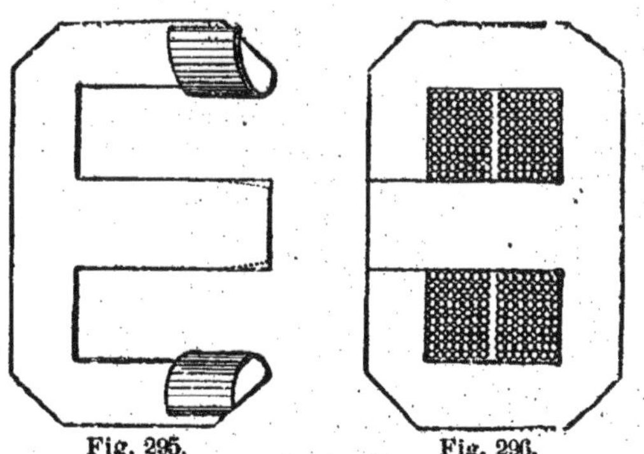

Fig. 295.   Fig. 296.
Transformateur Westinghouse (construction du noyau).

L'ensemble est maintenu par deux plaques de fonte, qui
sont reliées par quatre boulons (fig. 297 et 298). L'appareil
est renfermé dans une boîte en fonte.

Transformateur Kapp et Snell (fig. 299). — Le noyau magnétique est formé par la juxtaposition de deux pièces en U,

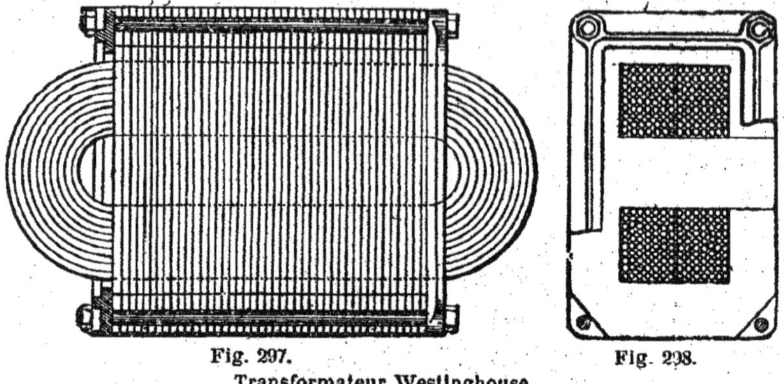

Fig. 297.
Transformateur Westinghouse.

Fig. 298.

dont les branches centrales passent à l'intérieur de la bobine sur laquelle sont enroulés les circuits primaire et secondaire.

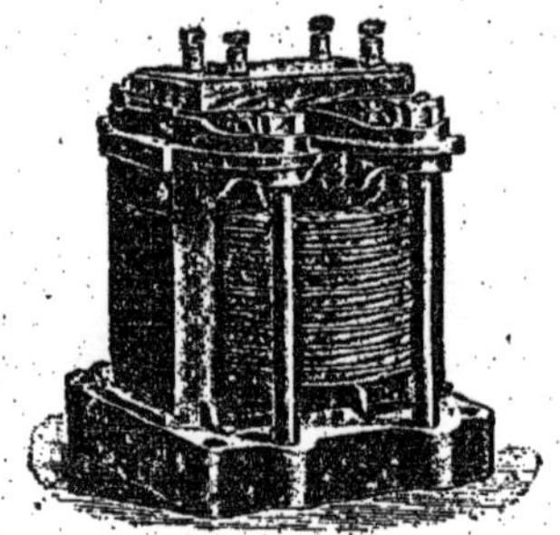

Fig. 299. — Transformateur Kapp et Snell.

Le noyau se compose de tôles minces découpées, isolées les unes des autres ; lorsqu'il est en place, le circuit magnétique est complété par une culasse horizontale également formée par des feuilles de tôle ; on utilise à cet effet les parties découpées dans les feuilles du noyau.

L'appareil est monté dans une enveloppe en fonte disposée de façon à laisser libre accès à l'air.

21

Transformateur Kennedy. — L'appareil représenté (fig. 300)
se compose du noyau S, en tôles découpées, sur lequel sont
enroulés les deux circuits primaire *ab* et secondaire *cd*.

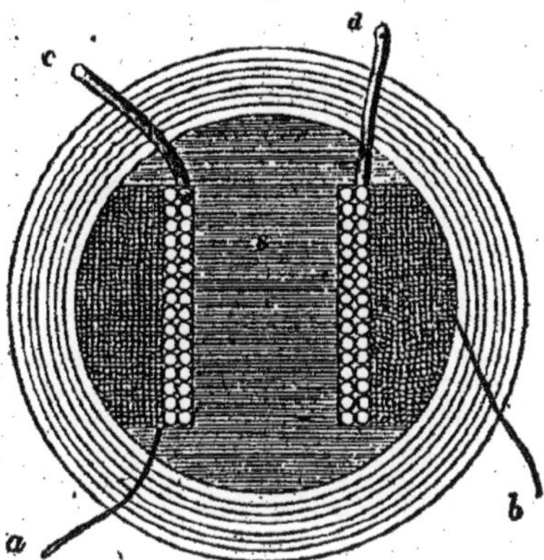

Fig. 300. — Transformateur Kennedy.

Lorsque l'enroulement est terminé, le circuit magnétique
est complété par un cerclage extérieur en fils de fer ou par
une série de disques de tôle mince au centre desquels passe le
noyau S.

Transformateur Dick et Kennedy (fig. 301 et 302). — Le
noyau est formé par un système de tôles découpées ayant la

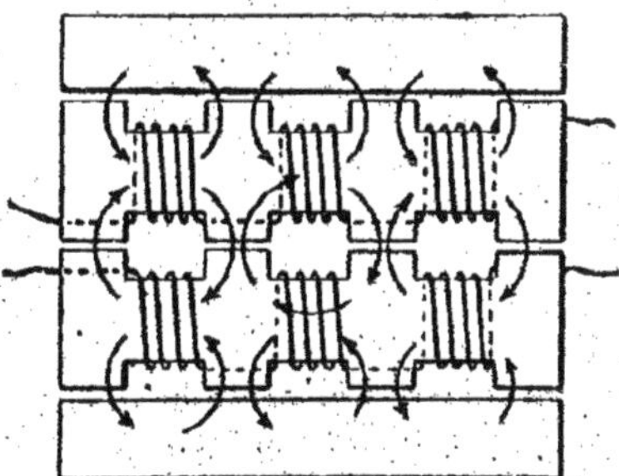

Fig. 301. — Transformateur Dick et Kennedy (construction du noyau).

forme représentée par la fig. 301, qui indique le mode d'enroulement des circuits primaire et secondaire. Les sections du primaire sont couplées en série ; celles du secondaire peuvent être réunies en quantité ou en tension suivant le résultat que l'on se propose d'obtenir. Le mode de construction adopté a pour objet de réduire la résistance magnétique intérieure.

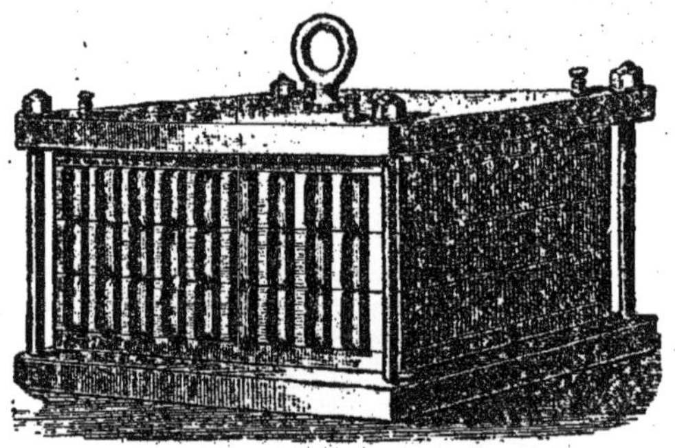

Fig. 302. — Transformateur Dick et Kennedy (vue extérieure).

Les tôles du noyau sont fixées par deux plaques de fonte maintenues par quatre boulons (fig. 302). L'appareil peut être facilement démonté et réparé.

Transformateur Mordey. — La fig. 303 indique le mode de

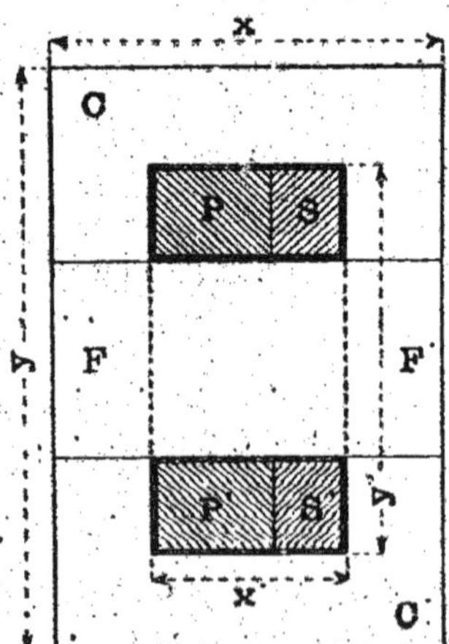

Fig. 303. — Transformateur Mordey (construction du noyau).

construction du noyau. Les bobines primaires PP' et les secondaires SS', sont juxtaposées. Le noyau intérieur est formé
par les feuilles de tôle FF', et le circuit magnétique est complété par le cadre CC'. La surface FF' est égale à celle du vide
intérieur de CC', de façon à éviter le déchet de tôle au

Fig. 304. — Transformateur Mordey (vue extérieure).

découpage. Pour que la section du circuit magnétique soit la
même dans toutes les parties, il faut avoir :

$$y = \frac{3y'}{2}; \quad x = y'; \quad x' = \frac{1}{2}y'.$$

Le montage se fait en alternant les pièces FF' et les pièces
CC'. L'ensemble est maintenu par deux plaques de fonte unies
par des boulons.

Ce transformateur peut être placé horizontalement sur le sol ou fixé verticalement contre un mur (fig. 304).

Transformateur Ferranti (fig. 305 et 306). — Les bobines primaires et secondaires sont enroulées sur un cadre rectangulaire enveloppé par le circuit magnétique, qui est divisé en 4 parties dont chacune est formée par des bandes de tôle mince, C, isolées les unes des autres et repliées.

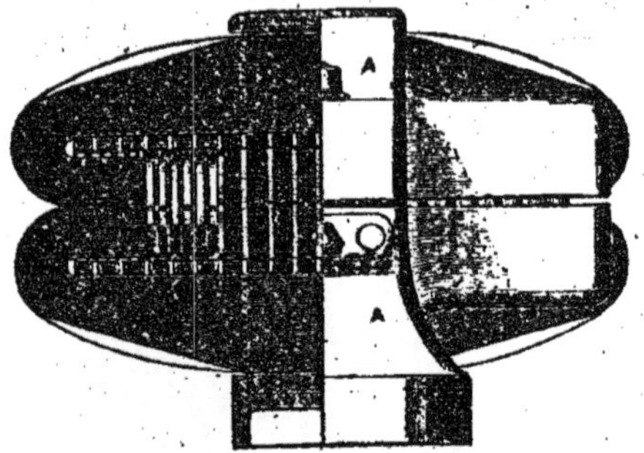

Fig. 305. — Transformateur Ferranti (détails de construction)

L'ensemble est maintenu par l'enveloppe de fonte AA (fig. 306).

Fig. 306. — Transformateur Ferranti (vue extérieure).

Afin que l'emploi des transformateurs ne présente aucun danger, il est nécessaire de prendre certaines précautions pour prévenir une communication électrique accidentelle entre le circuit primaire et le circuit secondaire. On a proposé dans ce but différentes dispositions, que nous indiquerons en exposant les applications des transformateurs à la distribution électrique.

194. Etude théorique. — Considérons un transformateur à circuit magnétique fermé, de section uniforme, et soient :

E_1, E_2, les différences de potentiel aux bornes primaires et secondaires ;

i_1, i_2, les intensités des courants ;

m_1, m_2, les nombres de spires ;

r_1, r_2, les résistances des enroulements ;

R, la résistance du circuit extérieur relié aux bornes du secondaire ;

s, la section du noyau magnétique ;

l, la longueur des lignes de force ;

N, le nombre total des tubes de force qui traversent la section s du noyau.

Nous admettrons que la f. e. m. qui agit dans le circuit primaire suit la loi du sinus, c'est-à-dire que l'on a

$$(1) \qquad E_1 = E_0 \sin \frac{2\pi t}{T}.$$

L'énergie électrique $E_1 i_1 dt$, fournie au circuit primaire pendant le temps dt, est égale à la somme de 3 termes, qui sont :

1° Le travail calorifique du courant, $r_1 i_1^2 dt$;

2° Le travail électro-magnétique correspondant à la variation du flux de force qui traverse le circuit, $m_1 i_1 dN$.

3° Le travail calorifique de l'hystérésis et des courants de Foucault pendant le même temps, que nous désignerons par $d\Theta$.

Nous aurons, par conséquent, l'équation

$$(2) \qquad E_1 i_1 dt = r_1 i_1^2 dt + m_1 i_1 dN + d\Theta,$$

ou

$$(3) \qquad E_1 - \frac{d\Theta}{i_1 dt} = r_1 i_1 + m_1 \frac{dN}{dt}.$$

L'hystérésis et les courants de Foucault ont donc pour résultat d'affaiblir la f. e. m. qui agit aux bornes du circuit primaire.

En posant $\dfrac{d\Theta}{i_1 dt} = e_1$, l'équation (3) se mettra sous la forme

$$(4) \qquad E_1 - e_1 = r_1 i_1 + m_1 \frac{dN}{dt}.$$

La force électro-motrice inverse, e_1, sera une fonction de même période que E_1, mais de phase différente, et nous pourrons écrire

$$(5) \qquad e_1 = e_0 \sin\left(\frac{2\pi t}{T} - \psi\right).$$

Pour le circuit secondaire, l'équation générale de l'induction donne :

$$(6) \qquad (r_2 + R)i_2 + m_2 \frac{dN}{dt} = 0.$$

Dans le circuit magnétique fermé du transformateur, le flux d'induction totale, N, aura pour valeur

$$(7) \qquad N = 4\pi\,(m_1 i_1 + m_2 i_2)\int \frac{\mu ds}{l}.$$

En posant

$$(8) \qquad \frac{1}{\mathcal{R}} = 4\pi \int \frac{\mu ds}{l}\,[1],$$

1. Voir le n° 37. Si les courants sont exprimés en ampères, on aura :
Pour un cylindre droit :

$$\frac{1}{\mathcal{R}} = \frac{0,4\,\pi\mu s}{l}$$

Pour un anneau cylindrique :

$$\frac{1}{\mathcal{R}} = 0,2\,\mu b \log.\,\frac{A}{A - a}$$

Pour un tore :

$$\frac{1}{\mathcal{R}} = 0,4\,\pi\mu\,[A - \sqrt{A^2 - a^2}]$$

on aura

$$(9) \qquad N = \frac{m_1 i_1 + m_2 i_2}{\mathcal{R}}.$$

Les équations (4), (6) et (9) donnent

$$(10) \qquad i_1 = \frac{m_2^2 (E_1 - e_1) + m_1 (r_2 + R) N\mathcal{R}}{m_2^2 r_1 + m_1^2 (r_2 + R)}.$$

$$(11) \qquad i_2 = \frac{- m_1 m_2 (E_1 - e_1) + m_2 r_1 N\mathcal{R}}{m_2^2 r_1 + m_1^2 (r_2 + R)}.$$

$$(12) \qquad \frac{dN}{dt} = \frac{m_1 (r_2 + R)(E_1 - e_1) - r_1 (r_2 + R) N\mathcal{R}}{m_2^2 r_1 + m_1^2 (r_2 + R)}.$$

Si $\mathcal{R}$ peut être considéré comme constant entre les valeurs extrêmes de N, l'équation (12) donnera par l'intégration :

$$(13)\ N = \frac{T}{2\pi} \cdot \frac{m_1 (r_2 + R)}{m_2^2 r_1 + m_1^2 (r_2 + R)} \left[E_0 \sin\left(\frac{2\pi t}{T} - \varphi\right) - e_0 \sin\left(\frac{2\pi t}{T} - \psi - \varphi\right) \right] \sin \varphi$$

ou

$$(14)\ N\mathcal{R} = \frac{m_1 \cos \varphi}{r_1} \left[E_0 \sin\left(\frac{2\pi t}{T} - \varphi\right) - e_0 \sin\left(\frac{2\pi t}{T} - \psi - \varphi\right) \right],$$

en posant

$$(15) \qquad \operatorname{tg} \varphi = \frac{1}{\mathcal{R}} \cdot \frac{2\pi}{T} \cdot \frac{m_2^2 r_1 + m_1^2 (r_2 + R)}{r_1 (r_2 + R)}.$$

On voit par l'équation (13) que le maximum de N correspond à $R = \infty$ (circuit extérieur ouvert) ; par suite on a évidemment :

$$(16) \qquad N < \frac{T}{2\pi} \cdot \frac{E_0 + e_0}{m_1}.$$

Dans les transformateurs bien construits, l'angle φ diffère extrêmement peu de 90° ; dans ce cas, la valeur de $N\mathcal{R}$, donnée par l'équation (14) sera très petite, et pourra être négligée. On aura alors d'une façon approchée :

$$(17) \qquad \frac{i_2}{i_1} = \frac{m_1}{m_2} \ \text{(en valeur absolue)}.$$

$\dfrac{m_1}{m_2}$ est ce que l'on appelle le *rapport de transformation* de l'appareil. On le fait varier suivant les applications que l'on a en vue, et la force électro-motrice dont on dispose.

695. Calcul des éléments d'un transformateur. — On donne

l'intensité i_2 du courant maximum à fournir au circuit extérieur ;

la différence de potentiel E_2 à maintenir entre les bornes secondaires ;

le rapport de transformation $\dfrac{m_1}{m_2}$;

la durée, T, d'une période de la machine génératrice ;

la perte maximum d'énergie consentie pour la transformation. Nous supposerons que cette limite est fixée à 4 0/0 de l'énergie utile, dont 2 0/0 par l'hystérésis, et 1 0/0 par la résistance de chacun des circuits primaire et secondaire.

Nous choisirons comme exemple un transformateur annulaire (fig. 307) dont le noyau sera formé de fils de fer isolés.

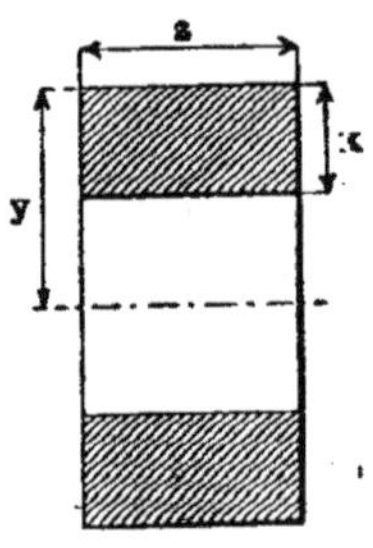

Fig. 307.

1. On fixera d'abord la limite supérieure de l'induction spécifique dans le noyau. En augmentant sa valeur on diminue la section du fer, et par suite le poids du cuivre des enroulements ; mais la perte due à l'hystérésis augmente rapidement. Avec du fer de très bonne qualité on pourra

prendre pour $\mathfrak{B}$ une valeur comprise entre 6000 et 8000 unités C.G.S par cm² de fer. On aura préalablement déterminé par l'expérience, pour différentes valeurs de l'induction, la perte d'énergie, w, par cm³, pour un cycle magnétique complet, c'est-à-dire pour une période entière. En désignant par V le volume du noyau, la perte d'énergie par seconde sera $\dfrac{w\mathrm{V}}{\mathrm{T}}$.

Cette perte doit être égale ou inférieure à la perte consentie de 2 0/0. On aura ainsi une première équation de condition

$$(18) \qquad \frac{w\,\mathrm{V}}{\mathrm{T}} \lessgtr 0{,}02\,\mathrm{E}_2 i_2$$

2. Il faut donner au noyau une surface suffisante pour que la chaleur, développée par l'hystérésis et le passage des courants, puisse se dissiper sans élévation anormale de la température. La perte totale étant supposée de 4 0/0, si nous désignons par S la surface du noyau et par ψ la surface de refroidissement nécessaire pour chaque watt transformé en chaleur, nous obtiendrons une deuxième équation en écrivant

$$(19) \qquad \mathrm{S} \gtrless 0{,}04\,\psi\mathrm{E}_2 i_2 .$$

La valeur la plus convenable à donner à ψ est comprise entre 12 et 15 cm² par watt transformé en chaleur.

3. Exprimons le volume et la surface de l'anneau en fonction de ses dimensions linéaires, nous aurons

$$(20) \qquad \mathrm{V} = \pi\,(2y - x)\,xz ,$$

$$(21) \qquad \mathrm{S} = 2\pi\,(2y - x)\,(x + z) .$$

Posons $y = \varphi x$; il viendra :

$$(22) \qquad \mathrm{V} = \pi\,(2\varphi - 1)\,x^2 z ,$$

$$(23) \qquad \mathrm{S} = 2\pi\,(2\varphi - 1)\,(x + z)x .$$

Eliminant z entre les deux équations (22) et (23), il vient

$$(24) \qquad x^3 - \frac{\mathrm{S}x}{2\pi\,(2\varphi - 1)} + \frac{2\mathrm{V}}{2\pi\,(2\varphi - 1)} = 0 .$$

L'équation (24), qui est de la forme $x^3 - px + q = 0$, a une racine négative : pour que ses deux racines positives soient réelles il faut que l'on ait ; $27\,q^2 < 4p^3$; c'est-à-dire

$$(25) \qquad 54\pi\,(2\varphi - 1)\,V^2 \lessgtr S^3$$

On déterminera x, y, z en donnant à φ différentes valeurs, et en adoptant celle qui conduit à la forme la plus convenable au point de vue de la construction.

4. Les dimensions linéaires de l'anneau étant connues, on pourra déterminer les éléments du circuit inducteur et du circuit induit, au moyen de l'équation (16) :

$$N < \frac{T}{2\pi} \cdot \frac{E_0 + e_0}{m_1}.$$

N, le flux total d'induction résulte de la valeur adoptée pour $\mathfrak{B}$, et de la section utile de l'anneau.

On connaît la différence de potentiel aux bornes secondaires, E_2, le coefficient de transformation, $\dfrac{m_1}{m_2}$, et la perte totale (4 0/0) ; on prendra

$$E_1 + e_1 = 1{,}04\,\frac{m_1}{m_2} \cdot E_2.$$

La valeur de $(E_0 + e_0)$ sera donc

$$(27) \qquad E_0 + e_0 = 1{,}04\,\frac{m_1}{m_2}\,E_2\,\sqrt{2}$$

et le nombre des spires primaires se déduira de la relation

$$(28) \qquad m_1 = \frac{T}{2\pi} \cdot \frac{E_0 + e_0}{N} \cdot$$

Le nombre, m_2, des spires du circuit secondaire résulte immédiatement du rapport de transformation.

5. La valeur des résistances r_1 et r_2 est donnée par la condition que la perte d'énergie dans chacun des circuits ne doit pas être supérieur à 1 0/0. La longueur d'une spire étant égale à $2\,(x + z)$, les sections ω_1 et ω_2 des conducteurs seront

déterminées par les équations :

$$(29) \qquad r_1 = \frac{2\,(x+z)\,m_1\,\rho}{\omega_1} ,$$

$$(30) \qquad r_2 = \frac{2\,(x+z)\,m_2\,\rho}{\omega_2} ,$$

dans lesquelles on adoptera pour la résistance spécifique, ρ, la valeur de 2,5 microhms (2,500 unités C.G.S.) afin de tenir compte de l'augmentation de résistance due à l'élévation de la température.

On possède ainsi les éléments nécessaires pour l'étude des détails de construction du transformateur projeté.

Chacun des deux circuits doit être divisé en un même nombre de sections, qui seront enroulées sur le noyau en alternant le primaire et le secondaire de façon à réduire autant que possible la résistance $\Re$ du circuit magnétique.

196. Étude expérimentale d'un transformateur. — Après avoir mesuré, par les méthodes indiquées au chapitre V, la résistance et l'isolation des circuits primaire et secondaire, on procède à la détermination du coefficient économique, η.

La puissance électrique, A_1, fournie au circuit primaire se mesure par la méthode du numéro 133. Pour mesurer la puissance utile, A_2, on réunira les bornes secondaires par une résistance étalonnée, R, dépourvue de self-induction ; un électro-dynamomètre, placé dans le circuit, donnera l'intensité i_2 du courant secondaire ; on aura $A_2 = R i_2^2$. La puissance utile peut également se mesurer par la méthode de M. Potier (133) ; dans ce cas il n'est pas nécessaire de connaître les valeurs de R et de i_2. Quelle que soit celle des deux méthodes que l'on emploie, il est indispensable que les indications des instruments employés soient rigoureusement comparables.

Si, après avoir déterminé la puissance A par l'électromètre, on mesure au moyen du même instrument le courant i et la différence de potentiel E, l'angle de retard, φ, se déduira de la relation : $\cos \varphi = \dfrac{A}{E i}$.

La méthode que nous venons d'indiquer pour la mesure du

coefficient économique, absolument exacte au point de vue théorique, peut cependant donner lieu à des erreurs, qui seront d'autant plus importantes que le coefficient économique sera plus voisin de l'unité. En désignant par $k_1 A_1$ et $k_2 A_2$ les erreurs d'observation sur les valeurs de A_1 et de A_2, l'erreur absolue commise sur la valeur du coefficient économique sera :

$$\frac{A_2}{A_1} - \frac{(1 + k_2) A_2}{(1 + k_1) A_1}$$

et l'erreur relative sera $(k_1 \mp k_2)$ suivant que les erreurs sont de mêmes signes ou de signes contraires.

La méthode suivante atténue considérablement l'influence des erreurs d'observation. Elle consiste à mesurer d'une part la puissance utile, A_2, d'autre part la perte, p, d'énergie par seconde pendant la transformation. Le coefficient économique cherché sera :

$$r_1 = \frac{A_2}{A_2 + p}.$$

En désignant par k_2 l'erreur relative à A_2 et par k celle de p, l'erreur absolue du résultat sera :

$$\frac{A_2}{A_2 + p} - \frac{(1 + k_2) A_2}{(1 + k_2) A_2 + (1 + k) p},$$

et l'erreur relative :

$$\frac{p}{A_2 + p} (k \mp k_2),$$

c'est-à-dire beaucoup plus faible que par la méthode précédente, puisque, par hypothèse, p est très petit par rapport à A_2.

Le transformateur est placé à l'intérieur d'une caisse métallique fermée et étanche, dont le couvercle est muni de tubulures pour le passage des conducteurs aboutissants aux bornes primaires et secondaires, et d'une tubulure centrale dans laquelle est fixé un thermomètre. Cette caisse est immergée dans un calorimètre à circulation d'eau ; deux thermomètres donnant le 20° de degré, indiquent les températures de l'eau qui entre dans le calorimètre, et de celle qui en sort. Un vase jaugé et gradué permet de mesurer le volume de l'eau qui a traversé le calorimètre pendant l'expérience.

Le transformateur ayant été mis en place dans le calorimètre, les bornes primaires sont reliées à la machine génératrice, et les bornes secondaires à une résistance étalonnée, R, dépourvue de self-induction. Le courant secondaire est mesuré par un électro-dynamomètre placé dans le circuit.

Le transformateur étant mis en marche à un régime qui sera déterminé par la résistance R, et l'écoulement de l'eau étant convenablement réglé, on observe les températures d'entrée et de sortie ainsi que celle de la chambre étanche ; lorsque les trois thermomètres sont devenus stationnaires, on mesure le volume d'eau écoulé pendant un temps déterminé, ainsi que l'intensité i_2 du courant secondaire. Soient :

t la durée de l'expérience (en secondes),

P le poids d'eau écoulé (en grammes) pendant le temps t.

τ_0 et τ_1 les températures de l'eau qui entre et de celle qui sort.

La quantité de chaleur fournie au calorimètre dans le temps t, c'est-à-dire l'équivalent calorifique du travail absorbé par l'hystérésis, les courants parasites et la résistance des conducteurs, aura pour expression :

$$P\,(\tau_1 - \tau_0)\ \text{calories}.$$

La puissance correspondante p, sera :

$$p = 4{,}2 \cdot \frac{P\,(\tau_1 - \tau_0)}{t}\ \text{watts}.$$

La puissance A_2 utilisée dans le circuit extérieur est égale à $R i_2{}^2$, et la valeur du coefficient économique, η, sera :

$$\eta = \frac{A_2}{A_2 + p},$$

Cette détermination doit être faite pour différents débits, parce que le coefficient économique dépend du courant secondaire ; elle diminue lorsque l'appareil fonctionne à un régime différent de celui pour lequel il a été établi. Lorsque la puissance utile diminue, la perte d'énergie par la résistance des circuits diminue également, mais celle qui résulte de l'hystérésis augmente et la perte totale reste sensiblement constante en valeur absolue : il en résulte que le coefficient économique sera d'autant plus faible que l'écart avec le régime normal sera plus considérable.

La différence de phase entre le courant primaire et le courant secondaire se détermine de la manière suivante.

On place un électro-dynamomètre sur chacun des circuits primaire et secondaire, et on dispose un troisième électro-dynamomètre de telle sorte que l'une de ses bobines soit traversée par le courant primaire i_1, et l'autre par le courant secondaire i_2. Les trois instruments doivent être exactement étalonnés de façon à donner des indications absolument comparables.

Désignons par :

k_1, k_2, les constantes des électro-dynamomètres traversés par les courants i_1 et i_2, dont nous représenterons les amplitudes maxima par I_1 et I_2 ;

k, la constante de l'instrument commun aux deux circuits ;

α_1, α_2, α, les déviations observées.

Les courants i_1 et i_2 de même période, mais de phases différentes peuvent être représentés par les équations :

$$(1) \qquad i_1 = I_1 \sin \frac{2\pi t}{T} ;$$

$$(2) \qquad i_2 = I_2 \sin \left(\frac{2\pi t}{T} - \varphi \right).$$

Les déviations des deux électro-dynamomètres placés en circuit fourniront les valeurs moyennes de i_1^2 et i_2^2 pour une période, c'est-à-dire que l'on aura :

$$(3) \qquad \overline{i_1^2} = \frac{1}{2} I_1^2 = k_1 \alpha_1 ;$$

$$(4) \qquad \overline{i_2^2} = \frac{1}{2} I_2^2 = k_2 \alpha_2 .$$

Le troisième électro-dynamomètre, commun aux deux circuits, fournira la valeur moyenne du produit $i_1 i_2$ pour une demi-période ; et comme :

$$\int_0^{\frac{1}{2}T} \frac{i_1 i_2 \, dt}{\frac{1}{2}T} = \frac{I_1 I_2 \cos \varphi}{2} ,$$

on aura :

$$(5) \qquad \frac{I_1 I_2 \cos \varphi}{2} = k\alpha .$$

Les équations (3), (4) et (5) donnent :

$$(6) \qquad \cos \varphi = \frac{k}{\sqrt{k_1 k_2}} \cdot \frac{\alpha}{\sqrt{\alpha_1 \alpha_2}} .$$

On peut également déterminer l'angle φ au moyen d'un seul électro-dynamomètre relié à un commutateur permettant de mettre l'instrument successivement dans chacun des deux circuits et de le mettre ensuite en communication avec tous les deux. On aura alors :

$$\cos \varphi = \frac{\alpha}{\sqrt{\alpha_1 \alpha_2}} ;$$

mais il est nécessaire, dans ce cas, que les courants restent rigoureusement constants pendant l'expérience.

Pour que l'électro-dynamomètre donne la valeur exacte du produit $i_1 i_2$, il faut que la différence de phase à mesurer ne soit pas modifiée par le passage des courants dans les bobines fixe et mobile. Cette condition sera satisfaite si l'on a entre les résistances, r et r', et les coefficients de self-induction, L et L', des deux bobines, la relation :

$$\frac{L}{r} = \frac{L'}{r'} ,$$

qu'il sera toujours possible de réaliser par l'emploi d'une résistance auxiliaire.

CHAPITRE XI

PRODUCTION DE L'ÉLECTRICITÉ PAR LA CHALEUR ET LES ACTIONS CHIMIQUES

197. Force électro-motrice de contact. — Lorsque deux corps différents sont en contact, ils prennent des états électriques différents, c'est-à-dire qu'ils sont chargés respectivement de quantités égales d'élctricités de signes contraires.

Si les deux corps en contact sont conducteurs, le potentiel est constant sur chacun d'eux, mais il éprouve une variation brusque de part et d'autre de la surface de séparation. Cette différence de potentiel est ce que l'on appelle la *force électromotrice de contact*.

Ce fait, qui a été découvert par Volta, a été confirmé par un grand nombre d'expériences, et peut être énoncé de la manière suivante :

Entre deux corps différents à la même température, il s'établit une différence de potentiel qui dépend de leur nature, et qui est absolument indépendante de leurs formes, de l'étendue des surfaces de contact et de la valeur absolue du potentiel sur chacun d'eux.

Après avoir constaté l'existence de la f. e. m. de contact, Volta a établi expérimentalement la loi suivante :

Lorsque plusieurs métaux, à la même température, sont soudés les uns aux autres, de manière à former une chaîne continue, la différence de potentiel des métaux extrêmes est la même que si ces deux métaux étaient directement en contact.

Soient A, B, C... M les métaux formant la chaîne ; $a, b, c... m$

les valeurs du potentiel sur chacun d'eux, la *loi des contacts successifs*, que nous venons d'énoncer, sera représentée par l'équation suivante :

$$(a - b) + (b - c) + \ldots\ldots + (l - m) = (a - m),$$

qui peut se mettre sous la forme

$$(a - b) + (b - c) + \ldots + (l - m) + (m - a) = 0 ;$$

c'est-à-dire que *les deux extrémités d'une chaîne terminée par des métaux identiques sont au même potentiel.*

Cette proposition est une conséquence nécessaire du principe de la conservation de l'énergie. En effet, si les métaux extrêmes de même nature pouvaient être maintenus à des potentiels différents par l'effet des contacts intermédiaires, on pourrait, en les joignant par un conducteur, obtenir un courant permanent d'électricité, c'est-à-dire une production de travail sans une dépense correspondante d'énergie.

Mais si le circuit renferme des sources d'énergie d'une nature quelconque, par exemple une source de chaleur ou des corps pouvant donner lieu à des réactions chimiques, l'énergie calorifique ou chimique pourra maintenir un courant permanent dans le circuit. C'est le principe des piles thermo-électriques et hydro-électriques.

I. — *Piles thermo-électriques.*

198. Force thermo-électrique. — Lorsque les soudures d'un circuit formé de deux métaux sont portées à des températures différentes, on constate dans le circuit l'existence d'un courant électrique. C'est l'expérience de Seebeck.

La f. e. m. qui prend ainsi naissance s'appelle *force thermo-électrique* ; elle dépend :

1° De la nature des métaux qui forment le circuit ;
2° De la différence de température des soudures ;
3° De la température moyenne de ces soudures.

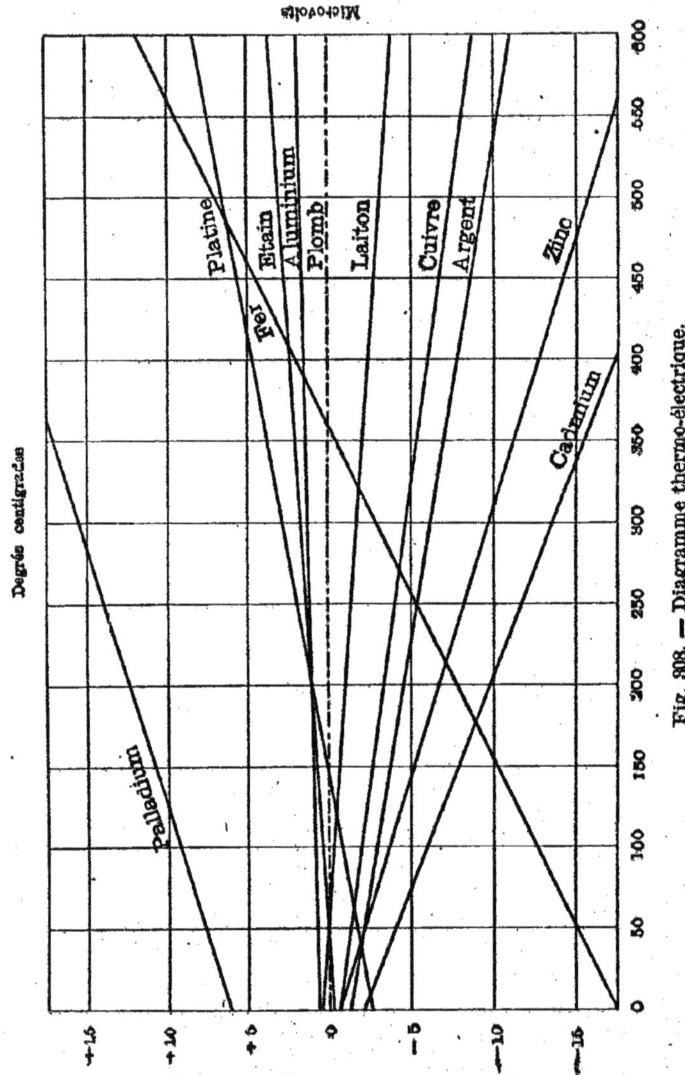

Fig. 808. — Diagramme thermo-électrique.

199. Pouvoir thermo-électrique. — Considérons un circuit formé de deux métaux A et B, dont les soudures sont maintenues à des températures différentes θ_1 et θ_2, et désignons par θ la température moyenne $\frac{1}{2}(\theta_1 + \theta_2)$.

Le facteur par lequel il faut multiplier la différence de température des soudures, $(\theta_1 - \theta_2)$, pour obtenir la force thermo-électrique, s'appelle le *pouvoir thermo-électrique* du couple AB à la température moyenne θ.

Par *définition*, un métal A est *positif* par rapport à un autre métal B lorsque le courant thermo-électrique traverse la soudure chaude pour passer de A en B.

Le pouvoir thermo-électrique de deux métaux A et B est égal à la différence de leurs pouvoirs thermo-électriques par rapport à un troisième métal C.

Cette proposition, qui peut être considérée comme un fait d'expérience, sera représentée par l'équation

$$(1) \qquad\qquad \varphi\,(AB) = \varphi\,(AC) - \varphi\,(BC).$$

Il en résulte que si l'on connaît les pouvoirs thermo-électriques des divers métaux et alliages par rapport à un même métal, il sera facile de calculer le pouvoir thermo-électrique du couple formé par la réunion de deux quelconques de ces métaux. C'est le plomb qui a été choisi comme métal de comparaison, parce que l'expérience a démontré que les pouvoirs thermo-électriques des divers métaux par rapport au plomb peuvent être représentés par des équations de la forme $\varphi = \alpha + \beta\theta$, c'est-à-dire par des lignes droites.

α et β sont des coefficients numériques, positifs ou négatifs, qui dépendent de la nature du métal.

θ exprime la température moyenne des soudures.

La fig. 308 représente les pouvoirs thermo-électriques des différents métaux et alliages d'après les déterminations du Prof. Tait, dont on trouvera le résumé à la fin de l'ouvrage.

Dans cette figure, les températures sont indiquées en degrés centigrades, et les pouvoirs thermo-électriques correspondants en micro-volts.

A une température quelconque, le pouvoir thermo-électrique du couple AB a pour expression, d'après l'équation (1) :

$$\varphi \, (AB) = \varphi \, (AP) - \varphi \, (BP),$$

en désignant par $\varphi \, (AP)$ et $\varphi \, (BP)$ les pouvoirs thermo-électriques des deux métaux A et B par rapport au plomb.

Par conséquent

$$(2) \quad \varphi \, (AB) = (\alpha + \beta\theta) - (\alpha' + \beta'\theta) = (\alpha - \alpha') - (\beta' - \beta)\theta.$$

Si la différence de température des soudures varie de $d\theta$, la force thermo-électrique variera d'une quantité $d\varepsilon$, dont la valeur s'obtient en multipliant la variation de température, $d\theta$, par le pouvoir thermo-électrique du couple à la température θ, c'est-à-dire que l'on aura

$$(3) \qquad d\varepsilon = (\alpha - \alpha') \, d\theta - (\beta' - \beta) \, \theta \, d\theta .$$

Si la soudure chaude est à la température θ_1, et la soudure froide à la température θ_2, la force thermo-électrique, ε, de l'élément sera

$$(4) \qquad \varepsilon = (\alpha - \alpha') \, (\theta_1 - \theta_2) - \frac{(\beta' - \beta) \, (\theta_1^2 - \theta_2^2)}{2} ,$$

que l'on peut mettre sous la forme :

$$(5) \qquad \varepsilon = (\theta_1 - \theta_2) \left[(\alpha - \alpha') - (\beta' - \beta) \cdot \frac{\theta_1 + \theta_2}{2} \right].$$

Cette expression se prête à une représentation graphique très simple.

Supposons, par exemple, qu'il s'agisse de déterminer la force thermo-électrique du couple cuivre-fer dont l'une des soudures serait à 100°, l'autre à 0° ; on tracera les droites MC, OF représentant les pouvoirs thermo-électriques des deux métaux par rapport au plomb (fig. 309) ; la force thermo-électrique cherchée sera mesurée par la surface du trapèze MNOP compris entre les deux droites MC, OF et les ordonnées correspondant aux températures extrêmes θ_1 et θ_2.

Les lignes thermo-électriques des différents métaux, n'étant pas parallèles, se coupent deux à deux. Le point d'intersection de deux lignes thermo-électriques se nomme le *point neutre* des deux métaux, parce qu'à la température correspondant à

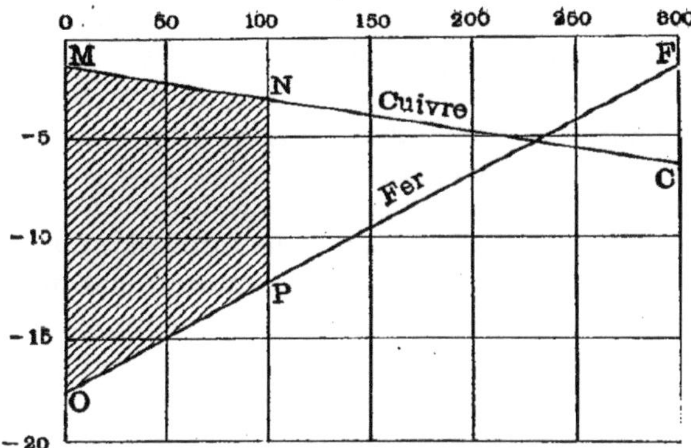

Fig. 809. — Force thermo-électrique du couple cuivre-fer.

ce point leurs forces électro-motrices de contact avec le plomb sont égales ; ils ne sont ni positifs, ni négatifs l'un par rapport à l'autre. Le point neutre s'appelle aussi le *point d'inversion*, parce qu'au-delà de ce point la f. e. m. change de signe. Pour trouver le point neutre de deux métaux, il suffit de chercher la valeur θ_n de θ qui satisfait à l'équation :

$$\alpha + \beta\theta = \alpha' + \beta'\theta.$$

On aura

$$(6) \qquad \theta_n = \frac{\alpha - \alpha'}{\beta' - \beta}.$$

En éliminant $(\alpha - \alpha')$ entre les équations (5) et (6), on obtiendra la valeur de la force thermo-électrique en fonction de la température du point neutre.

$$(7) \qquad \varepsilon = (\theta_1 - \theta_2)(\beta' - \beta)\left[\theta_n - \frac{1}{2}(\theta_1 + \theta_2)\right],$$

ou

$$(7\ bis) \qquad \varepsilon = (T_1 - T_2)(\beta' - \beta)\left[T_n - \frac{1}{2}(T_1 + T_2)\right],$$

en désignant par T_1 et T_2 les températures absolues.

L'équation (7) montre que si la température de l'une des soudures reste fixe, ε sera maximum lorsque l'autre soudure sera à la température du point neutre.

200. Piles thermo-électriques. — Les propriétés ther-mo-électriques des corps métalliques ont été utilisées pour la production des courants électriques, et nous indiquerons quelques-unes des dispositions adoptées pour la construction des piles thermo-électriques.

La pile de Pouillet se compose de couples, dont chacun est formé par un cylindre de bismuth aux extrémités duquel sont soudés deux fils de cuivre ; l'une des soudures plonge dans un vase contenant de l'eau à 100° ; l'autre soudure est entourée de glace fondante. Cette pile peut être utilisée comme pile à courant constant, parce que la f. e. m. reste invariable si les soudures sont maintenues l'une et l'autre à des températures également invariables ; mais la valeur absolue de la f. e. m. varie de 0,01 à 0,005 volt par élément, suivant la pureté du bismuth employé.

La pile de Becquerel est formée de plaques de sulfure de cuivre fondu associées avec des fils de cuivre ou de maille-chort ; la f. e. m. de ce couple est de 0,38 volt entre 0° et 800°.

Dans la pile de Marcus, le métal négatif est un alliage formé de 10 parties de cuivre, 6 parties de zinc, 6 parties de nickel avec une petite quantité de cobalt ; le métal positif est formé de 12 parties d'antimoine, 5 parties de zinc et 1 partie de bis-muth. Les soudures chaudes étant portées à une température voisine du rouge et les soudures froides étant à la température ordinaire, la f. e. m. du couple est de 0,09 à 0,1 volt.

La pile de Noé se compose de barreaux en alliage antimoine-bismuth et de fils de maillechort ; la f. e. m. est de 0,06 volt entre le rouge sombre et la température ordinaire.

La pile Clamond, telle qu'elle est construite aujourd'hui par la maison Carpentier, est constituée par des bandes de fer et des barreaux d'un alliage d'antimoine et de zinc (à équivalents égaux). Le modèle de 120 éléments donne une f. e. m. de 8 volts ; sa résistance intérieure est de 3,2 ohms. Un autre modèle, formé de 60 éléments de dimensions plus grandes, a une résistance intérieure de 0,65 ohm. Ces deux modèles sont chauffés au gaz; leur consommation est de 180 litres environ par heure, pour une puissance utile maximum de 5 watts.

· Les piles thermo-électriques conviennent très bien à la production de courants constants de longue durée, et à ce titre elles ont reçu un certain nombre d'applications pour l'électrotypie, la galvanoplastie et les analyses chimiques par électrolyse.

On les utilise également pour déceler et mesurer des différences de températures ; à cet égard, les piles thermo-électriques sont de véritables thermomètres différentiels. L'application qui en a été faite par Melloni à l'étude de la chaleur rayonnante est une expérience classique.

Pour mesurer la différence de température de deux points éloignés, on emploie des couples formés de fils de fer et de cuivre soudés parallèlement et amincis en forme d'aiguilles à leurs extrémités ; les couples étant réunis d'un côté par leurs fils de fer, le circuit est complété de l'autre côté par un galvanomètre. L'une des aiguilles est placée au point dont on veut mesurer la température, l'autre dans un bain dont on fait varier la température jusqu'à ce que le courant soit nul ; les températures des deux soudures sont alors égales.

201. Rendement des piles thermo-électriques. — Bien que dans les piles thermo-électriques l'énergie calorifique du combustible soit directement transformée en énergie électrique, le rendement industriel de ces piles, c'est-à-dire le rapport de l'énergie électrique utile à l'énergie totale fournie à l'appareil, est extrêmement faible et bien inférieur à celui que l'on peut atteindre par l'emploi des machines. Les considérations suivantes, qui ont été développées par Lord Rayleigh, montrent qu'il doit en être ainsi.

Désignons par :

n, le nombre des couples qui constituent la batterie ;

B, la résistance intérieure de la batterie ;

R, la résistance du circuit extérieur ;

i, l'intensité du courant fourni par la batterie ;

T_1, la température absolue des soudures chaudes ;

T_2, la température absolue des soudures froides ;

ε, la force thermo-électrique d'un couple ; on aura

$\varepsilon = \varphi (T_1 - T_2)$;

A, la quantité d'énergie calorifique fournie à la batterie dans l'unité de temps ;

A_u la puissance électrique utilisable.

Nous aurons :

$$(8) \qquad i = \frac{n\varphi (T_1 - T_2)}{B + R} .$$

La puissance fournie au circuit extérieur,

$$R i^2 = \frac{n^2 \varphi^2 (T_1 - T_2)^2 R}{(B + R)^2} ,$$

sera maximum pour $R = B$, c'est-à-dire que l'on aura

$$(9) \qquad A_u = \frac{n^2 \varphi^2 (T_1 - T_2)^2}{4B} .$$

En représentant par :

ω_1 et ω_2 les sections des barreaux qui forment un couple,

l_1 et l_2 leurs longueurs,

ρ_1 et ρ_2 leurs résistances spécifiques,

nous aurons

$$(10) \qquad B = n \left[\frac{l_1 \rho_1}{\omega_1} + \frac{l_2 \rho_2}{\omega_2} \right],$$

et par conséquent

$$(11) \qquad A_u = \frac{n\varphi^2 (T_1 - T_2)^2}{4 \left[\frac{l_1 \rho_1}{\omega_1} + \frac{l_2 \rho_2}{\omega_2} \right]} ,$$

Désignons par :

k_1 et k_2 les coefficients de conductibilité des deux métaux pour la chaleur ;

Θ, la quantité totale de chaleur fournie à la pile en une seconde ; elle est égale à celle qui passe des soudures chaudes aux soudures froides dans le même temps.

Nous aurons

$$(12) \qquad \Theta = n \left[\frac{k_1 \omega_1}{l_1} + \frac{k_2 \omega_2}{l_2} \right] (T_1 - T_2) \, .$$

Si cette quantité de chaleur, fournie à la température absolue T_1, était transformée en travail mécanique dans une machine parfaite, on obtiendrait par seconde une quantité de travail

$$(13) \qquad A = \frac{J\Theta \, (T_1 - T_2)}{T_1} \, .$$

C'est l'expression de la quantité de travail équivalente à l'énergie calorifique dissipée en une seconde par suite de la conductibilité thermique des métaux qui forment les couples.

Le rendement sera donné par l'équation :

$$(14) \qquad \frac{A_u}{A} = \frac{T_1 \varphi^2}{4J \left[\dfrac{l_1 \rho_1}{\omega_1} + \dfrac{l_2 \rho_2}{\omega_2} \right] \left[\dfrac{k_1 \omega_1}{l_1} + \dfrac{k_2 \omega_2}{l_2} \right]} \, .$$

Cette expression est indépendante de $(T_1 - T_2)$ et du nombre, n, des couples ; il est facile de voir qu'elle est également indépendante des dimensions absolues des barreaux et ne dépend que des rapports $\dfrac{\omega_1}{\omega_2}$ et $\dfrac{l_1}{l_2}$.

Les résistances électriques et les coefficients de conductibilité thermique étant donnés, le rendement sera maximum pour

$$\left(\frac{\omega_1 l_2}{\omega_2 l_1} \right)^2 = \frac{k_2 \rho_1}{k_1 \rho_2} \, .$$

En portant ces valeurs dans l'équation (14), on aura :

$$(15) \qquad \text{Max.} \ \frac{A_u}{A} = \frac{T_1 \varphi^2}{4J \left[\sqrt{k_1 \rho_1} + \sqrt{k_2 \rho_2} \right]^2} \, .$$

Si l'on applique cette équation au couple fer-maillechort pour une valeur de $T_1 = 500°$, on aura (en unités C.G.S.) :

Fer $\rho_1 = 1 \times 10^4$; $k_1 = 0,2$;
Maillechort $\rho_2 = 2 \times 10^4$; $k_2 = 0,1$;

$$\varphi = 2,9 \times 10^3 \; ;$$
$$J = 4,2 \times 10^7 \; .$$

On en déduira :

$$(16) \qquad \text{Max} \cdot \frac{A_u}{A} = \frac{1}{320} \cdot$$

Cet exemple montre l'infériorité que présente, au point de vue du rendement, la transformation directe de l'énergie calorifique en énergie électrique.

Comme les corps qui sont de bons conducteurs électriques conduisent également bien la chaleur, le terme $\left[\sqrt{k_1\rho_1} + \sqrt{k_2\rho_2}\right]^2$ différera peu d'un couple à un autre et le rendement dépendra principalement du pouvoir thermo-électrique des métaux associés et de la température T_1.

II. — *Piles hydro-électriques.*

202. Equivalence de l'énergie électrique et de l'énergie calorifique des actions chimiques. — Nous avons vu que, dans un circuit formé de corps conducteurs de natures différentes, il ne peut y avoir production d'un courant électrique que si le circuit renferme une source d'énergie.

Dans les piles hydro-électriques cette énergie est fournie par les actions chimiques.

L'équivalence de l'énergie du courant électrique et du travail des actions chimiques a été démontrée expérimentalement par un très grand nombre d'observations desquelles il résulte:

1° Que la quantité de chaleur dégagée par une même somme d'actions chimiques est constante et indépendante du circuit dans lequel elle se répand.

2° Que lorsque le courant produit par ces actions chimiques passe dans un conducteur immobile et continu, la quantité de chaleur développée par le passage du courant est égale à celle qui résulte des actions chimiques pendant le même temps.

3° Que si le courant détermine le mouvement d'une machine il y a diminution dans la quantité de chaleur dégagée, et cette diminution a pour équivalent le travail extérieur fourni par la machine dans le même temps.

203. Décompositions électro-chimiques. — La considération des quantités de chaleur dégagées ou absorbées par les réactions chimiques et par les courants électriques établit un lien entre ces deux catégories de phénomènes.

Lorsque la dissolution d'un corps composé est traversée par un courant électrique, la combinaison est détruite sous l'influence du courant, et cette décomposition absorbe une certaine quantité de chaleur qui est fournie par le travail des forces électriques.

Sous l'action du courant les éléments du composé sont transportés, l'un du côté où le courant pénètre dans le liquide, l'autre du côté où le courant sort.

Ce phénomène s'appelle *électrolyse*, et on nomme *électrolyte* la substance qui subit la décomposition. Les pôles où s'opère la décomposition sont les *électrodes*. On appelle *anode* celle par laquelle le courant pénètre dans le liquide et *cathode* celle par laquelle il en sort.

Les lois des décompositions électro-chimiques ont été découvertes par Faraday ; elle peuvent s'énoncer de la manière suivante :

1° La puissance chimique d'un courant est la même dans toutes ses parties.

2° Le poids de substance décomposée est proportionnel à l'intensité du courant et au temps, c'est-à-dire à la quantité d'électricité qui a traversé l'électrolyte.

3° Quand un même courant traverse successivement plusieurs électrolytes, les poids des éléments décomposés dans chacun d'eux sont proportionnels aux poids équivalents des éléments.

Ces lois permettent de définir un courant par le travail chimique qu'il est susceptible de fournir.

On appelle *équivalent électro-chimique* d'une substance le poids de cette substance qui est séparé en une seconde par un courant de un ampère, c'est-à-dire par un coulomb.

D'après les déterminations les plus récentes, l'équivalent électro-chimique de l'argent est égal à 1,11794 mg.

Un ampère-heure précipite 4,0246 gr. d'argent.

L'équivalent électro-chimique de l'hydrogène est 0,0103313 mg. = 0,1155 cm³ à 0° et à 760 mm. de pression.

Un ampère-heure électrolyse 0,0372649 gr. d'hydrogène = 415,9 cm³ à 0° et à 760 mm. de pression.

Il faut 96600 coulombs pour électrolyser 1 gr. d'hydrogène ou un poids équivalent d'un autre corps, en désignant par poids équivalents des quantités de matière fonctionnant avec la même atomicité.

Ainsi l'acide chlorhydrique, l'acide sulfurique et l'ammoniaque étant décomposés par le même courant, les quantités de matière équivalentes au point de vue de l'électrolyse sont représentées par :

$$ \text{HCl} \; ; \; \tfrac{1}{2} \, (SO^4H^2) \; ; \; \tfrac{1}{3} \, (Az\,H^3) \; ; $$

c'est-à-dire que pour électrolyser :

    1 molécule de HCl   il faut 96600   coulombs
    1 molécule de SO^4H^2 »   96600×2   »
    1 molécule de $Az\,H^3$ »   96600×3   »

D'une manière générale, si α désigne le degré d'atomicité du corps soumis à l'électrolyse, il faudra 96600 α coulombs pour électrolyser une molécule de ce corps.

Les décompositions électro-chimiques sont le plus souvent accompagnées d'une action chimique secondaire, de telle sorte que l'on trouve aux électrodes non pas les éléments eux-mêmes, mais le produit de leur action sur l'électrolyte ou sur l'électrode métallique.

La décomposition du sulfate de potasse fournit un exemple de ces actions secondaires. On observe qu'il se dégage de l'oxygène à l'anode et de l'hydrogène à la cathode, en même temps que l'anode est entourée d'acide libre et la cathode de potasse libre. Ces phénomènes s'expliquent de la manière suivante : Par le passage du courant le sulfate de potasse SO^4K^2 est décomposé en SO^4 qui se porte sur l'anode et en K^2 qui se porte sur la cathode. Le groupe oxygéné SO^4, qui n'offre aucune stabilité, se dédouble en SO^3 qui formera de l'acide sulfurique en fixant de l'eau, et en O qui se dégage autour de l'anode.

$$SO^4 + H^2O = SO^4H^2 + O.$$

A la cathode le potassium K^2 décompose l'eau en produisant de l'hydrate de potasse, avec dégagement d'hydrogène.

$$K^2 + 2(H^2O) = 2 KHO + H^2.$$

Ces actions secondaires se produisent dans la plupart des décompositions électrolytiques, et il est indispensable d'en tenir compte pour l'interprétation des expériences.

204. Force électromotrice due aux actions chimiques. — Puisque le courant qui traverse un électrolyte produit un travail, d'après le principe de la conservation de l'énergie, les éléments, désunis par le passage du courant, posséderont une énergie potentielle en vertu de laquelle ils pourront se combiner, en développant un travail égal à celui qui a opéré la décomposition. C'est sur cette équivalence qu'est fondée la théorie des piles hydro-électriques.

Considérons un élément de pile constitué par une lame de zinc et une lame de platine plongeant dans l'acide sulfurique étendu d'eau (pile Smee). Si l'on réunit les deux pôles par un conducteur extérieur, il s'établira un courant électrique allant du platine au zinc dans le circuit extérieur, et du zinc au platine dans le circuit intérieur de la pile.

Le travail correspondant au déplacement d'une quantité q d'électricité est égal à qE, en désignant par E la somme algébrique des f.e.m. de contact développées aux surfaces de séparation des corps qui composent l'élément. L'énergie nécessaire au maintien du courant est fournie par les réactions chimiques, c'est-à-dire par la chaleur de dissolution du zinc dans l'acide sulfurique étendu.

En désignant par Θ la quantité de chaleur dégagée par la dissolution d'une molécule de zinc, et par z le nombre de molécules dissoutes, l'énergie fournie par la réaction aura pour valeur : $4,2\,\Theta z$.

Par conséquent :

$$4,2 \, \Theta \, z = q\mathrm{E}.$$

D'après ce qui a été dit précédemment, cette équivalence se vérifie aussi bien lorsque l'énergie chimique se transforme en travail électrique que dans le cas inverse, c'est-à-dire lorsque l'énergie électrique se transforme en travail chimique.

α désignant l'atomicité du zinc, la quantité d'électricité nécessaire pour séparer z molécules aura pour valeur 96600 αz coulombs $= q$, par conséquent :

$$4,2 \, \Theta \, z = 96\,600 \, z\alpha.\mathrm{E},$$

ou :
$$\mathrm{E} = \frac{4,2\Theta}{96\,600 \, \alpha} = \frac{\Theta}{23\,000} \cdot \frac{1}{\alpha} \cdot$$

Dans l'exemple que nous avons choisi, 1 molécule de zinc se substitue à 2 molécules d'hydrogène :

$$Zn + SO^4 H^2 = SO^4 Zn + H^2 \, ;$$

par conséquent : $\qquad \alpha = 2 \, ,$

et l'on aura :

$$\mathrm{E} = \frac{\Theta}{46\,000} \cdot$$

Θ se détermine au moyen des données de la thermo-chimie.

La dissolution du zinc dans l'acide sulfurique étendu dégage 37730 calories par molécule de zinc, par conséquent

$$\Theta = 37730 \text{ et } \mathrm{E} = 0,82 \text{ volt,}$$

valeur peu différente de celle qui est fournie par la mesure directe.

205. Polarisation des électrodes. — La f. e. m. d'une pile, étant fonction des réactions chimiques, restera constante aussi longtemps qu'aucun phénomène étranger ne viendra modifier le jeu des affinités.

Dans la pile Smee, que nous avons prise comme exemple,

on voit le courant diminuer très sensiblement à partir du moment où le circuit est fermé ; l'affaiblissement est d'autant plus rapide que la résistance du circuit extérieur est moindre. Si l'on interrompt le courant pour fermer de nouveau le circuit un instant après, on voit le courant reprendre son intensité première qui diminue ensuite peu à peu.

Ce phénomène est dû à la présence de bulles d'hydrogène qui adhèrent à la surface du platine. Ce gaz agit de deux façons ; d'abord il augmente la résistance intérieure de l'élément, parce que les gaz sont mauvais conducteurs, et en second lieu, par suite de son affinité pour l'oxygène, il développe une f. e. m. de sens contraire à celle qui résulte de la dissolution du zinc. Cette f. e. m. a reçu le nom de *force électromotrice de polarisation*.

L'expérience indique que, pour un élément de composition donnée, la polarisation reste la même quand la surface de la cathode et l'intensité du courant varient dans le même rapport. Il en résulte qu'au point de vue de la polarisation, il est avantageux de diminuer la *densité du courant* c'est-à-dire l'intensité du courant qui passe par unité de surface des cathodes.

206. Dépolarisation des piles. — On a cherché à remédier aux effets de la polarisation en facilitant le dégagement de l'hydrogène, soit en donnant une surface rugueuse à l'électrode négative, soit en agitant le liquide ; mais aucun de ces procédés n'a donné de résultats complètement satisfaisants et la méthode la plus efficace consiste à mettre l'hydrogène naissant en présence d'un composé susceptible de l'absorber.

Les dépolarisants chimiques, employés dans la construction des piles hydro-électriques, sont assez nombreux ; les principaux sont :

le sulfate de cuivre,
l'acide azotique,
l'acide chromique,
le bioxyde de manganèse,
l'oxyde de cuivre,
le chlorure d'argent.
le chlore.

La force électro-motrice des piles à dépolarisant chimique se détermine en fonction du travail calorifique des réactions totales, en suivant la marche indiquée au n° 204.

Exemples :

1. — Zinc, acide sulfurique étendu, cuivre, sulfate de cuivre,

$$Zn + SO^4H^2.Aq = SO^4Zn.Aq + H^2 + 37730 \text{ calories}$$
$$H^2 + SO^4Cu.Aq = Cu + SO^4H^2.Aq + 12400 \quad —$$

Chaleur totale développée $\quad\quad \overline{50130}$ calories

F. e. m. correspondante 1.09 volt.

2. — Zinc, acide sulfurique étendu, platine ou charbon, acide azotique fumant.

$$Zn + SO^4H^2.Aq = SO^4Zn.Aq + H^2 + 37730 \text{ calories}$$
$$H^2 + 2(AzHO^3) = 2(AzO^3) + 2H^2O + 49490 \quad —$$

Chaleur totale développée $\quad\quad \overline{87220}$ calories

F. e. m. correspondante 1.90 volt.

3. — Zinc, acide sulfurique étendu, platine ou charbon, acide azotique ordinaire.

$$Zn + SO^4H^2Aq = SO^4Zn.Aq + H^2 + 37730 \text{ calories}$$
$$H^2 + \frac{2}{3}(AzHO^3.Aq) = \frac{2}{3}(AzO) + \frac{4}{3}H^2O + 45080 \quad —$$

Chaleur totale développée $\quad\quad 82810$ calories

F. e. m. correspondante 1.80 volt.

4. — Zinc, acide sulfurique étendu, charbon, acide chromique.

$$Zn + SO^4H^2.Aq = SO^4Zn.Aq + H^2 + 37730 \text{ calories}$$
$$H^2 + \frac{2}{3}CrO^3 = \frac{1}{3}Cr^2O^3 + H^2O + 62060 \quad —$$

Chaleur totale développée $\quad\quad 99790$ calories

F. e. m. correspondante 2.17 volts.

Le tableau ci-après indique les éléments constitutifs d'un certain nombre de piles hydro-électriques.

207. Tableau de la constitution des principales piles hydro-électriques.

NOMS	ÉLECTRODE NÉGATIVE	LIQUIDE EXCITATEUR
Volta	Zinc	1 Ac. sulfurique ; 10 Eau.
Smee	»	1 Ac. sulfurique; 7 Eau
Walker	»	»
Pile Suisse	»	Sol. saturée de sel marin
Maiche	Zinc amalgamé	Sol. de sel ammoniac
Becquerel	Zinc	Sol. d'azotate de zinc
Daniell	Zinc amalgamé	1 Ac. sulfurique; 7 1,2 Eau
»	»	1 Ac. sulfurique; 22 Eau
»	»	»
»	»	»
»	»	Sol. saturée de sulfate de zinc
Pile à ballon	»	Ac. sulfurique, 20 Eau
Siemens	»	Sol. étendue de sulfate de zinc
Minotto	»	«
Callaud	»	1 Sol. saturée de sulfate de zinc ; 9 Eau
Meidinger	»	Sol. de sulfate de magnésie
Thomson	»	Sol. de sulfate de zinc (densité 1, 1)
Reynier	»	30 Soude caustique ; 70 Eau
Marié Davy	»	1 Acide sulfurique; 20 Eau
Grove	»	1 Ac. sulfurique ; 7 1,2 Eau
»	»	Sol. de sel marin
»	»	1 Ac. sulfurique ; 22 Eau
»	»	Sol. de sulfate de zinc
Bunsen	»	1 Ac. sulfurique; 20 Eau
d'Arsonval	»	1 Ac. sulfurique; 1 Ac. chlorhydrique; 20 Eau
Callan	»	1 Ac. sulfurique; 20 Eau.

DIAPHRAGME	ELECTRODE POSITIVE	DÉPOLARISANT	F. E. M. à circuit ouvert
Pile à 1 seul liquide	Cuivre	Pas de dépolarisant.	0,4 à 0,8
»	Argent platiné	»	0,4 à 1
»	Charbon platiné	»	0,5 à 1
»	Charbon	»	—
«	Charbon platiné	»	1,25
Baudruche	Cuivre	Sol. saturée d'azotate de cuivre	0,99
Vase poreux	»	Sol. saturée de sulfate de cuivre	1,07
»	»	»	0,97
»	»	Sol. saturée d'azotate de cuivre	0,99
»	»	Sol. étendue de sulfate de cuivre	0,90
»	»	Sol. saturée. de sulfate de cuivre	1,07
»	»	»	»
Pâte de papier	»	»	»
Sciure de bois ou sable	»	»	»
Différence de densité des liquides	»	»	»
»	»	»	»
»	»	»	1,07
Papier parchemin.	»	Sol. acide de sulfate de cuivre	1,50
Vase poreux	Charbon	Pâte de sulfate de mercure	1,51
Vase poreux	Platine	Ac. azotique fumant	1,95
»	»	Ac. azotique (dens. 1,33)	1,89
»	»	»	1,80
»	»	»	1,66
»	Charbon	Ac. azotique (dens. 1.33 à 1.38)	1,72
»	»	1 Ac. azotique (dens. 1.33); 1 Ac. chlorhydrique ; 2 Eau acid. sulfurique à 5 0, 0	2,20
»	Fonte	Ac. azotique (dens. 1.38)	1,68

NOMS	ÉLECTRODE NÉGATIVE.	LIQUIDE EXCITATEUR
Lacombe	Zinc amalgamé	1 Ac. sulfurique ; 20 Eau
Duchemin	Zinc	25 Sel marin ; 75 Eau
Poggendorff	Zinc amalgamé	1 Ac. sulfurique ; 20 Eau
Fuller	»	Eau
d'Arsonval	»	Eau
Byrne	»	1 Ac. sulfurique ; 20 Eau
Sullivan	»	»
Thame	»	»
Delaurier	»	Le zinc plonge dans le liquide dépolarisant
Trouvé	»	id
de la Rive	»	1 Ac. sulfurique ; 10 Eau
Leclanché	»	Sol. de sel ammoniac (dens. 1.07)
Howell	»	25 gr. Sulfate d'ammoniaque ; 1 litre Eau
Warren de la Rue	Zinc	25 gr. Sel ammoniac ; 1 litre Eau
Skrivanow	»	75 Potasse caustique ; 25 Eau
Lalande et Chaperon	»	30 Potasse caustique ; 70 Eau
Niaudet	Zinc amalgamé	Sol. de sel marin
Upward	Zinc	Sol. de chlorure de zinc

DIAPHRAGME	ÉLECTRODE POSITIVE	DÉPOLARISANT	F. É. M. à circuit ouvert
Vase poreux	Charbon	Chlorate de potasse et Ac. sulfurique	2,00
»	Charbon	Perchlorure de fer	1,54
»	Charbon	100 gr. Bichromate de potasse, 50 gr. Ac sulf.; 1 litre. Eau	1.80
»	»	Bichromate de potasse dissous dans eau ac. sulfurique à 1/10	»
»	»	1 vol. sol. sat. à froid de Bichr. de pot.; 1 vol. Ac. blorhydrique ordinaire	»
»	Platine platiné	Sol. '. bichr. de pot. dans eau ac. sulfurique	»
»	Charbon	380 gr. Ac. chromique; 220 cm³ Ac. sulf.; 750 gr. Eau.	1,90
»	»	Chlorure de chrome et Ac. azotique	1,98
Pas de diaphragme	»	184 gr. Bichromate de potasse; 428 gr. Ac. sulf. 2 litres eau	1,90
Id.	»	100 Bichromate de potasse; 300 Ac. sulfurique; 600 Eau.	1,90
Vase poreux	Platine	Bioxyde de plomb	
Pas de diaphragme	Charbon	Bioxyde de manganèse	1,48
Vase poreux	Charbon + MnO² + SO⁴Mn	1 Ac. sulfurique 5. Eau	2,00
Papier parcheminé	Argent	Chlorure d'argent fondu	1,05
»	»	Chlorure d'argent précipité	1,45
Pas de diaphragme	Fer	Bioxyde de cuivre	0,90
Vase poreux	Charbon	Hypochlorite de chaux	1,55
Pas de diaphragme	Charbon	Courant de chlore gazeux.	2,00

208. Surface de dépolarisation. — Pour mesurer le coefficient d'absorption d'un dépolarisant, on place la substance à étudier dans un vase poreux où plonge une baguette de charbon, dont la surface active a été exactement mesurée. Le vase poreux est immergé dans de l'eau acidulée, avec une plaque de zinc amalgamé ; c'est-à-dire que l'on forme un couple voltaïque ayant pour dépolarisant la subtance à expérimenter. Le circuit de l'élément est fermé sur un ampèremètre sensible, à travers un rhéostat. Si l'intensité reste constante, cela prouve que la pile se dépolarise complètement au débit observé. On augmente alors l'intensité, en diminuant peu à peu la résistance, jusqu'à ce que la polarisation commence à se produire ; on connaîtra ainsi la surface minimum nécessaire à la dépolarisation pour 1 ampère ; il sera facile d'en déduire la surface que doit avoir l'électrode négative pour un régime déterminé, ou le courant maximum que peut fournir, sans se polariser, un élément de dimensions données.

209. Conditions auxquelles doit satisfaire une pile.
1. — Sa force électro-motrice doit être élevée et rester constante pendant que la pile fonctionne.

2. — La résistance intérieure doit être faible et rester constante.

3. — La pile ne doit pas travailler à circuit ouvert, c'est-à-dire que sa consommation doit être proportionnelle au travail développé.

4. — La visite des éléments et le renouvellement des substances actives qui les constituent, doivent être faciles.

5. — Les substances employées doivent être d'un prix peu élevé.

Aucune des dispositions connues ne satisfait à toutes ces conditions, et il faut, pour chaque application, faire un choix raisonné du type à employer, en tenant compte du prix de revient de l'énergie électrique fournie par la pile.

210. Calcul théorique du prix de revient.— Lorsque les réactions chimiques d'un élément de pile sont connues, il est facile de calculer la consommation de chacune des substances actives.

Désignons par :

$\mathfrak{E}$, le travail électrique total développé par la pile pendant le temps t.

E, la f. e. m. totale de la pile,

i, l'intensité du courant,

p, la consommation (en grammes) de l'un des corps qui interviennent dans la réaction,

α, son atomicité,

χ, son équivalent électro-chimique ; on a $\chi = \dfrac{\text{Poids atomique}}{96600\,\alpha}$.

Nous aurons les deux équations suivantes :

$$\mathfrak{E} = \mathrm{E}it,$$

$$p = \chi it ;$$

et par conséquent

$$p = \mathfrak{E}.\frac{\chi}{\mathrm{E}}.$$

Si, par exemple, il s'agit de calculer la consommation théorique de zinc correspondant à un cheval-heure, on aura :

$$\mathfrak{E} = 736 \times 3600 \text{ watts}$$

$$\chi = \frac{65,2}{96600 \times 2} = 3,375 \times 10^{-4}\,\text{gr.}$$

et par suite :

$$p = \frac{894}{\mathrm{E}}\,\text{gr.}$$

Pour 1 kilowatt-heure, on aurait $p = \dfrac{1215}{\mathrm{E}}\,\text{gr.}$

En faisant le même calcul pour chacun des corps qui interviennent dans les réactions, il sera facile d'en déduire la consommation de la pile correspondant à un travail déterminé. Ce calcul ne tient compte ni des pertes par les actions locales, ni de celles qui résultent de l'utilisation incomplète des réactifs ; il ne fournit donc qu'une limite inférieure de la consommation de chaque substance, et le prix de revient réel sera généralement de 1 1/2 fois à 2 fois le prix théorique.

211. Coefficient économique. Groupement des éléments d'une pile. — Le prix de revient, calculé d'après les indications précédentes, correspond au travail électrique total fourni par la pile, dont une partie seulement peut être utilisée dans le circuit extérieur.

Pour connaître le prix de revient du travail utilisable, il faut déterminer le coefficient économique de la pile.

La puissance électrique effective à fournir est définie par la résistance, R, du circuit extérieur et l'intensité, i, du courant. Le coefficient économique, η, dépendra de la force électro-motrice, ε, et de la résistance, β, de chacun des éléments qui composent la pile ainsi que du mode de groupement adopté.

Le mode le plus simple est le groupement *en série* ou *en tension*, dans lequel le pôle positif de chaque élément est relié au pôle négatif du suivant ; dans ce système la force électro-motrice et la résistance totale sont proportionnelles au nombre des éléments.

Dans le groupement *en quantité* ou *en dérivation*, les pôles de même nom sont reliés les uns avec les autres ; la f. e. m. totale est égale à celle d'un élément, et la résistance du groupe s'obtient en divisant la résistance d'un élément par leur nombre ; ce mode de groupement est équivalent à un seul élément dont la surface serait la somme des surfaces de tous les éléments réunis en quantité.

Ces deux modes de groupement peuvent être combinés, c'est-à-dire que l'on réunit en quantité un certain nombre d'éléments, et que les groupes ainsi formés sont reliés en série. On dira dans ce cas que la batterie est formée de y éléments en quantité et de x éléments en série. En faisant $y = 1$, on retombe sur le premier mode ; en faisant $x = 1$ on retombe sur le second.

1. *Groupement en série.* — Le nombre d'éléments nécessaires pour fournir le courant i, dans la résistance extérieure, R, sera donné par l'équation :

$$(1) \qquad i = \frac{x\varepsilon}{x\beta + R},$$

d'où :

$$(2) \qquad x = \frac{Ri}{\varepsilon - \beta i}.$$

Le problème n'est possible physiquement que si $\varepsilon > \beta i$.

2. *Groupement mixte.* — Si l'on a $\varepsilon \lessgtr \beta i$, il est indispensable de recourir au mode de groupement mixte de x éléments en série, avec y éléments en quantité; dans ce cas l'équation du courant sera :

$$(3) \qquad i = \frac{x\varepsilon}{x\dfrac{\beta}{y} + \mathrm{R}} \cdot$$

Comme elle contient deux inconnues, il faut une seconde condition.

On pourra, par exemple, se proposer de fournir la puissance utile, $\mathrm{R}i^2$, avec le plus petit nombre possible d'éléments, c'est-à-dire de rendre xy minimum. On trouve que cette condition est remplie si l'on a $\mathrm{R} = \dfrac{\beta x}{y}$, c'est-à-dire si la résistance intérieure de la batterie est égale à la résistance extérieure ; on en déduit :

$$(4) \qquad x = \frac{2\mathrm{R}i}{\varepsilon} \; ;$$

$$(5) \qquad y = \frac{2\beta i}{\varepsilon} \cdot$$

Au lieu de chercher à rendre xy minimum, on peut se proposer de déterminer x et y de façon à obtenir dans le circuit extérieur une fraction déterminée de la puissance totale, c'est-à-dire que l'on posera la condition :

$$(6) \qquad \frac{\mathrm{R}i^2}{x\varepsilon i} = \eta,$$

ou, en remplaçant i par sa valeur (3),

$$(7) \qquad \eta = \frac{\mathrm{R}y}{\beta x + \mathrm{R}y} \; ;$$

d'où l'on tire :

$$(8) \qquad \frac{x}{y} = \frac{\mathrm{R}}{\beta} \cdot \frac{1 - \eta}{\eta} \; ;$$

et en portant cette valeur dans l'équation (3) :

$$(9) \qquad x = \frac{\mathrm{R}i}{\eta \varepsilon} \; ;$$

$$(10) \qquad y = \frac{\beta i}{(1 - \eta)\varepsilon} \cdot$$

En se reportant aux équations (4) et (5), on voit que lorsque xy est minimum, $\eta = 0,5$; c'est-à-dire que l'on n'utilise que la moitié de l'énergie totale développée dans la batterie.

Dans la plupart des applications on doit chercher au contraire à améliorer le coefficient économique en augmentant le nombre des éléments en quantité, et on les dispose généralement de façon que la résistance intérieure de la batterie soit de 1/5 à 1/10 de celle du circuit extérieur, ce qui correspond à un coefficient économique de 0,83 dans le premier cas et de 0,91 dans le second.

212. Étude d'une pile. — Cette étude comporte les déterminations suivantes :

1. — Eléments constitutifs ; nature, poids et dimensions des électrodes ; volume et composition chimique du liquide excitateur et du dépolarisant.

2. — Mesure des constantes : Force électro-motrice et résistance.

La f. e. m. de la pile se mesure par l'une des méthodes indiquées au Chap. V, notamment par celles du condensateur (117) et du potentiomètre (119) ; les mêmes méthodes s'appliquent à la mesure de la différence de potentiel entre les pôles lorsque la pile débite.

La résistance intérieure dépend de la surface des électrodes, de la composition des liquides, des dimensions intérieures de la pile ; elle dépend en outre du débit, puisque la polarisation, qui a pour effet d'augmenter la résistance apparente, varie avec l'intensité du courant. On devra donc mesurer la résistance de la pile à circuit ouvert par la méthode du n° 115, puis à circuit fermé par celle du n° 96, en indiquant le débit correspondant. La première mesure donne la valeur de la résistance proprement dite, la seconde celle de la résistance apparente pour le régime observé.

3. — Mesure de la quantité utile d'énergie que la pile peut fournir à un régime déterminé. A cet effet on fermera le circuit de la pile sur une résistance convenable répondant à l'application que l'on a en vue, et l'on observera, à des intervalles

de temps déterminés, l'intensité du courant et la différence de potentiel aux bornes ; on mesurera également la résistance, à circuit ouvert et à circuit fermé, ainsi que la f. e. m. totale. L'expérience est continuée jusqu'à ce que la différence de potentiel aux bornes ait atteint la limite d'utilisation.

4. — Les données des observations précédentes permettront de déterminer :

a) la quantité totale d'électricité fournie par la pile ;

b) le travail utile fourni dans le même temps au circuit extérieur ;

c) la loi suivant laquelle varie la résistance intérieure ;

d) la loi de la f. e. m. totale ;

e) le travail total développé par la pile ;

f) le coefficient économique moyen.

5. — Au moyen d'analyses et de pesées on déterminera la consommation réelle de chacune des substances actives, ce qui permettra de connaître le prix de revient du travail fourni par la pile.

En comparant la consommation réelle à la consommation théorique déduite de la quantité totale d'électricité débitée, on pourra se rendre compte de l'importance des actions locales pendant le fonctionnement.

6. — On déterminera en outre la consommation de la pile lorsqu'elle est abandonnée à circuit ouvert pendant un temps plus ou moins long.

CHAPITRE·XII

CANALISATION ÉLECTRIQUE

213. Lignes électriques. — Les générateurs électriques sont reliés aux appareils qui utilisent le courant par des conducteurs métalliques isolés.

Dans la télégraphie les lignes électriques se composent généralement d'un conducteur unique, en fer ou en cuivre, qui aboutit à l'un des pôles du récepteur ; le générateur et le récepteur ont leur second pôle en communication avec le sol qui agit alors comme fil de retour.

Mais dans les applications qui exigent l'emploi de courants intenses et de f. e. m. élevée, il est préférable, pour des motifs de sécurité, de maintenir le générateur et les récepteurs isolés du sol, et par suite d'adopter un circuit entièrement métallique, c'est-à-dire formé de deux conducteurs, l'un pour l'aller, l'autre pour le retour. Ces lignes se construisent généralement en cuivre ; elles peuvent être *aériennes* ou *souterraines*.

214. Construction des lignes aériennes. — Dans les lignes aériennes le conducteur, généralement nu, est porté par des poteaux ou des consoles par l'intermédiaire d'isolateurs en porcelaine ou en verre.

Les poteaux sont en pin, en sapin ou en mélèze ; ils sont injectés de sulfate de cuivre ou créosotés ; leur section dépend de la hauteur et des efforts auxquels ils seront soumis. Les poteaux doivent être plantés aussi solidement que possible ; ils sont en général enterrés à 1/5 de leur hauteur ; dans les courbes il faut les incliner légèrement en dehors et les consolider soit par des haubans, soit par des jambes de force ; à défaut, on juxtapose deux poteaux que l'on relie au moyen de boulons en donnant à l'ensemble la forme d'un A.

Les poteaux en fer présentent plus de garanties de solidité et de durée que le bois ; mais leur prix plus élevé en restreint l'emploi ; ils se composent ordinairement d'un tube en fer forgé maintenu dans un socle en fonte qui est lui-même fixé sur une plate-forme en tôle, de telle sorte que l'ensemble ait assez d'élasticité pour céder, sans se rompre, à des efforts accidentels. Le prix des poteaux en fer est environ triple de celui des poteaux en bois de même force.

Dans les villes on éprouve généralement de très grandes difficultés pour la pose des lignes aériennes. Quelquefois on peut les installer sur des poteaux très élevés plantés dans les rues ; ce procédé est très répandu aux Etats-Unis ; mais le plus souvent on prend les points d'appui sur les toits des maisons au moyen de potelets en fer encastrés dans un socle en fonte qui se fixe à la partie supérieure de la charpente. Ces supports doivent être solidement étayés dans tous les sens.

Les lignes placées au-dessus des maisons doivent autant que possible couper les rues à angle droit de façon à atténuer les inconvénients résultant de la rupture accidentelle du conducteur.

Les isolateurs, employés pour supporter les conducteurs, sont en porcelaine à base de kaolin pur ; ils sont entièrement émaillés sauf sur le bord par lequel ils reposent pendant la cuisson, qui doit être poli avec soin. Ils se composent généralement d'une cloche en porcelaine montée sur une tige en fer scellée à l'intérieur avec un mastic résineux. Pour les lignes qui doivent être très bien isolées il est préférable d'employer des isolateurs à double cloche (fig. 310) où à garde d'huile (fig. 311 et 312).

L'épreuve électrique se fait de la manière suivante.

Les isolateurs sont disposés, l'ouverture en l'air, sur une planche percée de trous, qui plonge dans une auge en bois doublé de plomb. Cette auge est remplie d'eau acidulée jusqu'à 1 centimètre environ au-dessous des bords des isolateurs, que l'on a enduits d'une légère couche de paraffine ; les cloches sont ensuite presque entièrement remplies d'eau acidulée. Un des pô-

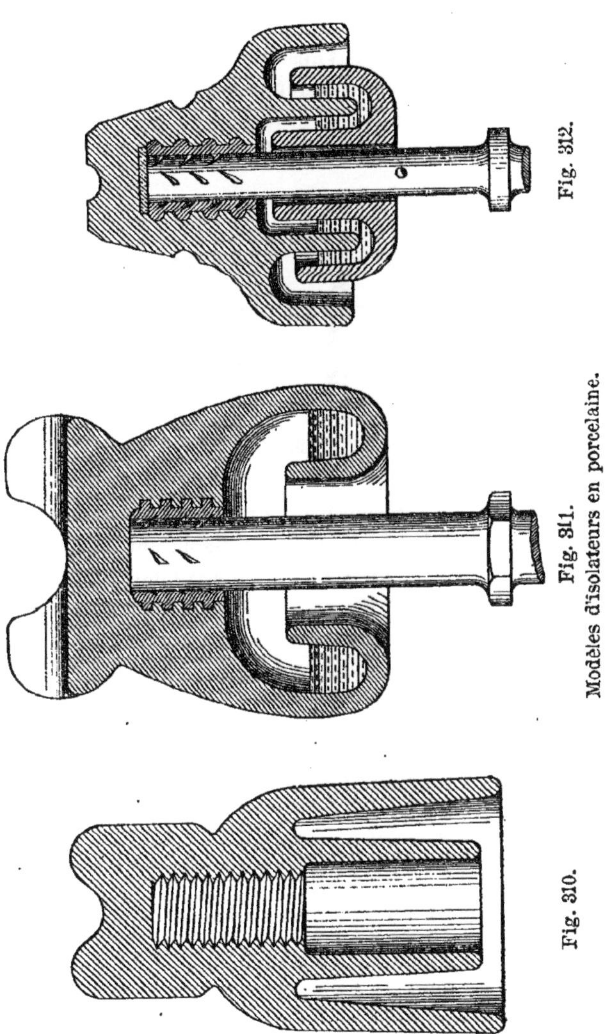
Fig. 312.
Fig. 311.
Fig. 310.
Modèles d'isolateurs en porcelaine.

les d'une pile de 250 éléments Daniell est relié au plomb de l'auge et l'autre pôle à un fil conducteur tenu par un manche isolé ; un galvanomètre très sensible, dont on a préalablement déterminé la constante (104), est placé dans le circuit. On plonge l'extrémité du fil successivement dans l'eau que contient chaque isolateur ; les pièces dont la résistance isolante est inférieure à 500 mégohms sont rejetées.

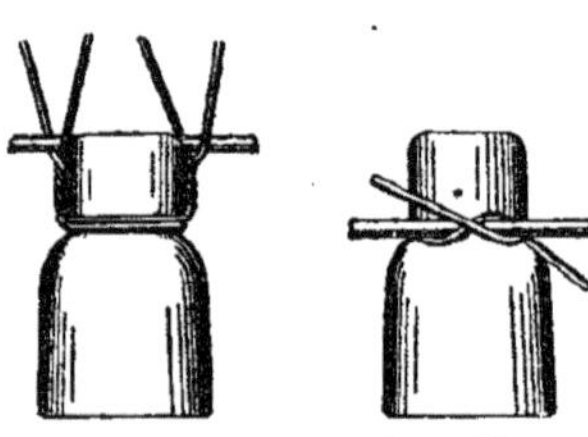

Fig. 313.   Fig. 314.
Modes d'attache du conducteur.

Les fig. 313 et 314 représentent deux modes d'attache employés pour fixer le conducteur sur l'isolateur : le premier s'applique aux parties droites, le second aux changements de direction.

Les jonctions des bouts de fil doivent être faites avec le plus grand soin pour assurer la continuité électrique et la solidité de la ligne.

Fig. 315. — Joint à double torsade.

Le joint à double torsade (fig. 315) ne convient qu'aux fils de très faible diamètre.

Fig. 316. — Joint de conducteurs.

Pour les conducteurs de section moyenne, on emploie l'une des dispositions indiquées par les fig. 316 et 317. Le contact métallique des deux fils est assuré par de la soudure.

Fig. 317. — Joint de conducteurs.

La fig. 318 indique un mode de jonction par manchon, qui doit être préféré aux précédents surtout lorsqu'il s'agit de relier les bouts de deux cordes métalliques. Le manchon, qui est en bronze, a la forme d'un tube aplati dans lequel on passe les bouts de fil après les avoir préalablement étamés.

Fig. 318. — Joint avec manchon.

Une encoche pratiquée à chaque extrémité du manchon retient le bout de fil que l'on recourbe après l'avoir mis en place. La liaison des deux fils est rendue intime par de la soudure (2 parties d'étain pour une partie de plomb) que l'on coule par une ouverture ménagée sur la partie plate du manchon.

Sur les points où le fil pourrait être atteint par des branches d'arbre, on le recouvre d'un ruban goudronné ou d'un fourreau en caoutchouc afin d'empêcher les déperditions de courant.

Pendant la pose de la ligne il faut donner aux conducteurs une tension suffisante pour que leur flèche ne soit pas trop considérable. On emploie dans ce but un appareil composé d'une pince qui saisit le fil, d'un dynamomètre à ressort qui mesure la tension et d'un système de moufles sur lequel s'opère la traction.

Un fil homogène et flexible prend sous l'action de la pesanteur la forme d'une *chaînette*.

Désignons par p le poids d'un mètre de fil et par Q la tension au point le plus bas de la courbe et posons :

$$(1) \qquad a = \frac{Q}{p}.$$

En prenant comme axe des x la tangente au point le plus bas de la courbe et comme axe des y la verticale passant en ce point, la chaînette sera représentée par l'équation.

$$(2) \qquad y = \frac{a}{2}\left[e^{\frac{x}{a}} + e^{-\frac{x}{a}} \right] - a.$$

La tension, T, en un point quelconque de la courbe, a pour expression :

$$(3) \qquad T = Q\frac{ds}{dy} = Q + py.$$

La longueur, s, de l'arc compris entre l'origine et le point (x, y), a pour valeur :

$$(4) \qquad s = \frac{a}{2}\left[e^{\frac{x}{a}} - e^{-\frac{x}{a}} \right] = \sqrt{y^2 + ay}.$$

L'équation (2) ne se prête pas facilement au calcul de la flèche. En développant les exponentielles en séries, et en négligeant les termes de degrés supérieurs au troisième, cette équation se ramène à la forme :

$$(5) \qquad y = \frac{x^2}{2a}.$$

Pratiquement l'arc de parabole, représenté par cette équation, se confond avec la chaînette qui passe par l'origine et les mêmes points d'appui.

Pour calculer la flèche dans le cas général, c'est-à-dire en supposant que les appuis sont à des hauteurs différentes, nous désignerons par :

L la portée totale du fil ;

H_1 et H_2 les hauteurs des supports au-dessus du sol ;

x_1 et x_2 les abscisses des points d'apppui ; on a $x_1 + x_2 = L$.

y_1 et y_2 les ordonnées des mêmes points; on a $y_1 - y_2 = H_1 - H_2$.

Les équations (1) et (5) fourniront les relations suivantes :

$$(6) \qquad x_1 = \frac{L}{2} + \frac{Q}{p} \cdot \frac{H_1 - H_2}{L}, \qquad y_1 = \frac{p}{2Q} \cdot x_1^2,$$

$$(7) \qquad x_2 = \frac{L}{2} + \frac{Q}{p} \cdot \frac{H_2 - H_1}{L}, \qquad y_2 = \frac{p}{2Q} \cdot x_2^2,$$

qui permettront de déterminer la flèche en fonction de la tension Q, ou la tension correspondant à une flèche déterminée.

Les tensions T_1 et T_2 aux points d'attache se détermineront par l'équation (3) et la longueur développée par l'équation (4).

On prend pour Q une valeur égale à $\frac{1}{4}$ ou $\frac{1}{5}$ de la charge de rupture.

Pour le fil de fer recuit on peut prendre $\qquad \frac{Q}{p} = 1000.$

Pour le cuivre $\qquad \frac{Q}{p} = 300.$

Pour le bronze silicieux dont la conductibilité est 0,98 celle du cuivre pur $\qquad \frac{Q}{p} = 1000.$

Il faut, au moment de la pose, donner à la flèche une valeur suffisante pour que la tension limite ne soit jamais dépassée, même par les plus grands froids.

Lorsque les portées successives sont inégales, la tension, au moment de la pose, est la même des deux côtés du même appui ; mais une élévation de température fait glisser le fil vers la grande portée, et lorsque la température diminue le fil ne reprend plus sa première position ; il en résulte la nécessité d'arrêter le fil aux extrémités des grandes portées.

Après avoir déterminé la tension maximum des fils, il faut calculer les efforts correspondants auxquels sont soumis les supports, afin d'assurer leur stabilité.

Pour protéger les appareils desservis par une canalisation électrique contre les effets de la foudre, on établit des parafoudres. Ils se composent de deux pièces métalliques isolées

placées à une très faible distance l'une de l'autre (en général
1 mm) ; l'une d'elles fait partie de la ligne, l'autre est en communication avec le sol. La décharge atmosphérique ayant une
durée très faible, la f. e. m. de self-induction qui en résulte
est assez élevée pour déterminer la formation d'un arc voltaïque entre les deux plaques du parafoudre. On augmente le
coefficient de self induction de la ligne en intercalant dans le
circuit un solénoïde, dont la résistance soit assez faible pour
ne donner lieu à aucune perte appréciable d'énergie en marche normale, mais auquel on donne un coefficient de self-induction élevé en y introduisant un noyau de fer doux.

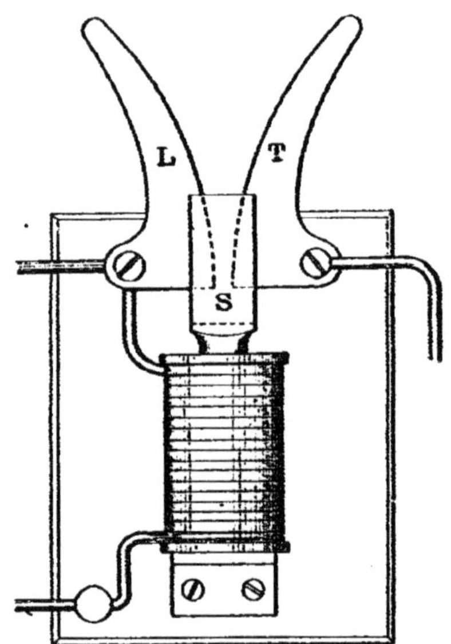

Fig. 319. — Parafoudre pour canalisation électrique.

Lorsque les machines sont à haut potentiel, l'arc créé par
le coup de foudre entre les deux plaques du parafoudre peut
persister sous l'action du courant de ligne. Pour prévenir cet
accident M. Thomson-Houston a imaginé l'appareil représenté
par la fig. 319.

Le fil de ligne est attaché en L, le fil de terre en T. Le noyau du solénoïde étant aimanté par le courant de la machine, l'arc voltaïque qui a pu se former entre les parties voisines des pièces L et T, sera repoussé vers la partie supérieure par le pôle S de l'électro-aimant et sera immédiatement rompu.

Cet appareil se place dans le voisinage immédiat de chacun des pôles de la machine à protéger.

215. Construction des lignes souterraines. — Lorsque la canalisation électrique doit être établie à l'intérieur d'une ville, il est le plus souvent impossible de l'établir en lignes aériennes et il faut alors adopter la voie souterraine.

Les canalisations souterraines d'Edison se composent de tuyaux de fer renfermant chacun deux barres en cuivre demi-cylindriques, l'une pour l'aller, l'autre pour le retour. Ces barres sont séparées l'une de l'autre et des parois du tube par des disques de carton ; l'espace vide intermédiaire est rempli d'une matière isolante solide à froid.

Fig. 320.
Tuyau à 3 conducteurs (Edison).

Fig. 321.
Pièce de jonction flexible (Edison).

Pour la distribution à trois conducteurs, dont nous indiquerons le principe dans un des chapitres suivants, chaque tuyau contient trois barres de cuivre rondes; chacune d'elles est entourée séparément d'une corde enroulée en longues spires (fig. 320) ; les trois barres sont réunies en faisceau au moyen d'une quatrième corde, et l'ensemble est introduit dans un tube de fer qui est ensuite rempli d'isolant liquide chaud ; les tuyaux ont environ 6 m. de longueur et les barres de cuivre dépassent les extrémités de 5 à 6 cm. Pour réunir les conducteurs de deux tuyaux successifs, on emploie la pièce représentée fig. 321 ; elle se compose d'une corde flexible, tressée en fils de cuivre, qui porte deux douilles, où viennent s'engager les extrémités

des barres de cuivre à réunir. Avant de faire la connexion des
barres de cuivre, on adapte à l'extrémité de chacun des deux
tuyaux une rotule de fonte, en deux parties (fig. 322), que l'on
serre au moyen de brides et de boulons ; on place alors les ro-
tules dans les cavités correspondantes de la boîte (fig. 323),

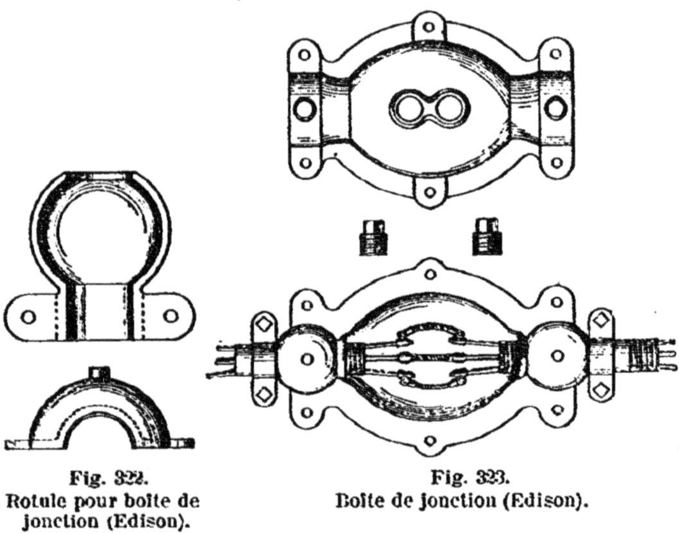

Fig. 322.
Rotule pour boîte de
jonction (Edison).

Fig. 323.
Boîte de jonction (Edison).

dont la moitié inférieure a été posée dans le fond de la tranchée. Lorsque les connexions sont faites, on boulonne le couvercle et on remplit le vide intérieur en y coulant de l'isolant
fondu par les orifices du couvercle que l'on ferme ensuite par
des bouchons filetés. Cette forme de joint donne à la canalisation une flexibilité suffisante pour assurer une pose rapide
dans les rues dont le sous-sol contient déjà des conduites
d'eau et de gaz qu'il faut éviter. Pour les changements brus-
ques de direction on emploie des boîtes de jonction coudées
dont le principe est le même.

Dans le câble Delany (fig. 324) les conducteurs sont isolés
par des disques en verre ou en porcelaine dont les vides sont
ensuite remplis par du bitume. La forme de ces disques per-

met de courber légèrement le tuyau sans que les distances rélatives des conducteurs soient modifiées.

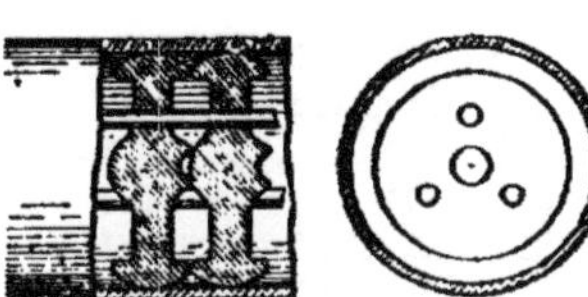

Fig. 324. — Tuyau à 3 conducteurs (Delany).

Les câbles dont le conducteur est formé par une corde en fils de cuivre sont beaucoup plus flexibles que les conducteurs pleins ; en outre, comme ils peuvent être fabriqués en très grandes longueurs, le nombre des joints est considérablement réduit. Aussi leur emploi est-il plus fréquent que celui des tubes rigides.

Ces câbles se composent généralement d'un toron de fils de cuivre recouvert d'une couche isolante qui est elle-même protégée par une enveloppe extérieure en métal ou en asphalte.

La gutta-percha et le caoutchouc sont les meilleurs isolants connus ; la gutta-percha convient surtout aux câbles immergés dans l'eau (lignes sous-marines ou sous-fluviales) ; pour les lignes souterraines ou exposées à l'air, on donne la préférence au caoutchouc qui résiste mieux que la gutta-percha aux alternatives de sécheresse et d'humidité. Comme le caoutchouc vulcanisé attaque le cuivre, on a soin d'étamer les fils qui composent le toron, et de prendre du caoutchouc pur pour la première couche isolante ; les couches suivantes au nombre de deux ou de trois sont en caoutchouc vulcanisé. L'isolant est protégé par une couche de coton ou de chanvre sur laquelle vient s'appliquer un revêtement en asphalte ou en plomb.

Lorsque ces câbles doivent être placés sous le sol des rues, il est nécessaire de les mettre à l'abri des accidents extérieurs en les protégeant par un fourreau en maçonnerie, en asphalte ou en bois. La fig. 325 représente cette dernière disposition qui est moins coûteuse que les autres et peut être considérée comme parfaitement suffisante dans la plupart des cas.

Si les câbles sont placés directement dans le sol, ils doivent être armés ; dans ce cas le plomb est recouvert d'une couche de jute goudronné sur laquelle vient s'appliquer une

Fig. 325. — Pose des câbles sous bois.

armature formée par des hélices jointives de fils ou de bandes de fer enroulées sans pression sur la couche de jute. Pour prévenir l'oxydation du fer le câble est revêtu d'une couche de jute imprégné de bitume.

On a réussi à diminuer le prix des câbles en substituant au caoutchouc d'autres matières isolantes.

Le procédé Berthoud-Borel consiste à recouvrir l'âme du câble de plusieurs couches de coton et à le plonger ensuite dans un bain contenant la matière isolante (diélectrique), dont la température est maintenue à 200° environ. Le câble reste immergé dans le bain assez longtemps pour perdre toute trace d'humidité ; il est alors complètement imprégné de matière isolante.

Au sortir de la chaudière le câble est recouvert d'une gaine de plomb par le procédé suivant qui lui assure une adhérence complète avec le diélectrique. Un réservoir contenant du plomb porté à une température convenable, est en communication avec le cylindre d'une presse hydraulique. Le câble à recouvrir est introduit latéralement au niveau de la masse de plomb et ressort à travers une filière dont le diamètre est calculé pour laisser passer une épaisseur de plomb déterminée. Le câble étant tiré horizontalement à l'extérieur, le plomb, chassé par le piston de la presse, forme autour du câble une gaine qui se solidifie au sortir de la filière. Afin de rendre cette enveloppe complètement imperméable à l'humidité, au cas où il se serait produit quelques gerçures au passage dans la filière, MM. Berthoud-Borel entourent le câble de deux enveloppes de plomb qui sont séparées l'une de l'autre par une légère couche de résine.

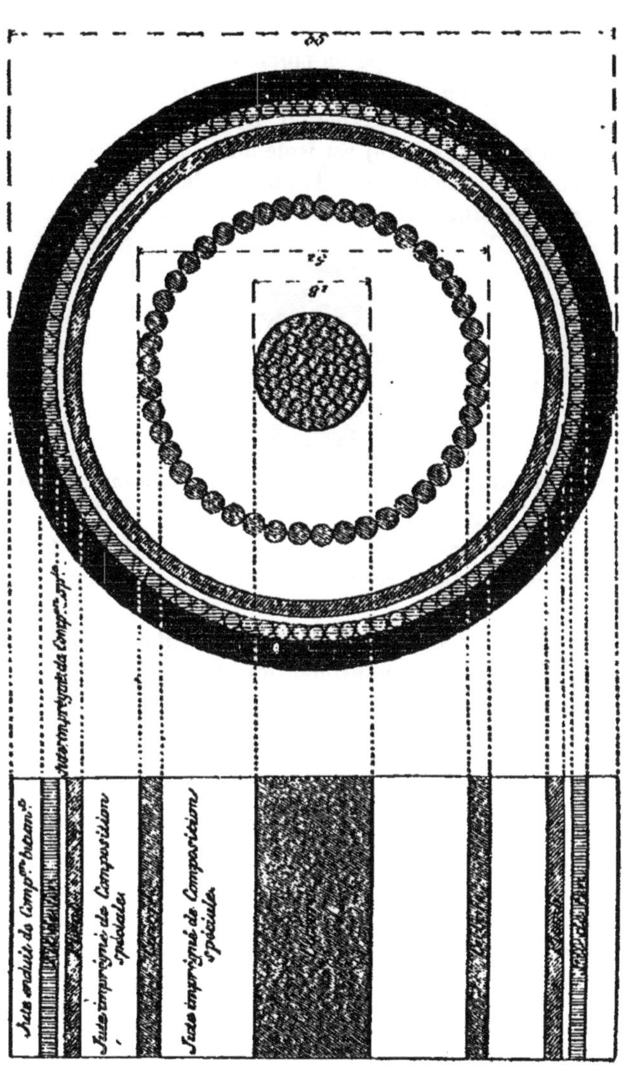

Fig. 347. — Câble à deux conducteurs concentriques.

La fig. 326 donne la coupe d'un type de câble fabriqué par
la maison Siemens et Halske d'après un procédé analogue au
précédent et dont l'enveloppe en plomb est protégée par deux
hélices de fer à spires superposées : une couche de jute goudronné préserve le fer de l'oxydation. Le fil fin représenté dans
la section du câble (fig. 326) est isolé du conducteur principal
et sert comme fil de retour pour la mesure de la différence de
potentiel en un point déterminé du réseau.

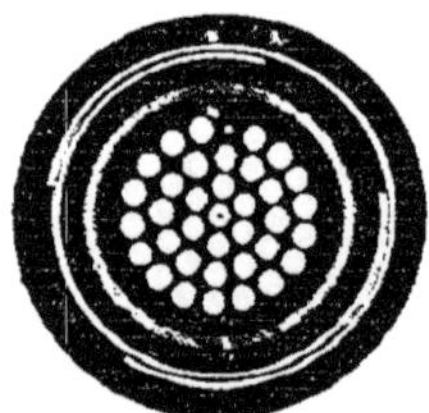

Fig. 326. — Câble sous plomb avec revêtement en fer (Siemens et Halske)

On remplace quelquefois les deux câbles de l'aller et du retour par un câble unique contenant les deux conducteurs (fig.
327).

Cette disposition a été imaginée pour la distribution des courants alternatifs, afin de supprimer les effets d'induction sur
les conducteurs voisins et sur l'enveloppe métallique du câble
lui-même. Comme, pour une même section de cuivre, le prix
de ce câble est moindre que celui des deux câbles qu'il remplace, on l'a également adopté pour la distribution des courants continus ; on en construit même à trois conducteurs concentriques. Mais avec cette disposition les dérangements sont
plus fréquents, et les réparations plus délicates et plus coûteuses qu'avec les câbles à un seul conducteur ; les jonctions
et les branchements sont aussi plus difficiles à faire.

Quel que soit le système de câble qui a été adopté, la préparation des jonctions entre les longueurs successives d'une même
ligne et celle des branchements exige des soins particuliers.

La disposition représentée par la fig. 328 remplit très bien
le but.

Après avoir préparé les bouts à souder de façon à obtenir la

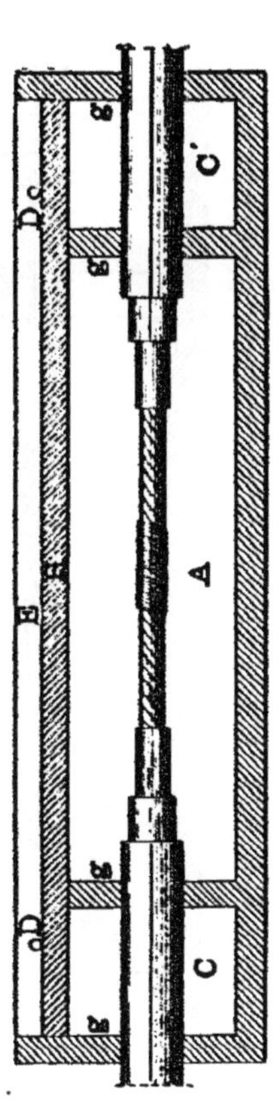

Fig. 328. — Boîte de jonction (Berthoud-Borel).

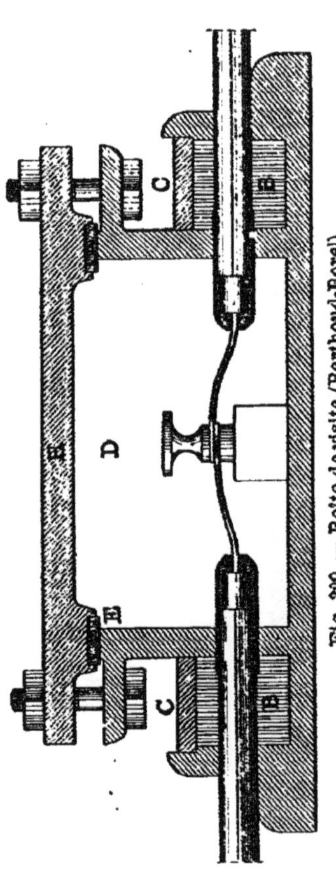

Fig. 329. — Boîte de visite (Berthoud-Borel).

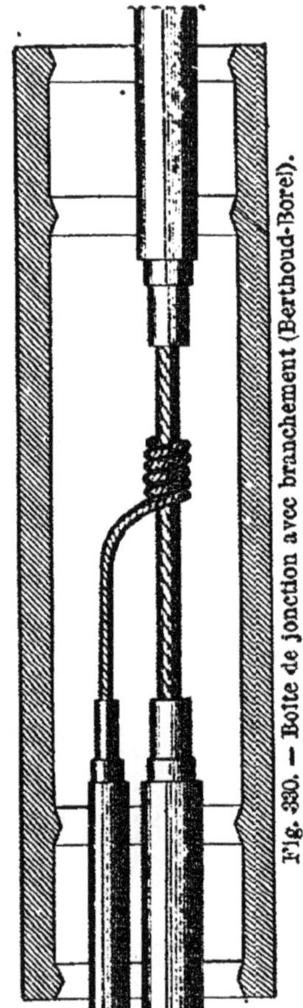

Fig. 330. — Boîte de jonction avec branchement (Berthoud-Borel).

forme indiquée sur la figure, et fait l'épissure des deux cordes, on enveloppe les deux conducteurs avec un fil fin de cuivre bien serré, puis on soude le joint. Le décapage du cuivre doit être fait en employant de la résine ou de la paraffine, à l'exclusion de sels acides.

La boîte étant ouverte et fixée au fond de la tranchée, on y place le câble ; les quatre glissières *g* destinées à le maintenir sont alors remises en place. Le vide central A est complètement rempli de matière isolante liquéfiée à 200°; les chambres C et C' sont remplies de brai gras. Après avoir placé le couvercle H et les deux chevilles D qui doivent le fixer, on complète le joint en versant encore du brai gras sur le couvercle de façon à remplir l'espace E.

Lorsque la canalisation souterraine a un certain développement il est utile de la diviser en plusieurs sections afin de faciliter la recherche des défauts qui pourraient se déclarer pendant l'exploitation.

On emploie dans ce but des boîtes métalliques à l'intérieur desquelles les conducteurs sont mis à nu et peuvent être facilement séparés les uns des autres ; la fig. 329 représente une de ces boîtes. Les bouts des câbles, étant préparés comme nous l'avons indiqué plus haut, sont revêtus d'un manchon en ébonite qui a été rempli de paraffine fondue au moment de le mettre en place ; ils sont alors introduits dans la boîte et les conducteurs reliés entr'eux par l'intermédiaire d'une forte vis de pression fixée sur une plaque d'ardoise ou d'ébonite. Les espaces B sont remplis de brai fondu, puis fermés par les couvercles C sur lesquels on verse du brai. On évite ainsi toute introduction d'air ou d'humidité dans l'espace D. Le couvercle H de la boîte est fixé par quatre boulons : le joint est rendu étanche par la rondelle de caoutchouc E.

Toutes les fois qu'une dérivation importante doit être prise sur la canalisation principale, il est nécessaire d'établir une de ces boîtes de visite au point de dérivation.

Pour les dérivations de moindre importance il suffit d'employer une boîte comme celle de la fig. 330, qui n'est autre chose qu'une boîte de jonction simple semblable à celle qui a été décrite précédemment.

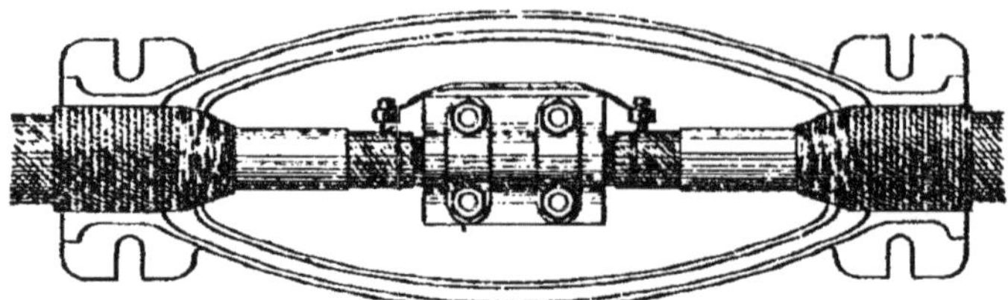

Fig. 331. — Boîte de jonction pour câbles à un conducteur (Siemens).

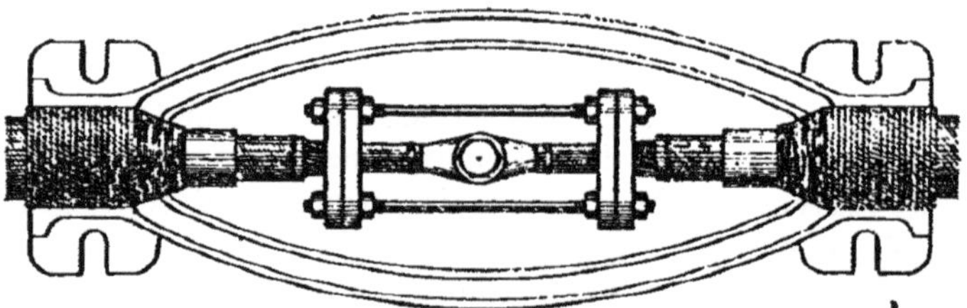

Fig. 332. — Boîte de jonction pour câbles à deux conducteurs (Siemens).

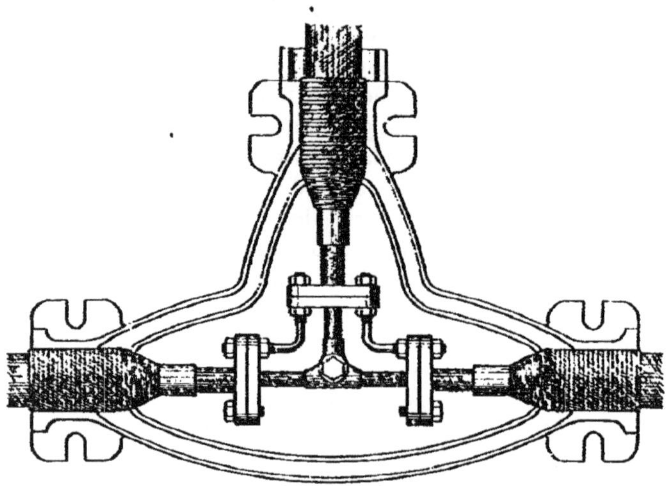

Fig. 333. — Pièce à T pour branchement (Siemens).

Les fig. 331, 332, 333 représentent les boîtes de jonction Siemens et Halske.

Dans le modèle de la figure 331, qui s'applique aux câbles à un seul conducteur avec fil de retour, les conducteurs sont dénudés puis assemblés bout à bout et maintenus au moyen d'un manchon en deux parties retenues par des boulons ; la partie dénudée du conducteur en dehors du joint est recouverte d'un fourreau de caoutchouc qui empêche l'humidité de pénétrer dans la couche isolante. Les deux parties de la boîte sont à doubles parois ; chacun des bouts de câble est entouré d'un bourrelet en jute goudronné qui forme un joint étanche à l'entrée dans la boîte. Lorsque le joint est terminé, les deux moitiés de la boîte sont réunies au moyen de boulons, et le vide compris entre les deux parois ainsi que l'intérieur de la boîte sont remplis d'isolant fondu.

La fig. 332 représente un modèle de boîte de jonction pour câble à deux conducteurs, et la fig. 333 une pièce en T pour branchement sur un câble à deux conducteurs.

On a proposé de remplacer les câbles isolés par des conducteurs de cuivre nu placés sur des supports isolants dans un canal en maçonnerie ou en fonte.

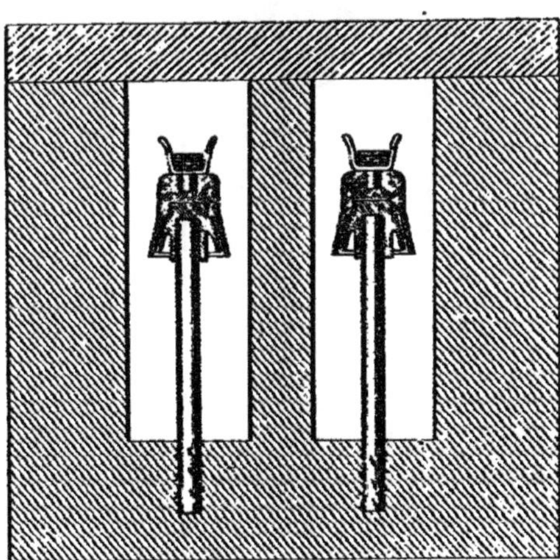

Fig. 334. — Canalisation Crompton (coupe transversale).

La fig.334 représente la disposition employée par M. Crompton. Les cloches isolantes sont fixées sur des potelets en fer scellés dans le radier du canal; le conducteur se compose d'une ou de plusieurs bandes superposées de cuivre ayant 5 à 6 mm. d'épaisseur et 30 à 40 mm. de largeur; elles sont maintenues par des fourchettes qui s'emboîtent dans la tête de l'isolateur à double cloche; le nombre des bandes superposées dépend de la section à donner au conducteur. Les supports sont espacés de 1ᵐ à 1ᵐ,50 au maximum; la flèche est réglée par des appareils tendeurs placés de distance en distance.

Avec cette disposition, il est possible d'augmenter facilement la section des conducteurs au fur et à mesure des besoins de la consommation; il suffit pour cela de venir ajouter une nouvelle bande de cuivre sur les précédentes. Afin de pouvoir faire cette opération sans ouvrir de tranchées, M. Crompton emploie un petit chariot qui se déplace dans l'axe du canal en entraînant derrière lui la bande de cuivre à ajouter (fig. 335).

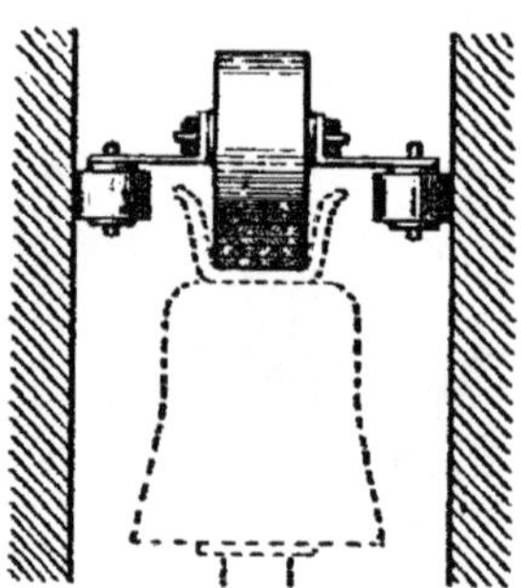

Fig. 335. — Canalisation Crompton. Chariot porteur.

Comme dans les canalisations importantes, les seules auxquelles s'applique avantageusement ce système, il est nécessaire de ménager des regards pour l'essai des conduites et les prises de branchements, le parcours souterrain du charriot est très limité et s'effectue sans difficulté. En établissant le canal dans lequel sont placés les conducteurs, il est nécessaire de ménager sur les points bas des orifices pour l'évacuation des eaux provenant des infiltrations du sol.

Ce système de canalisation est d'origine récente et le nombre des applications faites trop limité pour qu'il soit possible de se prononcer définitivement sur sa valeur pratique.

216. Calcul de la section des conducteurs. — Conditions à remplir. — La section à donner aux conducteurs dépend des conditions électriques et économiques auxquelles doit satisfaire la distribution projetée. En augmentant la section, on diminuera l'importance des pertes dues à la résistance de la ligne, mais le coût de la canalisation sera plus élevé; et la réduction des dépenses de production aura pour conséquence une aggravation des charges du fait de l'intérêt et de l'amortissement du capital. On devra donc, suivant le point de vue auquel on se place, se proposer de rendre minima soit les frais d'exploitation, soit les dépenses de premier établissement.

Les dépenses d'installation, B, de l'usine de production peuvent être, dans une certaine mesure, considérées comme étant proportionnelles à la puissance nécessaire. Celle-ci est égale à la somme de la puissance utile, εi, et de la puissance absorbée par la résistance de la ligne, Ri^2. On aura donc

$$(1) \qquad B = P\,[\varepsilon i + Ri^2]$$

en représentant par P la dépense d'installation correspondant à une puissance de 1 watt.

Nous désignerons par α le taux annuel de l'amortissement et de l'intérêt sur le capital B.

Le prix d'établissement, C, d'une canalisation de longueur L et de section s, peut être représentée par l'expression

$$(2) \qquad C = L\,(a + bs),$$

dans laquelle a et b sont deux constantes qui dépendent du mode de construction et de pose de la ligne.

Nous désignerons par β le taux annuel de l'amortissement et de l'intérêt du capital C.

Les dépenses de production comprennent : la surveillance, la main-d'œuvre, le combustible, l'eau, le graissage, l'entretien.

Pour une installation de puissance donnée, les unes peuvent être considérées comme constantes, tandis que les autres varient proportionnellement au travail développé. Pour l'étude qui nous occupe, nous n'avons à considérer que ces dernières, et nous représenterons par p la dépense correspondant à 1 watt-heure.

Nous indiquerons d'abord la marche à suivre pour déterminer la section qui correspond au minimum des frais d'exploitation et celle qui correspond au minimum des dépenses de premier établissement ; puis nous calculerons l'élévation de température résultant du passage du courant, pour nous assurer qu'elle ne peut, en aucun cas, compromettre la sécurité de l'exploitation.

217. Minimum des frais d'exploitation. — Nous examinerons d'abord le cas où l'intensité du courant à transporter est déterminée ; c'est celui qui se présente le plus fréquemment dans les applications.

Désignons par :

i, l'intensité maximum du courant ;

γ, la densité de courant dans le conducteur pour l'intensité maximum ; on aura $i = \gamma s$;

y, l'intensité du courant à un instant quelconque ;

H, le nombre d'heures pendant lequel fonctionne l'installation au cours d'une année.

Le travail, $\mathfrak{E}_a$, absorbé, pendant une année, par la résistance du conducteur, aura pour expression

$$(3) \qquad \mathfrak{E}_a = R \int_0^H y^2 dt,$$

que nous mettrons sous la forme

$$(4) \qquad \mathfrak{E}_a = R i^2 \tau,$$

en posant

$$(5) \qquad \tau = \int_0^{\Omega} \left(\frac{y}{i}\right)^2 dt.$$

La valeur de τ se détermine d'après les prévisions de la consommation à desservir; si l'intensité du courant était constante pendant toute la durée du service, on aurait évidemment $\tau = \mathrm{H}$.

La dépense annuelle, D, causée par la résistance de la ligne sera

$$(6) \qquad \mathrm{D} = p\mathrm{R}i^2\tau, \text{ ou}$$

$$(7) \qquad \mathrm{D} = p\,\frac{\mathrm{L}\rho}{\mathrm{S}}\,i^2\tau$$

en représentant par ρ la résistance spécifique du métal.

Les frais d'exploitation, F, résultant des charges du capital, auront pour expression.

$$(8) \qquad \mathrm{F} = \alpha\mathrm{B} + \beta\mathrm{C}.$$

La dépense totale, Q, sera représentée par l'équation

$$(9) \qquad \mathrm{Q} = p\,\frac{\mathrm{L}\rho}{\mathrm{S}}\,i^2\tau + \alpha\mathrm{P}[\varepsilon i + \frac{\mathrm{L}\rho}{\mathrm{S}}i^2] + \beta\mathrm{L}\,[a+bs].$$

La section du câble, qui rend Q maximum, sera donnée par la condition $\dfrac{d\mathrm{Q}}{ds} = 0$; on en déduit

$$(10) \qquad \frac{i^2}{s^2} = \gamma^2 = \frac{\beta b}{\rho[p\tau + \alpha\mathrm{P}]}.$$

Cette formule, dont le principe a été indiqué pour la première fois par Sir William Thomson, s'applique aux distributions dans lesquelles l'intensité du courant à transporter est déterminée par le nombre et la nature des appareils récepteurs.

Si, au lieu d'un courant d'intensité connue, il s'agissait de fournir à l'extrémité de la ligne une puissance déterminée A, en partant d'une différence de potentiel initiale, E, la condition du minimum des frais d'exploitation serait différente (Ayrton et Perry).

Dans ce cas, les deux équations de condition seront :

$$(11) \qquad A = Ei - \frac{L\rho}{s} i^2$$

$$(12) \qquad p \frac{L\rho}{s} i^2 \tau + \alpha P \left[Ei + \frac{L\rho}{s} i^2 \right] + \beta L [a + bs] = \text{minimum.}$$

En différentiant (11) et (12) par rapport aux deux variables i et s, on obtiendra la relation

$$(13) \qquad \gamma^2 + \frac{2m^2 L\rho}{E} \gamma - m^2 = 0,$$

dans laquelle

$$(14) \qquad m^2 = \frac{\beta b}{\rho [p\tau + 2\alpha P]}.$$

Les valeurs des inconnues i, s, γ, R se déduisent des deux équations (11) et (13) et des relations $i = \gamma s$, $R = \frac{L\rho}{s}$.

En posant

$$(15) \qquad \frac{E}{mL\rho} = \operatorname{tg} \varphi,$$

on obtiendra les expressions suivantes :

$$(16) \qquad \gamma = m \operatorname{tg} \tfrac{1}{2} \varphi ;$$

$$(17) \qquad i = \frac{A}{E} \cdot \frac{\sin \varphi}{\operatorname{tg} \tfrac{1}{2} \varphi} ;$$

$$(18) \qquad s = \frac{A}{mE} \cdot \frac{\sin \varphi}{\operatorname{tg}^2 \tfrac{1}{2} \varphi} ;$$

$$(19) \qquad R = \frac{E^2}{A} \cdot \frac{\operatorname{tg}^2 \tfrac{1}{2} \varphi}{\sin \varphi \operatorname{tg} \varphi} .$$

218. Minimum des dépenses de premier établissement. — 1° L'intensité i, du courant à transmettre est donnée. La dépense de premier établissement,

$$B + C = P\left(\varepsilon i + \frac{L\rho}{S} i^2\right) + L(a + bs),$$

sera minimum pour

$$(20) \qquad \gamma^2 = \frac{b}{P\rho}.$$

2° On donne la puissance à fournir, A, et la différence de potentiel initiale E. Les équations de condition seront :

$$(21) \qquad A = Ei - \frac{L\rho}{S} i^2;$$

$$(22) \qquad P\left[Ei + \frac{L\rho}{s} i^2\right] + L(a + bs) = \text{minimum.}$$

En différentiant ces deux équations par rapport à i et à s, on obtient la relation :

$$(23) \qquad \gamma^2 + \frac{2m^2 L\rho}{E} \gamma - m^2 = 0,$$

dans laquelle on a :

$$(24) \qquad m^2 = \frac{b}{2P\rho}.$$

En posant comme précédemment :

$$(25) \qquad \frac{E}{mL\rho} = \text{tg } \varphi,$$

les valeurs des inconnues seront données par les équations suivantes :

$$(26) \qquad \gamma = m \text{ tg} \frac{1}{2}\varphi;$$

$$(27) \qquad i = \frac{A}{E} \cdot \frac{\sin \varphi}{\text{tg}\frac{1}{2}\varphi};$$

$$(28) \qquad s = \frac{A}{mE} \cdot \frac{\sin \varphi}{\operatorname{tg}^2 \frac{1}{2}\varphi} ;$$

$$(29) \qquad R = \frac{E^2}{A} \frac{\operatorname{tg}^2 \frac{1}{2}\varphi}{\sin \varphi \, \operatorname{tg}\varphi} .$$

219. Calcul de l'élévation de température due au passage du courant. — Lorsque la section du conducteur a été déterminée de façon à réduire au minimum les frais d'exploitation, elle est en général suffisante pour prévenir une élévation anormale de température ; il peut en être autrement lorsque la section aura été calculée pour rendre la dépense de premier établissement la plus petite possible. Dans tous les cas il est utile d'évaluer, au moins d'une manière approchée, la température que peut atteindre le conducteur lorsqu'il transmet le maximum du courant auquel il est destiné.

Supposons d'abord qu'il s'agisse d'un conducteur nu et désignons son diamètre par d (cm).

La quantité de chaleur développée en une seconde par le passage du courant sera :

$$0,24 \, \frac{4 L \rho}{\pi d^2} \cdot i^2.$$

Lorsque l'équilibre de température est établi, la quantité de chaleur développée est égale à celle qui est perdue par le rayonnement et le contact de l'air. Si l'on admet que la perte de chaleur soit proportionnelle à la différence des températures du conducteur et de l'air, la quantité de chaleur rayonnée en une seconde sera :

$$\pi d L (\theta - \theta_0) k,$$

en désignant par :
θ et θ_0 la température du câble et celle de l'air,
et par k la quantité de chaleur émise par cm^2 et par seconde pour une différence de température de $1°$ C; on prend généralement $k = 0,0003$.

L'équation d'équilibre devient :

$$(30) \qquad 0{,}96 \frac{L\rho i^2}{\pi d^2} = \pi d L (\theta - \theta_0) k .$$

Dans cette équation ρ est fonction de la température, puisque l'on a :

$$\rho_\theta = \rho_0 \alpha^\theta .$$

Pour du cuivre, dont la conductibilité est 0,98 celle du cuivre pur, $\rho_0 = 1{,}656$ microhm et $\alpha = 1{,}003713$.

L'équation (30) donne alors :

$$(31) \qquad \theta - \theta_0 = \frac{5{,}37}{10^4} \cdot \frac{i^2}{d^3} \cdot \alpha^\theta ,$$

d étant exprimé en cm. et i en ampères.

Si le conducteur est recouvert d'une couche isolante, l'accroissement de température se calculera de la manière suivante.

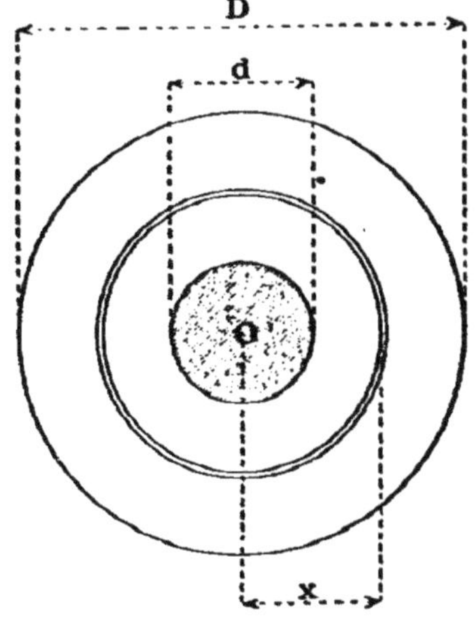

Fig. 336.

Désignons par :
d le diamètre du conducteur en cuivre,
D le diamètre extérieur du câble,

β le coefficient de conductibilité thermique de la couche isolante; on peut prendre $\beta = 5.10^{-4}$,

θ_0 la température de l'air,

θ_1 la température de l'enveloppe isolante à la surface extérieure,

θ_2 la température du conducteur ;

et considérons (fig. 336) une tranche circulaire infiniment mince de longueur égale à l'unité, placée à la distance x de l'axe O.

Le régime de température étant établi, la quantité, q, de chaleur, qui passe à travers cette tranche, est égale à celle qui rayonne dans l'enceinte pendant le même temps, c'est-à dire que l'on aura :

$$(32) \qquad q = -\frac{2\pi x}{dx}\,\beta\, d\theta ,$$

puisque $d\theta$ et dx sont de signes contraires.

On en déduit :

$$(33) \qquad \log x = -\frac{2\pi\beta}{q}\,\theta + M,$$

La constante M se détermine en remarquant que :

$$\text{pour} \quad \theta = \theta_1 \quad , \qquad x = \tfrac{1}{2}D;$$

$$\text{pour} \quad \theta = \theta_2 \quad , \qquad x = \tfrac{1}{2}d.$$

L'équation (33) donne alors :

$$(34) \qquad q = \frac{2\pi\beta(\theta_1 - \theta_2)}{\log\dfrac{D}{d}}.$$

Comme la quantité, q, de chaleur qui passe à travers la couche isolante est égale à celle qui est rayonnée dans l'enceinte, on aura :

$$(35) \qquad q = \pi D (\theta_1 - \theta_0)\, k.$$

On a en même temps, comme précédemment :

$$(36) \qquad q = \frac{0,96\,\rho i^2}{\pi d^2}.$$

Et prenant pour ρ et pour k les mêmes valeurs que plus haut, on obtiendra les expressions suivantes :

$$(37) \qquad (\theta_1 - \theta_0) = \frac{5,37}{10^5} \cdot \frac{i^2}{Dd^2}\,\alpha^\theta$$

$$(38) \qquad (\theta_2 - \theta_0) = \frac{5,37}{10^5} \cdot \frac{i^2}{Dd^2}\,\alpha^\theta\left[1 + 0,13 D \operatorname{Log} \frac{D}{d}\right]$$

Les équations (31) à (38) supposent implicitement que la densité du courant est la même en tous les points d'une section normale à l'axe. Cette condition est satisfaite lorsque le courant est continu : elle ne l'est plus pour des courants alternatifs à courte période. Sir William Thomson a montré [1] que, dans ce cas, il est avantageux, pour des courants intenses, d'employer des conducteurs, creux ou plats, dont l'épaisseur n'excède pas 3 mm.

---

1. Société Française de Physique. Séance du 1er juin 1888.

CHAPITRE XIII

ACCUMULATEURS

220. Réversibilité des phénomènes électro chimiques. — Lorsqu'on fait passer un courant électrique à travers un électrolyte, l'un des éléments se porte sur la cathode, l'autre sur l'anode. Si, après avoir supprimé l'action de la source électrique extérieure, on réunit les deux électrodes par un conducteur, les éléments de l'électrolyte se combinent en donnant naissance à un courant dirigé en sens inverse du premier, et auquel on a donné le nom de *courant secondaire*. Son intensité et sa durée dépendent de la nature de l'électrolyte et de celle des électrodes, ainsi que la quantité d'électricité qui a été fournie par le courant primaire.

Cette réversibilité des phénomènes électro-chimiques est mise à profit pour recueillir et emmagasiner sous forme d'énergie chimique le travail électrique fourni par une pile ou par une machine. L'énergie, qui aura été ainsi *accumulée*, pourra être transformée de nouveau en travail électrique en vertu de réactions chimiques inverses des premières.

On donne le nom de *batteries secondaires* ou d'*accumulateurs* aux appareils qui servent à ces transformations successives.

Il a été imaginé un grand nombre de combinaisons voltaïques pouvant fonctionner comme batteries secondaires ; mais jusqu'ici les accumulateurs à électrodes de plomb sont les seuls qui aient donné lieu à des applications industrielles de quelque importance.

221. Accumulateurs Planté. — Les recherches les plus importantes sur les accumulateurs industriels sont dues à

M. Gaston Planté[1]. Après avoir étudié les courants secondaires produits par différents métaux et différents électrolytes, il a construit un élément composé de deux lames de plomb plongeant dans de l'eau acidulée par 1/10 d'acide sulfurique. Les deux lames de plomb sont enroulées en spirale et maintenues à distance par des bandes de caoutchouc. A chacune des lames est soudée une languette de plomb qui permet d'établir les communications.

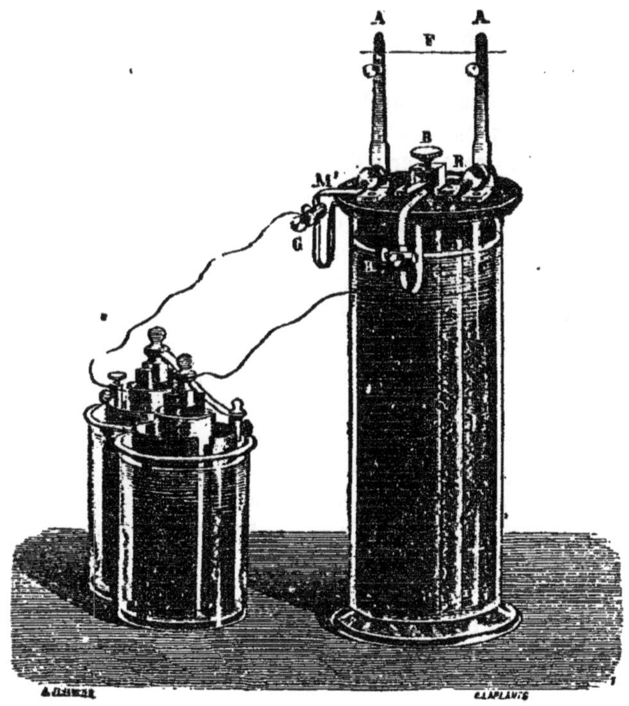

Fig. 337. — Accumulateur Planté.

La fig. 337 représente un accumulateur construit comme nous venons de le dire.

Le vase en verre contenant les lames de plomb immergées

1. Recherches sur l'Électricité.

dans l'acide sulfurique est recouvert d'un disque en ébonite
sur lequel sont fixées les connexions.

Les pièces M et M', reliées aux extrémités des deux lames
de plomb, communiquent avec les pièces A et A' entre lesquelles est fixé le fil F dans lequel doit passer le courant secondaire, dont le circuit peut être ouvert ou fermé par l'interrupteur BR. La pile de charge se compose de deux éléments
Bunsen, réunis en tension, dont les pôles extrêmes sont reliés
aux bornes G et H fixées sur les lames M' et M.

Si le couple secondaire est neuf, c'est-à-dire si les lames de
plomb qui le composent n'ont jamais servi à transmettre le
courant, l'oxygène apparaît presque immédiatement sur la
plaque positive; en même temps, la surface de la lame ne
tarde pas à être recouverte d'une couche brune de bioxyde de
plomb (PbO^2); de l'autre côté il se dégage de l'hydrogène, dont
une partie réduit la pellicule d'oxyde dont le plomb est toujours couvert par l'exposition à l'air. Lorsqu'au bout de quelques minutes on détache les fils de la pile Bunsen pour es-
sayer le courant secondaire, on constate qu'il est déjà assez
intense pour rougir un fil de platine très fin, mais il n'a qu'une
faible durée parce que le bioxyde de plomb a très peu d'é-
paisseur. Si, au lieu de décharger l'élément, on l'abandonne à
lui-même pendant quelque temps, on constate qu'une partie
du bioxyde de plomb de l'anode s'est transformée en sulfate de
plomb. Cette transformation est due à une action électrique ;
le bioxyde qui est imbibé d'acide sulfurique forme, avec le
plomb sur lequel il est déposé, un couple voltaïque dont le
circuit est fermé. Le courant produit électrolyse le liquide
acide en donnant lieu a la réaction suivante :

$$Pb + 2(SO^4H^2) + PbO^2 = 2SO^4Pb + 2H^2O,$$

L'élément est alors constitué :
à l'anode par du bioxyde et du sulfate de plomb ;
à la cathode par du plomb réduit.

Si l'on fait passer à travers cet élément un courant dirigé en
sens inverse du premier courant de charge, le bioxyde et le
sulfate de plomb seront réduits par l'hydrogène, tandis que le
plomb spongieux sera oxydé.

Cette opération est répétée successivement un grand nombre de fois, en ayant soin de changer chaque fois le sens du courant primaire avec des périodes de repos intermédiaires, afin de donner à la couche de bioxyde, qui se forme dans l'épaisseur du métal, le temps de durcir et d'adhérer fortement à la surface des lames avant le changement de sens du courant.

Voici en résumé la marche qui a été indiquée par M. Planté : Le couple secondaire ayant été rempli à l'avance d'eau acidulée par 1/10 d'acide sulfurique pur, on le fait traverser, le premier jour, six ou huit fois, alternativement dans les deux sens, par le courant de deux éléments Bunsen. On décharge le couple secondaire entre chaque changement de sens, et on constate que la durée de la décharge va sans cesse en croissant. On augmente peu à peu le temps pendant lequel le couple reste soumis, dans le même sens, à l'action du courant primaire. On porte successivement cette durée, dès le premier jour, de un quart d'heure à une demi-heure et une heure. On le laisse finalement chargé dans un sens déterminé jusqu'au lendemain. Le lendemain on le recharge deux heures en sens inverse, puis dans le premier sens, et ainsi de suite. On constate encore un gain dans la durée de la décharge. Mais il arrive bientôt une limite au-delà de laquelle cette durée n'augmente plus sensiblement. On laisse alors le couple secondaire au repos pendant huit jours et on le recharge en sens inverse pendant plusieurs heures sans faire, le même jour, de nouveaux changements de sens. Puis on porte peu à peu l'intervalle de repos à quinze jours, un mois, deux mois et la durée de la charge va sans cesse en augmentant. Elle n'a d'autre limite que l'épaisseur même des lames de plomb. La lame positive, si elle est mince, finit par être transformée presque entièrement, avec le temps, en bioxyde de plomb à texture cristalline. La lame négative se trouve peu à peu formée, jusqu'à une certaine profondeur, au-dessous de sa surface, de plomb réduit grenu et cristallin. Il n'est pas toutefois nécessaire de pousser la préparation électro-chimique des couples secondaires jusqu'à cette transformation complète de la nature physique et chimique des lames ; car les couples deviennent alors d'une grande fragilité. Lorsque les couples secondaires donnent un courant d'une durée suffisante pour l'application que l'on veut en faire, il n'y a pas lieu de changer le sens du courant.

La méthode de formation que nous venons d'indiquer exige, comme on le voit, un temps très long. Pour abréger sa durée en facilitant l'action électro-chimique du courant primaire, M. Planté immerge les lames de plomb pendant 24 ou 48 heures dans de l'acide azotique étendu de son volume d'eau; les plaques, après avoir été lavées très complètement, sont plongées dans l'eau acidulée sulfurique et soumise à l'action du courant primaire. Les couples secondaires ainsi traités peuvent fournir, en huit jours, après trois ou quatre changements de sens du courant primaire, des décharges de longue durée, alors que sans l'action préalable de l'acide nitrique, ils ne pourraient donner les mêmes résultats qu'après plusieurs mois.

Le poids et les dimensions linéaires des plaques se modifient d'une manière notable pendant la formation. En effet, comme 207 gr. de plomb donnent 239 gr. de bioxyde ou 303 gr. de sulfate, 1 gr. de plomb sera remplacé par 1,155 gr. de PbO^2 ou 1,464 gr. de SO^4Pb. D'autre part, les densités respectives des trois corps étant de 11,36 pour le plomb, 9,42 pour le bioxyde et 6,24 pour le sulfate, 1 cm³ de plomb donnera 1,4 cm³ de bioxyde ou 2,7 cm³ de sulfate de plomb. Comme le foisonnement n'est pas le même dans tous les sens, les plaques se déforment plus ou moins, et il faut tenir compte de ce phénomène dans la construction des accumulateurs du genre Planté, afin d'éviter les dérangements qui pourraient en être la conséquence.

La quantité d'électricité que peut fournir un de ces éléments secondaires, dépendant de la surface active des plaques, si l'on réduit l'épaisseur du plomb on augmentera la capacité par unité de poids, mais on diminuera en même temps la solidité et la durée de l'élément, et jusqu'ici aucune des nombreuses dispositions qui ont été imaginées pour développer la surface active fournie par un poids donné de plomb n'a été sanctionnée par la pratique.

On a cherché à augmenter la surface active des plaques, sans diminuer leur épaisseur, en alliant le plomb à un métal,

comme le zinc, susceptible d'être éliminé par l'action électrolytique du courant ; mais les essais faits dans cette voie ne
semblent pas avoir donné des résultats satisfaisants au point
de vue industriel, probablement parce que l'élimination complète du métal allié exige un temps très long et occasionne une
dépense supérieure à l'économie réalisée sur le poids du
plomb.

Au lieu de rendre le plomb poreux par l'élimination d'un
métal auxiliaire, M. Howell emploie des lames découpées à la
scie dans les blocs de cristaux de plomb que l'on obtient en
abandonnant au refroidissement lent une masse considérable
de plomb fondu ; la densité des plaques obtenues par ce procédé est environ les 2/3 de celle du plomb fondu. Leur formation se fait d'après les procédés de M. Planté, mais elle exige
des soins tout particuliers, afin d'éviter la désagrégation du
métal sous l'action du foisonnement.

M. de Montaud forme les plaques de son accumulateur dans
un bain alcalin saturé de litharge. Le passage du courant détermine un dépôt de bioxyde de plomb sur les lames positives
et de plomb réduit sur les négatives. Avec un courant de charge
de 0,034 amp. par cm³ de plaque, la formation ne dure qu'une
demi-heure environ. Au sortir du bain de formation, les plaques sont lavées à grande eau ; les positives sont prêtes à être
employées ; les négatives sont soumises à une pression éner-
gique qui fixe le plomb réduit sur la lame de plomb et lui
donne de la cohésion. Les plaques sont alors montées en éléments dans des boîtes en bois doublé de plomb, qui sont remplies d'acide sulfurique étendu d'eau.

222. Accumulateurs Faure-Sellon-Volckmar. —
Afin de diminuer le temps nécessaire à la formation, M. Faure
a eu l'idée de déposer directement les oxydes de plomb sur
les électrodes, au lieu de les former par le courant aux dépens
de la lame de plomb.

Dans le premier modèle construit on prenait comme électrodes deux lames de plomb mince enduites sur leurs deux
faces d'une couche de minium pétri avec de l'acide sulfurique
étendu, puis enveloppées d'une étoffe de laine qui maintenait

le minium sur le plomb ; les lames étaient ensuite roulées en spirales, exactement comme dans l'accumulateur Planté (fig. 337). Mais l'étoffe de laine se désagrégeant assez rapidement, la matière active se détachait des lames et l'élément n'avait qu'une très faible durée.

Ce mode de construction a été abandonné et il est aujourd'hui remplacé par le suivant.

Les électrodes sont constituées par une grille en plomb allié à une petite quantité d'antimoine (6 à 7 0,0), dont les vides sont remplis par des oxydes de plomb que l'on amène à l'état de pâte dure en les pétrissant avec de l'acide sulfurique étendu (fig. 338). Les plaques positives sont empâtées avec du mi-

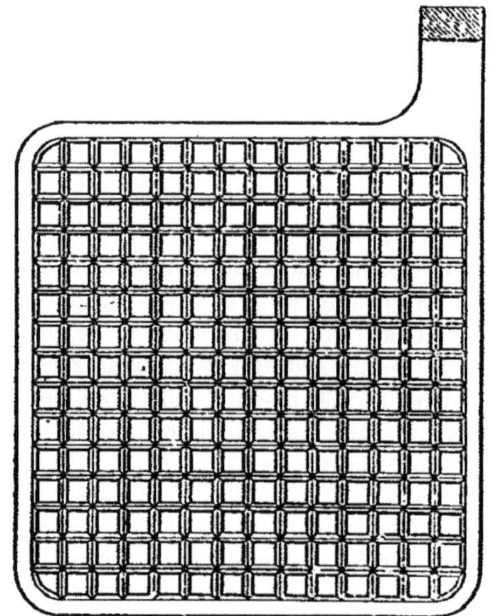

Fig. 338. — Plaque d'accumulateur Faure-Sellon-Volckmar.

nium, les plaques négatives avec de la litharge. L'opération de l'empâtage est conduite de façon à fournir une masse homogène adhérente au plomb et cependant suffisamment poreuse. Les matières employées (minium, litharge, acide sulfurique) doivent être absolument pures. Lorsque la pâte a fait prise par la solidification du sulfate de plomb résultant de l'action de l'acide sulfurique sur les oxydes de plomb, on procède à la formation des plaques.

La pâte des plaques positives est un mélange de minium, de sulfate et de bioxyde de plomb, en vertu de la réaction

$$m Pb^3O^4 + n SO^4H^2 = \frac{n}{2} PbO^2 + n SO^4Pb + \left(m - \frac{n}{2}\right) Pb^3O^4 + n H^2O.$$

Sous l'action du courant électrolytique, le sulfate de plomb et le minium se transforment en bioxyde de plomb, et l'on aura les deux réactions suivantes :

$$n SO^4Pb + 2n H^2O = n PbO^2 + n SO^4H^2 + n H^2.$$

$$\left(m - \frac{n}{2}\right) Pb^3O^4 + (2m - n) H^2O = 3\left(m - \frac{n}{2}\right) PbO^2 + (2m - n) H^2.$$

Le résultat final de l'électrolyse sera :

$$3m PbO^2 + n SO^4 H^2 + 2m H^2 ;$$

c'est-à-dire que la quantité d'électricité nécessaire pour l'électrolyse complète du mélange, qui forme l'empâtage des plaques positives, est la même que celle qui correspond à l'électrolyse du poids de minium dont ce mélange dérive.

Cette quantité est égale à $2m \times 193.200$ coulombs pour m molécules de minium (dont le poids atomique est 685 gr.); par conséquent, pour transformer en bioxyde de plomb 1 k. de minium, il faudra 564.100 coulombs ou 157 ampères-heures.

La pâte des plaques négatives étant un mélange de protoxyde et de sulfate de plomb $(m PbO + n SO^4H^2)$ le résultat final de l'électrolyse du mélange sera $(m Pb + n SO^4H^2 + m O)$.

Le poids atomique du protoxyde de plomb étant 223, la quantité d'électricité nécessaire pour transformer 1 k. de litharge en plomb réduit sera de 866.400 coulombs ou 241 ampères-heures.

La quantité d'électricité nécessaire à la formation n'étant pas la même pour les plaques positives et négatives, il est préférable de les former dans des bains distincts en prenant des lames de plomb comme électrodes opposées.

Les plaques sont montées en batterie dans des bacs en bois doublé de plomb remplis d'acide sulfurique étendu à la densité de 1.15. Le courant de formation est maintenu sans interruption jusqu'à l'achèvement complet de l'opération qui dure ordinairement 120 à 150 heures. La quantité d'électricité à fournir réellement est de 20 à 25 0/0 supérieure à celle qui est indiquée par la théorie.

Lorsque les plaques sont formées et qu'elles ont été reconnues de bonne qualité, on procède au montage des éléments. Chacun d'eux se compose d'un nombre impair de plaques, les deux extrêmes étant des négatives. Le nombre et la dimension des plaques qui constituent un élément dépendent de l'intensité du courant qu'il aura à fournir.

L'écartement de deux plaques consécutives doit être le même pour toutes ; il est maintenu par des pièces de caoutchouc vulcanisé ou de bois paraffiné. Les plaques de même polarité sont soudées à une bande de plomb assez longue pour établir la connexion avec l'élément suivant (fig. 339). Les cuves sont en verre, en grès ou en bois doublé de plomb.

Fig. 339.— Accumulateurs réunis à tension.

223. — Réactions de la décharge des accumulateurs Planté et Faure. Force électro-motrice. — Bien que le mode de construction des éléments Planté et Faure soit différent, ils sont après leur formation constitués de la même façon au point de vue chimique, c'est-à-dire par du bioxyde de plomb sur les plaques positives et du plomb spongieux sur les plaques négatives. Si l'on réunit les deux pôles par un conducteur, la f. e. m. résultant de la différence de composition des deux électrodes donnera naissance à un courant dirigé du Pb vers le PbO^2 dans l'électrolyte et du PbO^2 au Pb dans le circuit extérieur.

Les réactions chimiques qui maintiennent ce courant sont inverses de celles de la charge ; mais il est assez difficile de les déterminer d'une façon complète, parce que les corps qui interviennent se trouvent mêlés à des matières inactives dont il est à peu près impossible de les isoler. Aussi a-t-on fait un grand nombre d'hypothèses sur les réactions qui se développent dans ces éléments. Mais, en les discutant, on reconnaît que la plupart d'entr'elles sont incompatibles avec les faits observés, c'est-à-dire avec la f. e. m. de l'élément qui est de 2 volts environ et les variations de composition de l'électrolyte pendant la décharge.

Comme il se forme du sulfate de plomb aux deux pôles, l'équation qui paraît la plus probable est la suivante :

$$Pb \qquad\qquad SO^4H^2 \qquad\qquad\qquad PbO^2$$

$$Pb + SO^4 = SO^4Pb \qquad H^2 + PbO^2 + SO_4H^2 = SO^4Pb + 2H^2O$$

La quantité de chaleur dégagée, qui est de 87.790 calories, correspond à l'électrolyse de 1 molécule de SO^4H^2, c'est-à-dire à 2 gr. d'hydrogène. On aura donc, d'après la formule donnée au n° 204,

$$\varepsilon = \frac{\Theta}{23\,000} \cdot \frac{1}{\alpha} = \frac{87790}{23000} \cdot \frac{1}{2} = 1.91 \text{ volt.}$$

Cette f. e. m. est un peu inférieure à celle qui est observée directement. D'un autre côté, si l'équation ci-dessus représentait la réaction complète, le poids de SO^4H^2, fixé par les électrodes et enlevé à l'électrolyte pendant la décharge, correspondrait à 2 molécules de SO^4H^2 pour 2 molécules d'hydrogène, c'est-à-dire à 196 gr. pour 193.200 coulombs ou à 3,652 gr. pour 1 ampère-heure.

En dosant l'acide contenu dans l'électrolyte aux différents instants de la décharge, on constate que le poids d'acide fixé par les plaques est moindre que celui qui résulte de l'équation ci-dessus ; la réaction indiquée n'est donc pas la seule qui se produise. On constate en effet qu'il s'est formé pendant la charge une petite quantité d'acide persulfurique (S^2O^7) et que le plomb réduit est allié à une certaine quantité d'hydrogène. Pendant la décharge l'acide persulfurique est réduit par l'hydrogène,

$$S^2O^7\,Aq + H^2 = 2\,(SO^4H^2\,Aq) + 95960 \text{ calories}$$

et il y a une certaine quantité d'électricité déplacée, sans production de sulfate de plomb, en même temps que la chaleur développée par cette réaction augmente la f.e.m. de l'élément. Comme la quantité d'acide fixée par les électrodes varie proportionnellement à la quantité d'électricité fournie par l'élément, il est probable que les réactions indiquées ont lieu simultanément.

Si, après avoir déchargé l'élément en totalité ou en partie, on le fait traverser par un courant électrique provenant d'une source extérieure, le sulfate de plomb sera décomposé ; celui des anodes se transformera en PbO^2, celui des cathodes en Pb, et l'acide sulfurique sera mis en liberté; il se formera en même temps de l'acide persulfurique, et une certaine quantité d'hydrogène se fixe sur le plomb des cathodes. Si l'on prolonge suffisamment le courant de charge, l'élément se trouvera reconstitué de la même manière qu'au début de la décharge précédente.

Puisque la teneur de l'électrolyte en acide sulfurique augmente pendant la charge et diminue pendant la décharge, proportionnellement aux quantités d'électricité déplacées, on peut déterminer l'état électrique du couple en dosant l'acide ou plus simplement en prenant la densité du liquide. C'est le moyen que l'on emploie dans la pratique pour évaluer la quantité d'électricité que peut encore fournir un accumulateur ou celle qui lui est nécessaire pour le recharger complètement.

Dans les installations importantes, il n'est pas possible de mesurer chaque jour la densité de tous les éléments, mais il convient de le faire périodiquement 2 à 3 fois par mois. Ces observations, consignées dans un registre spécial, fournissent des indications très utiles sur l'état de la batterie.

La fin de la charge est indiquée par une augmentation de

la différence de potentiel aux pôles de la batterie et par l'apparence laiteuse que prend l'électrolyte, par suite du dégagement des gaz hydrogène et oxygène, c'est-à-dire que l'on arrive très vite à reconnaître à simple vue le moment où la charge doit être arrêtée. Les plaques positives doivent alors avoir une teinte brune très nette et les négatives une teinte gris-ardoise. S'il se trouve dans la batterie quelques éléments dont l'apparence est différente de celle des autres, ils doivent être examinés et, s'il y a lieu, remplacés par d'autres en bon état.

221. Constantes des accumulateurs.

Force électro-motrice. La f. e. m. normale d'un couple du genre Planté ou Faure est de 2 volts environ. Pendant la charge, cette f. e. m. augmente graduellement jusqu'à 2,5 volts ; mais en général on arrête la charge lorsque la différence de potentiel aux pôles atteint 2,4 volts. Si l'on décharge l'élément immédiatement après une charge complète, la f. e. m. initiale sera de 2,10 à 2,15 volts ; mais elle tombe rapidement à 2 volts et conserve cette valeur pendant un temps assez long ; elle diminue ensuite lentement jusqu'à 1,8 volt ; c'est la limite de la décharge utile. L'énergie que possède encore l'accumulateur à cet instant n'est pas perdue ; elle constitue une réserve permanente nécessaire à son fonctionnement régulier, et, au point de vue de la durée des éléments, il est même préférable d'arrêter la décharge, lorsque le f. e. m. a baissé de 5 à 6 0/0.

Capacité. Si l'on appelle *capacité totale* d'un accumulateur la quantité d'électricité qu'il pourrait fournir par une décharge complète, la *capacité utile* sera nécessairement plus faible que la capacité totale, et sera mesurée par la quantité d'électricité que l'élément peut fournir, avant que la baisse de potentiel ait atteint une limite déterminée. Les éléments Faure-Sellon-Volckmar ont en général une capacité utile de 8 à 10 ampères-heures par kilogramme d'électrodes. La capacité des accumulateurs du genre Planté peut être portée assez rapidement à 25 ou 30 ampères-heures par mètre carré d'électrodes, et pour les applications industrielles, il est préférable de ne pas chercher à augmenter notablement cette capacité, afin de ne pas compromettre la solidité et la durée des éléments.

Résistance. La résistance, B, d'une batterie d'accumulateurs peut être mesurée par l'une des méthodes décrites au Chap. V ; mais le plus souvent on la détermine en mesurant le f. e. m. E de la batterie à circuit ouvert, et la différence de potentiel ε correspondant à un débit de i ampères. On aura évidemment

$$B = \frac{E - \varepsilon}{i}$$

Cette valeur de B comprend la résistance propre des éléments et celle des connexions de la batterie.

Pour l'étude d'un projet on peut représenter la résistance β d'un élément (y compris celle des connexions) par l'une des formules empiriques suivantes :

Genre Faure $$\beta = \frac{0,08}{p}\ \text{ohm,}$$

en désignant par p le poids (en kilogrammes) des électrodes qui forment l'élément.

Genre Planté $$\beta = \frac{2,5}{s}\ \text{ohm,}$$

en désignant par s la surface totale des électrodes en décimètres carrés.

Régime de charge. Le régime le plus convenable pour la charge d'un accumulateur est de 0,6 à 0,8 ampère par kilogramme d'électrodes pour le genre Faure et de 0,03 ampère par décimètre carré pour le genre Planté.

Régime de décharge. Pour la décharge, il est préférable de ne pas dépasser

1 ampère par kilogramme d'électrodes pour le genre Faure et 0,05 ampère par décimètre carré pour le genre Planté.

Rendement. Il faut distinguer le rendement en quantité et le rendement en travail.

Le *rendement en quantité* est le rapport de la quantité d'électricité $Q_{\ast}$ restituée par la décharge à la quantité Q qui a été fournie par la charge. Il a pour expression

$$\frac{Q_{\ast}}{Q} = \frac{\displaystyle\int_0^{\tau'} i'dt}{\displaystyle\int_0^{\tau} idt}$$

en désignant par i et i' les intensités, par T et T' les durées de
la charge et de la décharge.

Le *rendement en travail* est le rapport du travail électrique
utilisable $\mathfrak{G}_u$ au travail électrique $\mathfrak{G}$ dépensé pour la charge
de la batterie. Il a pour expression

$$\frac{\mathfrak{G}_u}{\mathfrak{G}} = \frac{\int_0^{T'} \varepsilon' i' dt - \int_0^{T'} B' i'^2 dt}{\int_0^{T} \varepsilon i dt + \int_0^{T} B i^2 dt},$$

en désignant par ε et ε' les différences de potentiel aux bornes,
par B et B' les valeurs de la résistance de la batterie pendant
la charge et pendant la décharge.

Ces rendements se déterminent de la manière suivante :

Après avoir chargé complètement la batterie soumise à l'expérience, on la décharge sur une rhéostat permettant de régler
exactement l'intensité du courant extérieur à son régime
normal. On observe à des intervalles de temps déterminés la
différence de potentiel aux pôles de la batterie et l'intensité du
courant, qu'il est préférable de maintenir constante pendant la
durée de l'expérience en modifiant convenablement la résistance extérieure. La décharge est arrêtée, lorsque la différence de potentiel initiale a baissé de 10 0/0. On possède
ainsi les éléments nécessaires pour calculer la quantité Q_u d'é-
lectricité fournie par la batterie et le travail électrique correspondant $\mathfrak{G}_u$.

La batterie est alors rechargée au moyen d'un courant
d'intensité convenable, que l'on maintient jusqu'à ce que la
charge soit complète. En notant, comme précédemment, l'intensité et la différence de potentiel correspondant à des intervalles de temps déterminés, on pourra calculer la quantité
totale Q d'électricité fournie et le travail correspondant $\mathfrak{G}$. On
aura alors :

$$\text{Rendement en quantité} = \frac{Q_u}{Q}.$$

$$\text{Rendement en travail} = \frac{\mathfrak{G}_u}{\mathfrak{G}}.$$

Dans les accumulateurs bien construits et en bon état d'entretien, le rendement en quantité est de 0,90 à 0,92 ; le rendement en travail de 0,75 à 0,80 ; mais dans les applications industrielles il convient de prévoir des coefficients de rendement de 5 à 10 0/0 inférieurs à ceux que fournissent les épreuves de réception.

225. Charge des accumulateurs. — Les accumulateurs peuvent être chargés, soit par une pile, soit par une machine dynamo. Les piles, dont le travail coûte beaucoup plus cher que celui des machines, ne sont employées que pour les installations de très faible importance et lorsque la question du prix de revient n'est que secondaire. Le nombre et le mode de groupement des éléments de piles nécessaires pour charger une batterie d'accumulateurs se déterminent d'après la méthode indiquée au n° 211.

Dans les applications industrielles, les accumulateurs sont chargés par une dynamo à courant continu. Cette machine doit être à excitation dérivée ou indépendante. En effet, avec une dynamo excitée en série, lorsque la f. e. m. de la batterie augmente, le courant diminue, le champ inducteur s'affaiblit et la f. e. m. de la batterie l'emporte bientôt sur celle qui est développée par la machine. Le courant changeant alors de sens, la polarité des électro-aimants est renversée, de telle sorte que le mouvement de la machine contribue à accélérer la décharge des accumulateurs, et le courant de décharge acquiert bientôt une intensité telle que la machine est rapidement détériorée. Avec les dynamos shunt, au contraire, le courant excitateur conserve toujours la même direction, même si le courant des accumulateurs l'emporte ; le renversement du champ magnétique ne peut donc avoir lieu ; il en sera de même avec une machine à excitation indépendante.

Il est cependant nécessaire de prévoir l'éventualité d'un arrêt accidentel de la machine, auquel cas les accumulateurs se déchargeraient dans le circuit de la dynamo. Pour éviter les accidents qui pourraient en résulter, il est indispensable d'insérer dans le circuit de charge un *disjoncteur automatique*.

Le principe de cet appareil est le suivant. Un interrupteur, placé sur le circuit de charge, est commandé par un levier dont l'une des extrémités est armée d'un poids suffisant pour déterminer la rupture du circuit lorsque le levier est abandonné à lui-même. Un électro-aimant, excité par le courant de charge, agit sur ce levier et maintient le circuit fermé tant que l'intensité du courant est supérieure à la limite qui aura été fixée. Au moment où, par une cause quelconque, l'intensité du circuit tombe au-dessous de cette limite, le levier, n'étant plus retenu par l'électro-aimant, entraîne l'interrupteur, et le circuit se trouve rompu.

CHAPITRE XIV

ÉLECTROLYSE. — MÉTALLURGIE ÉLECTRIQUE

226. Electrolyse des sels métalliques. Généralités.
— Les propriétés électrolytiques des courants sont utilisées
industriellement pour séparer les métaux de leurs dissolutions
salines. Dans certains cas, le but que l'on se propose est la
production d'un dépôt métallique jouissant de propriétés spéciales, comme dans la galvanoplastie, l'argenture, la dorure,
le nickelage, etc. Dans d'autres cas, on cherche à affiner un
métal en le séparant d'un alliage plus ou moins complexe, ou
bien à le retirer à l'état de pureté du minerai qui le renferme.

Le principe de ces diverses applications est le même que
celui qui a été exposé au n° 203. La solution du sel métallique
remplit une cuve dans laquelle plongent deux électrodes, dont
l'une (anode) est reliée au pôle positif de la source électrique,
tandis que l'autre (cathode) communique avec le pôle négatif.
Lorsque ce *bain électrolytique* est traversé par un courant, le
métal du sel se portera sur la cathode ; si l'anode est formée
par le même métal, le sel se reformera par dissolution de
l'anode et l'opération se réduira au transport mécanique du
métal de l'anode à la cathode. Si le métal de l'anode est
impur, le bain se chargera de substances étrangères qui mo-
difieront de plus en plus sa composition ; et il arrivera un
moment où le liquide du bain devra être renouvelé. Le
sel contenant le métal doit être choisi de façon que ces réactions accessoires aient le moins d'influence possible sur le
résultat de l'opération principale.

Dans les opérations électrolytiques où l'anode ne peut pas
être formée par le métal du sel dissous, il est nécessaire qu'elle
soit insoluble, et dans ce cas la source électrique aura à four-

nir le travail total correspondant à la décomposition du sel soumis à l'électrolyse.

Avant d'aborder la description des procédés employés pour la galvanoplastie, les revêtements métalliques, l'affinage des métaux, le traitement électrolytique de certains minerais, nous indiquerons l'application qui peut être faite de l'électrolyse à l'étalonnage des galvanomètres industriels.

227. Étalonnage des galvanomètres par l'électrolyse. — Les appareils employés pour la mesure électro-chimique des quantités d'électricité ont reçu le nom de *voltamètres ;* ils sont de deux espèces : les voltamètres à gaz et les voltamètres à sels métalliques.

Dans les premiers, on mesure les volumes de gaz produits par la décomposition de l'eau pendant un temps donné ; dans les seconds on pèse le poids du métal précipité d'une solution saline.

Les voltamètres à décomposition métallique, d'un maniement plus commode que les voltamètres à gaz, peuvent être employés à l'étalonnage des galvanomètres industriels.

Les détails qui suivent sont empruntés à une étude très complète de M. Gray sur l'électrolyse du nitrate d'argent avec des électrodes d'argent, et du sulfate de cuivre avec des électrodes de cuivre.

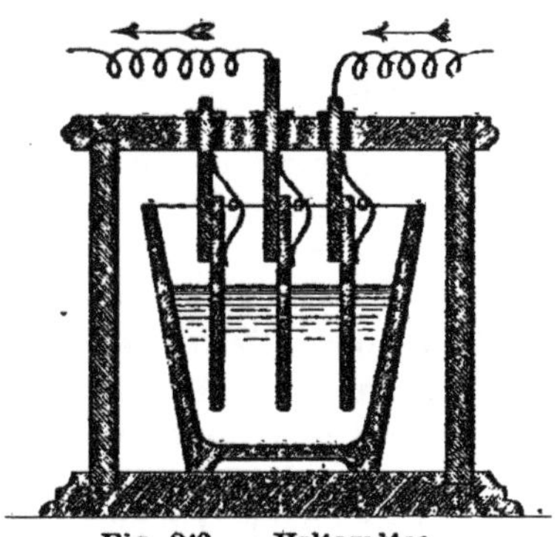

Fig. 340. — Voltamètre.

Le voltamètre dont il s'est servi est représenté fig. 340 ;

les électrodes sont fixées par la pression d'un ressort qui établit en même temps le contact avec les bornes d'entrée et de sortie du courant.

Le voltamètre au nitrate d'argent, qui permet d'atteindre une très grande précision, convient surtout aux courants de faible intensité. On emploie une solution contenant 5 0/0 en poids de nitrate d'argent pur. Les électrodes sont des feuilles d'argent pur, dont les angles ont été arrondis. Elles sont polies avec du sable fin, rincées à grande eau, lavées au savon, puis passées dans une solution bouillante de cyanure de potassium et enfin lavées. Lorsqu'elles sont sèches, elles sont pesées et introduites dans le bain de nitrate d'argent. La surface de cathode doit être de 400 à 600 cm^2 par ampère.

Lorsque l'électrolyse est terminée, on enlève la cathode du bain et on la place dans un baquet plein d'eau distillée en ayant soin qu'aucune particule du dépôt ne puisse se détacher; on agite l'eau pour enlever la solution de nitrate d'argent adhérente, et on renouvelle cette opération deux ou trois fois. La plaque est ensuite séchée entre deux feuilles de papier buvard, portée à l'étuve, refroidie sous une cloche à chlorure de calcium et pesée.

Si p représente le poids d'argent précipité sur la cathode, la quantité Q d'électricité qui a traversé le bain sera donnée par la relation :

$$Q = \frac{p}{4{,}0246} \text{ ampère-heures.}$$

Il est utile de contrôler l'exactitude du résultat en pesant les anodes, dont la perte de poids doit être égale au gain fait par la cathode.

L'instrument à étalonner est placé en série avec le voltamètre dans le circuit d'une source électrique constante, généralement une batterie d'accumulateurs. Un rhéostat permet de donner au courant une valeur déterminée qui doit, autant que possible, rester constante pendant l'expérience, dont la durée est de une demi-heure à une heure. On prend pour origine des temps l'instant où le courant est établi, et l'on note périodiquement les déviations de l'instrument, ce qui permettra de calculer la déviation moyenne correspondant à l'intensité moyenne du courant, que l'on obtient en divisant la quantité d'électricité par le temps. Lorsque l'intensité du courant à mesurer dépasse 10 ampères, l'emploi de l'argent devient trop dispendieux et l'on donne la préférence au voltamètre à cuivre dont la manipulation est plus facile.

La densité de la solution de sulfate de cuivre doit être comprise entre 1,05 et 1,18. La surface de cathode doit être de 40 à 50 cm² par ampère. La préparation des électrodes de cuivre se fait de la manière suivante : après avoir arrondi les angles de la plaque, on la frotte avec du tripoli et on la lave dans de l'eau courante ; après l'avoir bien essuyée avec un linge propre, on la place dans le bain électrolytique et on la recouvre d'une légère couche de cuivre, en ayant soin de régler le courant à l'intensité qu'il devra avoir dans l'essai définitif. On enlève ensuite la plaque du bain, on la lave à l'eau courante, on la sèche avec du papier buvard et à l'air chaud, on la pèse et on continue l'opération si le dépôt est bon. Lorsque l'électrolyse est terminée, on rince la plaque dans de l'eau légèrement acidulée et ensuite dans de l'eau ordinaire. On la plonge ensuite dans l'alcool ou l'éther et on la pèse après dessication. En désignant par p le poids de cuivre déposé, la quantité Q d'électricité qui a traversé le bain sera donné par la relation :

$$Q = \frac{p}{1{,}184} \text{ ampère-heures.}$$

228. Galvanoplastie. — Pour obtenir la contre-épreuve d'un objet par la galvanoplastie, on commence par en faire le moule en creux. L'empreinte des pièces métalliques se prend avec de la gutta-percha ramollie dans l'eau chaude ; celle des pièces en plâtre ou en cire se prend avec de la gélatine dissoute dans l'eau et à laquelle on incorpore environ 3 0/0 de cire. Pour rendre le moule conducteur on le frotte avec de la plombagine ou bien on le recouvre de sulfure d'argent en le trempant d'abord dans une solution alcoolique de nitrate d'argent, puis en l'exposant, après dessication, à un courant d'hydrogène sulfuré.

La cuve électrolytique étant remplie d'une solution acide de sulfate de cuivre (825 gr. sulfate de cuivre cristallisé, 825 gr. acide sulfurique à 66°B, 10 litres eau), on y suspend le moule par des fils métalliques accrochés à une tringle de laiton que l'on relie au pôle négatif de la source électrique. Le pôle positif est mis en communication avec une seconde tringle à laquelle on suspend une plaque de cuivre par qui sert à entretenir la dissolution dans un état de concentration constant ; c'est ce que l'on appelle une *électrode soluble*. L'opération se réduit alors au transport du cuivre de l'anode à la cathode. La forme de l'anode doit être appropriée à celle du moule, de façon à suivre à peu près les contours de l'objet sur lequel doit être fait le dépôt de métal. On obtient ainsi un dépôt d'épaisseur à peu près uniforme, ce qui n'aurait pas lieu si l'écartement des surfaces en regard était très différent d'un point à un autre. On peut atténuer cet effet en plaçant les deux électrodes à une distance suffisamment grande relativement aux saillies du moule.

Pour la reproduction des objets en ronde bosse, on donne à l'anode la forme d'une carcasse métallique épousant autant que possible celle du moule ; mais, dans ce cas, au lieu d'une anode soluble en cuivre, on emploie un squelette formé de feuilles de plomb percées de trous pour faciliter la circulation du liquide, dont le degré de saturation est maintenu constant par l'addition de sulfate de cuivre.

L'une des applications les plus importantes du moulage galvanique consiste dans la reproduction en cuivre des gravures sur bois destinées à l'impression ; l'empreinte de la gravure est obtenue par pression sur de la gutta-percha et le moulage porté dans le bain de cuivre. Lorsque le métal a atteint une épaisseur suffisante, on retire le moule du bain et on coule derrière le cuivre une couche d'alliage d'imprimerie pour lui donner de la rigidité. Après avoir séparé le *galvano* du moule et l'avoir ébarbé, on le fixe sur un bloc de bois d'épaisseur convenable. Le temps nécessaire à la production d'un cliché est de 24 heures en moyenne avec un courant de 1 ampère par décimètre carré, qui précipite 1 gr. 18 de cuivre par heure. Cette durée peut être réduite à 12 et même à 8 heures, en augmentant convenablement l'intensité du courant.

Cette fabrication des *galvanos* en cuivre a pris un immense développement depuis l'invention de Gillot, qui permet de substituer aux gravures sur bois des clichés sur zinc ne coûtant que 8 ou 10 centimes par centimètre carré. Ces clichés sont la plupart du temps suffisants, et leur bas prix a vulgarisé l'intercalation des figures dans le texte, comme on peut en voir un exemple dans le présent ouvrage. Voici en quoi consiste le *gillotage :* on fait usage d'un dessin ou d'une gravure, et il s'agit d'en obtenir l'image *retournée* sur zinc, afin que l'impression typographique donne une figure semblable au modèle ; nous disons *semblable* et non identique, car on peut adopter telle réduction qu'on veut, ce qui est l'une des causes du grand succès du nouveau procédé. Tout d'abord, on fait le cliché photographique ordinaire sur collodion humide ; on le fixe par les procédés habituels ; puis, afin de pouvoir détacher la pellicule de collodion du verre-support, on la recouvre d'une dissolution de caoutchouc [1] et on la sèche à l'étuve. Cela fait, on prend une plaque de zinc lisse enduite de bitume de Judée dissous dans de la benzine ; on applique sur cette plaque la pellicule photographique détachée de la plaque de verre, de façon que le dessin reste renversé ; les traits constituant ce dessin sont, comme on le sait, virés (blanc sur fond noir) et laissent passer la lumière, qui agit sur le bitume de Judée en le rendant insoluble dans l'essence de térébenthine ; les parties opaques ayant intercepté la lumière laissent partout ailleurs le bitume soluble, de sorte qu'en plongeant après un temps convenable d'insolation [2] la plaque dans un bain d'essence, les traits seuls restent bitumés ; ils résistent à l'action de l'acide nitrique étendu, lequel ronge le zinc tout autour. On encre, à l'encre grasse, la plaque de zinc préalablement mouillée, pour que cette encre ne s'attache qu'aux endroits bitumés ; cet encrage permet d'employer un acide plus concentré, qui ronge plus rapidement le zinc, et donne un relief suffisant pour l'impression typographique. On obtient le même résultat en décalquant sur zinc lisse une épreuve à l'encre grasse, prise

1. Dissolution obtenue au moyen de la benzine cristallisable.
2. 20' au soleil, 3ʰ à la lumière électrique.

soit sur une plaque de cuivre, soit sur une pierre gravée, et
en plongeant ensuite cette plaque dans un bain d'acide, d'a-
bord faible, puis renforcé à la suite d'encrages successifs. Le
zinc rongé est cloué sur bois et peut entrer dans la composition
typographique ordinaire ; mais on lui substitue souvent pour
cet usage un galvano, et on le garde comme matrice. Dans
l'*Encyclopédie des Travaux publics*, on a l'habitude de faire
fabriquer à la fois deux clichés zinc, de les faire nickeler pour
en assurer la conservation et d'en employer un exemplaire à
l'impression, l'autre restant comme ressource en cas de perte
ou autre accident.

Production du courant électrique. — Les premiers appareils
employés pour la galvanoplastie comprenaient à la fois le bain
électrolytique et le générateur ; c'étaient de grandes piles Daniell dont les objets à recouvrir formaient la cathode. On règle
l'intensité du courant en modifiant la résistance du circuit, par
l'interposition d'une résistance variable. Ce procédé est économique, mais la composition du bain s'altère assez rapidement
par le sulfate de zinc qui filtre à travers le vase poreux.

Lorsque l'électricité n'est pas produite par le bain lui-même,
le courant est fourni par une pile ou par une machine. On emploie soit les piles Daniell, soit les piles Bunsen ; les piles au
bichromate de potasse coûtent trop cher et les piles Leclanché
se polarisent trop vite. La tendance actuelle est de substituer
le travail des machines à celui des piles. Dans les exploitations
très importantes, les dynamos sont actionnées par des moteurs à vapeur ; dans celles qui le sont le moins, l'emploi d'un
moteur à gaz est préférable. Lorsque les opérations électrolytiques doivent être conduites d'une façon continue, on peut
simplifier le service par l'emploi d'une batterie d'accumulateurs qui sera chargée pendant le jour et fournira, pendant
la nuit, le courant nécessaire, sans surveillance.

329. Revêtements métalliques. — Cette industrie, qui
constitue une application importante de l'électrolyse, a pour
but de déposer à la surface d'un corps une couche métallique
destinée à le protéger contre l'oxydation ou à lui donner un
aspect décoratif.

Le dépôt obtenu n'est adhérent que si la surface à revêtir est parfaitement nette, et, avant d'introduire les pièces dans le bain électrolytique, il faut les dégraisser et les décaper avec soin, soit en les frottant avec des brosses dures, soit en employant des procédés chimiques convenables ; les pièces sont ensuite lavées à grande eau, séchées dans de la sciure de bois chauffée, puis passées à l'étuve.

Pour les opérations en grand les bains sont contenus dans des cuves en grès ou des caisses en bois protégé intérieurement par un revêtement de gutta-percha. Sur le bord de la cuve sont placées deux traverses métalliques, indépendantes l'une de l'autre, auxquelles on suspend d'une part les objets à recouvrir qui sont en communication avec le pôle négatif de la source électrique, et d'autre part les anodes qui se trouvent ainsi reliées au pôle positif.

La composition des bains employés pour ces opérations est extrèmement variable, et l'on peut dire que chaque fabricant a ses formules particulières. Nous ne donnerons ici que des indications générales sur les procédés les plus usuels, en renvoyant, pour les détails, aux ouvrages spéciaux.

Nickelage. On emploie le plus souvent une solution de sulfate double de nickel et d'ammoniaque dans la proportion de 70 à 80 gr. de sel pur pour un litre d'eau distillée. Les anodes sont des plaques laminées de nickel pur, dont l'épaisseur varie de 1 à 5^{mm}, suivant les dimensions des bains. La surface d'anodes immergée dans ce bain doit être au moins égale à celle des objets à recouvrir. La distance entre les anodes et les cathodes doit être au minimum de 10 à 15 cm. On admet généralement qu'il faut 100 litres d'électrolyte pour 40 à 60 dm³ d'anodes. La cuve doit avoir une profondeur suffisante pour que les objets à nickeler, lorsqu'ils sont entièrement plongés, n'atteignent qu'aux deux tiers de la profondeur. La température du bain ne doit pas être inférieure à 16° ; sa densité doit être maintenue entre 8° et 10° B, par addition d'eau ou de sel. A mesure que le nickel se précipite, le bain devient de plus en plus alcalin ; on le ramène à l'état neutre par une addition d'acide citrique. On ne doit pas introduire les objets dans le bain avant d'avoir fermé le circuit du courant ; à défaut, la surface des objets à nickeler serait attaquée par le bain, et la couche manquerait d'adhérence. Pour obtenir un bon dépôt, il faut éviter l'appauvrissement du bain dans le voisinage des objets immergés en l'agitant soit à la main, soit mécaniquement. Chaque pièce doit être placée entre deux anodes, sans cela l'un des côtés serait moins recouvert que l'autre. Le régime du courant le plus favorable est compris entre 0,4 et 0,6 ampères par dm². En conduisant l'opération avec soin, on arrive à déposer 2 gr. de nickel par dm², ce qui correspond à une couche de $\frac{1}{40}$ mm d'épaisseur.

Les pièces sont retirées du bain dès que le dépôt a pris une teinte gris-bleuâtre ; elles sont alors rincées à l'eau froide, à l'eau chaude, passées à la sciure chaude, puis polies au rouge d'Angleterre, et finalement séchées à l'étuve. Les petits objets sont polis dans un tambour tournant rempli de sciure de bois.

Les pièces en zinc ne peuvent pas être nickelées directement, parce que le zinc se dissout facilement dans les bains de nickelage et qu'il suffit de traces de zinc pour mettre le bain hors d'usage. Pour arriver à nickeler le zinc, on le recouvre d'abord d'un dépôt de cuivre sur lequel la couche de nickel adhère sans difficulté.

Argenture. L'argenture par les procédés électrolytiques constitue une industrie importante, puisqu'on évalue à 125 tonnes la quantité d'argent employée annuellement en dépôts galvaniques. Paris entre dans ce chiffre pour 25 tonnes environ.

Les bains d'argent sont formés de cyanure double d'argent et de potassium. M. Roseleur donne la recette suivante :

Cyanure d'argent	250 gr.
Cyanure de potassium	500 gr.
Eau distillée	10 litres

Les produits employés doivent être très purs.

Les anodes sont formées par des lames d'argent complètement immergées dans le bain et suspendues par des lames de plomb à des conducteurs en cuivre argenté.

Les objets en cuivre ou en laiton peuvent être argentés directement ; pour argenter les autres métaux ou alliages, il faut commencer par les recouvrir d'une couche de cuivre.

La préparation des objets à argenter comprend le polissage, le dégraissage dans une lessive de potasse, le dérochage dans l'acide sulfurique étendu, le décapage par l'acide nitrique. Chacune de ces opérations est suivie d'un lavage à l'eau. Les pièces décapées sont plongées pendant quelques secondes dans un bain contenant 10 gr. de bioxyle de mercure pour 1 litre d'eau acidulée sulfurique ; après avoir été rincées elles sont portées au bain d'argent.

La surface des anodes doit être à peu près égale à celle des pièces à argenter ; la distance entre les anodes et les cathodes doit être de 10 cm au moins ; pour que le dépôt soit uniforme, le bain doit être agité pendant l'opération.

On commence le dépôt avec un courant de 0,5 amp. par dm² ; au bout d'un quart d'heure, on retire les objets pour s'assurer que le dépôt se fait régulièrement ; ils sont brossés avec du tartre, plongés dans une solution chaude de cyanure de potassium, rincés, puis plongés dans un second bain où ils séjournent jusqu'à ce que le dépôt ait atteint l'épaisseur voulue.

On interrompt le courant avant de retirer les pièces du bain. A leur sortie, elles sont plongées dans une solution faible de cyanure de potassium, rincées à l'eau bouillante et séchées dans de la sciure de bois. Les parties qui doivent être brillantes sont grattées au moyen de brosses, polies au rouge d'Angleterre et passées au brunissoir. Pour donner aux objets la couleur du vieil argent on les enduit, à l'aide d'un pinceau, soit de sulfhydrate d'ammoniaque convenablement étendu, soit de chlorure de platine dissous dans l'éther ou l'alcool.

Dorure. Les petits objets se dorent généralement à chaud, les grosses pièces à froid. M. Roseleur indique les formules suivantes :

Pour la *dorure à froid*, on dissout 100 gr. d'or dans l'eau régale et on ajoute de l'eau pour faire 2 litres ; d'autre part, on dissout 200 gr. de cyanure de potassium pur dans 8 litres d'eau distillée ; on réunit les deux solutions et on fait bouillir pendant une demi-heure.

Pour la *dorure à chaud* on prépare le bain en dissolvant d'un côté 600 gr. de phosphate de soude cristallisé dans 8 litres d'eau, de l'autre on transforme 10 gr. d'or en chlorure d'or que l'on étend à 1 litre. Les deux liqueurs étant réunies, on y ajoute une solution de 10 gr. de cyanure de potassium et de 100 gr. de bisulfite de soude dans 1 litre d'eau. Ce bain doit être employé à une température comprise entre 50° et 80° C.

La préparation des objets à dorer est analogue à celle qui a été indiquée pour l'argenture.

Le courant ne doit pas dépasser 0,1 ampère par dm^2; le bain doit être agité pendant l'opération qui ne dure que quelques minutes.

L'anode est une lame d'or ou de platine; dans le dernier cas il faut entretenir la richesse du bain par une addition de sel d'or.

On peut donner au dépôt d'or une couleur spéciale en faisant usage d'anodes en cuivre ou en argent; on obtient ainsi des revêtements d'or rouge ou d'or vert.

Cuivrage. Les bains acides de cuivrage sont préparés en dissolvant du sulfate de cuivre dans un mélange de 9 volumes d'eau et de 1 volume d'acide sulfurique. La liqueur doit marquer 25° Beaumé, et on l'entretient par une addition de sulfate de cuivre; elle s'emploie à froid. On compte 2,6 ampères par dm^2 de cathode, ce qui correspond à un dépôt de 3 gr. de cuivre par dm^2 et par heure; la distance des anodes et des cathodes doit être de 15 cm au moins. Ce bain ne peut être employé que si l'objet à cuivrer est inattaquable par l'acide sulfurique.

Pour le cuivrage du zinc on forme le bain en dissolvant 230 gr. de sulfate de cuivre dans un litre d'eau chaude, ajoutant à la solution refroidie de l'ammoniaque, puis une solution concentrée de cyanure de potassium jusqu'à ce que le liquide soit décoloré. Le bain doit avoir une température de 50 à 55° C. Les objets y sont plongés après avoir été décapés dans l'eau acidulée à 5 0/0 d'acide sulfurique, frottés au sable et rincés.

Le cuivrage de la fonte et du fer se fait par deux méthodes différentes.

Dans le procédé Oudry les pièces sont d'abord plongées dans une peinture formée d'huile chaude et de poudre de cuivre, puis séchées à l'étuve avant de passer au bain de cuivre, qui est formé par une solution acide de sulfate de cuivre. La couche de cuivre doit avoir au moins 0,5 mm. d'épaisseur et même 1 mm. dans les parties saillantes ; les déchirures accidentelles se réparent avec un enduit formé de résine, de copal et de cuivre en poudre qui s'applique avec un fer chaud. Ce procédé n'est applicable qu'aux pièces de dépouille facile ; c'est ainsi qu'ont été revêtus presque tous les candélabres de la ville de Paris.

La seconde méthode de cuivrage du fer et de la fonte donne un dépôt adhérent ; nous n'indiquerons que le procédé de M. Gauduin, modifié par M. Cadiat, tel qu'il est employé au Val-d'Osne.

La liqueur du bain est un oxalate double de cuivre et d'ammoniaque qui se prépare de la manière suivante. On dissout du sulfate de cuivre dans l'eau et on le précipite par le carbonate de soude. On lave avec soin pour enlever tout l'acide sulfurique ; le précipité est repris par de l'eau de pluie et on y verse une dissolution d'acide oxalique, puis on ajoute de l'ammoniaque jusqu'à ce que la liqueur s'éclaircisse complètement et prenne une belle couleur bleue : le bain doit rester acide. Voici les proportions indiquées par M. Cadiat :

Eau de pluie	100 litres
Sulfate de cuivre	$2^k,500$
Acide oxalique	$5^k,300$
Ammoniaque	5^k

Avant d'être passées au bain, les pièces en fonte sont décapées dans de l'eau acidulée par 1/10 d'acide sulfurique, rincées puis dégraissées dans une dissolution chaude de carbonate de soude, et passées à l'eau. Les anodes sont en cuivre ; pour entretenir le bain, on y ajoute de temps en temps une petite quantité d'une dissolution ammoniacale de cuivre. Lorsque la pièce est recouverte d'une couche de cuivre suffisante pour que l'attaque du fer par l'acide sulfurique ne soit plus à craindre, on la retire et on la plonge pour terminer dans un bain de sulfate de cuivre acide qui est plus économique.

Le cuivrage direct du fer a l'inconvénient de juxtaposer deux éléments de pile ; et s'il se produit une petite déchirure, l'eau atmosphérique est décomposée et le fer attaqué rapidement. C'est pour éviter cet inconvénient que M. Oudry a eu l'idée de séparer les deux métaux par un vernis ; mais ce dernier procédé, qui a l'inconvénient d'empâter les contours des objets, n'est pas applicable aux pièces très refouillées.

Dépôts métalliques divers. On peut, par des procédés analogues à ceux que nous venons de décrire, revêtir les objets d'une couche de laiton, de bronze, de platine, de plomb, de zinc, d'étain, d'antimoine, d'aluminium, de cadmium, de cobalt, d maillechort, de fer. Ces divers procédés présentent peu d'intérêt au point de vue industriel, à l'exception de la précipitation du fer qui est appliquée à l'aciérage des planches de cuivre gravées. Cette opération s'exécute de la manière suivante :

Après avoir nettoyé et dégraissé le cliché avec de la potasse caustique, on le plonge avec une anode en fer très pur dans un bain formé en dissolvant 1 k. de carbonate d'ammoniaque dans 6ˡ,25 d'eau. On maintient aux pôles une différence de potentiel de 4 volts. Le cliché aciéré est lavé à l'eau bouillante, lavé, brossé à l'eau froide, séché et frotté à la benzine d'abord, puis avec un chiffon gras. — Au lieu d'aciérer les clichés, il est préférable de les nickeler ; leur conservation est ainsi bien mieux assurée.

232. Affinage des métaux. — L'affinage des métaux par l'électrolyse présente sur les procédés métallurgiques ordinaires le double avantage de fournir un métal absolument pur et de recueillir à l'état de résidus insolubles les plus petites quantités de métaux précieux.

Cuivre. Le bain électrolytique est une dissolution de sulfate de cuivre ayant une densité de 1.125 (18 0/0 de sulfate cristallisé) ; sa résistance spécifique est de 25 ohms à la température de 20 à 25° C. On emploie comme anodes le cuivre impur et

comme cathodes des feuilles de cuivre pur sur lesquelles vient
se déposer le métal transporté de l'anode à la cathode. On re-
cueille au fond du bain l'or, l'argent et le plomb, ainsi que la
presque totalité de l'arsenic et de l'antimoine. Le fer et le zinc,
qui forment des sulfates solubles, passent dans la solution de
sulfate de cuivre, qu'il faut alors purifier de temps en temps
par cristallisation.

Si les deux électrodes étaient formées de cuivre pur, le travail du courant se réduirait à celui qui est absorbé par la résistance du bain et le transport mécanique du cuivre de
l'anode à la cathode. Mais comme le métal de l'anode est impur, il se produit en général une f. e. m. de polarisation dont
l'importance varie avec la nature et la proportion des métaux
étrangers alliés au cuivre. La valeur de cette f. e. m. de polarisation se détermine au moyen d'un bain d'épreuve : elle est
en moyenne de 0,1 volt.

Les anodes ont une épaisseur moyenne de 1 cm, et comme
la partie supérieure se dissout plus rapidement, on leur donne
à la coulée une section qui va en diminuant de haut en bas.
Les cathodes ont une épaisseur uniforme de 1 mm. La distance entre une anode et une cathode est de 4 à 5 cm.

Pour obtenir un bon dépôt, il convient de ne pas faire passer dans le bain plus de 1 ampère par dm² de cathode ; mais
dans la plupart des usines existantes, on trouve avantage à
rester au-dessous de cette limite.

Le cuivre précipité peut être facilement détaché pour être
fondu. Les boues contenant les métaux précieux sont lavées,
puis criblées pour en séparer les débris de cuivre. Elles sont
ensuite fondues avec addition de litharge et le produit de la
fonte est coupellé.

Plomb. Pour affiner le plomb, on emploie comme bain électrolytique une solution de sulfate de plomb dans l'acétate de
soude. L'argent et l'or se déposent à l'état métallique sur l'enveloppe de mousseline dont on a soin d'entourer les anodes ;
l'arsenic et l'antimoine sont oxydés et se combinent à la soude.

A mesure que le plomb se dépose sur les cathodes on le fait
tomber au fond, afin d'empêcher les courts circuits entre deux
électrodes voisines. Pour maintenir la solution en mouve-

ment, on la laisse s'écouler par le bas du récipient et une pompe l'y ramène par le haut.

Alliages des métaux précieux. Le procédé suivant permet de séparer l'or et l'argent du cuivre.

Le lingot soumis à l'affinage constitue l'anode; il est suspendu dans de l'acide sulfurique étendu renfermé dans un vase poreux. Ce dernier est plongé dans un récipient contenant une solution de sulfate de cuivre; les cathodes sont des plaques de cuivre. L'argent et le cuivre se dissolvent dans l'acide sulfurique, tandis que l'or qui n'est pas attaqué se précipite au fond du vase. On maintient le niveau du liquide dans le vase poreux par une addition d'acide sulfurique étendu.

Quand la solution est saturée de sulfates d'argent et de cuivre, on la verse dans une cuve contenant des feuilles de cuivre et l'argent se précipite à l'état métallique.

Récupération de l'étain des plaques étamées. Le liquide électrolytique est de l'acide sulfurique à 60°B étendu de 9 fois son volume d'eau. Les anodes sont formées par les plaques de fer blanc qui sont contenues dans des caisses en bois à claire-voie. Le paquetage des plaques exige du soin; elles doivent être toutes en communication électrique avec le pôle du bain, sans être trop serrées, afin que les surfaces métalliques puissent être facilement atteintes par la solution. Comme cathodes on emploie des plaques de cuivre étamées de 1,5 mm. d'épaisseur. L'étain obtenu n'est pas chimiquement pur, mais il convient très bien à la fabrication du chlorure d'étain.

231. Traitement des mattes de cuivre. — On a également ment cherché à utiliser les propriétés électrolytiques du courant pour extraire directement certains métaux de leurs minerais. Mais jusqu'ici cette méthode n'a donné de résultats réellement pratiques que pour le traitement des mattes de cuivre.

Le procédé que nous allons décrire, dû à M. Marchese, est appliqué en grand à l'usine de Sestri-Levante, près de Gênes, qui dispose d'une chute d'eau puissante.

Les anodes sont constituées par les mattes obtenues en fondant des pyrites de cuivre au four à manche. La matte obtenue contient environ 35 0/0 de cuivre, 40 0/0 de fer et 25 0/0 de soufre. Elle est coulée dans des moules en fonte sous forme de plaques ayant 80 cm. de côté et 3 cm. d'épaisseur. Pour établir le contact avec les conducteurs, on plonge dans la matte liquide deux bandelettes de cuivre qui font corps avec la plaque après le refroidissement.

Les cathodes sont des plaques de cuivre rouge de 70 cm. de côté et de 0,3 mm. d'épaisseur; elles sont encadrées dans des montants de bois qui empêchent les contacts, et suspendues sur une règle au moyen de deux bandelettes dont l'une est en communication avec le conducteur. Les conducteurs sont des barres de cuivre rouge de 3 cm. de diamètre.

Les bacs à électrolyse sont en bois revêtu intérieurement de plomb; ils ont $2^m,00$ sur $0^m,90$ et $1^m,00$ de profondeur; le plomb est protégé contre les chocs par un doublage intérieur en bois mince.

La solution électrolytique est préparée au moyen de minerais et de mattes très riches, grillés dans un four à réverbère, qu'on lessive ensuite par de l'acide sulfurique étendu. La lixiviation se fait méthodiquement dans des cuves de plomb.

Comme le peroxyde de fer n'est pas soluble dans l'acide sulfurique étendu, le grillage est conduit de manière à transformer la plus grande quantité possible de fer en peroxyde. L'acide sulfureux produit par le grillage est amené dans des chambres de plomb où il est converti en acide sulfurique.

L'attaque des mattes grillées par l'acide sulfurique fournit des solutions contenant environ 4 0/0 de cuivre; elles sont dirigées dans les bacs à électrolyse.

Afin de remplacer dans la solution le cuivre qui en a été précipité par l'action du courant, on établit une circulation continue et méthodique de l'électrolyte à travers les bacs et les cuves de lixiviation, jusqu'au moment où la liqueur, étant saturée de sulfate de fer à la température ordinaire, ne peut plus dissoudre de sulfate de cuivre. Les solutions ne sont changées que lorsque le dépôt de cuivre qu'elles fournissent commence à devenir pulvérulent, c'est-à-dire lorsqu'elles contiennent moins de 1/1000 de cuivre. On les met alors de côté pour en extraire le sulfate de fer par cristallisation.

Les résidus des cuves de lixiviation contiennent encore du sulfure de cuivre non attaqué par le grillage; ils sont passés au four à manche avec les minerais pauvres pour la préparation des anodes.

Les déchets provenant de la fonte des anodes et les débris d'anodes retirés des bacs à électrolyse sont passés au four à réverbère avec les minerais riches.

L'opération est donc continue et l'utilisation des minerais aussi complète que possible. Le cuivre est séparé à l'état métallique, le soufre est transformé en acide sulfurique dont une partie peut être vendue, tandis que l'autre partie est retirée des eaux mères sous forme de sulfate de fer cristallisé.

Dans l'usine de Sestri-Levante où ce procédé est exploité, la force motrice est fournie par une chute d'eau, et l'installation comporte 20 dynamos pouvant fournir chacune un courant de 240 amp. sous une différence de potentiel de 15 volts.

Chaque dynamo est reliée avec 12 bacs disposés en tension.

Un bac est chargé de 15 anodes et de 16 cathodes placées à la distance de 5 cm.

La production du cuivre est d'environ 2 tonnes par jour.

Les frais de traitement, déduction faite des sous-produits, sont évalués à 300 fr. par tonne de cuivre.

Cette méthode permet de traiter avec profit des minerais relativement pauvres. S'ils contiennent de l'argent ou de l'or, même en faible proportion, le traitement électrolytique devient encore plus avantageux.

232. Fabrication des tubes de cuivre par l'électrolyse. — Ce procédé de fabrication, imaginé par M. Elmore, constitue une double application de l'électrolyse à l'affinage et au dépôt galvanique du cuivre. Un mandrin cylindrique, relié au pôle négatif d'une dynamo et animé d'un mouvement de rotation, plonge dans un bain de sulfate de cuivre acide. Les anodes se composent d'un certain nombre de barres de cuivre disposées symétriquement autour du mandrin, qui se recouvre peu à peu d'une couche de cuivre d'épaisseur uniforme. Un brunissoir en agate, animé d'un mouvement longitudinal d'un bout à l'autre du mandrin, frotte la surface du dépôt de cuivre d'une façon régulière et lui donne la cohésion nécessaire. Les impuretés du cuivre tombent au fond du bain, sous forme de boues qui sont recueillies et traitées pour en retirer l'or et l'argent. La fabrication d'un tube de 5 mm. d'épaisseur exige 170 heures.

233. Puissance nécessaire pour une opération électrolytique. — Le travail nécessaire pour désunir deux éléments, étant égal à celui qui est fourni par leur combinaison, a pour équivalent le travail calorifique correspondant à la formation du composé soumis à l'électrolyse, c'est-à-dire $4{,}2\,\Theta z$, en représentant par Θ la chaleur de combinaison d'une molécule et par z le nombre des molécules électrolysées.

Si nous désignons par

E, la force électromotrice employée à l'électrolyse,

i, l'intensité du courant,

t, le temps pendant lequel est maintenu le courant i,

R, la résistance totale du circuit,

nous aurons

$$E i t = R i^2 t + 4{,}2\,\Theta z.$$

Pour électrolyser z molécules d'un corps dont l'atomicité est α, il faut $96{,}600\,\alpha z$ coulombs ; on a donc $it = 96{,}600\,\alpha z$, et

$$(1) \qquad i = \dfrac{E - \dfrac{\Theta}{23000\alpha}}{R}$$

La présence de l'électrolyte produit une diminution de la f. e. m. totale, ou engendre une f. e. m. inverse $E' = \dfrac{\Theta}{23\,000\alpha}$, que l'on désigne sous le nom de *force électromotrice de polarisation*.

Si l'on connaît le nombre de calories Θ correspondant à une réaction chimique, on pourra calculer la f. e. m. équivalente, et, réciproquement, si dans toute l'étendue du circuit on n'a qu'une seule action chimique, le travail des affinités chimiques qui s'exercent dans cette action est mesuré immédiatement par la f. e. m. développée, et une simple mesure galvanométrique pourra faire connaître ce travail.

L'équation (1) montre que si la f. e. m. employée est inférieure à $\dfrac{\theta}{23.000\alpha}$ ou E′, il n'y aura pas de courant, et par conséquent l'électrolyse n'aura pas lieu.

Ainsi, par exemple, la quantité de chaleur dégagée par la formation de 1 molécule d'eau (H^2O) étant de 68360 calories, on aura pour l'eau $E' = \dfrac{68360}{23000 \times 2} = 1,49$ volt, c'est-à-dire que pour décomposer l'eau, il faut maintenir entre les électrodes une différence de potentiel supérieure à 1,49 volt.

La puissance Ei, nécessaire pour réaliser une opération électrolytique déterminée, aura donc pour expression :

$$(2) \qquad Ei = Ri^2 + E'i.$$

La résistance que le courant doit vaincre pour traverser l'électrolyse comprend : 1° la résistance des conducteurs qui relient les bains électrolytiques entre eux et à la machine génératrice ; 2° la résistance normale du liquide électrolytique, qui dépend de sa composition et de sa température ; 3° les résistances accessoires qui se développent pendant l'opération et résultent des modifications que le passage du courant amène sur la surface des électrodes.

Dans un grand nombre d'applications, surtout lorsqu'il s'agit de traiter des mélanges complexes, on ne possède pas de données suffisantes pour évaluer exactement la f. e. m. de polarisation et il faut la déterminer par l'expérience en mesurant la différence de potentiel, ε, des deux électrodes d'un bain d'épreuve à travers lequel passe un courant d'intensité connue, i. En désignant par β la résistance normale du bain, β' la résistance développée par le passage du courant, ε' la f. e. m. de polarisation, on aura :

$$\varepsilon = (\beta + \beta')\, i + \varepsilon', \qquad \text{ou} \qquad \varepsilon = \beta i + \varepsilon_1,$$

en posant $\qquad \varepsilon_1 = \varepsilon' + \beta'i.$

On pourra donc tenir compte des résistances parasites en adoptant pour la f. e. m. de polarisation une valeur convenable, supérieure à celle qui correspond à la réaction chimique, c'est ce que l'on peut appeler la valeur pratique de la f. e. m.

de polarisation. Cette valeur de ε_1, étant fonction de i, devra être déterminée pour différentes densités du courant.

La résistance des connexions métalliques résulte de leurs dimensions linéaires et de la nature du métal employé (généralement le cuivre) ; elle est toujours très faible, et la valeur la plus convenable à adopter peut se déterminer par les règles indiquées au chapitre XII.

La résistance normale du bain dépend de la surface des électrodes et de leur distance respective, ainsi que de la résistance spécifique de l'électrolyte. La mesure de cette résistance est une opération assez délicate à cause de la polarisation variable des électrodes ; la méthode suivante, indiquée par M. Branly, paraît être à l'abri de cette cause d'erreur.

Le liquide, dont on veut mesurer la résistance spécifique, est contenu dans un tube bien cylindrique fermé à ses deux extrémités par des plaques métalliques de même section que le tube et qui servent d'électrodes principales. Une boîte de résistances est placée sur le trajet du courant qui traverse le tube. Deux lames de platine platiné plongent en deux points A et B du liquide et communiquent avec les bornes d'un électromètre dont la déviation mesure la différence de potentiel (A—B) ; cette différence est égale au produit βi, de l'intensité du courant par la résistance β de la colonne liquide comprise entre les points A et B. En cherchant sur la boîte de résistances deux points tels que leur différence de potentiel soit égale à (A—B), on obtiendra la valeur de β. En répétant les mesures avec des courants de sens contraire, on éliminera l'influence d'une polarisation accidentelle de l'une ou de l'autre des lames A et B. Il est essentiel que l'intensité du courant qui traverse le tube reste constante pendant la durée de l'expérience, ce qu'il est facile de vérifier au moyen d'un galvanomètre placé dans le circuit. Connaissant β ainsi que la section du tube et la distance des deux lames A et B, on calcule la résistance spécifique ρ du liquide.

Reprenons maintenant l'équation (2)

$$E i = R i^2 + E' i,$$

et voyons comment on peut déterminer la puissance nécessaire pour une opération électrolytique définie.

Désignons par :

P le poids du corps à obtenir en une heure ;

p le poids fourni par un ampère-heure ; il est donné par l'équation $p = \dfrac{3600 \times \text{Poids atomique}}{96600 \times \alpha}$;

A la puissance électrique à fournir ; on a $A = Ei$;

x le nombre des bains en tension ;

r la résistance des connexions métalliques pour une cuve ;

ρ la résistance spécifique de l'électrolyte ;

a l'épaisseur de la couche liquide comprise entre une anode et une cathode ;

s la surface active totale des cathodes pour un bain ;

γ densité du courant sur les cathodes, on aura $i = \gamma s$;

ε_1 f. e. m de polarisation pour un bain.

La résistance totale, b, d'un bain aura pour valeur :

$$b = \rho \frac{a}{s} + r,$$

que l'on peut écrire :

$$b = (1 + \varphi)\, \rho\, \frac{a}{s} = (1 + \varphi)\, \frac{\rho a \gamma}{i} ;$$

φ est généralement compris entre 0,02 et 0,03.

L'équation (2) se met sous la forme :

(3) $$A = x[\varepsilon_1 + bi]i.$$

On aura, d'autre part :

(4) $$P = pxi ;$$

et, en remplaçant i et b par leurs valeurs en fonction de γ :

(5) $$A = \frac{P}{p}\,[\varepsilon_1 + (1 + \varphi)\rho a \gamma]$$

(6) $$P = px\gamma s.$$

L'équation (5) montre que la puissance nécessaire diminue avec la densité du courant employé, mais il résulte de l'équation (6) qu'en réduisant γ, on augmente le nombre des bains.

On peut se proposer de déterminer x de façon à réduire au minimum soit les frais d'installation, soit les frais d'exploitation.

Désignons par :

w le prix de l'installation mécanique et électrique correspondant à la puissance de 1 watt ;

u, le prix d'installation correspondant à un bain ;

ψ, le prix de 1 watt-heure de l'énergie électrique fournie aux bains électrolytiques ;

m la valeur de l'intérêt et de l'amortissement d'un bain par heure de travail.

Les dépenses d'installation correspondant à l'unité de production auront pour expression :

$$\frac{1}{p}\left[\varepsilon_1 + (1+\varphi)\rho a\gamma\right] w + \frac{xu}{px_{/s}} ,$$

et seront minima pour :

$$(7) \qquad \gamma^2 = \frac{u}{w} \cdot \frac{1}{s(1+\varphi)\rho a} .$$

Les frais d'exploitation correspondant à l'unité de production auront pour expression :

$$\frac{1}{p}\left[\varepsilon_1 + (1+\varphi)\rho a\gamma\right]\psi + \frac{mx}{px_{/s}} ,$$

et seront minima pour :

$$(8) \qquad \gamma^2 = \frac{m}{\psi} \cdot \frac{1}{s(1+\varphi)\rho a} .$$

γ étant connu, on possèdera tous les éléments nécessaires pour déterminer E, i, x, et calculer les dimensions de la dynamo à employer.

La densité du courant et le degré de concentration des liqueurs ont une influence considérable sur les résultats de l'électrolyse, et il est indispensable, avant d'établir une opération industrielle, de déterminer par des essais préalables les limites entre lesquelles il sera possible de faire varier γ sans nuire à la bonne qualité des produits.

234. Applications diverses de l'électrolyse — Les applications de l'électrolyse que nous venons de passer en revue sont les plus importantes ; mais il en a été fait beaucoup d'autres que nous n'indiquerons que pour mémoire, la plupart d'entre elles étant de date trop récente pour être entrées dans la pratique industrielle. Les principales sont : le blanchiment des tissus par le procédé Hermite, basé sur la production du chlore par la décomposition électrolytique de certaines chlorures; la désinfection des alcools; le raffinage du sucre; la production et la fixation de certaines couleurs d'aniline, etc. La transformation de l'énergie mécanique en énergie chimique et son accumulation dans les batteries secondaires, décrite dans le chapitre précédent, constitue également une application importante de l'électrolyse.

Quant au procédé que nous allons décrire pour la séparation de certains métaux dans le fourneau électrique, il paraît être basé plutôt sur les propriétés calorifiques des courants que sur leurs propriétés électrolytiques. C'est un véritable procédé métallurgique dans lequel on met à profit la haute température qu'il est possible de développer dans un espace restreint par le passage d'un courant électrique intense.

235. Fourneau électrique. Préparation du bronze d'aluminium et du ferro-aluminium par le procédé Cowles. — C'est en 1885 que MM. Cowles établirent à Cleveland (Ohio) la première usine expérimentale de métallurgie électrique pour la production du bronze d'aluminium et du ferro-aluminium. L'année suivante, la compagnie Cowles établit une grande usine à Lockport, dans laquelle la puissance motrice est fournie par une chute de 2,000 chevaux. En Europe, la première usine de métallurgie électrique d'après le procédé Cowles a été établie en 1887 à Milton, près de Stoke-on-Trent, en Angleterre.

Le procédé Cowles fournit l'aluminium à l'état d'alliages plus ou moins riches, en réduisant le corindon par le carbone sous l'influence du courant électrique, en présence du métal qui fait la base de l'alliage. En Europe, on a trouvé plus avantageux de substituer au corindon la bauxite dont il existe plusieurs gisements dans le midi de la France.

L'usine de Milton est divisée en deux ateliers contenant chacun six fours placés l'un à côté de l'autre au niveau du sol. Chaque four est formé par une cuve rectangulaire en briques réfractaires ayant 0^{m}60 de longueur, 1^{m}40 de largeur et 0^{m}50 de profondeur ; à chaque extrémité est une petite voûte qui laisse passer un tuyau en fonte fixé à la tête du four ; c'est dans ce tuyau que se meut la pièce qui porte les charbons qui forment l'électrode. Ces charbons, au nombre de neuf pour chaque électrode, sont encastrés dans une pièce de cuivre fondu ; ils ont 6,5 cm. de diamètre et environ 1 m. de longueur.

Le fond du fourneau est garni d'une brasque de charbon granulé qui a été préalablement imprégné d'un lait de chaux très clair, de façon à diminuer la conductibilité électrique du charbon. On rapproche ensuite les électrodes à 5 ou 6 cm. l'une de l'autre et on place un gabarit en tôle mince, qui laisse un espace rectangulaire libre pour la charge au centre du fourneau et permet de faire une brasque de 6 à 8 cm. d'épaisseur entre la feuille de tôle et la paroi du four. Quand cette brasque est faite, on recouvre les extrémités encastrées des électrodes de poussière de charbon chaulé bien damé, en réservant libre tout l'espace destiné à recevoir l'action du courant. C'est dans cet espace que l'on vient mettre la charge qui se compose, pour le bronze d'aluminium, de 70 k. de cuivre et de 37 à 40 k. de minerai, mélangé d'une certaine quantité de charbon concassé ; on place le tout dans la partie laissée vide et au-dessus des électrodes. Lorsque la charge a été bien uniformément répartie, on enlève le gabarit en tôle, on ajoute une certaine quantité de poussier de charbon de bois aux deux extrémités du four et du charbon de bois concassé sur la partie occupée par la charge, afin de laisser un libre passage aux gaz qui se produisent pendant la réaction. On ferme alors le four avec une plaque de fonte, à l'aide du petit treuil qui dessert tous les fours. Le couvercle, une fois mis en place, est luté avec de la terre réfractaire pour empêcher les rentrées d'air ; il est muni au centre d'une ouverture de 10 cm. de diamètre environ, par laquelle s'échappent les gaz.

Le courant est amené à la salle des fours au moyen de deux barres en cuivre forgé sur lesquelles circule un contact rou-

lant auquel sont attachés les câbles de communication avec les
électrodes. Dès que le courant est mis sur le four, une certaine quantité de vapeur d'eau et de fumée s'échappe par le
couvercle. L'ouvrier suit la marche du four au moyen des indications d'un ampèremètre placé bien en vue. A mesure que
la masse s'échauffe, la résistance intérieure du four diminue,
et les électrodes doivent être progressivement écartées l'une
de l'autre, de façon à obtenir une égale résistance jusqu'à ce
que la charge entière ait été soumise à l'action du courant.

Chaque opération dure de une heure et demie à deux heures au maximum. Quand l'opération est terminée, on arrête le
courant ; on enlève les câbles conducteurs fixés aux tiges des
électrodes et on les relie au four qui doit être à son tour mis
en fonctionnement.

Dès que le four est arrêté, on a soin de sortir les électrodes
afin qu'elles ne plongent pas dans le métal fondu. Quand le
four est suffisamment refroidi, on en retire l'alliage fondu qui
renferme en moyenne de 14 à 20 0/0 d'aluminium. Les fours
sont desservis par une dynamo Crompton établie pour fournir
un courant de 5,000 à 6,000 ampères, avec une force électro-
motrice de 50 à 60 volts. On obtient en moyenne par heure
1 k. d'aluminium allié au cuivre, pour 44 à 48 chevaux.

Le métal riche est refondu avec la quantité de cuivre nécessaire pour faire du bronze à une teneur déterminée.

Avec le fourneau électrique, on peut fabriquer le bronze de
silicium et le ferro-aluminium.

Pour avoir le bronze de silicium, il suffit de remplacer le
corindon par du sable blanc ou du grès ; pour le ferro-aluminium, le cuivre est remplacé par des riblons de fer ou de
fonte. L'alliage brut obtenu est fondu en plaques ou granulé,
suivant sa teneur en aluminium. Le ferro-aluminium est un
des produits les plus remarquables du fourneau électrique :
une faible proportion d'aluminium ajouté au fer et à l'acier
leur communique des propriétés nouvelles, abaisse leur température de fusion en leur donnant la fluidité nécessaire pour
obtenir des moulages sans pailles ni soufflures.

Il est probable que le fourneau électrique trouvera son application dans la préparation d'un certain nombre d'autres métaux et alliages, et c'est ce qui nous a engagé à décrire avec quelques détails ce procédé de métallurgie électrique.

CHAPITRE XV

TRANSMISSION ÉLECTRIQUE DE LA FORCE

236. Réversibilité des machines électro-magnétiques. — Un circuit fermé, dans lequel passe un courant, et situé dans un champ magnétique, tend à prendre la position pour laquelle le nombre des tubes de force qui pénètrent par sa face négative est maximum ; c'est la loi de Maxwell (47).

Pour rendre le mouvement continu, il suffira de renverser le sens du courant, au moyen d'un commutateur, chaque fois que le circuit arrivera dans la position d'équilibre stable.

Il en résulte que les machines électro-magnétiques sont *réversibles* ; c'est-à-dire que si on leur fournit un courant électrique provenant d'une source extérieure, l'armature se mettra en mouvement dans son champ magnétique en développant un travail mécanique.

La machine qui fournit le courant a reçu le nom de *génératrice* ; celle qui est actionnée par le courant s'appelle la *réceptrice*.

La première expérience publique de transmission de force par l'électricité a été faite en 1873 par M. H. Fontaine, à l'Exposition de Vienne, au moyen de deux machines Gramme. Depuis cette époque ce mode de transmission a donné lieu à un grand nombre d'applications industrielles importantes.

237. Avantages de la transmission électrique. — La possibilité de transmettre l'électricité à de grandes distances par des conducteurs flexibles se prêtant à tous les changements de direction ou de niveau, le faible volume des moteurs électriques, leur facilité d'installation et de déplacement, la précision et la rapidité de manœuvre qui les caractérisent, sont autant d'avantages importants qui, dans bien des applications, compensent largement la perte inévitable résultant de la double transformation du travail mécanique en énergie électrique et de celle-ci en travail mécanique.

Le transport électrique de la force prend une importance encore plus considérable si on l'envisage au point de vue de l'utilisation des forces naturelles, qui sont encore sans emploi à cause de la distance où elles se trouvent des centres industriels ; et il existe déjà un certain nombre d'installations dans lesquelles ce problème a été résolu d'une façon absolument satisfaisante.

238. Équations fondamentales. — Dans un champ magnétique d'intensité $\mathcal{H}$, considérons un circuit fermé de surface s, dans lequel passe un courant d'intensité i, et pouvant prendre un mouvement de rotation autour d'un axe normal à la direction du champ. Lorsque le circuit fait un angle α avec le plan neutre, le flux de force, N, qui pénètre par sa face négative a pour valeur

$$N = - \mathcal{H}s\cos \alpha .$$

Le travail $d\tau$, fourni pendant le déplacement angulaire $d\alpha$, est égal au produit de l'intensité du courant par la variation du flux de force correspondant à ce déplacement, c'est-à-dire que

$$d\tau = i\mathcal{H}s \sin \alpha\, d\alpha.$$

En désignant par fl le moment du couple mécanique produit par la rotation du circuit, on aura aussi

$$d\tau = fl\,d\alpha\,;$$

et par conséquent

$$fl = i\mathcal{H}s \sin \alpha .$$

La valeur moyenne du couple pour une demi-révolution sera :

$$\frac{2}{\pi}\, i\mathcal{H}s.$$

Si v représente la vitesse linéaire du point d'application de la force f, et n le nombre de tours par seconde, on aura

$$l = \frac{v}{2\pi n} \, ;$$

et par conséquent

$$fv = 4n\mathfrak{H}s.i.$$

Si le circuit mobile se compose de plusieurs spires enroulées sur un noyau de fer, on sera conduit à la relation

$$(1) \qquad\qquad fv = 4n\mathfrak{B}Si,$$

dans laquelle $\mathfrak{B}$ représente l'induction magnétique dans le plan de commutation, et S la surface totale des spires qui recouvrent une des moitiés du noyau.

M. Marcel Deprez a désigné la force f sous le nom d'*effort statique*.

En remarquant que $4n\mathfrak{B}S$ exprime la force électromotrice E, qui serait engendrée par le déplacement de l'armature sous l'action d'un travail extérieur, l'équation (1) pourra se mettre sous la forme :

$$(2) \qquad\qquad f = \frac{E}{v} i \, .$$

Lorsque le champ peut être considéré comme constant, la f. e. m. sera proportionnelle à la vitesse, et l'équation (2) montre que, dans ce cas, à une intensité i donnée correspondra un effort statique déterminé, quelle que soit la vitesse.

La f. e. m. E, engendrée par le mouvement de l'armature, est de signe contraire à la f. e. m. E_1, qui fournit le courant. En effet le travail $E_1 i dt$, développé par la source électrique, doit, à chaque instant, se retrouver en totalité dans le travail calorifique du circuit, $Ri^2 dt$, et dans le travail, $d\mathfrak{G}$, de la machine réceptrice, c'est-à-dire que l'on doit avoir

$$E_1 i = Ri^2 + \frac{d\mathfrak{G}}{dt} \, ,$$

ou, en remplaçant $\dfrac{d\mathfrak{G}}{dt}$ par sa valeur $4n\mathfrak{B}Si$,

$$(3) \qquad\qquad E_1 = Ri + E,$$

et

$$(4) \qquad i = \frac{E_1 - E}{R} \cdot$$

La fig. 341 indique le mouvement d'une réceptrice sous l'action d'un courant extérieur. Les droites OA et AB représentent en grandeur et en direction les valeurs $\mathfrak{B}_1$ et $\mathfrak{B}_2$ de l'induction due au champ magnétique et au courant de l'arma-

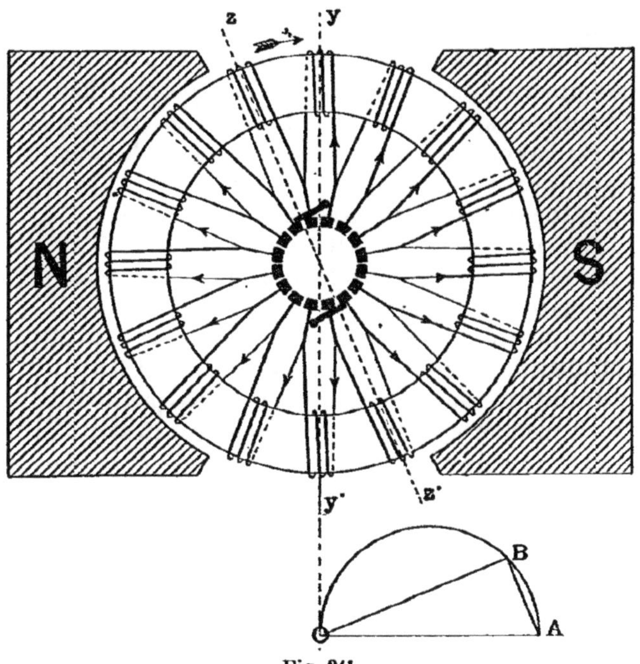

Fig. 341.

ture. L'induction résultante $\mathfrak{B}$ est donnée en grandeur et en direction par la droite OB, et le diamètre de commutation zz' sera normal à OB. On voit ainsi, que lorsque la machine fonctionne comme réceptrice, les balais doivent être calés en arrière du plan normal à la direction du champ primitif, c'est-à-dire *en retard*, tandis que, lorsqu'elle fonctionne comme génératrice, le calage doit être fait en avance (153). Dans les deux cas, l'angle de calage φ est déterminé par la relation $\sin \varphi = \dfrac{\mathfrak{B}_2}{\mathfrak{B}_1}$.

239. Conditions auxquelles doit satisfaire une transmission électrique. — Étant donnée une source d'énergie mécanique en un point A, on se propose de l'utiliser sous la même forme en un autre point B situé à une certaine distance de A.

Pour résoudre le problème on établira au point A une dynamo *génératrice* susceptible de transformer le travail moteur en énergie électrique, et en B une dynamo *réceptrice* capable de transformer en travail mécanique l'énergie électrique qui lui sera fournie par la génératrice. Les deux machines seront réunies par un conducteur métallique complétant le circuit.

Désignons par

A_1 la puissance mécanique fournie à la génératrice ;

c_1 le rendement électrique net (167) ;

ε_1 la différence de potentiel aux bornes de la génératrice ;

R la résistance de la ligne ;

i l'intensité du courant sur la ligne ;

ε_2 la différence de potentiel aux bornes de la réceptrice ;

A_2 la puissance mécanique disponible de la réceptrice ;

c_2 le rendement mécanique de la réceptrice, c'est-à-dire le rapport de la puissance mécanique qu'elle peut développer à la puissance électrique qui lui est transmise ;

k le rendement mécanique ou industriel de la transmission de force.

Nous aurons :

$$(5) \qquad c_1 A_1 = \varepsilon_1 i,$$

$$(6) \qquad \varepsilon_1 = \varepsilon_2 + R i,$$

$$(7) \qquad A_2 = c_2 \varepsilon_2 i,$$

$$(8) \qquad k = \frac{A_2}{A_1}.$$

Une transmission de force est ordinairement définie par la puissance A_2 que doit fournir la réceptrice, et la distance des deux stations. Ces conditions sont insuffisantes pour déterminer complètement les quantités qui entrent dans les équations (5) à (8), et il est nécessaire de rechercher, parmi toutes les solutions possibles, celle qui convient le mieux à l'application que l'on a en vue.

Eliminons i entre les équations (6) et (7), il viendra

$$(9) \qquad \varepsilon_2 = \varepsilon_1 \left[\frac{1}{2} \pm \sqrt{\frac{1}{4} - \frac{A_2}{c_2} \cdot \frac{R}{\varepsilon_1^2}} \right]$$

$$(10) \qquad k = c_1 c_2 \left[\frac{1}{2} \pm \sqrt{\frac{1}{4} - \frac{A_2}{c_2} \cdot \frac{R}{\varepsilon_1^2}} \right].$$

Ces équations indiquent :

1° que le problème n'est possible que si l'on a

$$\frac{\varepsilon_1^2}{R} \gtrless 4 \frac{A_2}{c_2}.$$

2° que le rendement mécanique de la transmission est proportionnel au rendement de chacune des machines adoptées ; mais comme le prix des dynamos augmente dans une certaine mesure avec leur rendement, le choix à faire dépendra des conditions dans lesquelles on se trouve placé. Si l'installation ne doit fonctionner que d'une manière intermittente, ou si le travail moteur est à bon marché, on pourra trouver avantage à diminuer les dépenses de premier établissement en sacrifiant quelque chose sur le rendement. Au contraire, lorsque l'installation devra fonctionner d'une manière continue, ou si le travail moteur coûte cher, on devra donner la préférence à des machines d'un rendement plus élevé.

3° que pour des valeurs données de c_1 et de r_2 le rendement s'élève lorsque R diminue ou que ε_1 augmente.

D'une façon absolue, il y a avantage à faire ε_1 aussi grand que possible ; mais, à cause des difficultés pratiques que présentent la construction des dynamos et l'établissement des lignes pour les hautes tensions, l'avantage des forces électromotrices très élevées sera d'autant moindre que la distance à franchir sera plus faible. On devra donc déterminer la plus grande valeur qu'il convient de donner à ε_1 d'après les conditions auxquelles doit satisfaire l'installation projetée ; ε_1 étant ainsi connu, la valeur la plus convenable pour R se calculera d'après l'une des méthodes indiquées au Chap. XII, suivant qu'il s'agira de rendre minima les dépenses de premier établissement ou les frais d'exploitation.

Si l'on se fixe en outre une limite inférieure du rendement mécanique k, l'équation (10) permettra de choisir des valeurs convenables pour c_1 et c_2. On aura ainsi déterminé tous les éléments nécessaires pour étudier les détails de la transmission projetée, et calculer les dimensions des dynamos à employer.

240. Détermination expérimentale du rendement mécanique d'une transmission de force par l'électricité. — On peut déterminer expérimentalement le rendement mécanique d'une transmission de force par l'électricité en mesurant simultanément par un dynamomètre de transmission la puissance motrice fournie à la machine génératrice et au moyen d'un frein la puissance disponible sur la poulie de la réceptrice. En observant en outre l'intensité du courant sur la ligne à l'arrivée et au départ, la résistance de la ligne, les différences de potentiel aux bornes de la génératrice et de la réceptrice, ainsi que les résistances intérieures des machines, il sera possible de se rendre exactement compte du rendement de chacune des parties de l'installation.

Cette méthode, dont le principe est absolument rigoureux, présente cependant plusieurs causes d'incertitude ; car il est très difficile de rendre simultanées des observations faites dans deux stations éloignées l'une de l'autre, et on peut arriver à des résultats aussi exacts, d'une façon beaucoup plus simple, en installant la génératrice et la réceptrice dans le même local et en les réunissant par un conducteur dont la résistance soit la même que celle de la ligne ; comme il est possible de modifier à volonté la résistance isolante de cette ligne artificielle, on pourra se rendre aisément compte de l'influence que peuvent avoir sur le rendement les variations de l'isolation de la ligne ; cette détermination est surtout importante à faire lorsque le conducteur qui réunit les deux stations est aérien, puisque son isolation peut varier, suivant l'état d'humidité de l'atmosphère. Nous ajouterons cependant que lorsque la pose de la ligne a été faite avec soin, la perte de courant est toujours extrêmement faible, même dans les circonstances les plus défavorables.

Si l'on connait les constantes et le rendement industriel de chacune des machines génératrice et réceptrice, ainsi que la résistance de la ligne et son isolation, il sera toujours possible de calculer exactement *a priori* le rendement mécanique d'une transmission électrique.

Nous avons indiqué au Chap. VII la manière de déterminer le rendement industriel d'une dynamo fonctionnant comme génératrice par la comparaison directe de la puissance motrice fournie et de la puissance électrique disponible. Ainsi que nous l'avons dit, cette méthode présente quelques incertitudes, et l'erreur relative sera d'autant plus grande (196) que le rendement sera plus élevé. On a cherché à s'affranchir de ces causes d'erreurs en remplaçant les mesures mécaniques par des mesures électriques, qui sont susceptibles d'une précision bien plus grande.

La première méthode de ce genre qui ait été publiée est celle du Dr Hopkinson. Elle exige l'emploi de deux machines de mêmes dimensions. Les circuits des deux machines sont reliés de telle sorte que l'une fonctionne comme génératrice et l'autre comme réceptrice. Les arbres des deux machines sont réunis par un manchon d'accouplement faisant en même temps fonction de poulie motrice. Un dynamomètre de transmission mesure la puissance transmise à la poulie.

En faisant varier d'une manière convenable le champ magnétique de l'une des dynamos, au moyen d'un rhéostat placé dans le circuit excitateur, on peut régler à volonté le travail échangé entre les deux machines. Par conséquent, si l'on mesure pour un régime déterminé le travail électrique fourni par la génératrice ainsi que le travail transmis par la courroie, on aura les éléments nécessaires pour calculer le rendement du système. Par cette méthode la puissance mécanique, dont la mesure offre le plus de difficultés, ne représente qu'une quantité assez faible pour qu'une erreur de mesure modifie très peu la valeur réelle du rendement. La mesure principale, celle du travail électrique échangé entre les deux machines, comporte au contraire une très grande exactitude. Les résistances des

diverses parties de circuit sont mesurées par les méthodes des
n°s 103 et 105 ; les intensités de courant sont déterminées
par la méthode du n° 127, et les différences de potentiel
au moyen d'un voltmètre étalonné avant l'expérience. Les
deux machines étant semblables, on admet que la perte d'énergie se partage également entr'elles ; cette hypothèse n'est pas
rigoureuse ; mais la différence ne peut pas être considérable et
si elle diminue le rendement de l'une des machines, elle augmente celui de l'autre de la même quantité.

A la suite de la publication faite par le Dr Hopkinson il a été
proposé plusieurs méthodes analogues, parmi lesquelles celle
de M. Swinburne est la plus simple. Elle a pour but de mesurer directement la puissance absorbée par les frottements
mécaniques, l'hyptérésis et les courants parasites, lorsque la machine fonctionne à son régime normal, c'est-à-dire lorsque
l'armature développe une f. e. m. E à la vitesse de n tours par
seconde dans un champ magnétique de même intensité que
celui qui correspond au régime normal de la machine.

Pour faire cette détermination on procède de la manière suivante :

Le circuit des électro-aimants est séparé de celui de l'armature et excité par une source électrique capable d'y maintenir
le courant normal ; un rhéostat, inséré dans le circuit, permet
de modifier convenablement l'intensité de ce courant.

D'autre part, les pôles de l'armature sont mises en communication avec une source électrique qui fournira le courant i'',
nécessaire pour faire tourner l'armature dans le champ magnétique de la machine à la vitesse de n tours, de telle sorte que
la f. e. m. développée soit de E volts. Pour que cette condition
soit remplie, il faudra maintenir entre balais une différence
de potentiel $E' = E + r_a i''$, et régler en même temps la vitesse de rotation à n tours par seconde, en donnant une intensité convenable au courant excitateur. Cette valeur sera inférieure à celle qui correspond à l'allure normale de la machine
fonctionnant à pleine charge, puisque, le champ magnétique
n'étant pas affaibli par la réaction de l'armature, le flux d'induction utile sera le même avec un courant d'excitation
moindre.

Lorsque les conditions ci-dessus sont remplies, le produit $E'i'$ mesurera la puissance absorbée dans la transformation, c'est-à-dire que l'on aura (167) :

$$A_{\scriptscriptstyle M} - A_{\scriptscriptstyle B} = E'i'.$$

La puissance $(A_{\scriptscriptstyle E} - A_{\scriptscriptstyle E})$ absorbée par les résistances intérieures, lorsque la machine fonctionne à pleine charge, se calcule par la méthode indiquée au n° 169, et le rendement industriel cherché sera donné par le rapport $\dfrac{A_{\scriptscriptstyle E}}{A_{\scriptscriptstyle M}}$.

Supposons, par exemple, qu'il s'agisse de déterminer le rendement d'une dynamo-shunt donnant à la vitesse de 800 tours par minute un courant de 80 ampères, avec une différence de potentiel aux bornes de 130 volts. La résistance de l'armature $r_a = 0,08$ ohm; celle du circuit dérivé $r_s = 40$ ohms; l'intensité du courant excitateur normal sera donc

$$i_s = \frac{130}{40} = 3,25 \text{ ampères.}$$

L'expérience étant conduite comme nous l'avons indiqué, on trouve que la différence de potentiel à maintenir entre balais $E' = 134$ volts ; le courant qui passe dans l'armature $i' = 4$ ampères. Le courant excitateur donnant la vitesse normale de 800 tours est de 3,2 ampères. On aura par suite :

Perte correspondant à la transformation

$$134^{\scriptscriptstyle V} \times 4^{\scriptscriptstyle A} = 536 \text{ watts.}$$

D'autre part lorsque la machine fonctionne à pleine charge, on aura :

Perte dans l'armature $(83,25)^2 \times 0,08 \qquad = \quad 554,5$ watts.

Perte dans le circuit dérivé $(3,25)^2 \times 40 \quad = \quad 422,5 \qquad$ »

et comme $A_{\scriptscriptstyle E} = 130 \times 80 = 10400$ watts, on aura :

$$A_{\scriptscriptstyle E} = 10400 + 977 = 11377 \text{ watts ;}$$
$$A_{\scriptscriptstyle M} = 11377 + 536 = 11913 \text{ watts ;}$$

d'où :

Coefficient économique,   91,44 0/0.

Rendement électrique brut, 95,52 0/0.

Rendement industriel,   87,30 0/0.

Le rendement d'un moteur électrique se déterminera exactement de la même manière, en remarquant que si ε représente la différence de potentiel sous laquelle doit fonctionner le moteur, et i_a l'intensité du courant dans l'armature lorsque la machine travaille à pleine charge, la f. e. m. inverse $E = \varepsilon + r_a i_a$.

211. Variations qui se produisent dans l'allure d'une réceptrice.

A. *Moteur excité en série.* — Considérons d'abord une machine excitée en série et voyons de quelle façon elle se comporte lorsqu'elle est alimentée : 1° par un courant constant ; 2° par un courant variable sous une différence de potentiel constante ; 3° par une dynamo excitée en série dont la vitesse reste constante, mais dont la f. e. m. et le courant sont variables.

1. *Courant constant.* — Désignons par E_2 la f. e. m. inverse totale développée dans la réceptrice. Le champ magnétique de la machine étant excité par un courant constant, nous voyons d'après l'équation (2),

$$f = \frac{E_2}{v}\, i,$$

que l'effort statique restera sensiblement constant et que la vitesse de la réceptrice sera ~~inversement~~ proportionnelle à la puissance qu'elle doit fournir.

2. *Différence de potentiel constante.* — En représentant par ε_2 cette différence de potentiel et par r la résistance intérieure de la réceptrice, nous aurons :

$$fv = \frac{\varepsilon_2 - E_2}{r}\, E_2.$$

Au démarrage la vitesse étant très faible, le couple moteur est maximum ; à mesure que l'effort qui s'oppose au mouvement de la réceptrice diminue, le mouvement s'accélère ; E_2 augmente et l'intensité du courant diminue. Lorsque la réceptrice marche à vide, elle prend une vitesse telle que la force contre-électromotrice engendrée fasse équilibre à la différence de potentiel ε_2 ; l'intensité du courant est minimum.

3. *Réceptrice alimentée par une dynamo excitée en série.* —

Traçons les caractéristiques totales OE_1 et OE_2 des deux machines pour leurs vitesses normales (fig. 342) et menons la

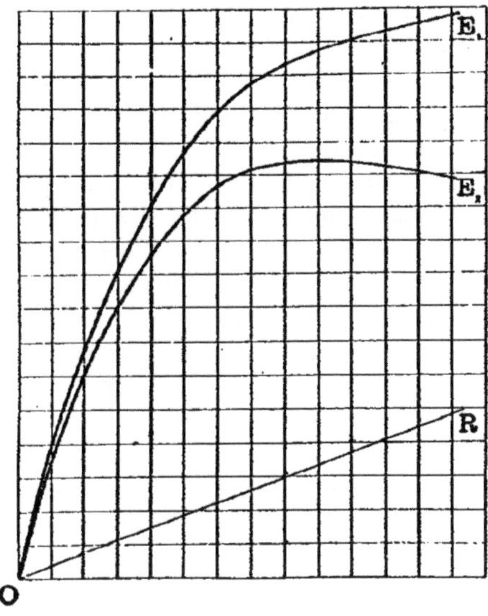

Fig. 342.

droite OR dont le coefficient angulaire représente, à l'échelle de la figure, la résistance totale R du circuit formé par les deux machines et la ligne qui les réunit.

Si les caractéristiques ont une forme telle que :

$$(1) \qquad E_1 = E_2 + Ri,$$

on aura aussi :

$$(2) \qquad E_1 i = fv + Ri^2.$$

Il en résulte que, lorsque l équation (1) est satisfaite, la puissance fournie par la génératrice à la vitesse de n_1 tours, est constamment égale à celle qui est développée par la réceptrice à la vitesse de n_2 tours et à celle qui est absorbée par la résistance du circuit. S'il se produit une modification dans l'allure de la réceptrice, le système des deux machines tendra toujours à reprendre la position d'équilibre stable définie par l'équation (2), de telle sorte que si la vitesse de la génératrice est constante, celle de la réceptrice le sera également pour toutes les valeurs du courant comprises dans la partie de la caractéristique qui satisfait à l'équation (1).

B. *Moteur excité en dérivation.* — Si l'on emploie comme réceptrice une machine shunt, alimentée sous une différence de potentiel constante, la variation de vitesse sera d'autant plus faible que la résistance r_a de l'armature sera plus petite. En effet, si nous représentons par ε_2 la différence de potentiel aux bornes du moteur, et par E_2 la force électro-motrice inverse engendrée dans l'armature, nous aurons $E_2 = \varepsilon_2 - r_a i_a$ et comme r_a est très petit, les variations de i_a auront très peu d'influence sur la valeur de E_2. Puisque ε_2 et par suite le champ magnétique sont constants, E_2 ne peut l'être que si la vitesse de l'armature ne varie pas.

212. Régulation des moteurs électriques. — Ce résultat peut être obtenu par un régulateur à force centrifuge, dont l'action est analogue à celle des régulateurs des machines à vapeur. Ce régulateur agit sur une résistance variable qui modifie l'intensité du champ magnétique de façon à maintenir la vitesse constante, quel que soit l'effort que la machine ait à fournir. Mais il est préférable d'employer comme réceptrices des machines à double enroulement (en série et en dérivation).

Une dynamo excitée en série, montée pour fonctionner comme génératrice, tournera à contre-balais sous l'action d'un courant extérieur, quel que soit d'ailleurs le sens de ce courant. Pour la faire tourner dans le même sens que précédemment il faut renverser les connexions de l'armature ou celles des électro-aimants.

Une dynamo-shunt, montée pour fonctionner comme génératrice, prendra, comme réceptrice, un mouvement de même sens parce que si le courant qui passe dans l'aimantation est de même sens que précédemment, celui qui circule autour des électro-aimants est de sens contraire, et réciproquement.

Par suite, lorsqu'une dynamo compound fonctionnera comme réceptrice, son champ magnétique sera produit par la différence des effets dus aux deux enroulements.

Réceptrice excitée en série et en courte dérivation.

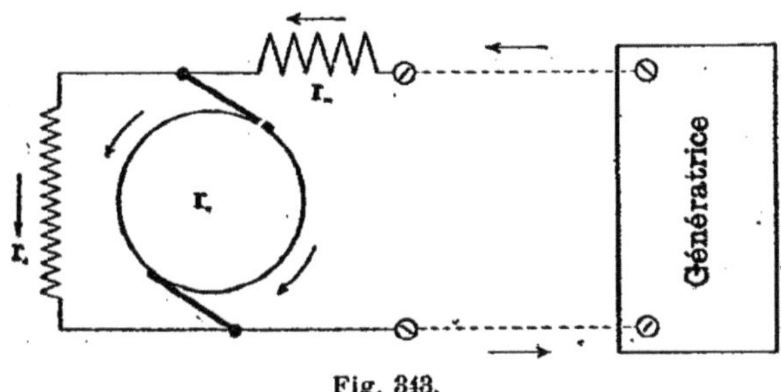

Fig. 348.

Désignons par ε la différence de potentiel aux bornes de la réceptrice,

E la f. e. m. développée par la rotation de l'armature,

En conservant pour le reste les mêmes notations qu'au chap. VIII,

nous aurons :

$$(1) \qquad \varepsilon = r_m i + r_s i_s,$$

$$(2) \qquad E = r_s i_s - r_a i_a,$$

$$(3) \qquad i = i_a + i_s,$$

$$(4) \qquad E = n M (Q_s i_s - Q_m i),$$

et par suite

$$(5) \qquad (\varepsilon - r_m i)[r_a + r_s - n M Q_s] = r_s i [r_a - n M Q_m].$$

Pour que n reste constant lorsque ε ou i varient, il faut prendre

$$(6) \qquad \frac{Q_m}{Q_s} = \frac{r_a}{r_a + r_s} .$$

Réceptrice excitée en série et en longue dérivation.

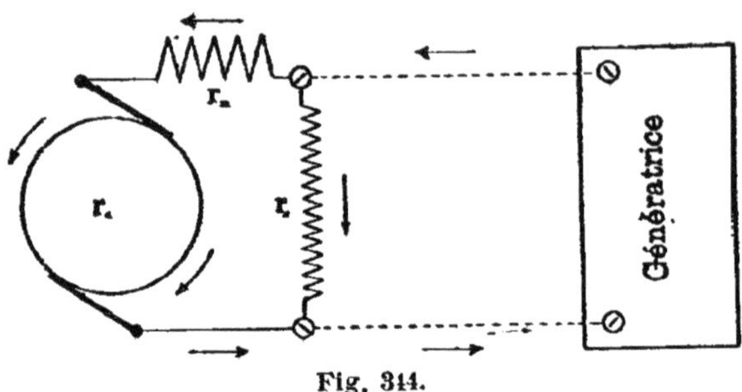

Fig. 344.

Nous aurons dans ce cas :

$$(7) \qquad \varepsilon = r_s i_s$$

$$(8) \qquad E = \varepsilon - (r_m^I + r_a)\, i,$$

$$(9) \qquad i = i_s + i_a,$$

$$(10) \qquad E = nM\,(Q_s i_s - Q_m i_a),$$

et par suite

$$(11) \qquad \varepsilon\,[r_s - nMQ_s] = (r_s i - \varepsilon)\,[r_a + r_m - nMQ_m].$$

Pour rendre la vitesse indépendante de ε et de i, il faudra prendre

$$(12) \qquad \frac{Q_m}{Q_s} = \frac{r_a + r_m}{r_s}\,.$$

Ce que nous avons dit au sujet de la construction des dynamos est également applicable aux réceptrices. Nous devons ajouter toutefois qu'il a été créé des appareils spécialement destinés à être employés comme moteurs, surtout pour la transmission des petites forces, dans lesquels on a eu principalement pour objet de réduire autant que possible le poids et le volume des machines, en consentant un rendement moins élevé.

243. Changement de marche. — Dans un grand nombre d'applications il est nécessaire de pouvoir renverser la marche d'un moteur électrique. On y arrive en renversant le sens du courant dans l'une des parties de la machine, généralement dans l'armature, et en modifiant en même temps la position des balais.

Les deux opérations peuvent s'effectuer par un seul mouvement, en faisant tourner l'axe des balais d'un angle égal à $\pi - 2\varphi$.

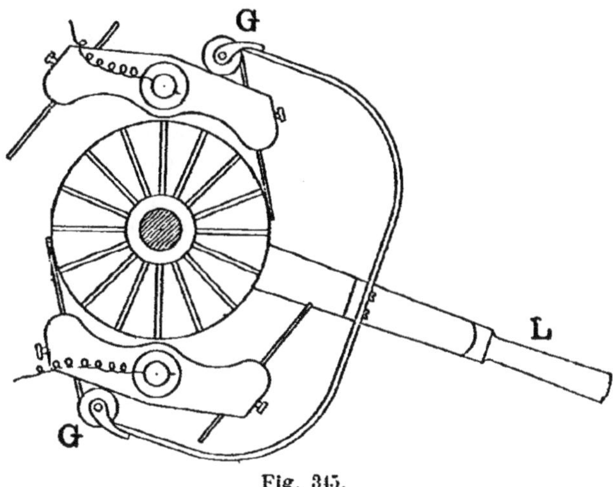

Fig. 345.

La fig. 345 représente un inverseur de marche dans lequel le levier de manœuvre L agit sur les porte-balais par l'intermédiaire de deux galets GG en matière isolante.

211. Applications de la transmission électrique de la force. — Les applications auxquelles se prête la transmission de la force par l'électricité sont très nombreuses, et leur importance s'accroît chaque jour, soit parce que, dans un grand nombre de cas, elle fournit le seul moyen pratique de transmettre un travail mécanique, soit parce qu'elle offre souvent une solution plus avantageuse que les systèmes de transmission usuels (courroies, câbles télo-dynamiques, eau sous pression, air comprimé ou raréfié). Ce mode de transmission a déjà été appliqué avec succès aux appareils de levage (grues, treuils, ponts-roulants), aux machines outils fixes ou mobiles, à la ventilation des édifices et des mines, à l'élévation de l'eau, au forage des mines, dans les exploitations agricoles.

Les moteurs électriques conviennent également très bien à la traction des véhicules. Le courant peut être produit par une génératrice installée à poste fixe et amené au moteur par des conducteurs ; il peut également être fourni par une batterie d'accumulateurs faisant partie du véhicule.

Le premier mode de transmission est celui qui a reçu jusqu'ici le plus grand nombre d'applications. Les dispositions adoptées pour la distribution du courant sont les suivantes :

1. Ce sont les rails qui servent de conducteurs ; les essieux du véhicule sont isolés des roues, et le circuit est fermé sur le moteur électrique au moyen de frotteurs qui portent sur les rails (chemins de fer de Lichterfelde 2,400 m., de Brighton 4,600 m.).

2. Le courant est amené par des conducteurs aériens placés sur poteaux le long de la voie. Les conducteurs sont formés soit par des tubes fendus longitudinalement soit par des barres métalliques. Dans le premier cas la prise de courant est faite par un piston qui se déplace à l'intérieur du tube ; dans le second cas par un chariot à galets. Le frotteur mobile est relié au moteur par un câble flexible (chemin de fer de Mœdling-Hinterbrühl près de Vienne 4,500 m., de Francfort-Offenbach 6,600 m.).

3. Un troisième rail, placé dans l'axe ou sur le côté de la voie et isolé du sol, amène le courant au moteur ; le retour se fait par les rails de la voie (chemin de fer de Portrush en Irlande, longueur 10,500 m.; la force motrice est fournie par une chute d'eau).

4. Les conducteurs sont placés dans le sol, à l'intérieur d'un tuyau : une fente longitudinale donne passage au chariot qui porte les pièces de contact mobiles (chemin de fer de Blackpool 3,200 m.).

Le système de traction au moyen d'accumulateurs est celui qui paraît le plus convenable pour le service des tramways à l'intérieur des villes. Les batteries pouvant être logées sous les banquettes de la voiture ou installées sur un remorqueur électrique, on n'a plus besoin de conducteurs aériens ou souterrains, et chaque voiture est rendue indépendante. Les inconvénients du système sont l'augmentation du poids mort, et surtout la difficulté de maintenir en bon état d'entretien des batteries soumises à des trépidations continuelles. Les expériences qui se poursuivent de différents côtés permettent cependant d'entrevoir la possibilité d'une solution industrielle satisfaisante.

245. Transport électrique de la force à grande distance. — Les premières expériences entreprises sur le transport électrique de la force à grande distance, pour l'utilisation des forces naturelles, ont été faites par M. Marcel Deprez à l'Exposition de Munich vers la fin de 1882.

Les machines employées étaient du type Gramme, excitées en série. La génératrice était placée à Miesbach à 57 kilomètres de Munich où se trouvait la réceptrice ; la ligne était formée d'un double fil télégraphique ordinaire dont la résistance totale était de 950 ohms. La f. e. m. de la génératrice était de 1600 volts environ, l'intensité du courant de 0,52 ampère. La puissance mécanique initiale étant de 1 cheval, la réceptrice développait 0,25 cheval ; la résistance seule de la ligne absorbait 0,35 cheval.

De nouvelles expériences eurent lieu en 1883 dans les ateliers du chemin de fer du Nord à la Chapelle. Pour faciliter les mesures, les deux machines étaient placées à côté l'une de l'autre à la Chapelle, et réunies en boucle par un fil télégraphique ordinaire allant au Bourget et revenant au point de départ. La longueur totale de la ligne était de 17 kilomètres, et sa résistance de 179 ohms ; la f. e. m. développée par la génératrice était de 2,000 volts environ, l'intensité du courant de 2,5 ampères. Dans l'expérience la plus favorable le rendement mécanique a été de 0,482, pour une puissance transmise utile de 3,6 chevaux.

De nouvelles expériences faites vers la fin de la même année entre Vizille et Grenoble donnèrent des résultats plus satisfaisants. La génératrice installée à Vizille, à 14 kilomètres de Grenoble, était mise en mouvement par une turbine ; la f.

e. m. développée était de 3.000 volts; la ligne aérienne, constituée par un double fil de bronze silicieux de 2 mm. de diamètre, avait une résistance totale de 167 ohms ; la puissance disponible sur l'arbre de la réceptrice s'élevait à 8 chevaux avec un rendement mécanique de 62 0/0.

Ces résultats constituaient déjà un progrès sur les expériences précédentes, mais la puissance transmise était encore trop faible pour démontrer la possibilité d'utiliser les forces naturelles et une nouvelle série d'expériences fut entreprise entre Creil et La Chapelle. Ces expériences commencées en octobre 1855 ont duré jusqu'à la fin de 1886. Le tableau ci-dessous donne le résumé d'une série de déterminations faites au mois de mars 1886.

| Numéros des expériences | GÉNÉRATRICE | | | | RÉCEPTRICE | | | Rendement mécanique. |
| | Nombre de tours par minute. | Intensité du courant sur la ligne. | Différence de potentiel aux bornes. | Puissance motrice. | Nombre de tours par minute. | Différence de potentiel aux bornes. | Puissance utile transmise. | |
		ampères	wolts.	chevaux				
1	176	5.5	5330	61.6	251	4660	24.0	0.390
2	189	6.5	5676	75.2	273.	5000	30.5	0.405
3	200	7.25	5891	81.0	276	5070	35.3	0.436
4	202	8.1	6020	96.0	283	5150	40.6	0.421
5	208	9.1	5977	102	280	5020	43.0	0.440
6	220	9.9	6149	123	283	5180	50.0	0.442

La distance entre les deux machines était de 56 kilomètres ; le câble, d'une longueur totale de 112 kilomètres, était formé d'un toron de fils de bronze silicieux dont la section totale était équivalente à celle d'un fil plein de 5 mm. de diamètre ; la résistance moyenne de la ligne était de 95 ohms à 15 C.

Bien que ces expériences aient donné des résultats inférieurs à ceux qu'on en attendait, elles n'en ont pas moins une très grande importance au point de vue des applications électriques, en montrant, pour la première fois, la possibilité d'employer pratiquement une force électro-motrice de 6000 volts et au delà, pour le transport de la force à grande distance.

Quelque séduisante que soit l'idée de pouvoir tirer parti des forces naturelles, en les transportant aux points où elles peuvent être utilisées, on ne doit pas, cependant, perdre de vue que ce transport exigera souvent l'immobilisation de capitaux considérables. L'intérêt et l'amortissement de ces dépenses de premier établissement constitueront dans bien des cas une charge assez lourde pour diminuer notablement, et même annuler complètement les avantages apparents du transport électrique, surtout lorsque les distances à franchir sont très grandes. Tout en faisant ces réserves, on ne saurait méconnaître l'importance pratique que peut acquérir le transport électrique de la force dans certaines contrées de l'ancien et du nouveau monde. C'est ainsi qu'aux Etats-Unis on s'occupe de réaliser l'idée, émise il y a quelques années, d'utiliser une partie de la chute du Niagara. A quelques kilomètres des chutes on a fait une prise d'eau, dont la puissance est évaluée à 100.000 chevaux, et qui sera utilisée dans un rayon assez restreint : des applications du même genre, bien que sur une échelle moindre, se multiplient en Amérique. En Suisse, le transport électrique de la force a déjà reçu quelques applications intéressantes, et nous terminerons ce que nous avons à dire sur cette question en donnant la description sommaire d'un transport de force établi entre Kriegstetten et Soleure, par la Société des Ateliers d'Oerlikon.

La station génératrice, située à Kriegstetten, utilise une chute d'eau dont la puissance varie de 30 à 50 chevaux. Le travail de cette chute est recueilli par une turbine, et transmis à deux dynamos identiques couplées en série. Chacune d'elles doit donner, à la vitesse normale de 700 tours par minute, une différence de potentiel de 1250 volts avec un courant de 15 à 18 ampères.

A la station réceptrice, située à Soleure, se trouvent également deux machines identiques, en série, d'un modèle un peu plus petit que celui des génératrices.

Les quatre machines sont excitées en série ; elles sont munies d'un commutateur automatique qui met les inducteurs en dérivation si l'intensité du courant augmente au-delà de la limite considérée comme dangereuse.

La distance des deux stations est de 8 kilomètres : la ligne est à trois conducteurs, en cuivre nu de 6 mm. de diamètre chacun. Elle est portée par 180 poteaux en bois au moyen d'isolateurs Johnson et Philipps (voir fig. 311). En marche normale le troisième fil ne transmet aucun courant : il a seulement pour but d'empêcher les troubles de fonctionnement qui pourraient provenir d'un accident à l'une ou à l'autre des machines de l'un des groupes. Cette installation fonctionne d'une manière régulière depuis le mois de décembre 1886.

Les mesures mécaniques et électriques ont été prises avec le plus grand soin. La puissance mécanique primaire a été déterminée par la méthode de substitution, dont nous avons indiqué le principe au chap. VII, c'est à-dire en déterminant, par une série d'expériences préalables, la puissance développée par la turbine à différents régimes, en faisant varier la hauteur d'eau et le nombre des ouvertures du distributeur. La puissance mécanique, disponible sur l'arbre des réceptrices, était directement mesurée au frein. Les instruments servant à la mesure des courants et des différences de potentiel, étaient soigneusement étalonnés avant le commencement des expériences. Les mesures étaient faites par deux groupes d'observateurs opérant simultanément aux deux stations.

Les tableaux suivants indiquent les résultats obtenus d'abord avec une seule génératrice et une seule réceptrice et ensuite avec les deux génératrices et les deux réceptrices.

A. — *Une seule génératrice et une seule réceptrice.*

	Génératrice.	Réceptrice.
Résistance de la ligne en ohms		9,23
Résistance de la machine	3,77	3,71
Force électro-motrice en volts	1231,6	988,6
—	1237,0	1016,8

Volts aux bornes	1177,7	1044,2
—	1186,8	1066,1
Courant en ampères	14,2	14,17
—	13,24	13,28
Puissance mécanique totale en chevaux	26,15	17,85
—	24,54	16,71
Puissance électrique totale en chevaux	23,76	19,03
—	22,27	18,34
Puissance électrique aux bornes en chevaux	22,72	20,02
—	21,35	19,23
Rendement électrique total	0,908	0,957
—	0,906	0,913
Rendement électrique industriel	0,868	0,891
—	0,869	0,871
Rendement mécanique de la transmission		0,683
—		0,682

B. — *Deux génératrices et deux réceptrices.*

	Génératrices.	Réceptrices.
Résistance de la ligne en ohms	9,04	
Résistance des machines	7,24	7,04
Force électromotrice en volts	1836,5	1575,4
—	2129,0	1896,2
Volts aux bornes	1753,5	1656,1
—	2058,0	1965,2
Courant en ampères	11,48	11,42
—	9,78	9,79
Puissance mécanique totale en chevaux	30,87	23,21
—	30,87	23.05
Puissance électrique totale en chevaux	28,64	24,46
—	28,20	25,21
Puissance électrique aux bornes en chevaux	27,34	25,71
—	27,37	26,13

Rendement électrique total	˙0,928	0,948
—	0,916	0,911
Rendement électrique industriel	0,885	0,903 ˙
—	0,887	0,882
Rendement mécanique de la transmission		0,752
—		0,746

Cette installation, ayant été faite pour réaliser le transport de 20 à 30 chevaux au moyen de deux paires de machines, le rendement mécanique de 75 0/0 peut être considéré comme le rendement pratique réel de la transmission. Comme il a été obtenu dans une installation industrielle fonctionnant depuis plusieurs mois, ce rendement constitue un progrès sérieux qu'il est intéressant de noter. Il est dû à plusieurs causes dont les principales sont :

1. Rendement élevé des dynamos.

2. Emploi d'une ligne de cuivre de diamètre suffisant pour n'absorber qu'une faible proportion d'énergie électrique.

3. Emploi de forces électromotrices élevées.

4. Bonne isolation de la ligne.

CHAPITRE XVI

ÉCLAIRAGE ÉLECTRIQUE. PHOTOMÉTRIE

216. Production du phénomène lumineux. — Un corps solide, dont on augmente graduellement la température, rayonne de tous côtés de la chaleur. Les radiations sont d'abord obscures et le corps agit seulement comme source calorifique. Mais, à partir d'une certaine limite, les radiations deviennent capables d'ébranler la rétine ; le corps agit alors comme source de lumière. A une température voisine de 500°, les corps solides donnent une faible lumière de teinte rouge sombre ; l'éclat augmente rapidement avec la température, et la lumière émise renferme des radiations de plus en plus réfrangibles.

En prenant comme unité l'éclat du platine à sa température de fusion, M. Violle a trouvé les rapports suivants entre les intensités lumineuses à différentes températures :

Températures.	Éclats.
775°	0,00007
956° (fusion de l'argent)	0,0012
1035° (» de l'or)	0,0045
1500° (» du palladium)	0,271
1775° (» du platine)	1,000

Ces chiffres font bien ressortir l'influence considérable de la température sur l'éclat lumineux des corps solides.

Les différents systèmes d'éclairage se distinguent par les moyens employés pour amener et maintenir à l'incandescence le corps solide qui fonctionne comme source lumineuse.

Dans les éclairages produits par les flammes des corps solides, liquides et gazeux, le corps solide éclairant est mis en liberté par l'action chimique qui fournit la chaleur nécessaire pour produire l'incandescence.

Quelquefois la lumière est fournie par l'incandescence d'un corps solide étranger, que l'on maintient à l'intérieur d'une flamme non éclairante par elle-même, (lampe Drummond, lampe au magnésium, etc.).

Enfin le corps solide peut être porté à l'incandescence par le passage d'un courant électrique.

217. Lumière électrique. — Lorsqu'un courant d'intensité i passe dans un conducteur de résistance R, la quantité de chaleur développée en une seconde est $0,24Ri^2$ calories. Elle ne dépend que de l'intensité du courant et de la valeur absolue de la résistance ; mais l'élévation de température, qui en résulte, dépend des dimensions linéaires de la résistance, et puisque l'intensité lumineuse augmente très rapidement avec la température du corps incandescent, on devra se proposer de concentrer le plus de chaleur possible dans un petit volume de matière. Comme ce résultat peut être obtenu bien plus facilement avec le courant électrique que par la combustion, la puissance nécessaire pour produire une certaine quantité de lumière sera bien moindre dans le premier cas que dans le second.

Les appareils employés pour la production de la lumière électrique sont les lampes à arc voltaïque et les lampes à incandescence.

218. Lampes à incandescence. — La lumière est produite par l'incandescence d'un filament de charbon dans lequel passe un courant électrique. Ce filament, dont la résistance doit être assez élevée, a une section très faible et doit être protégé par une ampoule de verre dans laquelle on fait le vide.

Dans les lampes Edison, le filament a la forme d'un U ; il est produit par la carbonisation en vase clos des fibres d'une espèce particulière de bambou. L'usine reçoit la matière pre-

mière sous forme de petites lames qui sont débitées en brins
de dimensions rigoureusement déterminées. Ces brins sont placés dans des moules réfractaires, où ils sont recourbés en
forme d'U. Les moules sont empilés dans des moufles, à fermeture hermétique, que l'on achève de remplir avec du poussier de charbon pour empêcher le contact de l'air.

Les filaments carbonisés, après avoir été classés d'après
leurs résistances, sont envoyés à l'atelier de fabrication.

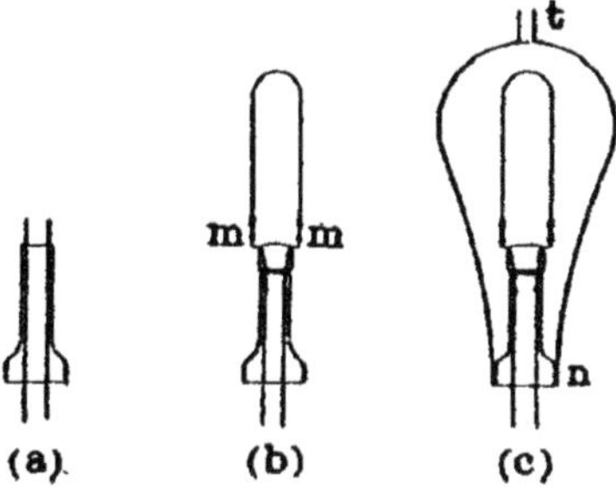

Fig. 346. — Lampes à incandescence, détails de construction.

La pièce à laquelle doit être fixée le filament est un tube de
verre ayant la forme représentée par la fig. 346 (*a*), dans lequel
on introduit deux fils de platine dont la partie inférieure est
soudée à deux fils de cuivre ; on ramollit au chalumeau la partie
supérieure du tube, de manière à le fermer hermétiquement en
emprisonnant les deux fils (fig. 346 (*b*)).

Pour attacher le filament on soude en *m* deux petites pinces
de cuivre dans lesquelles viennent s'engager les extrémités du
filament de charbon ; la liaison est consolidée par un dépôt
galvanoplastique de cuivre. Le charbon, ainsi préparé et fixé,
est introduit dans l'ampoule qui doit constituer l'enveloppe
de la lampe (fig. 346 (*c*)), et l'on soude hermétiquement en *n*.

Après avoir subi un recuit méthodique, les lampes sont portées à l'atelier où se fait le vide ; la raréfaction de l'air s'obtient au moyen de pompes à mercure. Pendant cette opération
on fait passer dans le filament un courant électrique graduellement croissant, afin de chasser l'air et les gaz qui se trouvent

dans les pores du charbon. Lorsque le vide est obtenu (environ 0,2 mm. de mercure), on détache la lampe en fermant l'ajutage *t* au moyen du chalumeau. La lampe est alors introduite par son pied dans un cylindre de cuivre présentant extérieurement un filet de vis, et à l'intérieur duquel on coule du plâtre qui maintient l'ampoule ; les fils aboutissent à deux pièces métalliques, isolées l'une de l'autre, par lesquelles doit s'établir le contact avec les conducteurs extérieurs (fig. 347).

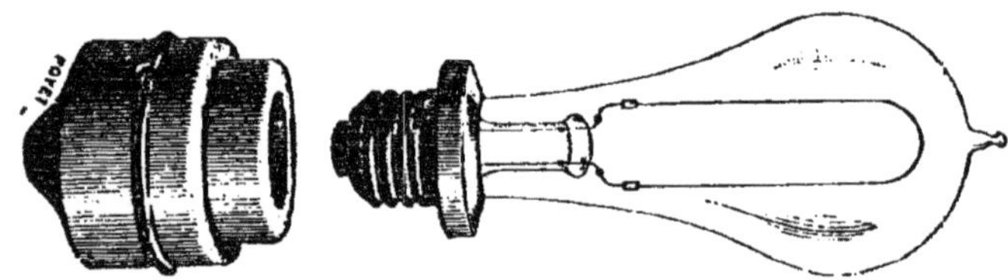

Fig. 347. — Lampe et douille Edison.

Les lampes à incandescence des autres systèmes sont construites par des procédés analogues et diffèrent surtout par la forme et le mode de préparation du filament, ainsi que par le socle qui sert à fixer la lampe sur sa douille.

La fig. 348 représente une douille à bayonnette, dont l'usage est assez répandu.

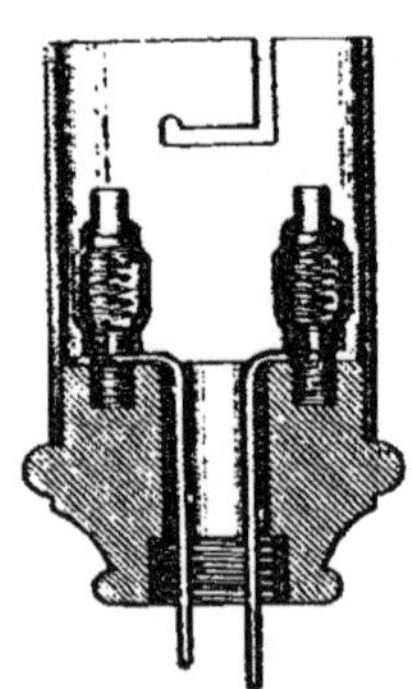

Fig. 348. — Douille à bayonnette.

Dans la lampe Swan, le filament, qui est replié en forme de

boucle, est produit par la carbonisation d'une tresse de coton préalablement parcheminé dans l'acide sulfurique.

Dans la lampe Maxim le filament, qui a la forme d'un M, est découpé dans du carton bristol puis carbonisé ; on le plonge ensuite dans un bain d'essence de pétrole en y faisant passer *un courant suffisamment intense pour élever sa température au rouge. Le carbone dissocié se dépose sur le filament, principalement aux points où la section est la plus faible, et l'on arrive ainsi à rendre le fil complètement homogène en lui donnant une résistance déterminée. Ce procédé de *nourrissage* du filament est employé par un grand nombre de fabricants.

Le filament de la lampe Lane-Fox est du chiendent carbonisé ; celui de la lampe Cruto est obtenu par le trélilage d'une pâte de charbon. Le filament de la lampe Bernstein, qui est creux, est obtenu par la carbonisation d'un petit tube en tissu de soie. M. Gérard emploie deux baguettes très minces de charbon aggloméré réunies, en forme de V renversé, par une goutte de la pâte charbonneuse.

Il est très important de connaître l'intensité lumineuse d'une lampe en fonction de la puissance électrique qui lui est fournie. Nous indiquons plus loin les méthodes à employer pour évaluer le pouvoir éclairant d'un foyer lumineux ; quant à la puissance électrique, elle se détermine en mesurant l'intensité i du courant et la différence de potentiel ε aux bornes de la lampe.

L'intensité lumineuse L peut s'exprimer, avec une approximation suffisante, en fonction de la puissance εi, par la formule empirique

$$L = \varkappa(\varepsilon i)^{3}$$

dans laquelle $\varkappa$ est une constante d'expérience, qui dépend de la nature du filament et de l'unité d'intensité lumineuse adoptée.

Pour une même lampe le rapport $\dfrac{\varepsilon i}{L}$, ou puissance nécessaire pour produire l'unité de lumière, dépendra du régime auquel on fait fonctionner la lampe ; mais, comme le filament se désagrège rapidement lorsqu'il est maintenu à une température trop élevée, il convient de ne pas *pousser* la lampe, en lui fournissant un courant de tension plus élevée que celle pour laquelle la lampe est construite.

Le régime le plus favorable paraît être celui de 3.5 watts par bougie ; dans ces conditions une lampe bien construite peut durer de 800 à 1.000 heures. — En *poussant* la lampe au-dessous de 3.5 watts on abrège considérablement sa durée ; au-dessus, la durée sera augmentée, mais la qualité de la lumière sera moins satisfaisante. Le régime auquel il convient de faire fonctionner la lampe dépendra donc des conditions dans lesquelles on se trouve placé, et en particulier du prix de l'énergie électrique.

L'intensité lumineuse des lampes diminue peu à peu avec le temps, et, pour certaines applications, les lampes doivent être renouvelées avant d'avoir été mises complètement hors de service. Afin de rendre les remplacements moins fréquents, on peut adopter des lampes d'une puissance éclairante de 15 à 20 0,0 supérieure à la normale, en les laissant fonctionner jusqu'à ce qu'elles soient tombées à 15 ou 20 0/0 au-dessous ; dans ces conditions, la durée effective d'une lampe peut être évaluée à 600 ou 700 heures. Ajoutons toutefois que les procédés de fabrication des lampes à incandescence sont en progrès constant, et que les limites que nous venons d'indiquer n'ont par conséquent rien d'absolu.

On construit maintenant des lampes à incandescence de toute intensité entre 1 et 1.070 bougies, et de tout voltage entre 1 et 150 volts ; les types les plus usités sont ceux de 8, 10, 16, 20 bougies, avec des tensions comprises entre 50 et 110 volts.

Dans les exploitations qui exigent l'emploi d'un nombre considérable de lampes à incandescence, il importe de s'assurer qu'elles sont de bonne qualité, en les soumettant à quelques essais préliminaires.

Pour vérifier si le vide a été bien fait, on emploie une bobine de Ruhmkorff donnant des étincelles de 10 à 12 mm. de longueur ; l'ampoule est posée sur une feuille de métal qui communique avec l'une des bornes du circuit secondaire de la bobine ; à l'autre borne est fixé un fil isolé que l'on tient à la main et avec l'extrémité duquel on touche un des pôles de la lampe ; si le vide est bon, on observera une effluve lumineuse verdâtre ou bleuâtre qui paraît s'attacher à la surface intérieure du verre ; le vide est d'autant meilleur que l'effluve est plus légère. Lorsque le vide est imparfait, la couleur est plus violette et l'effluve lumineuse remplit l'ampoule. Après un peu de pratique, on arrive très vite à discerner par cette méthode les lampes qui doivent être mises de côté.

Pour vérifier l'homogénéité du filament, on fait passer dans la lampe un courant très faible, suffisant pour porter le charbon au rouge sombre ; les points faibles, s'il en existe, seront plus brillants que le reste.

On pourra apprécier la durée probable des lampes en déterminant au photomètre la loi suivant laquelle décroît leur intensité lumineuse sous une tension excédant de 10 ou de 15 0/0 la normale ; cet essai se fait simultanément sur deux ou trois lampes prises au hasard. En comparant les résultats obtenus avec ceux que l'on possède déjà sur des lampes ayant fonctionné industriellement, il est possible de juger assez exactement de la valeur des lampes soumises à cette expérience.

249. Lampes à arc voltaïque. — Prenons deux baguettes de charbon en communication avec les deux pôles d'une source électrique dont la f. e. m. soit de 45 à 50 volts, et fermons le circuit en mettant les deux pointes en contact. Si le courant est assez intense les pointes rougiront ; en les écartant légèrement on obtiendra un jet lumineux très vif que l'on appelle *arc voltaïque* (fig. 349). Ce phénomène, observé pour la première fois par Humphry Davy en 1800, peut s'expliquer de la manière suivante : Avant que les pointes de charbon aient été amenées au contact, la différence de potentiel qui existe entr'elles est trop faible pour déterminer le passage d'une étincelle, lors même que leur distance serait réduite à une fraction de millimètre. Le courant étant établi, au moment où le circuit est rompu par le déplacement de l'une des baguettes, l'extra-courant de rupture a une tension suffisante pour fran-

chir sous forme d'étincelle la distance qui sépare les pointes ;
l'arc est amorcé. La chaleur développée par l'étincelle est suffisante pour volatiliser et entraîner quelques particules de carbone, qui complètent le circuit de façon à permettre le passage
continu du courant. En augmentant l'écart des deux charbons
on voit le courant s'affaiblir de plus en plus, et l'arc finit par
s'éteindre ; pour le rétablir il faut de nouveau amener les char-

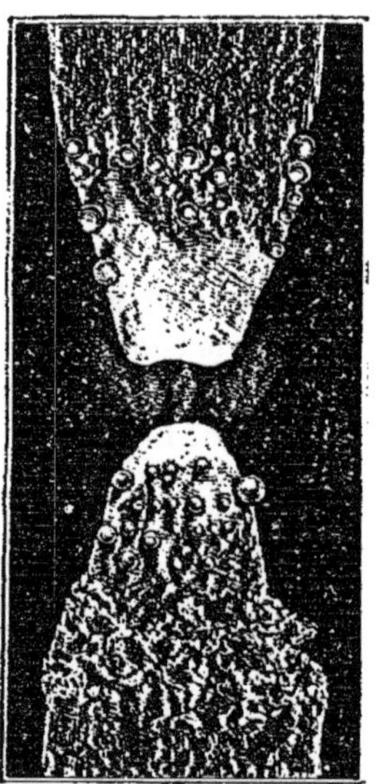

Fig. 349. — Arc Voltaïque.

bons au contact, puis les écarter comme au début. La résistance de la vapeur de carbone étant très grande, et la chaleur
fournie par le passage du courant étant localisée dans un petit
espace, la température développée est assez élevée pour maintenir les pointes de charbon à l'incandescence. La longueur de
l'arc dépend de la différence de potentiel dont on dispose et de
la qualité des charbons ; elle sera d'autant plus grande que les
charbons se désagrégeront plus facilement.

L'arc, étant le siège d'une force électro-motrice inverse, ne
pourra se maintenir que si la différence de potentiel aux pôles

30

de la lampe est supérieure à cette f. e. m. Il est probable que cette f. e. m. est due soit à des phénomènes thermo-électriques, soit plus probablement au travail qui correspond à la désagrégation et au transport des particules de carbone d'une électrode à l'autre. En désignant cette f. e. m. inverse par a, la longueur de l'arc par l, et par b une constante dépendant de la nature des charbons et de la densité du courant, la différence de potentiel ε, nécessaire pour maintenir l'arc pourra être représentée par l'équation

$$\varepsilon = a + bl.$$

La valeur de a, qui dépend aussi de la qualité des charbons, est généralement comprise entre 35 et 40 volts ; lorsque l est exprimé en mm. la valeur de b varie entre 2 et 2,5.

Le circuit intérieur de la lampe ayant une certaine résistance, la différence de potentiel nécessaire pour faire fonctionner une lampe à arc voltaïque peut être évaluée à 45 volts au minimum.

Lorsqu'on maintient l'arc voltaïque dans le vide, on voit que le crayon du pôle positif se creuse en forme de cratère, tandis que le crayon négatif augmente de volume ; ce phénomène est dû au transport des particules de charbon d'un pôle à l'autre. Dans l'air le carbone entraîné par le courant est brûlé, et cette combustion donne naissance à une flamme bleuâtre ; en même temps les extrémités des charbons se consument ; mais le crayon positif s'use environ deux fois plus vite que le crayon négatif.

La température de l'arc voltaïque est la plus élevée de celles que l'on soit arrivé à produire ; on évalue à 4,500° celle de l'arc lui-même, à 3,000° celle du crayon positif, et à 2,500° celle de la pointe du négatif ; le spectre de l'arc voltaïque comprend tous les rayons du spectre solaire. Malgré sa haute température l'arc lui-même n'est pas très lumineux parce qu'il renferme très peu de matières solides en suspension ; la partie la plus lumineuse est le cratère positif. Aussi place-t-on généralement le charbon positif à la partie supérieure pour recueillir la plus grande somme possible de rayons. Lorsque l'arc est alimenté par des courants alternatifs, les deux charbons s'usent également et prennent tous deux la forme en pointe.

Au début de l'éclairage par les lampes à arc, on employait des baguettes taillées dans des blocs de graphite provenant des usines à gaz. Ce charbon est très dur, mais il n'est pas suffisamment homogène, et la lumière fournie ne pouvait être fixe. Aujourd'hui on emploie des crayons obtenus en comprimant ou en tréfilant une pâte formée par un mélange de poussier de charbon, aussi pur que possible, aggloméré avec de la gomme. Les baguettes sont carbonisées en vase clos ; on les plonge ensuite dans une solution de sucre chaud et on les carbonise de nouveau en vase clos. Cette opération, à laquelle on donne le nom de *nourrissage*, est répétée jusqu'à ce que les charbons soient devenus suffisamment compacts. Les crayons ainsi obtenus reçoivent quelquefois une couche galvanoplastique de cuivre qui augmente leur conductibilité. On donne le nom de charbons à mèche à des crayons dont la partie centrale est formée par une pâte plus tendre que l'extérieur ; ces charbons à mèche s'emploient avec avantage comme crayons positifs, parce qu'ils donnent un cratère de forme plus régulière.

Le diamètre des charbons à employer dépend de l'intensité du courant ; les sections les plus usuelles correspondent à une densité de courant de 15 à ampères par cm². On donne généralement au crayon positif une section double de celle du négatif, afin que l'usure linéaire soit sensiblement la même pour les deux crayons.

250. Régulateurs. — Pour que la lumière fournie par l'arc soit constante, il est nécessaire de maintenir l'écart des deux pointes de charbon invariable, en les rapprochant d'une quantité égale à l'usure. Lorsqu'il s'agit d'expériences de courte durée, on peut opérer le rapprochement à la main au moyen d'un pignon et d'une crémaillère à laquelle est fixé l'un des crayons ; mais, pour des éclairages de longue durée, le réglage doit se faire automatiquement. Il a été imaginé un très grand nombre de dispositions pour obtenir ce résultat ; les seules qui aient été consacrées par la pratique sont basées sur l'emploi d'électro-aimants excités soit par le courant qui alimente l'arc, soit par une dérivation de ce courant, de telle sorte que ce soient les variations qui se produisent dans la résistance de

l'arc qui déterminent le mouvement régulateur. La lumière
produite sera d'autant plus fixe que l'action du mécanisme cor-
recteur suivra de plus près l'usure des charbons. Il importe
également que ce mécanisme ne modifie la longueur de l'arc
que de la quantité exactement nécessaire, sans saccades et sans
oscillations autour de la position d'équilibre.

Le nombre des régulateurs à arcs qui ont été imaginés est
extrêmement considérable ; nous nous bornerons à indiquer
les principes sur lesquels repose leur construction en renvoyant pour les détails aux traités spéciaux, en particulier à
l'*Éclairage à l'Électricité* de M. Fontaine.

a) *Régulateurs en série.* — Dans ces appareils les deux charbons tendent à venir au contact, et leur écartement est déterminé par l'action d'un solénoïde placé sur le circuit principal.
La fig. 350 indique le principe de ces régulateurs. L'un des

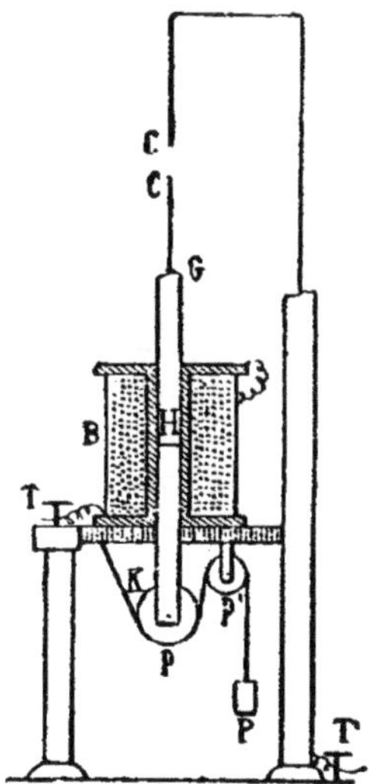

Fig. 350. — Principe du régulateur en série.

charbons est fixe ; l'autre est attaché au noyau GH d'un solénoïde placé dans le circuit TBGCT' du courant qui alimente
l'arc. Un ressort ou un poids P tend à rapprocher les deux

charbons ; l'action magnétique du solénoïde sur le noyau GH tend au contraire à les écarter. Au repos, les deux charbons étant en contact, le circuit est fermé ; lorsqu'on y lance le courant la tige GH est attirée vers le bas; l'arc se forme. Pour une certaine intensité de courant, correspondant à la longueur normale de l'arc, l'action du poids P et celle du solénoïde se font équilibre et les charbons restent immobiles. Dès que la longueur de l'arc augmente, par suite de l'usure des charbons, l'intensité du courant diminue et l'action du poids P l'emporte ; les charbons se rapprochent pour reprendre leur position normale. Pour réaliser pratiquement le principe de ce régulateur et obtenir une lumière constante, il est indispensable de faire agir les deux forces antagonistes sur le porte-charbon mobile par l'intermédiaire d'un mécanisme d'horlogerie qui pondère et limite les déplacements de la tige GH.

Lorsqu'on emploie des régulateurs de ce type on ne peut pas mettre plus d'une lampe par circuit ; en effet, comme le porte-charbon mobile est commandé par les variations du courant principal, si l'on avait plusieurs lampes en série, les variations qui se produiraient sur l'une quelconque de ces lampes réagiraient sur toutes les autres, et les arcs seraient dans un état continuel d'instabilité.

On appelle *monophotes* les régulateurs construits de telle façon qu'on ne puisse en placer qu'un seul dans le même circuit et *polyphotes* ceux qui peuvent fonctionner simultanément avec d'autres appareils semblables. Les régulateurs monophotes ne se prêtent qu'à des applications assez restreintes, dont la plus importante est l'éclairage des phares.

b) Régulateurs en dérivation. — La figure 351 indique le principe de ces appareils. Le solénoïde S, branché aux bornes B et C, a une résistance notablement supérieure à celle de l'arc à sa longueur normale. Les pointes de charbon étant séparées, si l'on met les bornes B et C en communication avec les pôles d'une source électrique, tout le courant passera dans le solénoïde, et les deux armatures A et D seront attirées ; le porte-charbon supérieur *a* s'abaissera, le porte-charbon inférieur *b* s'élèvera et les crayons viendront se toucher. A ce mo-

ment la plus grande partie du courant suivra le chemin B*abC* ;
l'armature D s'abaissera et l'arc sera amorcé en même temps
que la pièce A reprendra sa position primitive sous l'action du

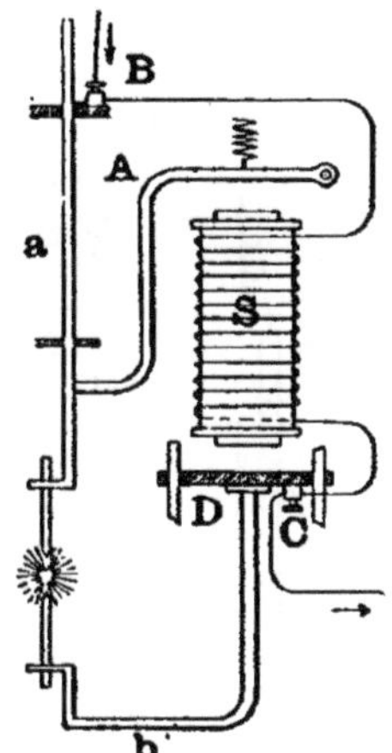

Fig. 351. — Principe du régulateur en dérivation.

ressort antagoniste. Lorsque l'arc s'allonge, sa résistance devient plus grande ; le courant dérivé dans le solénoïde S augmente, l'armature A est attirée et laisse descendre le charbon
supérieur. L'armature inférieure ne sert qu'au moment de l'allumage. L'action du solénoïde a donc pour but de modifier la
distance des charbons de façon à maintenir entre les bornes de
la lampe une différence de potentiel constante définie par l'é-
quation $\varepsilon = ri$, dans laquelle r représente la résistance du solénoïde et i l'intensité du courant pour lequel cet électro-aimant
attire son armature.

Dans la lampe dont la figure 352 représente le principe, l'a-
gent régulateur est un petit moteur électrique placé en dérivation sur l'arc. A l'état de repos les deux charbons sont écartés
l'un de l'autre ; au moment où la lampe est reliée aux pôles de
la source électrique, le courant qui traverse le moteur met celui-ci en mouvement et produit le rapprochement des charbons ;
lorsqu'ils sont arrivés au contact, le courant change de route

et passe par les crayons ; le moteur s'arrête et le poids des charbons détermine leur écartement : l'arc est amorcé. Lorsque
l'arc s'allonge, le moteur se met de nouveau en marche et rapproche les charbons ; la vitesse de réglage est ralentie par un
train d'engrenages. L'armature du moteur peut être entourée

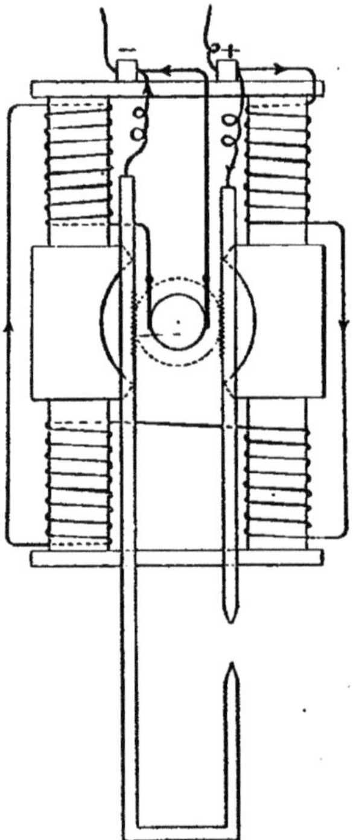

Fig. 352. — Régulateur dynamo.

d'une chemise de cuivre dans laquelle le mouvement de rotation développe des courants de Foucault dont l'action, équivalente à celle d'un frein électro-magnétique, tend à ralentir la
vitesse angulaire de l'arbre.

Lorsque les lampes à arc sont alimentées sous potentiel
constant, on intercale généralement une résistance dans le
circuit de la lampe, afin de rendre le réglage plus précis.

Désignons par :

E la différence de potentiel constante entre les deux pôles de la source électrique,

ε la différence de potentiel à maintenir entre les pointes de charbon,

r la résistance des circuits intérieurs de la lampe.

r' la résistance ajoutée dans le circuit,

nous aurons :

$$E = \varepsilon + (r + r')i.$$

Appelons $\Delta\varepsilon$ la variation de potentiel nécessaire pour mettre en mouvement le mécanisme régulateur ; comme E est constant, on aura :

$$\Delta\varepsilon = - (r + r')\Delta i ;$$

c'est-à-dire que la variation d'intensité, correspondant à une variation $\Delta\varepsilon$ de potentiel, sera inversement proportionnelle à la somme des résistances $(r + r')$.

Soit par exemple une lampe dont le régime correspond à $i = 10$ ampères ; $\varepsilon = 40$ volts ; $r = 0,5$; $\Delta\varepsilon = 0,5$ volt.

Pour $r' = 0$, on aurait $- \Delta i = 1$ ampère ;

pour $r' = 1,5$, on aura $- \Delta i = 0,25$ ampère.

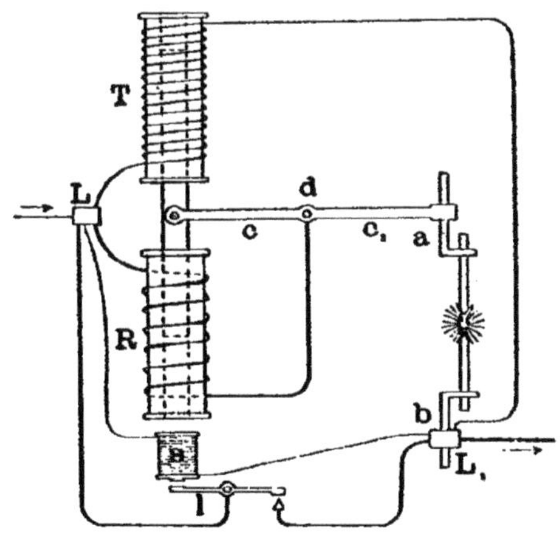

Fig. 353. — Régulateur différentiel

Dans le premier cas la lumière fournie par la lampe variera par soubresauts ; dans le second cas les variations seront à peu près insensibles à l'œil.

c.) *Régulateurs différentiels.* — Ces régulateurs, dont la fig. 353 représente le principe, sont une combinaison des deux systèmes précédents.

Le porte-charbon supérieur a est fixé à l'extrémité d'un levier cc_1, mobile autour du point d, dont l'autre extrémité est fixée par une articulation au barreau de fer doux S formant le noyau des deux bobines, R à gros fil de faible résistance, et T à fil fin de grande résistance.

Le courant, arrivant de la ligne en L, se partage entre les deux bobines ; la majeure partie passe en R et alimente l'arc, l'autre partie passe en T en dérivation sur l'arc ; les deux courants se réunissent en b pour aller par L_1 à la lampe suivante.

L'action résultante des deux solénoïdes R et T sur le noyau est de la forme $f = M\,(Qi - Q_s\,i_s)$ en représentant par Qi et $Q_s i_s$ les nombres d'ampères-tours des deux bobines. Lorsque les charbons sont à leur distance normale, on doit avoir $f = 0$ c'est-à-dire $\dfrac{Q}{Q_s} = \dfrac{i_s}{i}$ avec $i_s = \dfrac{\varepsilon}{r_s}$. Si le courant de l'arc augmente, R l'emporte ; si la différence de potentiel augmente, T devient prépondérant, et le noyau se déplace dans un sens ou dans l'autre jusqu'à ce que $\dfrac{\varepsilon}{i} = \dfrac{Q}{Q_s}\,r_s$.

La disposition a donc pour objet de maintenir constant le rapport $\dfrac{\varepsilon}{i}$, c'est-à-dire la résistance de l'arc. On pourra donc mettre en série un nombre quelconque de ces lampes, sans que les variations de l'une d'elles influent sur la marche des autres.

Pour que l'extinction de l'une des lampes n'interrompe pas le circuit, chacune d'elles est munie d'un appareil, dit *veilleur automatique*, qui met en court circuit les deux bornes de la lampe dès que, pour une cause quelconque, l'arc est interrompu. Le principe de cet appareil est indiqué sur la fig. 353. Lorsque l'arc est interrompu, le courant traverse le solénoïde S à fil fin très résistant ; le levier l est attiré et le courant passe directement en L_1.

251. Bougies. — L'emploi des bougies électriques, imaginées par M. Paul Jablochkoff, permet de maintenir l'arc voltaïque sans mécanisme régulateur. A cet effet les crayons, au lieu d'être dans le prolongement l'un de l'autre, sont placés parallèlement et séparés par une couche de matière isolante.

Pour que les deux crayons s'usent également la bougie doit être alimentée par des courants alternatifs.

La bougie, représentée par la figure 354, se compose des parties suivantes :

a,a, baguettes de charbon ayant 25 cm. de longueur et 4 mm. de diamètre.

b, matière isolante, désignée sous le nom de *colombin* et formée d'un mélange de sulfates de chaux et de baryte.

c,c, douilles en cuivre dans lesquelles s'emboîtent les crayons.

d, cloison isolante, de 3 cm. de longueur, sur laquelle sont montées les douilles c, qui sont ainsi maintenues à l'écartement convenable.

m, pâte charbonneuse réunissant les pointes des crayons. Cette amorce sert à compléter le circuit au moment où la bougie est mise dans le circuit d'une machine électrique ; aussitôt qu'elle est brûlée l'arc jaillit entre les deux pointes ; le colombin se volatilise à mesure que les charbons brûlent, et l'arc continue.

La bougie est fixée sur un chandelier par l'intermédiaire de deux mâchoires métalliques, dont l'une est fixe et l'autre mobile avec ressort pour assurer le contact avec les douilles cc. Les chandeliers sont disposés de façon à recevoir plusieurs bougies ; les mâchoires fixes sont réunies à une même borne centrale ; les mâchoires mobiles sont isolées les unes des autres et chacune d'elles est reliée à un commutateur qui per-

Fig. 354.
Bougie
Jablochkoff.

met d'envoyer le courant dans chacune des bougies montées
sur le chandelier. La durée d'une bougie étant de 2 heures
au maximum, on emploie des chandeliers à 4, 6 ou 8 bougies
suivant la durée de l'éclairage. Lorsque la première bougie
est consumée on fait passer le courant dans une seconde au
moyen du commutateur. Cette substitution peut se faire soit
à la main soit automatiquement.

Les bougies sont alimentées par des courants alternatifs.
Une machine auto-excitatrice de Gramme, à 4 circuits (162)
peut alimenter 20 bougies, soit 5 bougies en série par circuit ;
l'intensité du courant est d'environ 8 ampères, la différence
de potentiel à la base de la bougie, 42 à 43 volts.

Le principal avantage de la bougie est son extrême simpli-
cité; mais elle présente certains inconvénients, parmi lesquels
celui de ne pouvoir fonctioner qu'avec des courants alternatifs,
et de donner une lumière peu fixe ; de plus quand l'arc s'éteint
la bougie ne se rallume pas. D'après M. Fontaine la production annuelle est de 1500.000 pièces environ pour la France.

Postérieurement à la bougie Jablochkoff il a été créé quelques autres formes de bougies, dont l'emploi ne s'est pas répandu et que nous ne citons que pour mémoire.

252. Rendement lumineux. — Si nous désignons par
w l'énergie dépensée pour maintenir un foyer lumineux, et
par q, la quantité de lumière fournie dans le même temps, le
rapport $\frac{q}{w}$ sera le *rendement lumineux* du foyer; il augmente
très rapidement avec la température du corps incandescent.

Le tableau suivant indique la puissance correspondant à l'intensité lumineuse d'une bougie pour différents modes d'éclairage.

Suif	124	watts par bougie.	
Cire	94	»	»
Acide stéarique	90	»	»
Spermaceti	86	»	»
Huile minérale	80	»	»
Huile végétale	57	»	»

Gaz de houille	68	watts par bougie.
Gaz de Cannel coal	48	»	»
Lampe à incandescence électrique	3,5	»	»
Lampe à arc	0,6	»	»

Pour comparer la valeur économique des différentes sources lumineuses, il faut connaître la quantité de lumière fournie ainsi que la quantité et le prix de l'énergie correspondante.

253. Méthodes photométriques. — Les seules méthodes de mesure qui répondent à l'idée que nous nous faisons de l'éclairement des corps, sont celles qui dérivent de l'action des radiations lumineuses sur les organes de la vue.

Lorsque deux sources de lumière, de mêmes dimensions, éclairent séparément deux surfaces de même nature, placées dans les mêmes conditions de distance et d'inclinaison par rapport aux sources et à l'œil, et que les impressions produites sur l'œil par les deux surfaces éclairées sont égales, on doit considérer les deux sources comme identiques. Si n sources, identiques et identiquement placées, éclairent simultanément une surface donnée, on admet que l'éclairement est n fois ce qu'il était dans le cas d'une source unique, bien qu'il ne soit nullement certain que l'énergie de la sensation proprement dite soit accrue dans la même proportion.

Les méthodes photométriques usuelles sont basées sur les lois expérimentales suivantes :

1. La quantité de radiation, reçue par unité de surface en un point, varie en raison inverse du carré de la distance de ce point au point rayonnant.

2. La quantité de radiation, reçue par unité de surface, est proportionnelle au cosinus de l'angle d'incidence des rayons qu'elle reçoit.

3. La quantité de radiation émise par un élément lumineux dans une direction donnée est proportionnelle au cosinus de l'angle que fait cette direction avec la normale à l'élément lumineux.

Désignons par

S, la projection de la surface lumineuse sur un plan perpendiculaire à la direction des rayons lumineux ;

S', la projection de la surface éclairée sur le même plan ;

D, la distance des deux surfaces ;

E, l'*éclat intrinsèque* de la source, c'est-à-dire la quantité de radiation émise par unité de surface lumineuse.

Le produit ES sera l'*éclat total* de la source ;

Q la quantité totale de lumière envoyée de S à S'.

Nous aurons

$$Q = \frac{ESS'}{D^2}.$$

En faisant S' $= 1$, on obtient l'*éclairement* à la distance D, c'est-à-dire la quantité de lumière reçue en ce point par unité de surface normale à la direction des rayons ; cet éclairement a pour expression E. $\frac{S}{D^2}$. On remarquera que $\frac{S}{D^2}$ représente la surface découpée dans une sphère de rayon égal à l'unité par un cône ayant son sommet au point considéré sur la surface éclairée et circonscrit à la source, c'est-à-dire la surface apparente de la source vue du point considéré.

251. Unités de lumière.

Lampe Carcel. En France, l'unité généralement adoptée est la quantité de lumière fournie par une lampe Carcel consommant 42 grammes d'huile de colza par heure.

Les dimensions de la lampe réglementaire sont les suivantes :

Diamètre extérieur du bec	23.5 mm.
Diamètre intérieur du bec (courant d'air intérieur)	17
Diamètre du courant d'air extérieur	45
Hauteur totale du verre	290
Distance du coude à la base du verre	61
Diamètre extérieur au niveau du coude	47
Diamètre extérieur du verre à la partie supérieure de la cheminée	34
Epaisseur moyenne du verre	2

On emploie de l'huile de colza épurée et une mèche moyenne

dite mèche des phares, dont la tresse est composée de 75 brins; le décimètre de longueur pèse 3 gr. 6. Les mèches doivent être conservées dans une boîte à double fond contenant de la chaux vive.

Pour chaque expérience il faut mettre une mèche neuve, la couper à fleur du porte-mèche, remplir la lampe exactement d'huile jusqu'à la naissance de la galerie, monter la lampe, l'allumer en maintenant d'abord la mèche à 5 ou 6 mm. de hauteur, placer le verre. .

On règle la dépense en élevant la mèche à une hauteur de 10 mm. et le verre de telle sorte que le coude soit à une hauteur de 7 mm. au dessus du niveau de la mèche. La lampe doit consommer 42 gr. d'huile à l'heure, et il importe de la régler à ce chiffre. Quand la consommation descend au-dessous de

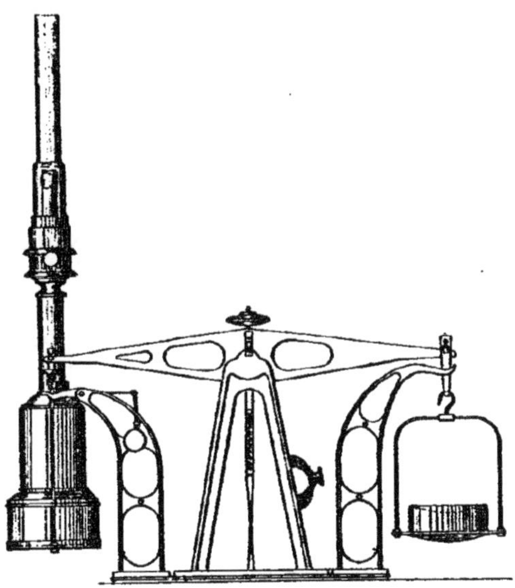

Fig. 355. — Lampe Carcel sur sa balance.

38 gr. ou qu'elle s'élève au-dessus de 46 gr., l'essai est annulé. Dans les limites ci-dessus, on admet que la quantité de lumière fournie est proportionnelle à la consommation d'huile.

Il faut laisser brûler la lampe pendant une demi-heure avant de commencer les mesures.

La consommation d'huile se détermine de la manière suivante : La lampe étant placée sur l'un des plateaux de la balance (fig. 355), on établit l'équilibre au moyen de grenailles de plomb. On ajoute alors sur le plateau où se trouve la lampe un poids de 1 gr. et l'on établit la communication du fléau de la balance avec le timbre avertisseur. Quand le marteau frappe sur le timbre, on fait partir l'aiguille d'une montre à secondes. Après avoir placé sur le plateau de la lampe un poids de 10 gr., on rétablit la communication avec le timbre. Au moment où le marteau frappe de nouveau sur le timbre, on arrête la montre à secondes ; la consommation d'huile par heure se déduira du temps correspondant à celle de 10 gr.

Bougies. En Angleterre, l'unité de lumière est la bougie de spermaceti de 6 à la livre anglaise (453 gr.) brûlant 120 grains (7 gr. 776) de matière grasse par heure. Lorsque la consommation réelle de la bougie diffère de ce chiffre, et à la condition qu'elle soit comprise entre 114 et 126 grains par heure, on admet que la valeur éclairante est proportionnelle à la consommation.

Bien que la bougie n'ait, comme unité de lumière, aucun caractère légal en France, l'usage a prévalu d'exprimer le pouvoir éclairant des lampes électriques en nombres de bougies anglaises ou *candles*.

En Allemagne, l'unité photométrique est une bougie de paraffine de 6 à la livre (500 gr.) ayant un diamètre uniforme de 20 mm. Le point de fusion de la paraffine employée est de 55° C. La valeur éclairante de la bougie se règle d'après la hauteur de la flamme ; l'unité correspond à une flamme de 50 mm. de hauteur.

L'emploi des lampes et des bougies, comme étalons de lumière, présente plusieurs causes d'incertitudes, provenant notamment des différences qui existent dans les propriétés physiques des mèches et dans la composition des corps gras combustibles. — On a cherché à s'affranchir de ces inconvénients en remplaçant les lampes et les bougies par des appareils d'un maniement plus commode. Les plus simples sont

ceux de Giroud en France et de Methven en Angleterre. Ils
sont tous les deux basés sur l'emploi du gaz d'éclairage
comme combustible lumineux.

L'appareil Giroud (fig. 356) se compose d'un bec bougie de
1 mm. de diamètre et d'un bec d'Argand. Chacun des brûleurs
est monté sur un rhéomètre destiné à maintenir la constance

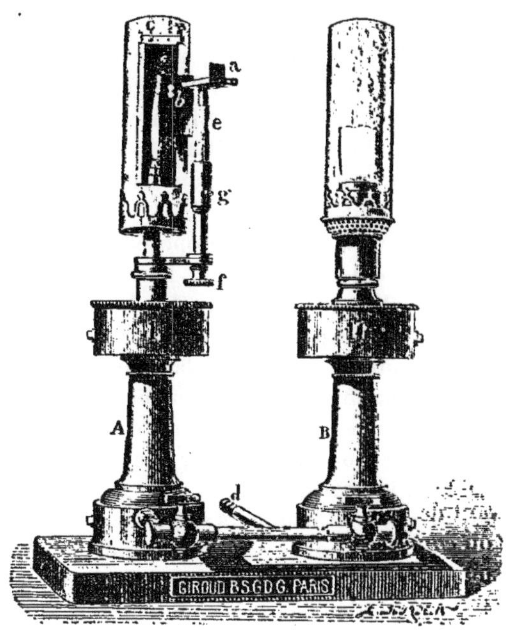

Fig. 356. — Carcel à gaz de Girond.

de la consommation du brûleur, quelles que soient les variations qui se produisent dans la pression d'alimentation, à la
condition que la densité du gaz ne varie pas. Les débits sont
réglés de telle sorte qu'avec du gaz de qualité normale, la
quantité de lumière fournie par le bec d'Argand soit égale à
celle d'une lampe Carcel brûlant 42 gr. d'huile par heure et
que le bec bougie donne une lumière égale à celle de 0,1 carcel
avec une hauteur de flamme de 67,5 mm. Lorsque la qualité
du gaz varie au-dessous ou au-dessus de la normale, la

flamme du bec bougie se raccourcit ou s'allonge, et les pouvoirs éclairants absolus des deux becs varient, mais leur rapport de 1 à 10 reste constant, entre les limites extrêmes des variations qui peuvent se produire dans la qualité du gaz à Paris. — L'expérience indique en outre qu'entre ces limites le pouvoir éclairant du bec bougie peut se déduire de la hauteur de la flamme, dont les variations se mesurent au moyen d'un viseur placé sur le côté.

Chaque millimètre de différence, au-dessus ou au-dessous du niveau normal, correspond à une différence de 0,0022 carcel ; c'est-à-dire que la valeur lumineuse du bec bougie est donnée par la formule $[0,1 + 0,0022 (h — 67,5)]$ carcel. La valeur correspondante du bec d'Argand sera dix fois celle du bec bougie.

Écran Methven. M. Methven a proposé de prendre comme étalon une portion déterminée de la flamme d'un bec d'Argand alimenté par du gaz d'éclairage. Un écran en cuivre, fixé en avant de la cheminée, porte une plaque mince, dans laquelle on a découpé une ouverture rectangulaire de section telle que, lorsque la consommation de 5 pieds cubes (141 l. 3) de gaz à l'heure correspond à un pouvoir éclairant de 16 bougies, la quantité de lumière que laisse passer l'ouverture soit égale à celle de deux bougies normales.

La qualité du gaz peut d'ailleurs varier de 10 0/0 au-dessus ou au-dessous de la normale, sans que la valeur éclairante de l'étalon soit altérée. Afin de rendre l'appareil complètement indépendant des variations de qualité du gaz, M. Methven carbure le gaz au moyen d'essence de pétrole rectifiée. Cet étalon est d'un usage commode, surtout pour la photométrie des lampes électriques dont l'intensité est exprimée en bougies.

Lampe au pentane. M. Vernon Harcourt a proposé d'employer comme étalon lumineux une flamme produite par la combustion de la vapeur du pentane. Le pentane, ou hydrure d'amyle (C^5H^{12}), s'obtient par la rectification des parties les plus volatiles du pétrole d'Amérique préalablement lavées à l'acide sulfurique et à la soude caustique. Il bout à 50° environ.

La lampe, représentée par la fig. 357, se compose d'un réser-

voir inférieur contenant le pentane dans lequel plonge une
mèche mobile à l'intérieur d'un tube métallique. La mèche,
dont la partie supérieure reste à 7 ou 8 cm. au-dessous de l'orifice supérieur du tube, n'a d'autre objet que d'élever le liquide
jusqu'au point où la chaleur du tube est suffisante pour le
volatiliser.

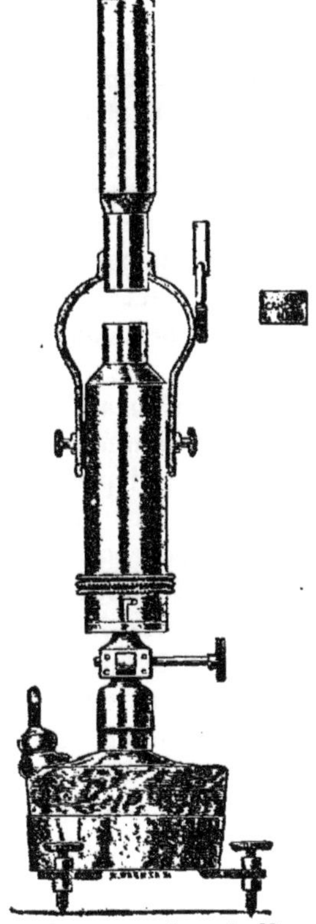

Fig. 357. — Lampe au pentane de Vernon-Harcourt.

Une double enveloppe, concentrique au tube intérieur, maintient l'uniformité de température au point de volatilisation.
La cheminée placée au-dessus du brûleur donne un tirage
suffisant pour assurer la fixité de la flamme et rendre la combustion complète.

La distance comprise entre l'orifice supérieur de la lampe et le bas de la cheminée est déterminée de façon que la portion visible du pinceau lumineux donne une lumière égale à celle d'une bougie. — Les expériences faites avec cette lampe ont donné des résultats très concordants : 97 0/0 des essais ont différé de moins de 1 0/0 de la valeur moyenne, tandis qu'avec les bougies la proportion des bons résultats n'avait été que de 34 0/0.

Lampe à l'acétate d'amyle. L'unité photométrique proposée par M. Hefner von Alteneck est constituée par la flamme libre d'une mèche saturée d'acétate d'amyle ($C^2H^3O^2.C^5H^{11}$). La mèche est formée de filaments de coton qui remplissent complètement un tube de maillechort ayant 8 mm. de diamètre intérieur et 25 mm. de longueur. La hauteur de la flamme, mesurée du sommet du tube à la pointe, est de 40 mm.; elle se règle en élevant ou en abaissant la mèche. Les indications fournies par cet appareil sont beaucoup plus concordantes que celles des bougies.

Tous les étalons photométriques que nous venons de décrire sont représentés par des flammes, dont la température et par suite l'intensité lumineuse dépendent de la composition du combustible et des conditions dans lesquelles se fait la combustion. Il n'est donc pas possible d'admettre qu'une flamme restera constamment identique à elle-même.

Étalon Violle. — Au congrès international de 1881, M. Violle proposa comme source de lumière le platine porté à sa température de fusion. Le point de fusion est, pour chaque corps, une constante parfaitement déterminée. Un métal liquide en voie de se solidifier constitue donc un corps à température fixe. Si, en outre, ce métal est inaltérable comme le platine, il émettra toujours la même quantité de lumière sous une surface donnée. Comme la qualité de la lumière dépend de la température, le platine, étant le plus réfractaire des métaux usuels, sera celui qui, à son point de fusion, donnera la lumière la plus blanche.

La proposition de M. Violle fut adoptée et la conférence prit la résolution suivante ;

L'unité de chaque lumière simple est la quantité de lumière de même espèce émise en direction normale par un centimètre carré de surface de platine fondu, à la température de solidification.

L'unité pratique de lumière blanche est la quantité de lumière émise normalement par la même source.

Le platine employé doit être parfaitement pur ; on le fond au moyen du chalumeau oxyhydrique. Le platine étant porté à une température supérieure à celle de son point de fusion est amené au-dessous d'un diaphragme percé d'une ouverture de surface déterminée. Ce diaphragme est à doubles parois et refroidi par un courant d'eau ; il est noirci sur toutes ses faces pour empêcher les réflexions.

Les rayons émis par l'ouverture du diaphragme traversent un prisme à réflexion totale qui les dirige sur l'écran photométrique. On a déterminé par une expérience préalable le coefficient d'absorption du prisme.

A mesure que le platine se refroidit, la quantité de lumière émise diminue rapidement, puis reste stationnaire pendant la période de solidification. C'est à ce moment que la mesure doit être faite. Cette détermination ne présente aucune difficulté ; la solidification totale est accompagnée d'un éclair qui marque la fin de la période constante et indique nettement l'instant où doit être faite la lecture.

Cette unité de lumière n'est pas d'un emploi commode dans les mesures industrielles ; mais elle peut servir à étalonner les les divers brûleurs employés comme unités photométriques.

M. Violle a déterminé le rapport de l'unité de platine et des différentes sources lumineuses employées comme étalons dans l'industrie.

Les résultats de ces déterminations sont résumés dans le tableau suivant :

	Unités Violle	Carcels	Bougies de l'Étoile	Bougies Allemandes	Bougies Anglaises	Lampes Hefner Alteneck
Unités Violle	1.	2.08	16.1	16.4	18.5	18.9
Carcels...........	0.481	1.	7.75	7.89	8.91	9.08
Bougies de l'Etoile	0.062	0.130	1.	1.02	1.15	1.17
Bougies allemand.	0.061	0.127	0.984	1.	1.13	1.15
Bougies Anglaises..	0.054	0.112	0.870	0.886	1.	1.02
Lampes { Hefner-Alteneck }	0.033	0.114	0.853	0.869	0.98	1.

255. Photomètres. — L'œil distingue, dans ses sensations, la couleur et l'intensité. Bien qu'il soit possible de reconnaître des différences d'intensité entre des couleurs diverses, le jugement porté sur les intensités des sources lumineuses que l'on compare n'offre une certaine précision que si leur couleur est la même. Enfin, même dans ce cas, l'œil n'apprécie bien que l'*égalité d'intensité* ; il ne peut fournir directement aucune notion d'un rapport numérique entre des intensités différentes.

Dans la comparaison de deux sources lumineuses on se propose toujours de ramener à l'égalité les éclairement produits par l'une et par l'autre sur deux surfaces contigues. Il suffit pour cela de réduire dans un rapport convenable les radiations de la source la plus puissante jusqu'à ce que les deux surfaces paraissent également éclairées.

Photomètre de Rumford. — Entre les deux sources A et B que l'on compare et un écran translucide PQ (fig. 358), on

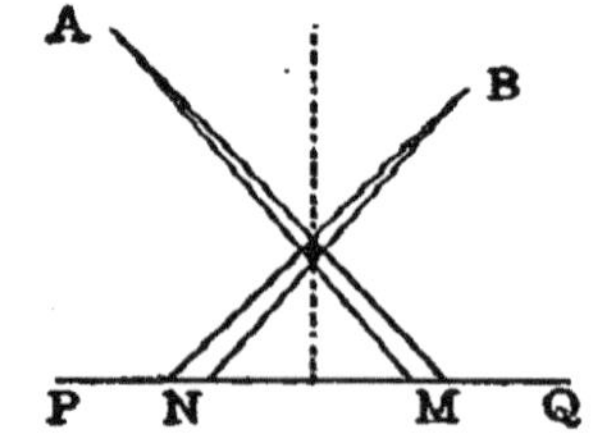

Fig. 358. — Photomètre Rumford.

place une tige opaque verticale. On fait alors varier la distance de l'une des sources à l'écran jusqu'à ce que les deux ombres, portées en M et N, paraissent de même valeur. Lorsque cette égalité est obtenue, l'ombre M relative à la source A reçoit de la source B autant de lumière que N en reçoit de A.

En désignant par D et D′ les distances AN et BM et en écrivant que les deux éclairements sont égaux, on aura l'équation $\frac{A}{D^2} = \frac{B}{D'^2}$, qui donnera le rapport des éclats des deux sources.

Photomètre de Bouguer. — L'écran PQ est en papier mince ou en verre dépoli et la tige est remplacée par une cloison opaque en carton noirci perpendiculaire au plan de l'écran. Dans chacun des compartiments ainsi formés on place une des lumières A et B, et on éloigne la plus puissante jusqu'à ce que les deux moitiés de l'écran paraissent également éclairées. On aura comme précédemment $\frac{A}{D^2} = \frac{B}{D'^2}$.

Photomètre de Foucault. — Ce photomètre est un perfectionnement de celui de Bouguer. L'écran translucide forme le fond

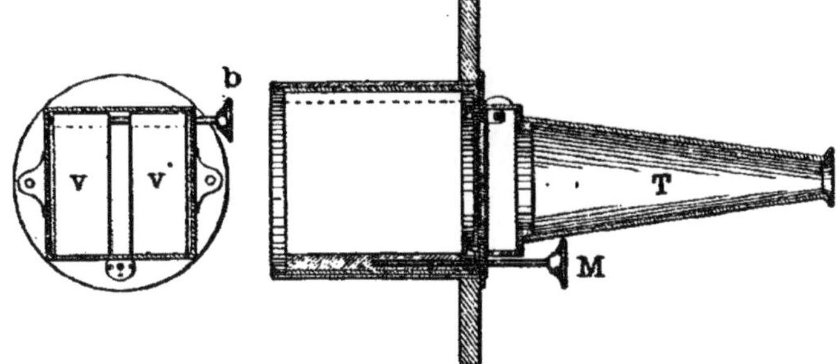

Fig. 359. — Photomètre de Foucault.

d'une boîte noircie intérieurement et ouverte à la partie antérieure (fig. 359). Une cloison, mobile perpendiculairement au plan de l'écran, divise la boîte en deux parties égales. Si l'on place les deux lumières à comparer de chaque côté de cette cloison, en face de l'écran translucide, la lame projettera sur l'écran deux ombres rectilignes et parallèles comprenant entr'elles une bande brillante ou obscure selon la distance de la

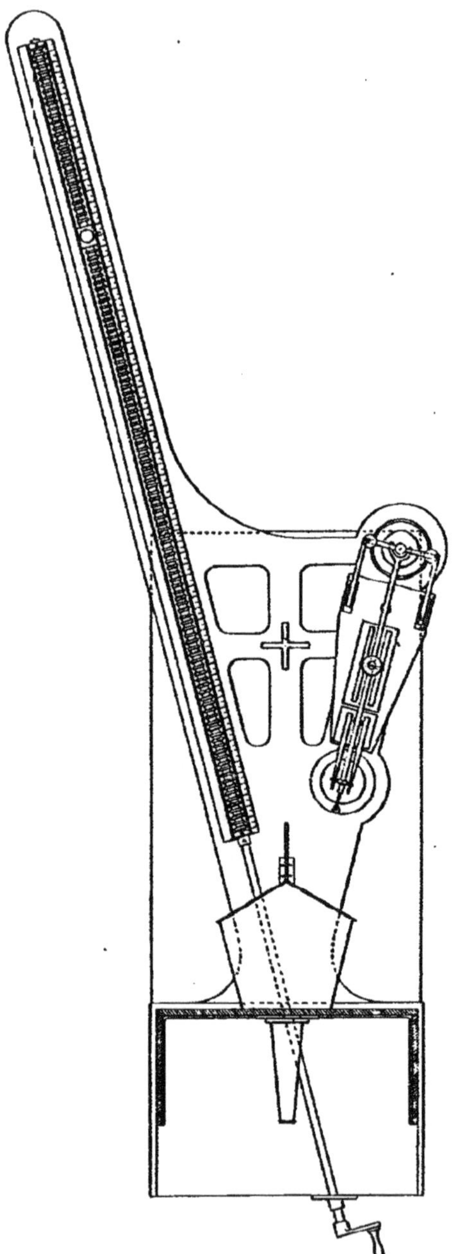

Fig. 360. — Table photométrique avec écran de Foucault.

lame à l'écran. En déplaçant lentement la cloison au moyen du bouton M, on pourra réduire la bande de séparation à une ligne géométrique. Lorsque l'égalité d'éclairement est obtenue, cette ligne s'évanouit et l'écran paraît uniformément éclairé.

Deux petits volets latéraux v,v', parallèles à la face de l'écran et mobiles au moyen d'une vis b, permettent de faire varier la surface éclairée de l'écran, en cherchant celle qui donne le plus de sensibilité à l'œil.

Une lunette T placée en arrière de l'écran dirige l'œil de l'observateur suivant l'axe de l'appareil.

La nature de l'écran translucide a une grande importance ; il faut que l'œil le voie uniformément éclairé, sans pouvoir distinguer les lumières à travers son épaisseur.

L'écran de Foucault est formé d'une glace sur laquelle on a laissé déposer une couche très égale et suffisamment épaisse d'amidon tenu en suspension dans l'eau. Cette couche est protégée par une lame de verre fixée par ses bords sur la première.

La fig. 360 représente une table photométriquée montée avec l'écran de Foucault.

La lampe Carcel est placée sur la balance à 1 m. de l'écran.

Le foyer lumineux à mesurer est monté sur une pièce mobile le long d'une règle divisée. Cette pièce est mise en mouvement par une manivelle à portée de la main de l'observateur. En déplaçant le chariot, on amène la seconde lumière dans une position telle que les deux moitiés de l'écran soient également éclairées, et l'on aura comme précédemment $\dfrac{A}{D^2} = \dfrac{B}{D_1^2}$.

Photomètre Napoli (fig. 361). — Au lieu de faire varier la distance de l'une des lumières à l'écran photométrique, on peut maintenir cette distance fixe, et arriver à l'égalité d'éclairement en ne recevant sur la portion de l'écran éclairée par la source la plus intense qu'une fraction déterminée de la lumière qu'elle émet.

L'écran photométrique est celui de Foucault. Devant l'une des moitiés se trouve un disque mobile, à la circonférence duquel sont découpées six ouvertures égales dont l'angle au centre est de 30°. La surface des 6 ouvertures est donc la moitié

Fig. 361. — Photomètre Napoli.

de la surface totale de l'anneau dans lequel elles sont découpées. Ces ouvertures peuvent être masquées en totalité ou en
partie au moyen de volets mobiles commandés par un bouton
moleté placé sur le devant de l'instrument à portée de l'opéra-
teur.

Les six obturateurs se déplacent simultanément ; un tambour, gradué en 1800 divisions, indique l'angle d'ouverture
des créneaux, et par suite le rapport de la surface libre à la surface totale. Une des moitiés de l'écran est éclairée directement
par l'une des sources ; l'autre moitié reçoit la lumière que laisse
passer les échancrures.

Si l'on fait tourner lentement le disque, cette moitié de l'é-
cran paraîtra alternativement éclairée et sombre. En accélérant
le mouvement, les phases de lumière et d'obscurité arriveront
à se succéder assez rapidement pour que la sensation lumineuse
persiste, et que l'écran apparaisse comme s'il était éclairé d'une
manière continue ; mais la quantité de lumière perçue ne sera
qu'une fraction de la quantité totale émise par la source. Connaissant cette fraction et la distance des deux sources à l'écran,
on en déduira le rapport des deux intensités lumineuses que
l'on compare.

En désignant par :

A et B les pouvoirs éclairants des deux lumières ;

D et D' leurs distances à l'écran ;

n le nombre de divisions indiquant l'ouverture des créneaux,
on aura :

$$A = \frac{3600}{n} \cdot \frac{D^2}{D'^2} \cdot B$$

Photomètre Bunsen. — L'écran du photomètre de Bunsen
est une feuille de papier blanc, au centre de laquelle on a fait
une tache circulaire translucide en imprégnant le papier d'une
matière grasse.

Lorsqu'on examine cet écran à la lumière réfléchie, c'est-à-
dire si l'œil de l'observateur est du même côté que la source
lumineuse, la partie centrale est plus sombre que le pourtour
parce que celui-ci réfléchit une plus forte proportion de lumière
que la partie centrale translucide.

Lorsqu'au contraire l'écran est éclairé par la lumière transmise, c'est-à-dire qu'il est placé entre l'œil et la source lumineuse, l'effet sera inverse ; la tache paraîtra plus brillante que l'anneau.

Si l'on place cet écran entre deux sources lumineuses A et B, normalement à la droite qui les joint en passant par le centre de l'écran, chacune de ses faces va se trouver éclairée à la fois par transmission et par réflexion, et on se propose de déterminer la position à donner à l'écran entre les deux sources A et B pour que l'éclairement des deux faces soit le même.

Soient :

a	la proportion de lumière réfléchie		par la partie blanche du papier
b	»	» transmise	
c	»	» absorbée	

α, β, γ les quantités de même nature pour la partie translucide de l'écran ;

on a pour définition :

$$a + b + c = \alpha + \beta + \gamma = 1.$$

Appelons x et y les distances de l'écran aux deux sources A et B.

Dans cette position, la partie blanche de gauche émettra par unité de surface une quantité de lumière égale à

$$a\frac{A}{x^2} + b\frac{B}{y^2}.$$

La quantité émise par la partie translucide sera

$$\alpha\frac{A}{x^2} + \beta\frac{B}{y^2}.$$

Si l'écran a été amené dans une position telle que la partie blanche et la partie translucide de gauche paraissent également éclairées, c'est-à-dire telle que la tache ne soit plus visible, on aura l'égalité :

$$\frac{aA}{x^2} + \frac{bB}{y^2} = \frac{\alpha A}{x^2} + \frac{\beta B}{y^2} ;$$

d'où l'on tire :

$$(1) \qquad \frac{A}{B} = \frac{\beta - b}{a - \alpha}\,\frac{x^2}{y^2} ;$$

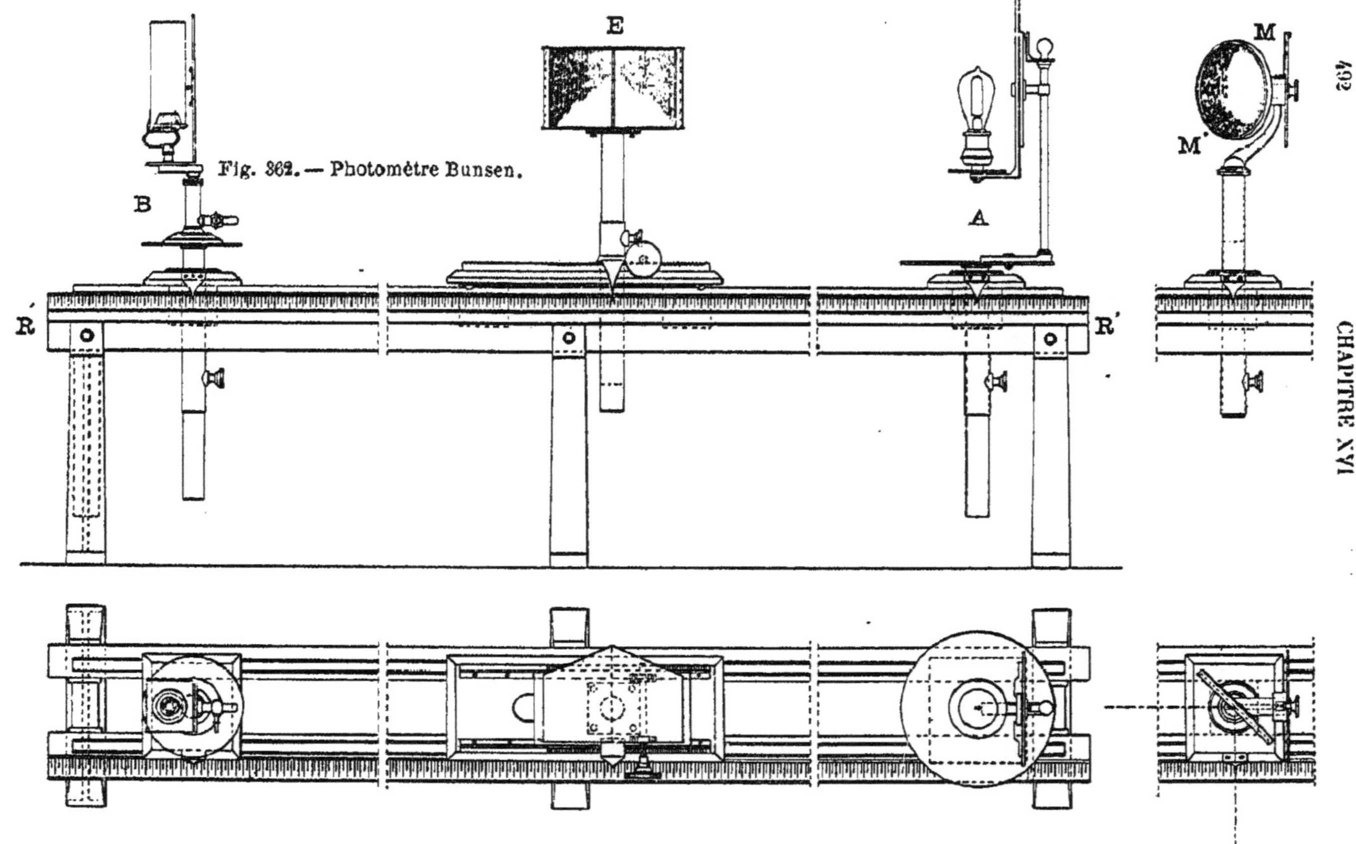

Fig. 362. — Photomètre Bunsen.

En opérant de même pour la face de droite, on aura, en désignant par x' et y' les distances de la nouvelle position de l'écran aux sources A et B.

$$(2) \qquad \frac{A}{B} = \frac{a-\alpha}{\beta-b} \cdot \frac{x'^2}{y'^2} ;$$

multipliant les équations (1) et (2) terme à terme il vient :

$$(3) \qquad \frac{A}{B} = \frac{x x'}{y y'}.$$

Pour que $x = x'$, $y = y'$, il faudrait avoir $(a-\alpha)=(\beta-b)$ et par suite $c = \gamma$.

Dans le cas général, la position de l'écran pour laquelle les deux faces sont également éclairées est donnée par la relation :

$$\frac{X^2}{Y^2} = \frac{x x'}{y y'}.$$

Lorsque les deux lumières ont la même teinte et que les coefficients d'absorption c et γ diffèrent très peu, on arrive aisément à trouver cette position moyenne par l'observation directe, et le rapport des intensités des deux sources se déduit immédiatement du rapport des carrés de leurs distances à l'écran.

La figure 361 représente un banc photométrique monté avec un écran Bunsen, E. Afin de permettre à l'observateur de voir simultanément les deux faces de l'écran, celui-ci est placé dans le plan bissecteur de deux miroirs inclinés.

B est la lumière de comparaison (la figure représente un étalon Methven).

A est une lampe à incandescence disposée sur un support mobile permettant de mesurer l'intensité lumineuse dans différents azimuts et sous des inclinaisons variables (voir n° 258).

MM' est un miroir servant à mesurer l'intensité lumineuse d'un foyer sous différentes inclinaisons (voir n° 258).

256. Comparaison de deux sources lumineuses d'intensités très différentes. — Considérons (fig. 362) un écran photométrique PQ de hauteur $2h$, dont les deux moitiés sont respectivement éclairées par deux foyers lumineux, que nous supposerons réduits à deux points, et dont nous représenterons les éclats totaux par A et B, en désignant par x et y leurs distances à l'écran PQ.

Si, du point A comme centre, nous traçons une sphère de rayon R, l'éclairement en un point quelconque de cette sphère

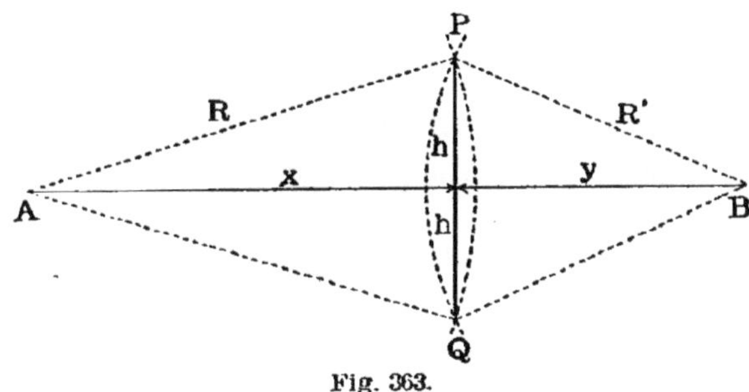

Fig. 363.

sera $\dfrac{A}{R^2}$. Le flux lumineux L, qui traverse le plan PQ, étant évidemment égal à celui que reçoit la calotte sphérique sous-tendue, aura pour expression

$$(1) \qquad L = 2\pi R\,(R-x)\frac{A}{R^2} = \frac{2\pi(R-x)A}{R}.$$

En décrivant une sphère de rayon R' autour du second foyer B, nous aurons de même

$$(2) \qquad L' = \frac{2\pi(R'-y)B}{R'}.$$

Lorsque les distances x et y des sources à l'écran seront telles que $L = L'$, on aura rigoureusement

$$(3) \qquad \frac{A}{B} = \frac{R(R'-y)}{R'(R-x)}.$$

Cette valeur de $\dfrac{A}{B}$ est évidemment différente de la valeur $\dfrac{x^2}{y^2}$ que l'on adopte généralement pour représenter le rapport des intensités photométriques des deux sources, et il est utile de déterminer l'importance de l'erreur résultant de cette simplification.

Désignons par ρ la valeur exacte du rapport $\frac{A}{B}$ défini par l'équation (3) et par $k\rho$ celle du rapport approché ;

$$(4) \qquad k\rho = \frac{x^2}{y^2}.$$

Nous aurons

$$(5) \qquad k = \frac{x^2}{y^2} \cdot \frac{R'}{R} \cdot \frac{R-x}{R'-y}.$$

En multipliant par $(R+x)(R'+y)$, le numérateur et le dénominateur et remarquant que $R^2-x^2 = h^2 = R'^2-y^2$, l'équation (5) se mettra sous la forme

$$(6) \qquad k = \frac{1 + \frac{h^2}{y^2} + \sqrt{1 + \frac{h^2}{y^2}}}{1 + \frac{h^2}{x^2} + \sqrt{1 + \frac{h^2}{x^2}}}.$$

Si l'on a $A > B$, on aura $x > y$ et par suite $k > 1$; c'est-à-dire qu'en admettant que le rapport des intensités lumineuses est égal à celui des carrés des distances, on attribue une valeur trop grande à la source la plus puissante.

Pour évaluer la limite supérieure de l'erreur commise, nous remarquerons que, h étant généralement plus grand que y, on aura

$$1 + \frac{h^2}{y^2} + \sqrt{1 + \frac{h^2}{y^2}} < 2 + \frac{3h^2}{2y^2};$$

et par conséquent

$$(7) \qquad k < 1 + \frac{3h^2}{4y^2}.$$

Pour $h = 4$ cm. et $y = 100$ cm. on aura

$$k < 1,0012.$$

Cet exemple montre que si le rapport $\frac{A}{B}$ des deux foyers n'est pas rigoureusement égal à celui des carrés de leurs distances à l'écran, il est facile de rendre l'erreur absolument négligeable à côté de celle qui résulte du défaut de sensibilité de l'œil, puisque, dans les circonstances les plus favorables, il n'est pas possible d'apprécier des différences d'éclairement inférieures à 1 0,0.

Il existe une autre raison pour laquelle il importe de ne pas placer les foyers trop près de l'écran. En effet, les sources lumineuses ayant des dimensions finies, l'erreur commise en les supposant réduites à des points sera d'autant moindre que leurs distances à l'écran photométrique seront plus grandes relativement aux dimensions linéaires des foyers lumineux.

Lorsqu'il s'agit de mesurer des foyers de très grande intensité et que les dimensions de la chambre photométrique ne permettent pas de placer la lumière de comparaison à une distance convenable de l'écran, il faut avoir recours à l'un des procédés suivants :

1. *Emploi d'une source auxiliaire.* — Au lieu de comparer directement le foyer lumineux à la lampe carcel ou à la bougie, on prend comme terme de comparaison une source lumineuse plus intense dont on détermine la valeur en fonction de l'unité. On construit des becs de gaz ou des lampes à pétrole, ayant une intensité de 5 ou de 10 carcels, dont le régime est assez constant pour qu'il soit possible de les employer comme étalons secondaires. Cette méthode est la plus simple à adopter ; lorsqu'elle ne peut pas être employée on aura recours à la suivante.

2. *Emploi d'une lentille divergente* (Ayrton et Perry), fig. 364.

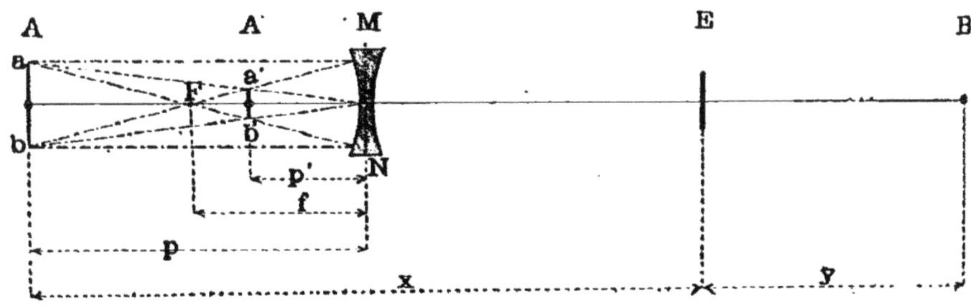

Fig. 364.

Soient A et B les intensités des sources à comparer.

Plaçons une lentille divergente MN entre la source A et l'écran E ; le flux lumineux reçu par l'écran sera le même que s'il était éclairé directement par l'image virtuelle de A.

Si nous admettons provisoirement que le coefficient d'absorption de la lentille soit nul, l'éclat intrinsèque de l'image sera le même que celui de la source et les éclats totaux seront dans le même rapport que celui des deux surfaces lumineuses, c'est-à-dire égal au rapport des carrés des deux droites homologues ab et $a'b'$. Nous aurons donc

$$\frac{A'}{A} = \left[\frac{a'b'}{ab}\right]^2.$$

Si p et p' désignent les distances de A et de A' à l'axe optique de la lentille, et f la distance focale principale,

$$\frac{a'b'}{ab} = \frac{p'}{p} \ ;$$

et comme

$$\frac{1}{f} = \frac{1}{p'} - \frac{1}{p} ,$$

on aura

$$\frac{p'}{p} = \frac{pf}{p+f} \qquad \text{et} \qquad \frac{A'}{A} = \left[\frac{f}{p+f}\right]^2.$$

L'éclairement en E sera

$$\frac{A'}{[p'+x-p]^2} = \frac{A}{\left[\frac{(p+f)x-p^2}{f}\right]^2}.$$

Lorsque les deux faces de l'écran seront également éclairées, le rapport des deux intensités photométriques sera donné par l'équation

$$\frac{A}{B} = \frac{\left[\frac{(p+f)x-p^2}{f}\right]^2}{y^2}.$$

Un exemple numérique fera ressortir l'avantage de cette méthode.

Prenons un banc photométrique ayant une longueur totale de 4 m. et une lentille dont la distance focale principale

$f = 10$ cm. Supposons que l'égalité d'éclairement soit obtenue avec $x = 300$ cm., $p = 180$ cm., $y = 100$ cm. ; on trouvera que

$$\frac{A}{B} = 2550.$$

Si l'on n'avait pas employé la lentille il aurait fallu placer la source la plus puissante à 50 m. 49 de l'écran pour obtenir l'égalité d'éclairement en maintenant l'étalon à 1 m.

Il est facile de voir que cette disposition s'applique également au photomètre Bunsen et au photomètre Foucault.

Dans le calcul précédent nous avons supposé que le coefficient d'absorption de la lentille était nul ; en réalité il n'en est pas ainsi, et ce coefficient doit être déterminé expérimentalement en comparant l'intensité de deux sources constantes, d'abord directement, puis en interposant la lentille.

257. Comparaison des lumières de teintes très différentes. — Jusqu'ici nous avons admis implicitement que les deux lumières à comparer avaient la même teinte, et dans ce cas les méthodes photométriques décrites sont susceptibles de donner des résultats exacts.

Il n'en est pas de même lorsqu'il s'agit de comparer deux lumières dont les températures d'émission sont très différentes ; dans ce cas il n'est plus possible d'établir exactement l'égalité d'éclairement des deux moitiés de l'écran photométrique, puisque l'impression lumineuse produite sur l'œil varie avec la teinte.

M. Crova a indiqué le moyen de comparer des sources lumineuses de teintes différentes, en se basant sur les observations suivantes :

Supposons étalées, en deux spectres contigus, les radiations simples qui constituent la lumière émanant d'un régulateur électrique et celle d'une lampe carcel étalon. Si les distances des deux sources au photomètre sont telles que leur éclairement moyen soit le même, les deux spectres seront loin de présenter le même aspect ; vers l'extrémité violette le rapport de l'intensité de l'arc à celle de la lampe sera plus grand que l'unité ; mais si l'on se rapproche du rouge ce rapport diminue graduellement en obéissant à la loi de continuité et sera moindre que l'unité à l'extrémité rouge. Il existe donc une radiation simple déterminée, dont la longueur d'onde dépend de la nature des deux lumières comparées, pour laquelle ce rapport est égal à l'unité. Si cette radiation est exactement connue, la mesure du rapport de ses intensités dans les deux spectres donnera le rapport des intensités totales des deux sources. Comme, dans la comparaison des foyers électriques et de la carcel, cette radiation se trouve dans le jaune aux environs de la raie D, il suffira d'interposer entre l'œil et l'écran photométrique une substance colorée qui ne laisse passer que les radiations comprises entre les raies C et E du spectre entre lesquelles se trouve la raie D.

A cet effet on prépare une solution qui a la composition suivante :

Perchlorure de fer anhydre sublimé	22 gr. 321
Chlorure de nickel cristallisé	27 gr. 491
Eau distillée	100 cm.³

Après avoir saturé cette solution de chlore, on en remplit une cuve de glaces à faces parallèles. Lorsque la couche liquide a 7 mm. d'épaisseur, elle ne laisse passer que les radiations comprises entre les longueurs d'onde 630 μ et 534 μ avec un maximum vers 580 μ, c'est-à-dire celles dont la comparaison donne le même rapport que celui des éclairements de la carcel et du bec électrique.

On a ainsi ramené la comparaison de deux sources de teintes différentes à celle de deux lumières de mêmes teintes.

258. Intensité moyenne sphérique. — Pour avoir une comparaison exacte des différents foyers lumineux il faut déterminer le flux lumineux suivant les différentes directions de l'espace et calculer l'éclairement moyen d'une sphère dont le point lumineux est le centre. Lorsque le foyer est symétrique par rapport à l'axe vertical, il suffit de tracer la courbe des intensités photométriques dans un azimut ; on divise alors la

sphère en zônes horizontales suffisamment étroites et l'en multiplie la surface de chacune de ces zônes par l'intensité lumineuse du rayon qui correspond à son parallèle moyen. En divisant la somme de ces produits par la surface de la sphère, on
obtient ce que l'on appelle l'*intensité moyenne sphérique* du
foyer considéré.

Désignons par λ l'intensité lumineuse suivant la ligne qui
fait un angle θ avec le plan horizontal et considérons deux
rayons infiniment voisins faisant avec l'horizontale des angles
θ et $\theta + d\theta$. La surface de la zone comprise entre ces deux
rayons, sera $2\pi \cos \theta d\theta$, et le flux correspondant $2\pi\lambda \cos \theta d\theta$.

Le flux total reçu par la portion de sphère comprise entre
les parallèles θ_1 et θ_2 aura pour expression :

$$2\pi \int_{\theta_1}^{\theta_2} \lambda \cos \theta \, d\theta$$

En divisant la valeur de cette intégrale par la surface de la
portion correspondante de sphère, $2\pi (\sin \theta_2 - \sin \theta_1)$, on obtiendra l'éclairement de la ligne considérée.

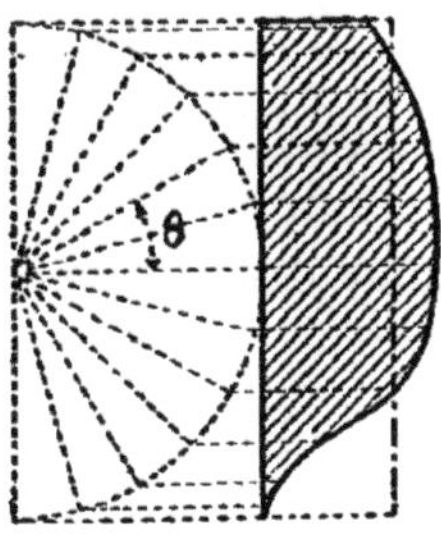

Fig. 365. — Intensité moyenne sphérique de la lampe Carcel.

Cette détermination peut se faire graphiquement comme
l'indique le tracé de la figure 365 qui se rapporte à l'intensité
moyenne sphérique d'une lampe Carcel.

Les abscisses étant proportionnelles aux sinus des inclinaisons sur l'horizontale, et les ordonnées mesurant les intensités
photométriques correspondantes, la surface de la courbe représente le flux lumineux total correspondant à la demi-sphère,

l'ordonnée moyenne donnera immédiatement l'intensité moyenne sphérique cherchée. Dans l'exemple choisi cette intensité moyenne est les 0,761 de l'intensité horizontale.

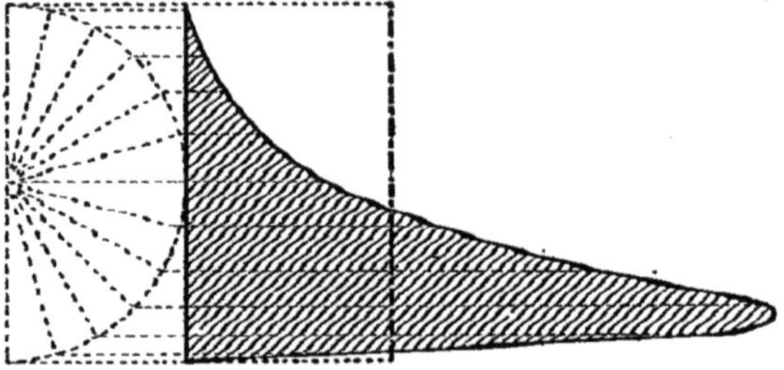

Fig. 306.— Intensité moyenne sphérique d'une lampe à arc voltaïque.

D'après les essais photométriques faits sur des lampes à arc de différents systèmes, si l'on appelle :
S l'intensité lumineuse sphérique moyenne ;
H l'intensité lumineuse horizontale ;
M l'intensité lumineuse maximum ;
on a entre ces trois quantités la relation suivante :

$$S = \frac{H}{2} + \frac{M}{4}.$$

Les intensités moyennes dans chacune des hémisphères sont assez bien représentées par :

$$\frac{H}{4} \text{ pour l'hémisphère supérieure}$$

et par :

$$\frac{H+M}{4} \text{ pour l'hémisphère inférieure.}$$

Ces formules empiriques donnent dans la plupart des cas des valeurs qui ne diffèrent que très peu de celles que fournit le calcul exact.

Pour déterminer l'intensité photométrique d'un foyer sous différents angles, l'expérience doit être disposée de façon que le flux lumineux à mesurer soit normal à la surface de l'écran photométrique. Si le photomètre est fixe, comme c'est généralement le cas, il faut employer une disposition spéciale pour réaliser la condition que nous venons d'énoncer. Celle que nous allons décrire, due à MM. Ayrton et Perry, est d'un emploi commode, et peut être facilement appliquée dans un laboratoire de dimensions ordinaires.

Soient (fig. 367) :

OO' l'axe du banc photométrique ;

E l'écran ;

A le foyer lumineux que nous supposerons d'abord placé

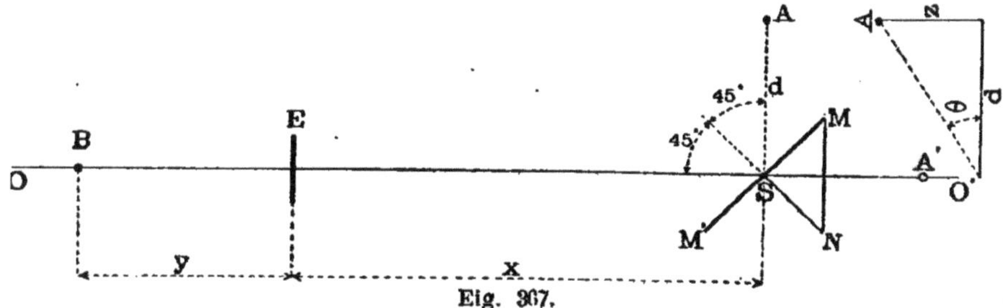

Fig. 367.

dans le plan horizontal passant par l'axe du photomètre, à la distance horizontale d de la ligne OO'.

MM', est un miroir plan dont le centre S est sur le pied de la perpendiculaire abaissée de A sur OO'. Ce miroir est disposé de façon à pouvoir se déplacer autour de l'axe OO' en restant toujours tangent à un cône droit à base circulaire SMN dont l'angle au sommet est de 90°.

Supposons d'abord que ce miroir soit tangent au cône suivant la génératrice horizontale SM, et par suite perpendiculaire au plan horizontal qu'il coupe suivant MSM'. Les rayons émis horizontalement par la lampe, rencontrant ce miroir sous un angle de 45°, seront réfléchis suivant SO, normalement à l'écran E qui sera éclairé comme si la source A se trouvait à la distance $(x + d)$. Elevons maintenant le foyer d'une hauteur z au-dessus du plan horizontal suivant la verticale qui passe en A, et faisons tourner le miroir d'un angle θ tel que tg. $\theta = \dfrac{z}{d}$.

Dans cette nouvelle position les rayons qui font avec l'horizontale un angle θ, seront perpendiculaires à l'axe OO' et, comme ils rencontrent le miroir sous un angle de $45°$, ils seront encore réfléchis normalement à l'écran, qui se trouve alors à la distance $\left(x + \dfrac{d}{\cos\theta}\right)$ de la source. On mesurera ainsi l'intensité photométrique du foyer suivant les inclinaisons θ_1, θ_2.... soit au-dessus soit au-dessous du plan horizontal. Pour les inclinaisons voisines de $90°$ il faut déplacer le foyer et le fixer dans le plan vertical passant par OO'.

Avant de commencer les mesures il faut avoir soin de déterminer le coefficient d'absorption du miroir, en comparant deux foyers d'intensités constantes avec et sans miroir.

Lorsque le foyer n'est pas symétrique par rapport à l'axe vertical, on répète les mesures pour un certain nombre d'azimuts α, pour chacun desquels on calcule l'intensité moyenne. En traçant sur la sphère les fuseaux correspondants, on obtiendra sans difficulté l'intensité moyenne sphérique $\displaystyle\int_{\alpha_1}^{\alpha_2} \frac{I_\alpha d\alpha}{2\pi}$.

La figure 361 montre la disposition adoptée pour monter le miroir MM' sur le banc photométrique. La mesure de l'intensité moyenne sphérique des lampes à incandescence peut se faire directement en montant la lampe sur un support mobile autour d'un axe vertical et d'un axe horizontal. Cette disposition est également représentée sur la fig. 361.

259. Éclat intrinsèque des sources lumineuses. — L'intensité photométrique d'une source lumineuse a pour expression ES, c'est-à-dire le produit de l'éclat intrinsèque par sa surface. Pour comparer les éclats intrinsèques de deux sources lumineuses de nature différente, il suffira donc de comparer leurs intensités et de mesurer leurs surfaces respectives. L'éclat dépend principalement de la température à laquelle est porté le corps solide incandescent.

Les chiffres suivants montrent dans quelles limites varie cet éclat pour différents foyers.

1 cm² de flamme donne

Dans un bec bougie à gaz   0,06 bougie
    bec d'Argand   0,30   »
    brûleur intensif Siemens   0,60   »
    lampe à incandescence électrique   30   »
    lampe à arc voltaïque   480   »

L'éclat du soleil est environ 50 fois celui de l'arc voltaïque,

260. Mesure de l'éclairement. — La mesure de l'intensité lumineuse d'un foyer ne fournit que l'un des éléments du
problème qui se pose dans les applications industrielles, puisqu'en réalité ce qu'il importe de connaître dans un éclairage,
c'est la quantité de lumière dont on dispose pour voir certains
objets, c'est-à-dire *l'éclairement* de ces objets. On a adopté
comme unité d'éclairement soit la *bougie-mètre*, soit la *carcel-
mètre*, c'est-à-dire l'éclairement fourni par une bougie ou une
carcel placée à un mètre de distance.

Il faut un éclairement de 50 bougies-mètres pour lire aussi
facilement qu'à la lumière du jour. Ce chiffre peut être considéré comme un maximum, et dans la plupart des applications
l'éclairement peut être inférieur à ce chiffre ; on peut adopter
le chiffre de 15 bougies-mètre comme limite inférieure de l'éclairement dans les locaux où l'on est obligé de lire et écrire.

Le photomètre représenté par la figure 368 s'applique très
bien à la mesure de l'éclairement.

Il se compose d'un tube horizontal A de 30 cm. de longueur
et de 8 cm. de diamètre, monté sur un pied, et d'un second
tube B mobile dans un plan perpendiculaire à l'axe de A. Un
secteur gradué indique son inclinaison sur l'horizontale ; une
vis de pression permet de maintenir le tube B dans une position déterminée. Les deux tubes sont noircis intérieurement.

C est une lampe auxiliaire dont l'intensité doit rester constante pendant la durée de l'expérience ; elle éclaire un disque
opale fixé dans un chassis *f* qui peut se déplacer le long du tube
A, au moyen de la vis V; un vernier entraîné par la vis permet
de lire à 0,1 mm. près la distance de la lampe C au disque *f*.

A l'intérieur de B est fixé un prisme qui réfléchit les rayons, issus de f, sur une des moitiés de l'écran photométrique k, quelle que soit la position de B. La seconde moitié de l'écran k est éclairée par les rayons issus de la source lumineuse expé-

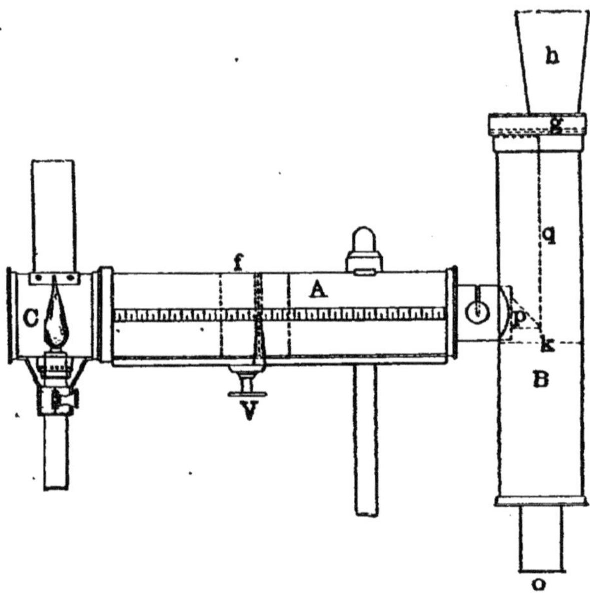

Fig. 368. — Photomètre de Weber.

rimentée. L'intensité des radiations peut être réduite dans une proportion connue par l'interposition d'une ou de plusieurs lames de verre dépoli ou opale dont les coefficients d'absorption ont été déterminés par l'expérience. Ces lames de verre se fixent dans un chassis à l'extrémité du tube B ; elles sont blanches ou colorées suivant le but qu'on se propose. Le tube h, en forme d'entonnoir, et la cloison intérieure q, ont pour but d'empêcher les rayons lumineux de la source extérieure de tomber sur l'autre moitié de l'écran k.

Pour appliquer cet appareil à la comparaison des éclairements de deux surfaces, après avoir dirigé le tube B sur l'une d'elles, on cherche la position à donner à la lame de verre f pour obtenir l'égalité d'éclairement des deux plages de l'écran *k* ; on opérera de même pour la seconde surface ; le rapport cherché sera l'inverse de celui des carrés des distances de la lampe auxiliaire à la plaque *f* dans chacun des cas. — Si l'éclairement de l'une des surfaces est connu, c'est-à-dire si elle est illuminée par une source d'intensité connue placée à une distance déterminée, l'expérience donnera immédiatement l'éclairement de la seconde surface exprimée en bougies-mètre.

261. Étude d'un éclairage. — La quantité totale de lumière à fournir, la nature, l'intensité, le nombre des foyers lumineux, la disposition à leur donner dépendent essentiellement du but que l'on a en vue. On pourra se proposer par exemple soit de concentrer la lumière sur certains points, soit d'éclairer uniformément des surfaces horizontales ou inclinées, soit de produire certains contrastes d'ombre et de lumière.

L'impression produite par un éclairage dépend non-seulement de la quantité totale de lumière reçue aux divers points, mais aussi de la forme et de la couleur des objets éclairés, ainsi que de l'éclairement relatif des espaces voisins ; en général, la quantité totale de lumière à fournir pour obtenir un éclairage harmonieux sera d'autant moindre qu'elle sera plus uniformément répartie, et à ce point de vue, il sera avantageux de multiplier le nombre des foyers en diminuant leur intensité. L'éclat intrinsèque des sources lumineuses joue également un rôle important, et il est souvent nécessaire d'atténuer cet éclat par l'interposition de globes ou d'écrans translucides, lors même qu'ils absorbent une proportion notable des radiations lumineuses. En un mot, pour qu'il ne fatigue pas la vue, un éclairage artificiel doit se rapprocher autant que possible des conditions habituelles de la lumière diffuse du jour.

L'étude complète d'un éclairage est donc une question essentiellement complexe, qu'il est bien difficile, sinon impossible, de soumettre à des règles absolues. — Cependant les considérations suivantes sont de nature à abréger considérablement les tâtonnements inévitables dans une étude de cette nature, surtout lorsqu'il s'agit d'éclairages dont le but est bien déterminé et pour lesquels le côté décoratif et artistique ne joue qu'un rôle secondaire.

Nous étudierons d'abord l'éclairement d'une surface XX′ (fig. 369) par une source lumineuse d'intensité L placée à une distance y du plan XX′.

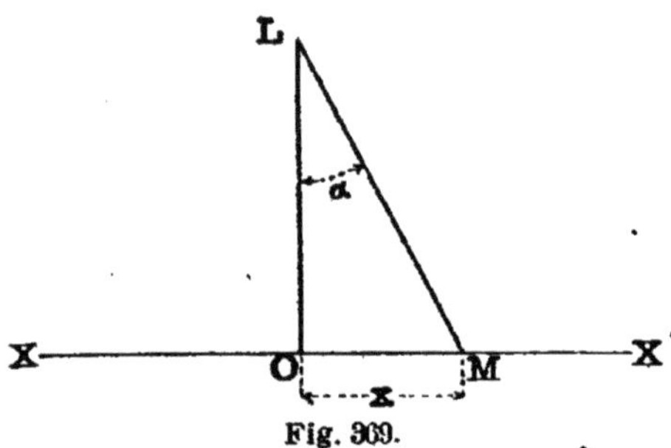

Fig. 369.

L'éclairement e en un point M, situé à la distance x du pied de la normale LO, sera

$$e = \frac{L}{x^2+y^2} \cos \alpha,$$

expression qui peut être mise sous l'une des deux formes suivantes :

(1) $$e = \frac{L}{y^2} \cos^3 \alpha ;$$

(2) $$e = \frac{L}{x^2} \sin^2\alpha \, \cos \alpha.$$

L'équation (1) donne la valeur de l'éclairement en un point pour différentes valeurs de x ($x = y\,tg_x$), lorsque y est constant ;

L'équation (2) montre que, pour une valeur donnée de x, e sera nul pour $\alpha = 0$, c'est-à-dire lorsque le foyer est à une distance infinie, et pour $\alpha = \frac{\pi}{2}$, c'est-à-dire lorsque le foyer est sur le plan XX′ ; la valeur de l'éclairement passe donc par un maximum que l'on obtient en posant $\frac{de}{d\alpha} = 0$, c'est-à-dire pour

(3) $$tg^2 \alpha = 2, \qquad ou \qquad y = 0,707 \, x,$$

Cette condition étant remplie, on aura

$$e = \frac{2}{3\sqrt{3}} \cdot \frac{L}{x^2}.$$

La quantité de lumière dq reçue par la surface annulaire, dont le centre est en O, comprise entre les cercles de rayons x et $x + dx$, sera donnée par l'équation

$$dq = \frac{L}{y^2} \cos^3 \alpha \times 2\pi x dx = 2\pi\, L \sin \alpha\; d\alpha\,;$$

et pour le cercle décrit du point O comme centre avec un rayon x, on aura

$$(5) \qquad\qquad q = 2\pi L (1 - \cos \alpha),$$

avec $\qquad\qquad \alpha = \text{arc tg} \dfrac{x}{y}.$

La valeur moyenne de l'éclairement dans le cercle de rayon x sera

$$(6) \qquad c_m = \frac{2L}{x^2} (1 - \cos\alpha) = \frac{2L}{x^2} \sin\alpha\, \text{tg} \tfrac{1}{2}\alpha.$$

Les équations précédentes sont applicables à un nombre quelconque de foyers éclairant un espace donné ; en chaque point l'éclairement direct sera la somme des éclairements fournis par chacun des foyers.

Dans tous les cas, on devra tenir compte de la lumière réfléchie et diffusée par les parois, qui contribue également à l'éclairement des divers points.

Désignons, en effet, par L la somme des intensités moyennes sphériques des foyers éclairant une salle, et par φ le coefficient d'absorption des parois : la première réflexion donnera une quantité de lumière égale à L $(1 - \varphi)$; la seconde L $(1 - \varphi)^2$,.,... la n^e, L $(1 - \varphi)^n$ et la quantité totale de lumière diffusée dans la pièce par la réflexion des parois sera $\dfrac{L(1 - \varphi)}{\varphi}$.

Dans une salle dont les tentures et l'ameublement sont de couleurs sombres, φ est très voisin de l'unité, et la quantité de lumière diffuse contribuera pour une très faible part à l'éclairage général. Au contraire, lorsque l'ameublement est de couleur ou claire, que les murs sont en partie recouverts de glaces, la lumière diffuse prend une importance considérable ; ainsi, par exemple, avec $\varphi = 0,20$, la lumière diffuse sera égale à 4 fois celle qui est fournie par les radiations directes.

On voit qu'il est extrêmement difficile de résoudre les problèmes d'éclairage par le calcul seul, et dans le plus grand nombre des cas on devra se laisser guider par l'étude d'installations existantes. Le tableau suivant, dressé par M. Mascart[1], fournit des renseignements pratiques très intéressants sur cette question.

	DIMENSIONS			NOMBRE de BOUGIES	
	Plan m²	Volume m³	Nombre total de bougies	par mètre horizontal	par mètre cube
Salle des Glaces du Palais de Versailles.					
En 1745	720	9.360	1,800	2,50	0,19
En 1873	»	»	4.000	5,35	0,43
En 1878	»	»	8.000	11,10	0,85
Salle des Fêtes de Compiègne.					
En 1888	440	3.520	1.000	2,28	0,28
Opéra (Soirées de Bal).					
Foyer	672	7.392	6.000	8,93	0,81
Salle	400	9.200	11.140	27,85	1,21
Scène	530	8.000	4.720	8,90	0,59
Hôtel de Ville (Bals de 1888)					
Salle des Fêtes	1,295	24.000	18.720	14,46	0,78
Salle à manger	300	2.460	4.320	14,40	1,75
Salon de verdure	165	1.350	720	4,36	0,53
Grands salons	496	4.067	7.560	15,24	1,86
Galerie latérale	257	3.600	3.600	13,98	0,56
Salon réservé	195	1.350	720	4,36	0,53

1. *Mesure de l'éclairement*, par M. Mascart. *Bulletin de la Société internationale des Electriciens*, mars 1888.

Théâtres (Salle).

Odéon	350	5.600	2.470	7,06	0,44
Gaieté	250	4.800	2.360	9,44	0,55
Comédie française	240	3.500	2.340	9,75	0,67
Palais-Royal,	90	1.000	1.900	21,10	1,90
Porte St-Martin	200	3.250	3.200	16,00	0,98
Renaissance	96	1.400	1.970	20,52	1,40

CHAPITRE XVII

DISTRIBUTION DE L'ÉNERGIE ÉLECTRIQUE

262. Classification des systèmes de distribution. — Les distributions électriques peuvent se diviser en deux classes :

a) Les *distributions directes*, dans lesquelles les appareils récepteurs utilisent l'énergie électrique telle qu'elle est fournie par l'usine de production ;

b) Les *distributions indirectes*, dans lesquelles le courant électrique, produit à l'usine, n'est utilisé qu'après avoir été transformé par son passage à travers un appareil susceptible de lui donner les qualités nécessaires aux applications.

La première classe comprend trois subdivisions :

1° Distribution en série ;

2° Distribution en dérivation ;

3° Distribution mixte.

La seconde classe comprend deux subdivisions :

1° Distribution par transformateurs ;

2° Distribution par accumulateurs.

Dans l'étude que nous allons faire de ces différents systèmes, nous aurons principalement en vue les applications qui peuvent en être faites à la distribution de la lumière et de la force motrice pour la petite industrie au moyen d'usines centrales.

263. Distribution en série. — Ce mode de distribution, dont la figure 370 indique le principe, est le plus simple et le plus économique ; mais il n'est applicable que lorsque tous les récepteurs fonctionnent avec le même courant. Dans ce cas, la distribution se fait *à courant constant*, et la force électro-motrice de la génératrice doit varier en raison du nombre des appareils alimentés.

Ce système est employé principalement pour les éclairages dont les lampes sont allumées et éteintes simultanément, comme par exemple l'éclairage des voies publiques par l'arc voltaïque ou l'incandescence. Chaque lampe étant munie d'un veilleur automatique, l'extinction d'une ou de plusieurs lampes ne troublera pas l'allure des autres, à la condition que la dynamo-génératrice soit disposée de façon à fournir un courant constant.

Soient :

i l'intensité du courant nécessaire ;

ε la chute de potentiel dans chaque lampe ;

n le nombre des appareils en série ;

L la longueur totale de la ligne ;

ρ la résistance spécifique du métal ;

s la section du conducteur.

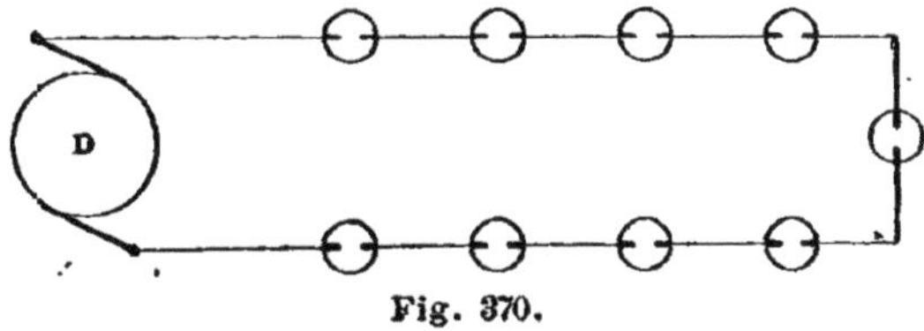

Fig. 370.

On commencera par déterminer la section la plus convenable à donner au conducteur, comme il a été dit au chapitre XII ; la perte de charge [1] $\dfrac{L\rho i}{s}$, due à la résistance de la ligne, étant ainsi connue, la différence de potentiel E, à maintenir entre les deux extrémités de la ligne, sera donnée par l'équation

$$E = n\varepsilon + \frac{L\rho i}{s}.$$

On ne dépasse généralement pas, pour E, la valeur de 3,000 volts.

---

1. Pour les conducteurs en cuivre de haute conductibilité, si L est exprimé en mètres et s en millimètres carrés, on prendra $\rho = 0,018$.

E et i étant déterminés, la puissance mécanique nécessaire A sera donnée par l'équation

$$A = \frac{Ei}{736k} \text{ chev.-vap.,}$$

en représentant par k le rendement électrique industriel de la dynamo que l'on se propose d'adopter.

Afin que l'arrêt accidentel d'une machine ne puisse pas donner lieu à une interruption totale de l'éclairage, il convient de faire la distribution par deux canalisations distinctes, dont chacune sera desservie par une machine indépendante. Cette disposition comporte l'emploi de trois dynamos semblables, dont une de réserve. Chaque machine peut, au moyen d'un commutateur convenable, être reliée à l'un ou à l'autre des deux circuits.

La distribution en série est applicable à l'éclairage des voies publiques ou des grands espaces par les lampes à arc voltaïque ; les régulateurs employés sont du type différentiel, dans lequel la résistance de l'arc est maintenue constante.

Ce mode de distribution peut également être employé avec avantage pour l'éclairage des rues au moyen de lampes à incandescence. Dans ce cas, les lampes sont à grand débit (généralement 8 à 10 ampères) et à faible résistance. Chacune d'elles est munie d'un commutateur qui la met automatiquement hors du circuit des autres, lorsque le filament est accidentellement rompu. La Compagnie Edison de New-York emploie à cet effet la disposition suivante. Entre les deux fils qui amènent le courant à la lampe se trouve un troisième fil de platine qui pénètre dans l'ampoule entre les deux branches du filament ; il se prolonge dans la tige de la lampe et s'y relie à un fil de fer très fin qui tend un ressort. Lorsque le filament se brise, un arc électrique prend naissance entre le fil intermédiaire et l'une des extrémités du filament ; le courant de rupture qui traverse le fil de fer suffit à le fondre et le ressort, en se détendant, établit un contact qui met en court circuit les deux bornes de la lampe. M. Bernstein a proposé, dans le même but, d'établir entre les bornes de la lampe un shunt formé par un mélange, en proportions convenables, de charbon en poudre et d'oxyde de mercure, dont la résistance est environ 200 fois celle de la lampe. Si le filament vient à se rompre, l'intensité du courant qui traverse le shunt augmente suffisamment pour déterminer la réduction de l'oxyde en mercure métallique, et les deux bornes de la lampe sont mises en court circuit.

264. Distribution en dérivation. — Le principe de ce mode de distribution est indiqué par la figure 371.

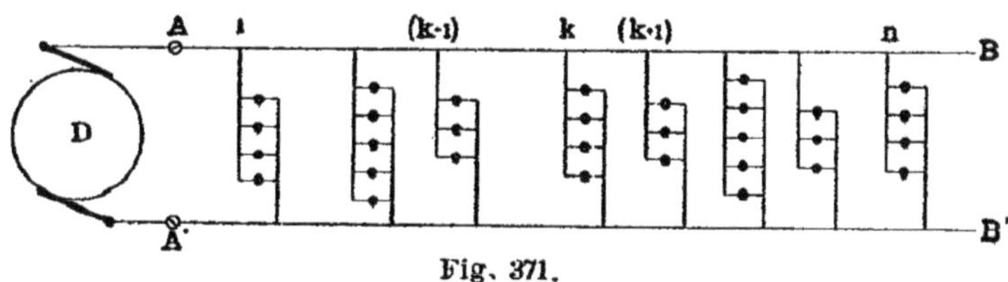

Fig. 371.

Les deux conducteurs AB et A'B' étant reliés aux pôles d'une dynamo et les lampes étant branchées comme l'indique la figure, la machine devra fournir à chaque instant le courant correspondant au nombre des lampes allumées. Ce système, beaucoup moins économique que le précédent, permet de rendre les lampes indépendantes les unes des autres.

Soient :

r la résistance de la portion du conducteur AB comprise entre les branchements $(k - 1)$ et k ;

r' la résistance comprise entre les mêmes branchements sur la ligne A'B' ;

y le courant qui passe de $(k - 1)$ en k sur la ligne AB ; il est égal à la somme des courants nécessaires pour l'alimentation des $(n - k)$ branchements situés au-delà de k ; son intensité est la même que celle du courant qui revient de k en $(k - 1)$ sur la ligne B'A' ;

v_1 et v_2 les valeurs du potentiel en $(k-1)$ et k sur la ligne AB.

v_1' et v_2' les valeurs de potentiel en $(k - 1)$ et k sur la ligne A'B'.

On aura

$$v_1 - v_2 = ry \quad \text{et} \quad v_2' - v_1' = r'y,$$

ou

$$(v_1 - v_1') - (v_2 - v_2') = (r + r')y;$$

c'est-à-dire que la différence de potentiel, sous laquelle est alimenté un branchement, dépend non-seulement de la distance de ce branchement à la source électrique, mais aussi du nombre des lampes allumées en deçà et au delà. Les lampes ne pourront être considérées comme étant indépendantes les unes des autres que si la chute de potentiel sur la ligne est assez faible pour que les différences qui en résultent dans l'éclat des lampes ne soient pas sensibles à l'œil. L'expérience a montré que cette condition est remplie lorsque les variations extrêmes de la différence de potentiel ne dépassent pas 1 p. 0/0 en plus ou en moins du voltage normal.

Considérons une canalisation formée des deux conducteurs AB et A'B', dont les extrémités B et B' sont isolées et dont les points A et A' sont reliés à une source électrique convenable, et désignons par

1, 2.... n les numéros d'ordre des branchements à partir de A;

$y_1\ y_2$.... y_n les courants fournis à chaque branchement;

$x_1\ x_2$.... x_n les résistances du double conducteur (aller et retour) comprises entre l'origine et les branchements 1, 2... n.

La chute de potentiel ΔE, entre le point A et le dernier branchement, sera donnée par l'équation

$$\Delta E = x_1 (y_1 + y_2 + ... + y_n) + (x_2 - x_1)(y_2 + ... + y_n) + ...$$
$$+ (x_n - x_{n-1}) y_n,$$

ou

$$(3) \qquad \Delta E = x_1 y_1 + x_2 y_2 + ... + x_n y_n.$$

L'expression de cette perte de charge est analogue à celle qui donne la somme des moments de plusieurs forces parallèles par rapport à un point, et sa valeur peut être déterminée graphiquement (fig. 372).

Portons sur l'axe des abscisses des longueurs $x_1\ x_2... x_n$ proportionnelles aux résistances du double conducteur comprises entre l'origine et les branchements successifs. Sur l'axe des ordonnées portons des longueurs proportionnelles aux courants débités par les branchements 1, 2,... 8; par le point b

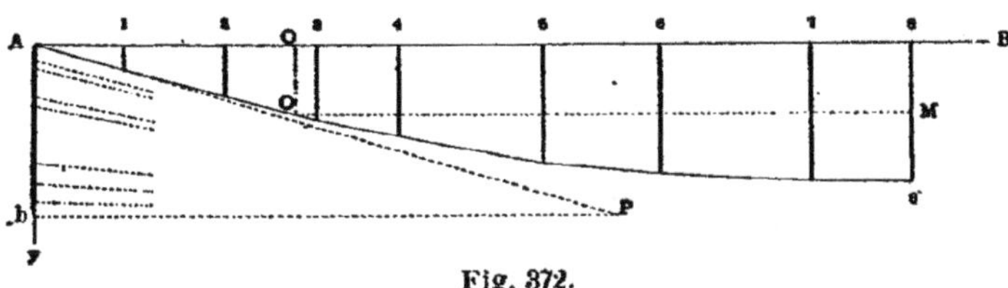

Fig. 372.

menons une droite parallèle à l'axe des abscisses et construisons le polygone funiculaire relatif au pôle P pris sur cette droite.

L'ordonnée de l'un quelconque des sommets de ce polygone donnera, à l'échelle de la figure, la perte de charge totale entre l'origine et ce point.

Si la figure est construite à l'échelle de α mm. pour 1 ampère et de ω mm. pour 1 ohm, et que l'on veuille adopter l'échelle de v mm. pour 1 volt, l'abscisse X du pôle P sera déterminée par la condition

$$(4) \qquad\qquad X = \frac{\alpha\omega}{v}.$$

Par le point M, milieu de l'ordonnée 88', menons une parallèle à AB jusqu'à la rencontre du polygone funiculaire en O. Si la génératrice est réglée de façon à maintenir en O une différence de potentiel constamment égale à la valeur normale E, les variations extrêmes de potentiel par rapport à E ne seront plus que la moitié de ce qu'elles seraient si l'on adoptait le point A comme centre de potentiel constant.

La régulation au point O peut se faire en établissant à l'usine de production un voltmètre dont les bornes seront reliées par un double fil isolé avec les deux lignes AB et A'B' au point O, et dont les indications permettent de faire varier convenablement la f. e. m. d'émission.

Dans ces conditions, la perte de charge totale entre les branchements extrêmes de la ligne AB pourra être double de la variation que l'on aura fixée comme maximum admissible.

Considérons maintenant le cas où la canalisation AB est alimentée par ses deux extrémités A et B. Il y aura, entre A et B, un branchement de rang k, dont le courant y_k sera la somme de deux courants, y'_k et y''_k, émanant le premier du point A et le second du point B.

Désignons par

E la différence de potentiel sous laquelle se fait l'alimentation en A et en B ;

ΔE_a et ΔE_b les pertes de charges de A en k et de B en k ; on aura évidemment

$$(5) \qquad \Delta E_a = \Delta E_b \ ;$$

i_a et i_b les intensités des courants fournis par A et par B ;

$$(6) \qquad i_a = y_1 + y_2 + \ldots + y'_k,$$
$$(7) \qquad i_b = y_n + y_{n-1} + \ldots + y''_k ;$$

R la résistance totale de la double ligne entre A et B.

Les pertes de charge ΔE_a et ΔE_b seront données par les équations

$$(8) \qquad \Delta E_a = x_1 y_1 + x_2 y_2 + \ldots + x_k y'_k$$
$$(9) \qquad \Delta E_b = (R - x_n) y_n + (R - x_{n-1}) y_{n-1} + \ldots + (R - x_k) y''_k ;$$

et, comme $\Delta E_a = \Delta E_b$,

$$(10) \qquad R i_b = x_1 y_1 + x_2 y_2 + \ldots + x_n y_n.$$

Si $y_1, y_2 \ldots y_n$ représentaient des forces parrallèles appliquées aux points 1, 2, ... n d'une poutre droite reposant sur deux appuis A et B, l'équation (10) fournirait la valeur i_b de la réaction de l'appui B : celle de l'appui A serait donnée par la relation : $i_a = (y_1 + y_2 + \ldots + y_n) - i_b$.

L'application des méthodes de la statique graphique permettra donc de déterminer par une épure très simple les intensités des courants à fournir par les points A et B, ainsi que les pertes de charge aux divers points. La figure 373 indique cette construction, pour laquelle on a adopté les mêmes valeurs de x et de y et les mêmes échelles que dans la figure 372.

On porte bout à bout sur l'axe Ay les valeurs y_1, y_2 ... y_8 des courants débités par les branchements 1, 2 ... 8 ; après avoir déterminé la position du point P par l'équation (4), on trace le polygone funiculaire relatif à ce pôle P ; on mène la corde AQ de ce polygone et, par le point P, un rayon Pc parallèle à AQ ; il divisera la ligne Ab, qui ferme le polygone des forces, en

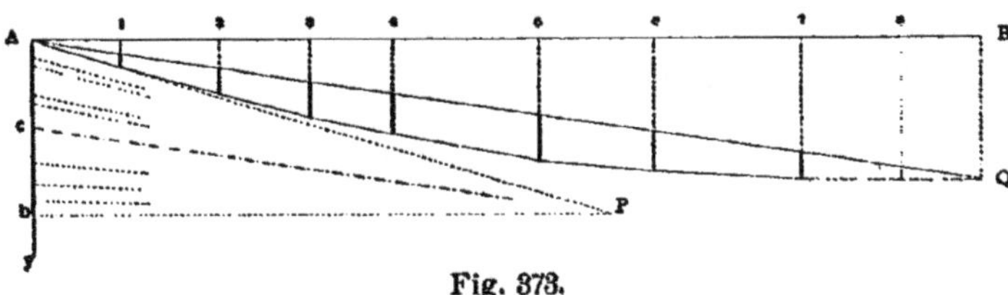

Fig. 373.

deux segments Ac et bc qui donnent les valeurs des courants i_a et i_b issus de A et de B. Les longueurs d'ordonnées comprises entre la corde AQ et les sommets du polygone funiculaire représenteront, à l'échelle de la figure, les pertes de charge aux divers points.

Si la perte de charge ΔE, correspondant à une section s, est trop forte ou trop faible, et que l'on se propose de la ramener à une valeur $\Delta E'$, la section s' à adopter, pour satisfaire à cette condion, sera donnée par l'équation

$$s' = \frac{\Delta E}{\Delta E'} \cdot s.$$

Si l'on se propose de déterminer la section des conducteurs de façon à rendre minima les frais d'exploitation ou les dépenses d'installation, on sera conduit (chap. XII) à adopter une valeur constante pour la densité du courant, c'est-à-dire que la section du conducteur devra être, en chaque point, proportionnelle au débit maximum de la canalisation en ce point. Mais la réalisation rigoureuse de cette condition entraînerait des complications et des difficultés de pose, que l'on a souvent intérêt à éviter en donnant aux câbles une section uniforme, au moins sur une certaine longueur, lors même qu'il en résulte une augmentation dans le poids du cuivre.

La position et le débit des branchements étant donnés, et la section du conducteur étant déterminée par la condition d'économie, on pourra calculer les pertes de charge aux divers points et trouver ainsi la distance maximum L à laquelle les conducteurs adoptés permettront de desservir l'éclairage, sans que les variations de potentiel sortent des limites fixées. Cette distance est toujours assez faible, et le rayon d'action d'une station centrale serait singulièrement limité, si l'on ne parvenait pas à l'étendre au moyen de dispositions spéciales dont nous allons exposer les principes.

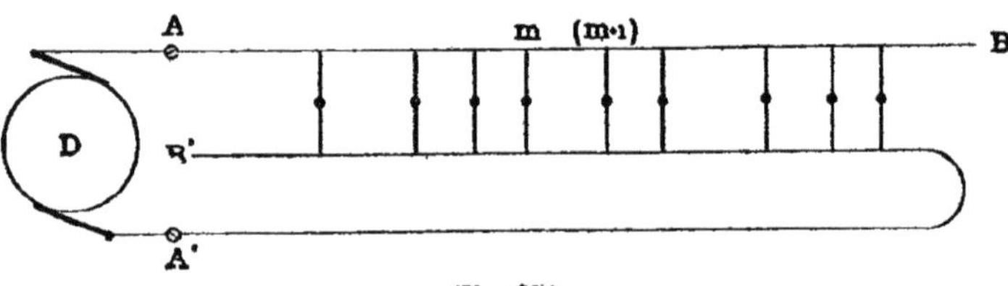

Fig. 374.

a) Distribution en boucle. — Dans ce mode de distribution, que représente la figure 374, la résistance comprise entre un branchement et la génératrice est la même pour tous.

Admettons, pour simplifier la discussion, que la densité γ du courant correspondant au débit maximum est la même en tous les points, et désignons par $(v_1 - v_1')$, $(v_2 - v_2')$ les différences de potentiel aux extrémités des branchements de rang m et $(m + 1)$.

i_n le courant maximum fourni par D lorsque toutes les lampes sont allumées.

i_m le courant maximum correspondant aux m premiers branchements.

y_n le courant total, fourni à un instant quelconque, lorsqu'une partie seulement des lampes sont allumées.

y_m le courant correspondant aux m premiers branchements au même instant.

l la distance des deux branchements m et $(m + 1)$.

r et r' les résistances des portions de conducteurs AB et A'B' entre les deux branchements.

Nous aurons

$$r = \frac{l\rho\gamma}{i_n - i_m} \; ; \qquad\qquad r' = \frac{l\rho\gamma}{i_m} \; ;$$

et, à l'instant considéré,

$$(v_1 - v_2) = \frac{l\rho\gamma}{i_n - i_m}\,(y_n - y_m) \; ;$$

$$(v_1' - v_2') = \frac{l\rho\gamma}{i_m}\,y_m \; ;$$

et par conséquent

$$(v_1 - v_1') - (v_2 - v_2') = l\rho\gamma\left[\frac{y_n i_m - y_m i_n}{i_m(i_n - i_m)}\right]$$

La chute de potentiel sera nulle lorsque $\dfrac{y_m}{y_n} = \dfrac{i_m}{i_n}$, c'est-à-dire lorsque toutes les lampes sont allumées, ou que la proportion de lampes éteintes est la même dans tous les branchements. En général cette condition n'est pas remplie d'une façon rigoureuse, et le potentiel n'est pas constant sur toute la ligne, mais les variations sont toujours assez faibles. Considérons en effet les deux cas extrêmes : celui où toutes les lampes comprises entre A et m sont éteintes, et toutes celles qui sont situées au-delà sont allumées, et celui où toutes les lampes des m premiers branchements sont allumées, tandis que les autres sont éteintes.

Dans le premier cas on aura $y_m = 0$; $y_n = i_n - i_m$ et la chute de potentiel sera $l\rho\gamma$.

Dans le second cas, on aura $y_n = y_m = i_m$, et la chute de potentiel sera $- l\rho\gamma$.

Comme dans une distribution importante l est en général très petit, les variations au-dessus et au-dessous de la valeur normale seront toujours extrêmement faibles, si l'on a soin de maintenir une différence de potentiel constante entre les points A et B'.

Malgré ses avantages, le mode de distribution en boucle est peu employé à cause de la dépense supplémentaire qui en résulte pour l'établissement de la canalisation, et on donne généralement la préférence au système de distribution par *feeders*, dont nous allons indiquer le principe.

b) Distribution par feeders. — Si nous désignons toujours par l la distance maximum à laquelle un conducteur de dimensions données peut desservir l'éclairage, pour alimenter les points situés à une distance supérieure à L, on établira des *relais* ou *centres de distribution*, dont le nombre et la position se détermineront par la condition que chacune des conduites secondaires qui en émanent ait une longueur égale ou inférieure à L. Chacun de ces centres de distribution est alimenté directement par une canalisation spéciale appelée *feeder*, émanant de l'usine de production, et dans laquelle on fait varier la pression d'émission de façon à obtenir une différence de potentiel constante en certains points du réseau. Les feeders sont branchés sur la conduite maîtresse des machines génératrices, et leurs sections sont calculées de telle sorte que la chute de potentiel soit la même pour tous lorsque toutes les lampes sont allumées à la fois. Un rhéostat, inséré dans chacun des feeders, permet de modifier la pression d'émission suivant les besoins variables de la consommation. Cette régulation se fait généralement à la main d'après les indications d'un voltmètre relié aux deux points entre lesquels la différence de potentiel doit être maintenue constante ; elle peut également être réalisée par un appareil automatique analogue à celui que nous avons décrit au chap. VIII.

Lorsque la consommation du réseau diminue, il arrive un moment où tous les feeders sont à une tension supérieure à la tension normale ; il est alors avantageux de réduire la différence de potentiel initiale jusqu'à ce que le feeder qui a la tension la plus basse fonctionne sans le secours de son régulateur ; les autres feeders sont ensuite équilibrés au moyen de leurs rhéostats.

Les fig. 375 à 377 indiquent différents modes de distribution par feeders ; en chaque point la somme des sections des conducteurs est proportionnelle à la somme des courants qui passent en ce point, et la disposition la plus avantageuse dépendra de la configuration du périmètre à éclairer, et des conditions spéciales de la distribution projetée.

La figure 378 représente une distribution par feeders avec circuits concentriques, employée par la Cie Édison de New-York.

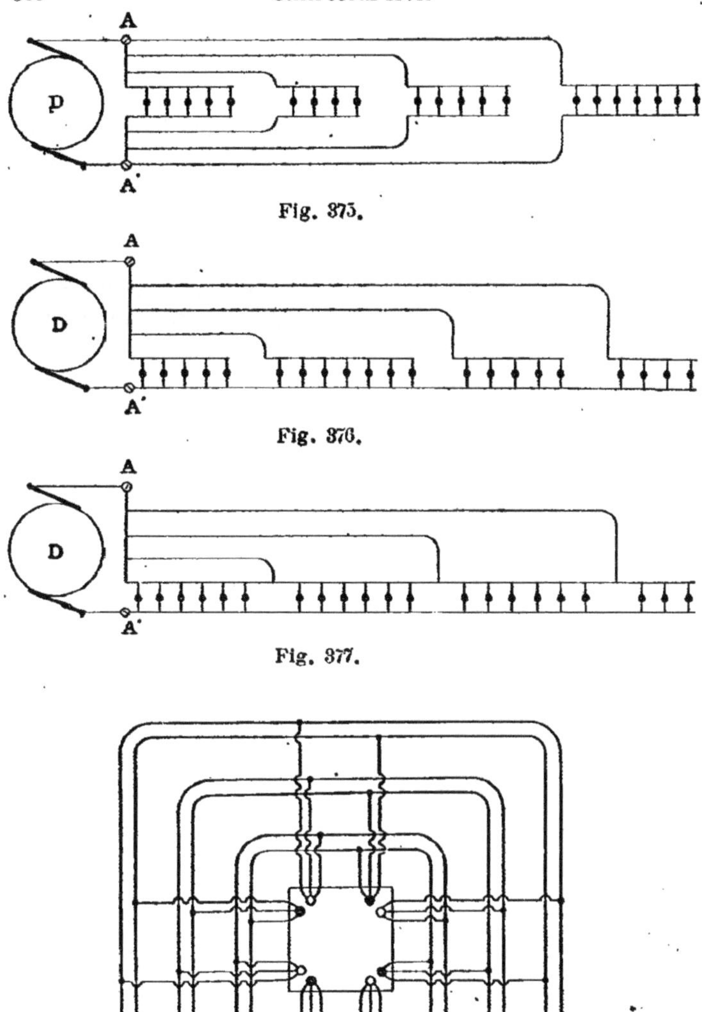

Fig. 375.

Fig. 376.

Fig. 377.

Fig. 378.

Quel que soit le mode qui ait été adopté pour le tracé de la canalisation, la marche à suivre pour déterminer les éléments principaux de la distribution est la même. On calculera d'abord, par la méthode indiquée précédemment, la section des différentes parties de la canalisation en fonction de leur débit maximum, ainsi que la perte de charge correspondante dans chacun des tronçons.

Soient :

E le voltage normal des lampes ; pE la pente de charge au point le plus éloigné de l'usine ; i l'intensité du courant nécessaire pour alimenter la totalité des lampes.

La puissance électrique utile des dynamos sera

$$(1 + p)\, Ei \text{ watts et celle des moteurs } \frac{(1 + p)Ei}{736k} \text{ ch. vap.}$$

en désignant par k le rendement industriel des dynamos adoptées.

Pour une même quantité d'énergie électrique à distribuer dans un périmètre donné, la section des conducteurs nécessaires est inversement proportionnelle à la différence de potentiel sous laquelle fonctionnent les lampes. On a donc intérêt à prendre des lampes de résistance élevée, et la plupart des installations importantes se font actuellement à la tension de 100 à 110 volts. La première est la plus usitée pour des lampes à incandescence seules ; celle de 110 volts convient mieux aux distributions qui comportent en même temps des lampes à arc et des lampes à incandescence, parce qu'elle permet de faire fonctionner deux régulateurs en série.

265. Distributions mixtes. — Si, au lieu de mettre toutes les lampes en dérivation sur la canalisation, on en place n en série, comme l'indique la figure 379, la différence de potentiel nécessaire sera n fois plus élevée que dans le premier cas ; le courant sera n fois plus faible et la section des conducteurs sera réduite dans la même proportion.

Ce mode de distribution, qui est à *potentiel constant* comme le précédent, a l'inconvénient de rendre solidaires toutes les lampes d'une même série. Il peut cependant être employé avec avantage dans certains cas spéciaux ; mais il faut avoir soin de munir chaque lampe d'un commutateur automatique, dont le jeu substitue à la lampe qui s'éteint une résistance équivalente ou une autre lampe de réserve.

Pour l'éclairage des rues par l'incandescence, on peut employer la disposition représentée par la figure 380, dans la-

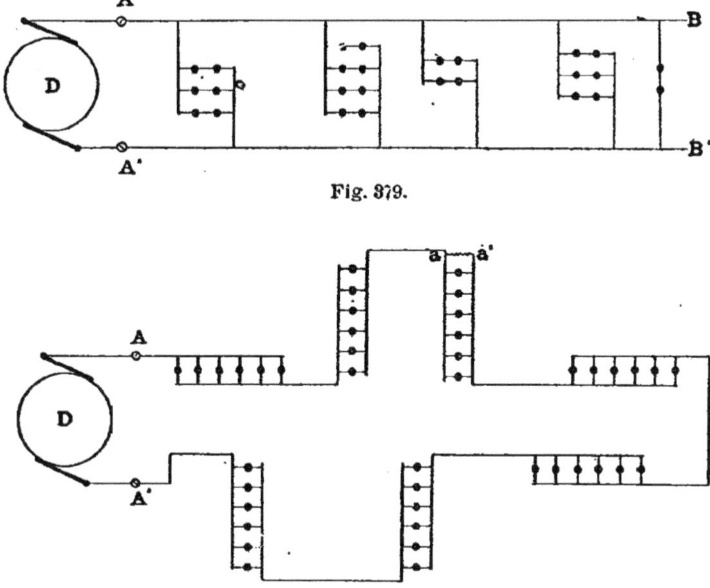

Fig. 379.

Fig. 380.

quelle le périmètre à desservir est divisé en n groupes composés chacun de m lampes placées en dérivation ; les n groupes étant placés en série, la différence de potentiel initiale sera égale à n fois celle qui est nécessaire à une lampe, plus la perte de charge dans la canalisation.

Ce mode de distribution nécessite l'emploi d'un *courant constant*, et si l'une des lampes vient à s'éteindre, chacune des $(m-1)$ qui restent recevra un courant égal à $\dfrac{m}{m-1}$ le courant normal et, à moins que m ne soit très grand, les lampes qui continuent à brûler seraient rapidement mises hors de service.

Pour éviter cet inconvénient, il faut placer sur chaque groupe un appareil automatique ayant pour objet d'insérer entre les deux points a et a' du groupe considéré une résistance égale à celle de la lampe éteinte, de telle sorte que la conductibilité du groupe reste toujours égale à celle de m lampes parallèles.

Les deux modes de distribution mixte, que nous venons de décrire, s'appliquent aux éclairages dans lesquels on peut allumer ou éteindre simultanément soit une série de n lampes pour le premier système, soit un groupe de m lampes pour le second; mais ces systèmes ne pourraient être employés avec avantage pour l'alimentation de consommations très variables, à cause de la perte d'énergie résultant du mode de régulation nécessaire.

Le calcul des éléments principaux (canalisation, puissance électrique et mécanique) d'une distribution mixte est analogue à celui des systèmes précédents. Il en sera de même pour les distributions à conducteurs multiples dont nous allons indiquer les principes.

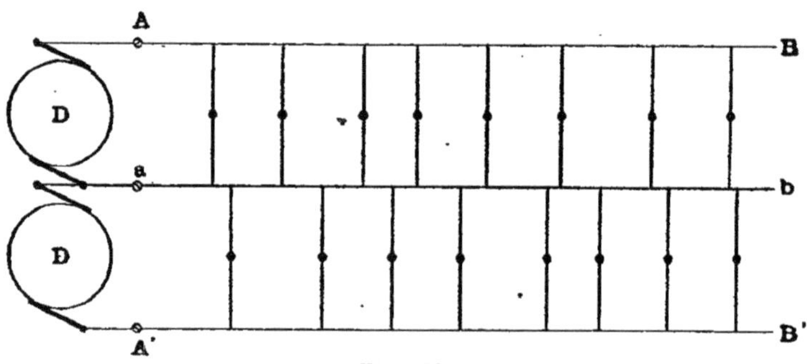

Fig. 381.

266. Distribution à trois conducteurs. — La disposition, indiquée par la figure 381, imaginée par Edison permet de réaliser une économie importante sur la section des conducteurs tout en assurant l'indépendance individuelle des lampes.

D_1 et D_2 représentent deux générateurs électriques placés en série, donnant par conséquent entre les pôles extrêmes, auxquels sont reliés les conducteurs principaux AB et A′B′, une différence de potentiel double de celle que fournit chacune des machines.

On voit que le conducteur intermédiaire ab ne reçoit que la différence des courants émis le long de AB et de A′B′ ; et il serait le plus souvent possible de donner à ab une section moindre qu'aux deux conducteurs extrêmes ; mais si l'on veut prévoir le cas où les lampes ne seraient allumées que d'un seul côté de ab, il faudra donner au conducteur intermédiaire la même section qu'aux deux autres, et dans ce cas le poids de cuivre nécessaire sera les trois quarts de celui qu'exigerait le système équivalent à deux fils.

La perte de charge entre les points A et B se déterminera de la même façon que pour le système à deux fils. Si nous supposons les lampes également réparties des deux côtés de ab, lorsqu'elles seront toutes allumées la perte de charge sera moitié de celle que donnerait la même longueur de canalisation à deux fils fonctionnant à la même densité du courant ; c'est le cas le plus favorable ; cet avantage diminue à mesure que les nombres de lampes allumées en AB et A′B′ sont plus différents l'un de l'autre ; la perte de charge serait la même que pour le système à deux fils si les lampes n'étaient allumées que d'un seul côté de ab. Quel que soit le point de vue auquel on se place en faisant l'étude de la canalisation, le système à trois conducteurs présentera un avantage notable sur le système simple à deux fils, en permettant de réaliser une économie importante sur la dépense de premier établissement et sur la perte d'énergie dans la ligne. La régulation du potentiel en divers points du réseau se fait par les mêmes procédés que pour le système à deux fils.

D'une façon générale, si la distribution est faite par m conducteurs parallèles alimentés par $(m-1)$ machines en série, le poids de cuivre nécessaire sera $\dfrac{m}{2\,(m-1)}$ celui du système équivalent à deux fils ; mais les difficultés de la régulation augmentent et, jusqu'à présent, on n'a pas employé plus de cinq conducteurs alimentés par quatre machines en série.

Au lieu d'alimenter le réseau des trois conducteurs par deux
machines en série, on peut employer une machine unique de
force électromotrice double ; mais dans ce cas l'égalisation des
potentiels sur les deux conducteurs AB et A'B' nécessite l'emploi d'un mode de régulation spécial. Nous indiquerons la disposition imaginée par M. Elihu Thomson, dont le principe est
représenté sur la figure 382.

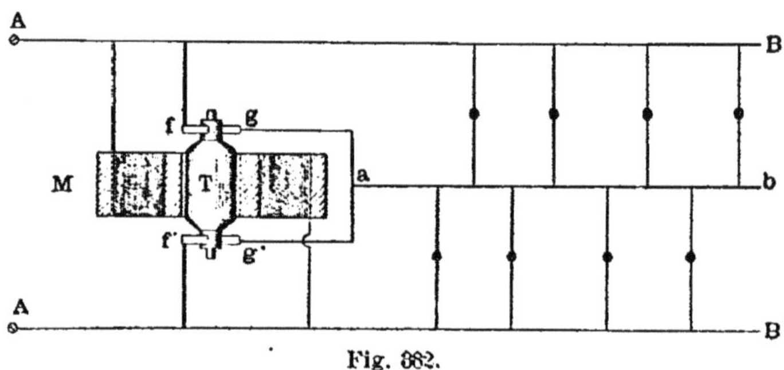

Fig. 382.

Les deux conducteurs AB et A'B', dont la différence de potentiel (A — A') est maintenue constante, sont réunis par une
dynamo M dont le champ magnétique est excité par une dérivation prise entre AB et A'B'. L'armature T porte deux enroulements distincts, dont chacun a son collecteur et ses balais.
Les balais f et f' sont reliés aux conducteurs extrêmes AB et
A'B', les balais g et g' au conducteur intermédiaire ab. Lorsque le nombre des lampes alimentées est le même des deux côtés de ab, la différence de potentiel (A — a) est égale à (a — A') ;
la machine M fonctionne comme un moteur sans charge, et
l'armature prend une vitesse telle que la force contre-électromotrice développée dans chacun des enroulements fasse équilibre à la différence de potentiel des conducteurs auxquels il
est relié.

Si l'on éteint des lampes d'un seul côté de ab, par exemple
en A'B', on aura (a — A') > (A — a) ; le courant augmente
dans l'enroulement fg', le mouvement de l'armature T s'accélère et l'enroulement fg, agissant alors comme générateur élec-

trique, ramène à l'égalité les différences de potentiel $(A - a)$ et $(a - A')$.

267. Distributions indirectes. — Le poids de cuivre nécessaire pour le transport d'une quantité donnée d'énergie à une certaine distance étant inversement proportionnel à la différence de potentiel sous laquelle se fait le transport, on pourra diminuer notablement la dépense de premier établissement en augmentant la force électro-motrice initiale. Mais comme la différence de potentiel sous laquelle doivent fonctionner les récepteurs est fixée, il sera nécessaire d'établir en certains points du réseau des appareils ayant pour objet de transformer les courants de haute tension fournis par l'usine en courants de tension convenable. On peut employer dans ce but soit des transformateurs à courants alternatifs, soit des accumulateurs.

268. Distribution par transformateurs à courants alternatifs. — Nous avons exposé au Chap. X le principe de ces appareils, et il ne nous reste plus qu'à indiquer de quelle

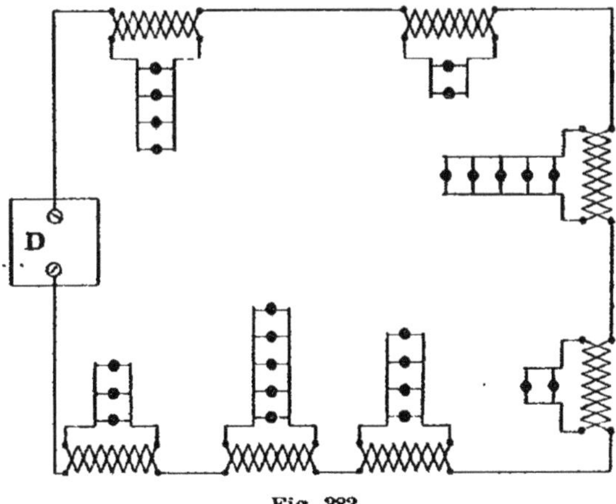

Fig. 383.

façon ils sont appliqués à la distribution de l'énergie électrique.

Le montage des transformateurs sur la conduite d'alimentation se fait de la même manière que celui des autres récepteurs électriques, c'est-à-dire en série, en dérivation ou en groupement mixte.

Les premières applications industrielles de la distribution par transformateurs sont dues à MM. Gaulard et Gibbs ; leurs appareils étaient alors montés en série sur la ligne primaire (fig. 383) ; mais comme il est extrêmement difficile d'obtenir un courant alternatif constant lorsque la résistance de la ligne change, le montage des transformateurs en série ne peut convenir à l'alimentation d'une consommation variable, et l'on emploie généralement le montage en dérivation (fig. 384).

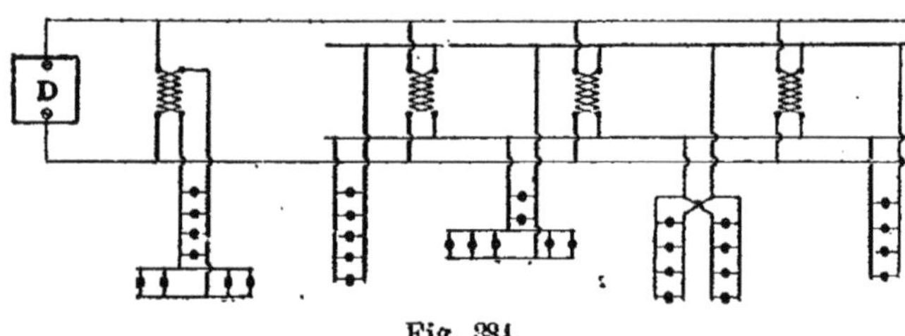

Fig. 384.

Comme la différence de potentiel aux bornes du circuit secondaire ne peut être constante que si le courant primaire est fourni au transformateur sous une tension sensiblement invariable, les conditions auxquelles doit satisfaire le réseau primaire sont les mêmes que celles d'une distribution directe en dérivation.

La régulation du potentiel sur les feeders peut être réalisée soit par des résistances, soit au moyen d'un transformateur dont le circuit primaire est relié aux bornes de la dynamo et dont le circuit secondaire, divisé en un certain nombre de sections, est traversé par le courant qui alimente le feeder. La force électro-motrice induite dans ce circuit est de même signe que celle de la machine : et les dimensions de l'appareil sont déterminées de telle sorte que cette force électro-motrice additionnelle compense la perte de charge correspondant au débit maximum du feeder ; à mesure que le courant diminue, on supprime une ou plusieurs sections du secondaire au moyen d'un commutateur de façon à réduire la f. e. m. auxiliaire à la valeur nécessaire pour compenser la perte de charge dans le feeder, dont l'extrémité peut ainsi être maintenue à un potentiel constant.

Les transformateurs peuvent être placés dans chaque maison, ou disposés par groupes alimentant un certain nombre d'abonnés (fig. 384). On peut également les établir en quelques points seulement du réseau en les utilisant comme centres de distribution à potentiel constant. Le choix à faire entre ces diverses dispositions dépendra des conditions locales ; dans tous les cas les transformateurs, ainsi que les conducteurs primaires, doivent être mis hors de la portée des abonnés et du public. Le circuit primaire de chaque transformateur doit être relié à la canalisation par l'intermédiaire de coupes-circuit fusibles, de telle sorte que la communication soit interrompue automatiquement dans le cas où le courant qui traverse l'appareil dépasserait accidentellement une intensité déterminée.

Pour éviter tout accident à l'intérieur des habitations, il faut que le transformateur soit mis automatiquement hors du circuit primaire, aussitôt que, par suite d'un défaut d'isolement, la différence de potentiel entre le circuit secondaire et le sol atteint une limite déterminée. On peut employer dans ce but la disposition suivante proposée par M. Cardew. L'appareil se compose d'une boîte métallique en communication avec le sol ; sur le fond de la boîte repose une feuille d'aluminium très mince à 3 mm. environ au-dessous d'un disque métallique monté sur une tige qui communique avec le circuit secondaire par l'intermédiaire d'un fil fin fusible. Ce fil maintient la clef d'un interrupteur à ressort dont les bornes sont reliées aux pôles du circuit primaire. Lorsque la différence de potentiel entre la terre et le circuit secondaire atteint la limite fixée, la feuille d'aluminium, attirée par le disque métallique, détermine le passage d'un courant qui fond le fil ; la clef de l'interrupteur étant abandonnée à l'action du ressort, les deux bornes primaires sont mises en court circuit et l'appareil se trouve isolé par suite de la fusion immédiate des coupes-circuit de la ligne primaire.

Le plus souvent on se contente de mettre le circuit secondaire en communication avec le sol ; si, par suite d'un défaut d'isolement, la différence de potentiel avec la terre dépasse la valeur normale, l'intensité du courant secondaire augmente en déterminant un accroissement proportionnel du courant primaire ; à la limite fixée les coupes-circuit du primaire fondront.

La distribution au moyen des courants alternatifs a déjà reçu un grand nombre d'applications, surtout aux États-Unis où les canalisations sont le plus souvent aériennes. La fig. 385 représente un transformateur Westinghouse fixé sur un poteau et monté en dérivation sur le circuit secondaire.

La tension initiale pour ce mode de distribution est généralement inférieure à 2.500 volts. Nous devons ajouter cependant que l'on étudie en ce moment la distribution de l'éclairage électrique dans une partie de Londres au moyen d'une station centrale avec une tension initiale de 10.000 volts. Les courants de l'usine seront ramenés à la tension de 2.500 volts par un

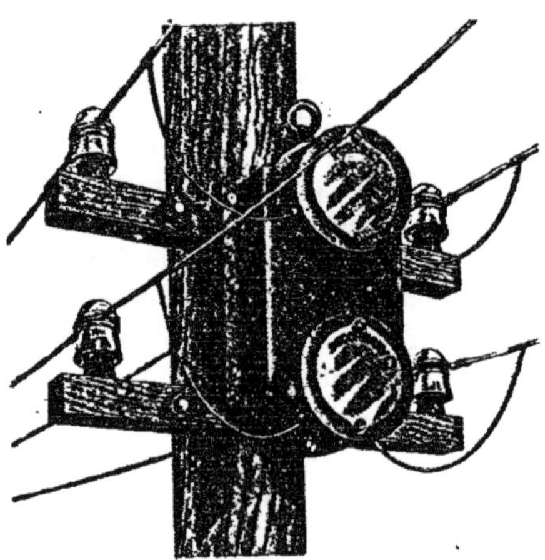

Fig. 385.

premier groupe de transformateurs, dont chacun pourra être assimilé à une station génératrice ; les courants de chacune de ces sous-stations seront distribués par une canalisation spéciale aux transformateurs desservant les abonnés, individuellement ou par groupes, comme nous l'avons indiqué précédemment.

Le coefficient économique des transformateurs bien construits est généralement compris entre 90 et 95 0/0 pour le régime de marche le plus favorable, c'est-à-dire correspondant au maximum de la consommation que doit alimenter l'appareil. Mais, pour un appareil donné, le rendement diminue lorsque la puissance utile décroît ; et dans une distribution de lumière pour l'éclairage particulier le rendement moyen ne dépasse pas 75 à 80 0/0.

Le calcul des éléments principaux d'une distribution par transformateurs peut se conduire de la manière suivante. On fixera d'abord la position des transformateurs ; la disposition indiquée par la fig.384 est la plus économique ; la canalisation secondaire y a très peu d'importance et la différence de potentiel nécessaire aux bornes sera égale au voltage normal des lampes augmenté d'environ 1 p. 0/0 pour tenir compte de la perte de charge dans les branchements et les installations intérieures. En représentant par E_2 la différence de potentiel secondaire, i_2 le courant nécessaire pour alimenter la totalité des lampes, η le rendement des transformateurs à leur débit maximum, la puissance totale à fournir aux bornes primaires sera $\frac{E_2 i_2}{\eta}$. Le coefficient de transformation étant fixé (il est généralement compris entre 18 et 20), on en déduira l'intensité du courant maximum nécessaire dans chacun des tronçons du circuit primaire, ce qui permettra de calculer leurs sections respectives. En désignant par E_1 la différence de potentiel aux bornes des primaires, i_1 le courant total nécessaire pour l'alimentation du réseau primaire, pE_1 la perte de charge du point le plus éloigné : k le rendement industriel des dynamos adoptées, A_e la puissance électrique de l'usine, A_m la puissance motrice, on aura :

$$A_e = (1 + p)\, E_1 i_1 = (1 + p)\, \frac{E_2 i_2}{\eta} \text{ watts}$$

$$A_m = \frac{(1+p)E_1 i_1}{736 k} = \frac{(1+p)E_2 i_2}{736 k \eta} \text{ ch.-vap.}$$

Dans la distribution par transformateurs à courants alternatifs, comme dans les systèmes de distribution directe, la production doit être constamment subordonnée à la consommation. Elle varie donc sans cesse et on n'utilise jamais qu'une partie de la puissance des appareils en fonction. Il en résulte une augmentation assez importante du prix de revient de l'unité de travail fournie au réseau, d'une part à cause de l'utilisation incomplète du matériel, d'autre part à cause de la nécessité de faire marcher à vide une machine de secours de façon à réduire au minimum la durée d'une perturbation accidentelle dans le fonctionnement des autres.

Dans le système de distribution par courants alternatifs cet inconvénient a encore plus d'importance que pour la distribution des courants continus. Nous avons vu, en effet, que deux ou plusieurs machines à courants alternatifs ne peuvent être réunies parallèlement sur le même circuit que si elles ont la même période et seulement lorsqu'elles ont atteint la même phase. Il en résulte dans le service une certaine complication que l'on cherche à atténuer en prenant des machines plus puissantes de façon à en réduire le nombre, c'est-à-dire en sacrifiant l'économie à la régularité du service.

269. Distribution par accumulateurs. — La distribution par accumulateurs peut se faire suivant deux modes différents.

1. On établit en un certain nombre de points, choisis comme centres de distribution, deux batteries d'accumulateurs dont l'une alimentera l'éclairage pendant que l'autre sera chargée par un courant de haute tension qui dessert toutes les stations réunies en série sur une conduite spéciale à la charge. La distribution du courant aux lampes par celle des deux batteries qui alimente l'éclairage se fait en dérivation de la manière indiquée au n° 264. Chacune de ces batteries étant alors indépendante des autres et sans communication avec les machines, il est possible d'employer pour la charge une tension très élevée, ce qui permet de réduire notablement la section de la ligne primaire, et de multiplier le nombre des centres de distribution. Ce système présente toute garantie au point de vue de la sécurité de l'éclairage, mais il est très coûteux et les applications qui peuvent en être faites sont assez restreintes.

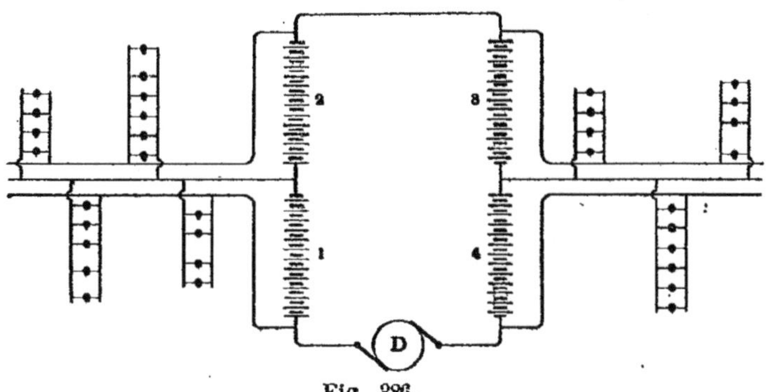

Fig. 386.

Fig. 387.

2. Le second système, imaginé par M. D. Monnier, a été appliqué pour la première fois à l'éclairage de l'Opéra et du Burgtheater de Vienne.

La fig. 386 indique le principe de ce mode de distribution. L'installation de l'Opéra situé à 1500 m. de la station centrale comprend 4 batteries disposées en série, dont les pôles extrêmes sont reliés à une ou plusieurs dynamos à courant constant. Pendant la journée les accumulateurs emmagasinent l'excédant de la production sur la consommation ; pendant la soirée, au contraire, les batteries se déchargent en fournissant la différence entre le courant d'éclairage et celui des dynamos.

Chaque batterie est munie de deux commutateurs (fig. 387), dont l'un, A, sert à régler le potentiel d'émission en modifiant le nombre des éléments actifs, et dont l'autre, B, permet de faire varier le nombre des éléments en charge et, s'il y a lieu, de retirer la batterie entière du circuit des machines, sans interrompre l'éclairage.

La fig. 388 représente l'une des dispositions qui peuvent être

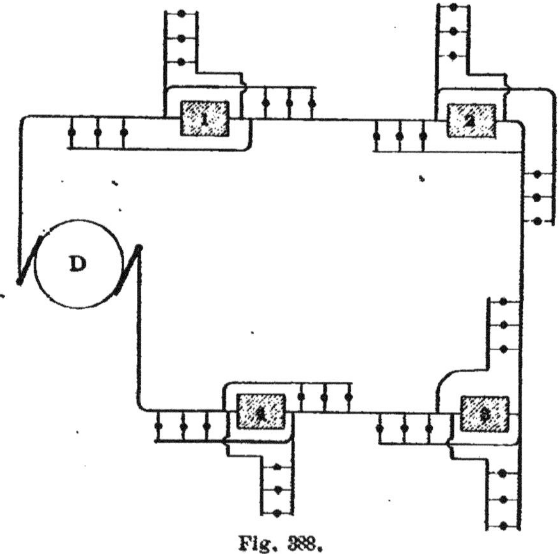

Fig. 388.

employées pour l'application de ce système à la distribution du courant dans une ville.

Les quatre batteries sont placées en des points convenablement choisis de telle sorte que chacune d'elles fonctionne comme un centre d'émission duquel partent les conduites d'alimentation et les feeders. On voit que dans ce cas la canalisation de charge fonctionne en même temps comme conduite de distribution, et il est facile de voir que dans cette partie du réseau la force électro-motrice du courant des machines a pour effet de diminuer la perte de charge sur le courant distribué.

La régulation du potentiel aux divers centres de pression constante se fait en modifiant le nombre des éléments actifs et en insérant une résistance convenable dans les feeders, comme nous l'avons indiqué précédemment.

Dans les dispositions, dont nous venons d'indiquer le principe, le courant est distribué aux lampes sous la tension de 100 ou de 110 volts. Le point milieu des 4 batteries est mis en communication avec la terre par une résistance convenable, de telle sorte qu'en marche normale la différence de potentiel entre le sol et un point quelconque du réseau soit inférieure à 250 volts. Il est probable que cette limite pourrait être dépassée sans danger, en portant à 5 ou même à 6 le nombre des batteries en série.

S'il s'agissait d'une distribution très étendue, devant être alimentée par une usine éloignée, il serait facile de combiner ce système de distribution par accumulateurs en série avec l'emploi de transformateurs à courants continus, c'est-à-dire de dynamos à deux anneaux dont l'un fonctionnerait comme moteur sous l'action d'un courant de haute tension, et l'autre comme générateur de courant à potentiel réduit.

Les éléments principaux de ce système de distribution sont : la canalisation dont les sections se déterminent d'après les mêmes règles que pour une distribution en dérivation ; les dimensions des batteries d'accumulateurs, la puissance électrique et mécanique.

Supposons que la distribution soit faite par 4 batteries en série, et désignons par :

i le courant maximum d'éclairage pour une batterie

y le courant fourni par les dynamos.

E le voltage des lampes.

pE la perte de charge maximum dans la canalisation d'une batterie.

La puissance électrique à fournir au réseau aura pour expression $4(1+p)$ E$(i-y)$ watts, et la puissance mécanique correspondante sera $\dfrac{4(+p)\,E(i-y)}{736\,k.}$ ch.-vap.

Chacune des batteries d'accumulateurs devra être en état de fournir le courant $(i-y)$, ce qui détermine la surface des éléments. Si les batteries n'alimentent pas chacune le même nombre de lampes, ce qui est le cas le plus fréquent, le courant y, étant le même pour toutes, la surface utile des éléments sera différente, ainsi que la consommation. C'est pour ce motif qu'il est nécessaire d'employer un commutateur qui permette, pendant la journée, de retirer l'une quelconque des batteries du circuit de charge, sans qu'il en résulte aucun trouble dans l'alimentation de la consommation de jour.

La différence de potentiel nécessaire étant de $(1+p)$E volts, chaque batterie devra contenir $0{,}56\,(1+p)$E éléments en série, en adoptant 1,8 volt comme limite inférieure de la f. e. m. utile d'un élément.

La valeur de i résulte du nombre total des lampes alimentées ; la valeur de y dépendra des conditions spéciales de la distribution projetée; et l'on devra chercher par tâtonnements successifs celle qui donne la plus grande économie sur les dépenses de premier établissement et les frais d'exploitation.

270. Etude d'un projet de distribution électrique. — On donne le plan du périmètre à desservir, avec le nombre, la nature et la position des lampes, ce qui permet de calculer immédiatement l'intensité du courant maximum à fournir en chaque point.

Le centre du réseau peut se déterminer de la même façon que celui d'un système de forces parallèles appliquées aux divers points de consommation, dont chacune serait proportionnelle à l'intensité du courant correspondant. Il est évident que,

quel que soit le système de distribution adopté, il sera avantageux au point de vue de la dépense de canalisation de placer
l'usine de production au centre même du réseau, ou aussi
près que possible de ce point. Dans les grandes villes cette
condition est souvent difficile à remplir, soit par suite du
manque absolu d'emplacements convenables, soit à cause des
dépenses qu'entraînerait l'aménagement des locaux nécessaires et des difficultés de voisinage, et il pourra être nécessaire d'établir la station à une distance assez grande du
centre.

Le choix du système de distribution à adopter dépendra de
la situation de l'usine et de l'étendue du réseau à desservir, et
l'on devra donner la préférence à celui qui fournit la solution
la plus économique comme installation et exploitation, en assurant d'ailleurs le fonctionnement régulier de l'alimentation.

Après avoir calculé les sections à donner aux conduites,
ainsi que la puissance électrique et mécanique nécessaire, on
déterminera la nature et le nombre des machines à employer.

Pour les distributions en série avec courant constant, on
emploie généralement des dynamos excitées en série avec régulation automatique.

Pour les distributions en dérivation, on adopte des dynamos shunt ; les machines compound peuvent être employées
lorsque le potentiel d'émission doit rester constant, et que la
régulation sur le réseau se fait exclusivement en modifiant la
résistance des feeders ; les dynamos shunt sont préférables
lorsqu'il est utile de faire varier la force électromotrice initiale.

Les machines génératrices employées pour la distribution
par courants alternatifs sont généralement à excitation indépendante, ce qui permet de modifier la différence de potentiel
en agissant sur le courant d'excitation.

Pour les distributions par accumulateurs, on peut employer
soit des dynamos shunt, soit des dynamos à excitation indépendante.

Par suite des variations de la consommation et de la nécessité d'assurer la régularité du service au moyen de machines de réserve, il sera avantageux de diviser la puissance totale nécessaire entre un certain nombre de machines, égales ou inégales, de telle sorte que chacune d'elles puisse travailler aussi longtemps que possible au régime le plus économique, c'est-à-dire voisin de sa puissance normale. Les diagrammes qui ont été publiés sur les résultats d'exploitation dans un certain nombre de stations centrales, montrent dans quelles proportions considérables la consommation varie suivant les heures de la journée et les saisons ; pendant la journée, le minimum tombe à 1/15, pendant la nuit à 1/20 du maximum, qui se produit généralement vers 9 h. du soir ; la consommation moyenne des 24 heures représente, suivant les saisons, de 1/6 à 1/8 de la consommation maximum.

Les chiffres ci-dessus se rapportent à l'éclairage particulier ; pour l'éclairage public, la consommation se trouve parfaitement définie, attendu que l'allumage et l'extinction se font à des heures déterminées par le contrat d'éclairage.

Dans quelques installations les moteurs actionnent une transmission générale, sur laquelle est prise la commande de chaque dynamo ; dans d'autres, au contraire, chaque dynamo est actionnée par un moteur spécial.

Dans le premier système, le remplacement, en cas d'accident, ne porte que sur la dynamo ou sur le moteur momentanément hors de service. Dans le second cas, les deux appareils étant directement solidaires, l'arrêt de l'un entraîne nécessairement celui de l'autre, et il devient nécessaire d'augmenter le nombre des machines de réserve.

Malgré cela la seconde disposition sera plus économique que la première, lorsque le nombre des machines est assez grand, parce que l'établissement d'une transmission générale munie des organes nécessaires pour le débrayage et l'embrayage de chacune des machines et des dynamos est extrêmement coûteux et nécessite la construction d'un atelier de plus grandes dimensions. On ne doit pas perdre de vue non plus, que l'emploi d'une transmission intermédiaire donne lieu à une perte de travail, dont il faudra tenir compte en calculant le rendement industriel de l'installation.

Le type de moteur à adopter dépendra des conditions spéciales dans lesquelles on se trouve placé. Avec du combustible à bas prix et pour une installation qui ne fonctionne que quelques heures chaque jour, on pourra sacrifier l'économie de vapeur au prix d'achat. Ce serait l'inverse si le combustible coûte cher et que les machines doivent être en activité pendant la plus grande partie de la journée.

Dans tous les cas on doit donner la préférence aux types de dynamos et de moteurs les plus robustes et les plus faciles à entretenir et à réparer. Ces conditions sont au moins aussi importantes que celles d'un bon rendement, avec lesquelles d'ailleurs elles ne sont point incompatibles.

Entre les générateurs électriques et le réseau de distribution sont établis différents appareils de contrôle et de sûreté qui sont généralement groupés sur des tableaux placés en vue du surveillant chargé de la station.

Les principaux appareils nécessaires sont :

1. Les interrupteurs à placer entre chacune des dynamos et la canalisation maîtresse de l'usine, de façon que chaque machine puisse être complètement isolée du réseau ; les deux interrupteurs d'une machine sont quelquefois réunis sur un même bâti et rendus solidaires pour simplifier la manœuvre.

2. Si l'usine alimente plusieurs réseaux complètement indépendants les uns des autres, il est nécessaire de faire aboutir les conducteurs de chaque dynamo à un commutateur permettant de relier l'une quelconque des machines à l'un quelconque des circuits qu'elle peut avoir à alimenter.

3. Sur le circuit de chaque machine se trouve un ampèremètre avec commutateur à deux directions permettant de retirer l'appareil sans rompre le circuit.

4. Un voltmètre avec commutateur à plusieurs directions permettant de mettre l'instrument en communication avec l'une quelconque des machines.

5. Les voltmètres, reliés aux centres de pression constante du réseau, dont les indications servent de guide à l'ouvrier chargé de la régulation des feeders. Ces voltmètres indicateurs peuvent être disposés en forme de relais, de façon à rendre la régulation automatique.

6. Chacune des lignes qui aboutissent au tableau de distribution doit être protégée par un coupe-circuit automatique. Il se compose généralement d'un fil métallique qui doit fondre lorsque l'intensité du courant dépasse une valeur déterminée, que l'on fixe généralement au double de l'intensité normale maximum.

D'après M. Preece, le courant i, nécessaire pour fondre un fil de d mm. de diamètre, est donné par l'équation $i = ad^{\frac{3}{2}}$.

Le tableau suivant donne la valeur de la constante a pour un certain nombre de métaux :

Cuivre	$a =$ 88.0
Aluminium	59.2
Platine	40.4
Maillechort	40.8
Platinoïde	37.1
Fer	24.6
Etain	12.8
Alliage (2 plomb 1 étain)	10.3
Plomb	10.8

Le métal qui convient le mieux est l'étain, parce qu'il est facile à obtenir en fils réguliers, ne s'oxyde pas facilement et fond sans devenir incandescent. Les plombs de sûreté doivent être placés dans une boîte incombustible dont le devant est formé d'une lame de verre.

On emploie aussi, mais plus rarement, des coupes-circuit magnétiques : dans ces appareils le circuit est fermé par une fourchette métallique plongeant dans deux godets à mercure, et solidaire de l'armature d'un électro-aimant inséré sur la ligne à protéger. Quand l'intensité de courant dépasse une valeur fixée, l'armature est attirée et le circuit rompu. Les coupes-circuit à placer dans le circuit des machines destinées à la charge des accumulateurs, sont basés sur le même principe; mais, dans ce cas, comme l'appareil a pour but d'empêcher le renversement de sens du courant, la rupture a lieu lorsque l'intensité décroît et tombe au-dessous d'une limite déterminée.

7. Pour les distributions à potentiel constant un appareil enregistreur des quantités d'électricité fournies au réseau, et pour les distributions à courant constant un galvanomètre enregistrant les variations du potentiel d'émission.

8. Quels que soient les soins apportés à la pose de la canalisation et aux installations qu'elle alimente, il peut s'y développer des défauts d'isolement, qu'il est nécessaire de rendre apparents aussitôt qu'ils se produisent. Le moyen le plus simple est *l'indicateur de terre*, dont la fig. 389 indique le principe.

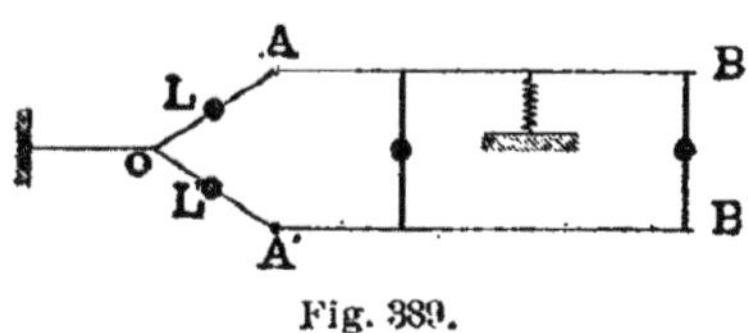

Fig. 389.

Les deux lampes L et L′ sont réunies en série au deux points A et A′ de la canalisation; le milieu O est mis en communication avec le sol. Si la ligne est bien isolée, L et L′ auront le même éclat; les deux lampes seront au rouge sombre; mais s'il se produit un défaut d'isolement sur l'une des lignes, par exemple en AB, l'intensité lumineuse de la lampe L′ augmente, tandis que celle de la lampe L diminue ; on est ainsi immédiatement averti de l'existence d'un défaut d'isolement sur l'une ou l'autre des lignes.

Il est facile d'en déterminer l'importance par la méthode suivante (fig. 390), qui peut être appliquée sans interrompre le service.

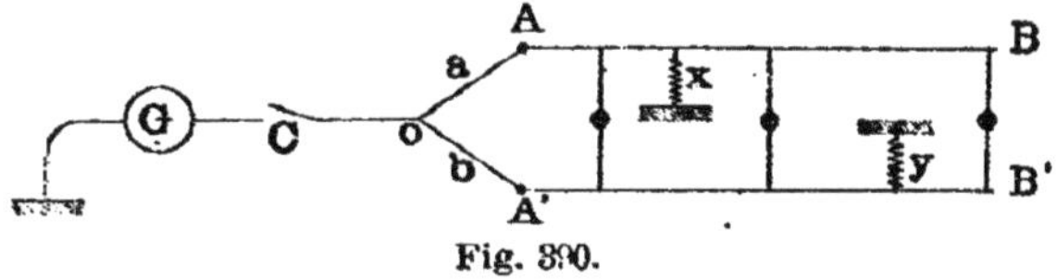

Fig. 390.

Plaçons entre les deux points A et A′ un rhéostat à curseur, et le galvanomètre G, ayant l'une de ses bornes reliée au curseur mobile O et l'autre à la terre, et cherchons la position du curseur pour laquelle l'aiguille du galvanomètre reste à zéro.

En désignant par x et y les résistances isolantes de AB et A'B', on aura :

$$\frac{a}{x} = \frac{b}{y}.$$

Après avoir établi au point A' une dérivation de résistance connue R, l'aiguille du galvanomètre sera de nouveau ramenée au zéro, en déplaçant le curseur O. Soient a' et b' les deux nouvelles valeurs des résistances, on aura :

$$\frac{a'}{x} = b' \left[\frac{1}{y} + \frac{1}{R} \right] ;$$

ce qui permettra de déterminer les valeurs de x et de y ;

$$x = \left(\frac{a'}{b'} - \frac{a}{b} \right) R ; \qquad y = \frac{b}{a} \left(\frac{a'}{b'} - \frac{a}{b} \right) R.$$

On se rendra ainsi immédiatement compte de la gravité du défaut signalé par l'indicateur de terre.

On pourra trouver sa position en cherchant, au moyen d'un voltmètre portatif, le point de la ligne pour lequel la différence de potentiel avec le sol est nulle ou très faible.

Le plus souvent les défauts d'isolement proviennent soit des branchements, soit des installations chez les consommateurs ; dans ce cas, lorsque la perte à la terre est importante, on peut localiser le défaut par le procédé suivant. Supposons par exemple que le défaut existe sur la ligne AB; on réunira le point A' à la terre par un plomb de sûreté de faible diamètre ; s'il fond, on le remplace par un autre d'un plus fort diamètre, et ainsi de suite jusqu'à ce qu'il résiste ; à ce moment, le plomb de sûreté de l'installation fautive fondra et la perte à la terre aura disparu.

Ce moyen de localiser une faute doit être employé avec discernement, et de préférence pendant la journée. La manœuvre peut se faire au moyen d'un commutateur à plusieurs touches, dont chacune est reliée à un plomb de sûreté de section connue ; le centre de ce commutateur peut être mis en communication, soit avec le point A, soit avec le point A', au moyen d'une clef à deux directions.

TABLES NUMÉRIQUES

Résistance de divers métaux et alliages en ohms légaux
à la température de 0º C.

Nature des conducteurs.	Résistance spécifique --- microhms	Résistance de 1000 m. de fil ayant 1 mm. de diamètre --- ohms	Augmentation 0,0 de la résistance pour 1º à la température de 20º
Argent recuit.................	1,504	19,150	0,377
Cuivre recuit	1,598	20,316	0,388
Argent écroui.................	1,634	20,803	0,377
Cuivre écroui.................	1,634	20,803	0,388
Or recuit...................	2,058	26,203	0,365
Or écroui...................	2,094	26,662	»
Aluminium recuit.............	2,912	37,077	»
Zinc comprimé	5,626	71,632	»
Platine recuit.................	9,057	115,317	»
Fer recuit.................	9,716	123,708	»
Alliage or-argent (2 Au + 1 Ag).	10,870	138,401	0,065
Nickel recuit	12,470	158,773	0,365
Etain comprimé.................	13,210	168,195	»
Plomb comprimé	19,630	249,937	0,387
Maillechort.................	20,930	266,489	0,044
Platine iridié (9 Pt + 1 Ir)	21,633	275,440	»
Platine-argent (2 Pt + 1 Ag)....	24,390	310,543	0,031
Platinoïde.................	32,800	417,623	0,021
Antimoine comprimé.........	35,500	452,000	0,389
Acier manganésifère (Hadfield).	68,000	865,800	0,122
Mercure........	94,340	1201,174	0,072
Bismuth comprimé.............	131,200	1670,490	0,351

Constantes d'aimantation

Expériences de M. Shelford Bidwell sur le fer doux

Intensité du champ $\mathcal{H}$	Intensité d'aimantation $\mathfrak{J}$	Susceptibilité $\varkappa$	Perméabilité μ	Induction magnétique $\mathcal{B}$
3,9	587	151,0	1899,1	7.390
5,7	735	128,9	1621,3	9.240
10,3	918	89,1	1121,4	11.550
17,7	1083	61,2	770,2	13.630
22,2	1147	51,7	650,9	14.450
30,2	1197	39,7	500,0	15.100
40,0	1226	30,7	386,4	15.460
78,0	1337	17,1	216,5	16.880
115,0	1370	11,9	150,7	17.330
145,0	1403	9,7	122,6	17.770
208,0	1452	7,0	88,8	18.470
293,0	1474	5,0	64,2	18.820
362,0	1489	4,1	52,7	19.080
427,0	1504	3,5	45,3	19.330
465,0	1508	3,2	41,8	19.470
503,0	1510	3,0	38,7	19.480
557,0	1517	2,1	35,2	19.630
585,0	1530	2,6	33,9	19.820

Aimantation du fer dans un champ magnétique puissant

Expériences du professeur Ewing.

$\mathcal{H}$	$\mathcal{B}$	$\mathfrak{J}$	μ	Observations
Fer de Lowmoor				
3.630	24.700	1680	6,80	Dans cette série d'expériences le magnétisme rémanent est resté le même et égal en moyenne à 510 unités c. g. s. par cm³.
6.680	27.610	1670	4,13	
7.800	28.870	1680	3,70	
8.810	29.350	1630	3,33	
9.500	30.200	1650	3,18	
9.780	30.680	1660	3,14	
10.360	30.830	1630	2,98	
10.840	31.370	1630	2,89	
11.180	31.560	1620	2,82	
Fer de Suède				
6.690	27.960	1692,6	4,18	Magnétisme rémanent, moyenne 500 par cm³.
8.900	29.730	1657,5	3,34	
9.510	30.820	1695,7	3,24	
10.000	31.210	1687,8	3,12	
10.360	31.630	1692,6	3,05	
10.810	31.720	1663,9	2,93	
10.880	32.060	1685,4	2,93	
11.200	32.360	1683,8	2,80	

$\mathcal{H}$	$\mathcal{B}$	$\mathfrak{J}$	μ	Observations
Fonte				
3.900	19.668	1251,1	5,04	Magnétisme rémanent, moyenne 400 par cm³.
6.400	21.930	1235,8	3,43	
7.710	22.830	1203,2	2,96	
8.080	23.520	1228.6	2,91	
9.210	24.580	1223,1	2,67	
9.700	24.900	1209,5	2,57	
10.610	25.600	1192,8	2,41	

$\mathcal{B}$	w	Perte d'énergie par hystérésis (fer doux).
1.974	410	
3.830	1.160	
5.950	2.190	
7.180	2.940	
8.790	3.990	
10.590	5.560	N. B. — Ces chiffres s'appliquent au cas d'une longue période ; dans le cas d'une période courte il atteint des valeurs plus considérables d'environ 30 à 40 0,0.
11.480	6.160	
11.960	6.590	
13.700	8.690	
15.560	10.040	

Données pratiques sur quelques dynamos à courants continus.

Noms des Constructeurs	Type d'armature.	Nombre de tours par minute.	Différence de potentiel aux bornes — volts.	Courant extérieur — ampères	Densité du courant Ampères par mm²			Induction par cm² unités C.G.S.		Surface de refroidissement en cm² par watt transformé en chaleur	
					Armature	Électros en série	Électros en dérivation	Armature	Électros	Armature	Électros
Edison-Hopkinson	Tambour	800	110	300	4,0	—	—	—	9.600	5,8	—
Manchester	Anneau	1.050	110	200	5,0	3,2	2,7	15.800	9.800	3,5	4,9
Crompton	»	440	110	230	3,4	—	—	22.300	11.900	9,0	—
Elwell-Parker	»	1.600	60	65	9,5	—	—	12.600	9.000	1,4	—
id. à 4 pôles	»	400	110	460	5,1	—	0,9	12.000	10.900	1,8	51,6
Paterson-Cooper	»	500	110	380	3,3	1,4	1,2	18.000	8.200	3,9	12,3
Jones	»	950	100	64	3,3	2,5	0,8	11.000	10.300	9,5	20,3
Andrews	»	500	110	110	2,0	2,0	—	14.500	—	6,8	—
Goolden-Trotter	»	950	60	200	0,5	1,8	1,0	12.500	11.300	11,6	17,3
Kapp	»	680	110	125	4,2	1,6	1,8	23.200	11.500	7,9	9,7
Brush à 4 pôles	Disque	800	70	150	2,8	3,0	1,2	16.300	11.500	14,8	10,3
Brush (arc)	»	650	2.700	10	1,5	1,1	—	—	—	5,8	12,9
Thomson-Honston (arc)	Sphère	850	1.600	9,6	2,6	1,2	—	—	—	11,1	—
Gülcher à 8 pôles	Disque	400	65	400	3,9	1,9	—	9.400	6.100	6,5	10,3
Gramme (type supérieur)	Anneau	1.400	110	40	5,0	—	2,2	21.500	9.900	6,0	—
Edison (américaine)	Tambour	1.200	125	200	2,6	—	—	—	—	—	—
Weston	»	1.120	120	70	3,7	—	—	—	—	—	—
Lahmeyer	»	1.250	65	60	8,3	—	1,5	9.740	3.915	7,9	9,7
»	Anneau	880	65	200	5,0	—	—	13.300	8.900	5,0	—
Blakey-Emmott	»	1.100	100	60	—	—	—	17.600	11.700	—	—
Muirhead	»	425	102	205	—	—	—	—	—	—	—
»	»	1.000	103	60	3,3	—	2,0	—	—	—	—
Edison (française)	Tambour	900	110	83	3,4	—	1,7	10.800	12.500	7,2	15,0

Expériences du

Échantillons.	Trempe	ANALYSE		
		Carbone total	Manganèse	Soufre
Fer forgé..................	Recuit............	—	—	—
Fonte malléable..........	—	—	—	—
Fonte grise..............	—	—	—	—
Acier doux Bessemer.....	—	0,045	0,200	0,030
Acier doux Whitworth....	—	0,090	0,153	0,016
— —	—	0,320	0,438	0,017
— —	Trempé à l'huile...	»	»	»
— —	Recuit............	0,890	0,165	0,005
— —	Trempé à l'huile...	»	»	»
Ac. manganésifère Hadfield	—	1.005	12,360	0,038
Acier manganésifère......	Sortant de forge...	0,674	4,730	0,023
—	Recuit............	»	»	»
—	Trempé à l'huile....	»	»	»
—	Sortant de forge...	1,298	8,740	0,024
—	Recuit............	»	»	»
—	Trempé à l'huile...	»	»	»
Acier silicieux..........	Sortant de forge...	0,685	0,694	»
—	Recuit............	»	»	»
—	Trempé à l'huile...	»	»	»
Acier chromé..........	Sortant de forge...	0,532	0,393	0,020
—	Recuit............	»	»	»
—	Trempé à l'huile...	»	»	»
—	Sortant de forge...	0,687	0,028	»
—	Recuit............	»	»	»
—	Trempé à l'huile...	»	»	»
Acier tungsténique........	Sortant de forge...	1,337	0,036	pas trace
—	Recuit............	»	»	»
—	Tr. à l'eau froide...	»	»	»
—	Tr. à l'eau tiède...	»	»	»
— (français).	Trempé à l'huile...	0,511	0,625	pas trace
—	Très dur..........	0,855	0,312	—
Fonte grise..............	—	3,455	0,173	0,012
Fonte truitée.............	—	2,581	0,610	0,105
Fonte blanche..........	—	2,036	0,386	0,467
Spiegeleisen	—	4,510	7,060	traces

La force coercitive est mesurée par l'intensité à donner au champ pour annuler l'induction après que l'échantillon a été soumis à une force magnétisante intense.

Dr J. Hopkinson.

CHIMIQUE			Résistance spécifique Microhms	PROPRIÉTÉS MAGNÉTIQUES				Energie perdue en ergs par cm³
Silicium	Phosphore	Corps divers		Maximum d'induction	Induction résiduelle	Force coercitive	Force démagnétisante	
—	—	—	13,78	18.251	7.248	2,30	—	13.356
—	—	—	32,54	12.408	7.479	8,80	—	33.712
—	—	—	103,60	10.783	3.928	3,80	—	13.037
pas trace	0,040	—	10,50	18.196	7.860	2,96	—	17.137
»	0,012	—	10,80	19.840	7.080	1,63	—	10.290
0,042	0,035	—	14,46	18.736	9.840	6,73	—	40.120
»	»	—	13,90	18.796	11.040	11,00	—	65.790
0,081	0,019	—	15,59	16.120	10.740	8,26	—	42.370
»	»	—	16,95	16.120	8.736	19,38	—	99.401
0,204	0,070	—	65,54	310	—	—	—	—
0,608	0,078	—	53,68	4.623	2.202	23,50	37.13	34.570
»	»	--	39,28	10.578	5.848	33,86	46.10	113.963
»	»	—	55,56	4.769	2.158	27,64	40.29	41.911
0,094	0,072	—	69,93	747	—	—	—	—
»	»	--	63,16	1.985	540	24,50	50.39	15.474
»	»	—	70,66	733	—	—	—	—
3,438	0,133	—	61,63	15.118	11.073	9,49	12.60	43.740
»	»	--	61,85	14.701	8.149	7,80	10.74	36.485
»	»	—	61,95	14.696	8.084	12,75	17.11	59.619
0,220	0,041	Chrome 0 621	20,16	13.778	9.318	12,21	13.87	61.439
»	»	»	19,42	14.848	7.570	8,98	12.24	42.425
»	»	»	27,08	13.960	8.595	38,15	48.45	169.455
0,134	0,043	1.195	17,91	14.680	7.568	18,40	22.03	85.914
»	»	»	18,49	13.233	6.489	15,40	19.79	64.312
»	»	»	30,35	12.868	7.891	40,80	56 70	167.050
0,043	0,047	Tungstène 4.649	22,49	15.718	10.111	15,71	17.75	78.568
»	»	»	22,50	16.498	11.008	15,30	16.93	80.313
»	»	»	22,74	—	—	—	—	—
»	»	»	22,49	15.610	9.482	30,10	34.70	149.500
0,021	0,028	3.411	36,04	14.480	8.643	47,07	64.46	216.864
0,151	0,089	2.353	44,27	12.133	6.818	51,20	70.69	197.660
2,044	0,151	Graphite 2.064	114,00	9.148	3.161	13,67	17.03	39.789
1,476	0,435	1.477	62,86	10.546	5.108	12,24	—	41.072
0,764	0,458	pas trace	56,61	9.342	5.534	12,24	20.40	36.283
0,502	0,128	—	105,20	385	77	—	—	—

L'énergie perdue par hystérésis par cm³, pour un cycle complet, peut être évaluée approximativement par l'expression empirique :

$$\frac{\text{Force coercitive} \times \text{Induction maximum}}{\pi}$$

Pouvoirs thermo-électriques, en microvolts, rapportés au plomb (nᵒ 199, page 340)

Expériences de M. Tait.

	α	β
Fer	— 17,34	+ 0,0487
Acier	— 11,39	+ 0,0328
Platine iridié (95 Pt, 5 Ir)	— 6,22	+ 0,0055
—　　　(90 Pt, 10 Ir)	— 5,96	+ 0,0134
—　　　(85 Pt, 15 Ir)	— 7,09	+ 0,0063
Platine recuit	+ 0,61	+ 0,0110
Alliage de platine et de nickel	— 5,44	+ 0,0110
Platine écroui	— 2,60	+ 0,0075
Magnesium	— 2,24	+ 0,0095
Maillechort	+ 12,07	+ 0,0512
Cadmium	— 2,66	— 0,0429
Zinc	— 2,34	— 0,0240
Argent	— 2,14	— 0,0150
Or	— 2,83	— 0,0102
Cuivre	— 1,36	— 0,0095
Plomb	0	0
Etain	+ 0,43	— 0,0055
Aluminium	+ 0,77	— 0,0039
Palladium	+ 6,25	+ 0,0359
Nickel jusqu'à 175ᵒ	+ 22,04	+ 0,0512
—　de 250ᵒ à 320ᵒ	+ 84,49	— 0,2410
—　au-delà de 340ᵒ	+ 3,07	+ 0,0522

ANNEXE

ADDITION AU CHAPITRE IV

L'électricité étant, ainsi que le magnétisme, un mode de
l'énergie, on a été conduit à mesurer les effets observés en
fonction des trois unités fondamentales de la mécanique, le
temps, la *longueur,* la *masse.* Les unités destinées à mesurer
ces trois ordres de quantités peuvent d'ailleurs être choisies
arbitrairement ; celles qui ont été universellement adoptées
sont : pour le temps, la *seconde* (temps moyen); pour les longueurs, le *centimètre,* c'est-à-dire la centième partie du mètre
étalon déposé à Paris aux Archives ; pour la masse, le *gramme-masse,* c'est-à-dire la millième partie de la masse du kilo-
gramme-étalon.

Toutes les unités secondaires peuvent se ramener aux
unités fondamentales par des relations simples que Fourier a
désignées sous le nom de *dimensions des unités dérivées.*

Les « dimensions » d'une unité dérivée étant connues, les
résultats numériques obtenus dans un système quelconque
pourront être immédiatement transformés en valeurs équivalentes exprimées dans un autre système (*Voir art. 51*).

Les principales grandeurs électriques sont :

L'*intensité du courant,* i, qui peut être mesurée par ses
effets chimiques et mécaniques ;

La *quantité d'électricité, q,* qui représente à l'état statique
la charge électrique d'un corps, et à l'état dynamique le produit de l'intensité du courant par la durée du phénomène, de
même qu'un volume d'eau est égal au débit d'un orifice multiplié par la durée de l'écoulement ;

La *force électro-motrice,* E, c'est-à-dire la cause du déplacement d'électricité, qui est proportionnelle à l'intensité du
courant qu'elle développe dans un circuit donné ;

La *résistance*, R, qui dépend des dimensions linéaires, de la nature et de l'état physique du conducteur dans lequel passe le courant.

Entre ces quatre grandeurs existent les deux relations fondamentales :

$$(1) \qquad q = it \quad \text{(loi de Faraday)}$$
$$(2) \qquad E = Ri \quad \text{(loi d'Ohm)}.$$

D'après l'équation (1) l'unité de quantité électrique sera la quantité d'électricité fournie par l'unité de courant pendant l'unité de temps ;

D'après l'équation (2) l'unité de force électro-motrice sera la force électro-motrice qui développe l'unité de courant dans un conducteur dont la résistance est égale à l'unité.

Si l'on ne tenait compte que de ces deux relations, on pourrait choisir arbitrairement deux unités sur quatre, et c'est ainsi qu'on a procédé pendant longtemps.

Lorsqu'un conducteur de résistance R est parcouru par un courant d'intensité, i, il s'échauffe et la chaleur développée pendant le temps t est proportionnelle au produit Ri^2t ; c'est la loi de Joule. Cette chaleur étant équivalente à une quantité déterminée de travail, on pourra poser :

$$(3) \qquad \mathfrak{C} = k\,Ri^2t.$$

Si l'on convient de prendre $k = 1$, l'unité de résistance sera celle d'un circuit dans lequel l'unité de courant développe l'unité de travail pendant l'unité de temps.

Les relations qui existent entre les 4 grandeurs électriques : i, q, E, R, étant exprimées par 3 équations seulement, on pourra choisir arbitrairement l'une des unités.

Si l'on adopte comme *unité de quantité*, celle qui repousse avec l'unité de force une quantité égale d'électricité de même nom, située à l'unité de distance, toutes les grandeurs électriques se trouveront définies, et l'on pourra ainsi établir un ensemble d'unités électriques constituant le système *électrostatique*.

Au lieu de prendre comme point de départ la définition de

l'unité de quantité, on peut établir un système basé sur la définition de l'unité d'intensité de courant, déduite de l'action que celui-ci exerce sur une aiguille aimantée. Dans ce système, l'unité d'intensité est celle du courant dont l'unité de longueur développe l'unité de force sur l'unité de pôle magnétique, lorsque toutes les parties du courant sont à l'unité de distance du pôle, en adoptant comme unité de pôle magnétique la quantité de magnétisme qui repousse avec l'unité de force, à travers l'air, une quantité égale de même nom située à l'unité de distance.

Le système basé sur la définition de l'unité de pôle magnétique a reçu le nom de système *électro-magnétique* ; c'est le seul qui soit usité dans les applications industrielles. Il perme' d'obtenir directement la valeur de du courant en unités absolues au moyen d'une boussole des tangentes, quand on connaît la composante horizontale du magnétisme terrestre (*Voir Chap. V*).

FIN

ERRATA

PAGES	LIGNES	AU LIEU DE	LISEZ
29	4 en remontant	$\dfrac{n}{l}$	$\dfrac{l}{n}$
30	14	$2\pi\,(1 - \cos(2\pi - \theta_1))$	$4\pi - 2\pi\,(1 - \cos\theta_1)$
30	dernière	$\theta_1 + \theta_2$	$\cos\theta_1 + \cos\theta_2$
47	équation (4)	T	L
48	9 en remontant	après $\displaystyle\int_0^t$	ajoutez L
58	8 —	travail	force
91	3 —	dx	da, à la fin du second membre
105	4	C Q	Q V
116	2	$\dfrac{\alpha - \alpha'}{\alpha'}$	$\dfrac{\alpha'}{\alpha - \alpha'}$
116	5	—	$+$
123	5	$\sin^2$	$\sin$
127	fig. 90	corriger conformément à la figure ci-dessous :	

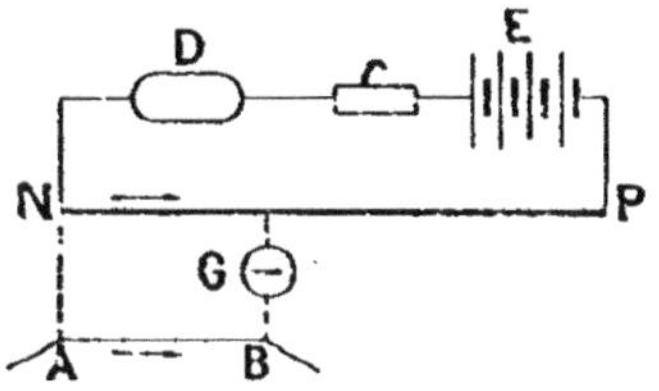

PAGES	LIGNES	AU LIEU DE	LISEZ
154	11 en remontant	$p\,(S' - S)$	$p\,(S' - S)\,\mathfrak{H}$
158	9 —	N	n
159	11 en remontant	$\mathfrak{H}\,d\,\mathfrak{B}$	$\mathfrak{B}\,d\,\mathfrak{H}$
164	19	—	$+$
164	9 en remontant	C L	C L x
177	équation (6)	S	s
181	13	$i^2\,dt$	$R_e\,i^2\,dt$
277	7 en remontant	E_0	ε_0
296	14	E	ε
310	4	l_a	l

ERRATA (*Suite*)

PAGES	LIGNES	AU LIEU DE	LISEZ
412	13 en remontant	Renversez les termes de la fraction	
436	19	Ajoutez au second membre le facteur s	
437	3 en remontant	E_1	$E_1 t$
440	10	$<$	$>$
445	13 en remontant	Supprimez *inversement*	